G. Riccardi

Calcolo differenziale ed integrale

 Springer

Giorgio Riccardi
Dip. di Ingegneria Aerospaziale e Meccanica
Seconda Università degli Studi di Napoli
Aversa (CE)

Springer fa parte di Springer Science+Business Media

springer.it

© Springer-Verlag Italia, Milano 2004

ISBN 88-470-0285-0

Riprodotto da copia camera-ready fornita dall'Autore
Progetto grafico della copertina: Simona Colombo, Milano

Prefazione

L'approccio al calcolo differenziale ed integrale nei corsi di Ingegneria deve, a mio avviso, essere completamente ripensato nell'ambito Nuovo Ordinamento. In particolare, è a mio parere necessario che su una solida base teorica sia costruita una rilevante capacità operativa, già nella Laurea di Primo Livello. Pur non disconoscendo l'enorme valore formativo di un approccio rigoroso, ho però potuto verificare che il primo impatto con alcuni degli strumenti classici dell'Analisi Matematica è grandemente semplificato ed, al contempo, reso più fecondo se si privilegia il "fare" rispetto al "sapere", rinviando la sistemazione rigorosa di alcuni argomenti al Corso di Laurea Specialistica.

In questa ottica, ho deciso di provare a tracciare un percorso didattico piuttosto inusuale, ma a mio avviso molto stimolante, per l'insegnamento dell'Analisi Matematica nei corsi del Primo Livello. Questi appunti nascono infatti come sussidio alla didattica per il corso di *Matematica Applicata*, cho io tengo già da un triennio presso la Facoltà di Ingegneria della Seconda Università degli Studi di Napoli, nell'ambito dei Corsi di Laurea in Ingegneria Aerospaziale e Meccanica. Il corso è composto da 6 CFU e, corrispondentemente, questi appunti sono costituiti da 6 capitoli.

Ho limitato la trattazione di ciascun argomento agli aspetti che, a mio avviso, possono ritenersi essenziali. Laddove l'argomento lo consente, inizio la trattazione a partire da applicazioni, al fine di stimolare l'interesse del lettore e favorirne l'apprendimento, rimanendo negli esigui limiti di tempo concessi dal Nuovo Ordinamento. Proprio per l'enfasi applicativa, in questi appunti svolgo e propongo un buon numero di esercizi, sempre nell'ottica ingegneristica di ottenere una soluzione concreta, quantificata, se necessario, attraverso l'uso di tecniche numeriche approssimate. Alla fine di ciascun capitolo è poi indicato un percorso bibliografico, utile ad arricchire ed approfondire gli argomenti appena trattati. Queste indicazioni bibliografiche sono estremamente sintetiche, al fine di non disperdere l'attenzione del lettore nella vastissima letteratura disponibile. Non ho potuto considerare, per questo motivo, molti importanti testi di Analisi Matematica: chiedo scusa quindi a tutti gli Autori che non troveranno qui citati i loro testi. Approfondimenti di aspetti teorici e/o applicativi sono collocati in fondo ai corrispondenti capitoli.

Ho adottato la convenzione di scrivere di seguito ad un qualunque termine tecnico inusuale (in corsivo) la sua definizione (in corsivo e tra parentesi quadre). Ad esempio, all'inizio del paragrafo 2.1:

> ... un insieme *numerabile* [*che può essere messo in corrispondenza biunivoca con l'insieme dei numeri naturali*] di funzioni ...

Infine, utilizzo i simboli: "$=:$" per definire una quantità e "$\equiv$" per indicare una uguaglianza che vale identicamente, rispetto ad almeno una delle variabili indipendenti.

Descrizione degli argomenti trattati

Per la rilevante importanza dell'argomento, il primo capitolo è dedicato alle equazioni differenziali ordinarie, lineari (a coefficienti costanti o di Eulero) ed a variabili separabili. Il concetto di equazione differenziale è introdotto a partire dalla dinamica di un sistema meccanico ad un grado di libertà del tipo massa-molla (oscillatore). La soluzione delle equazioni non-omogenee, approcciata coi metodi della variazione delle costanti arbitrarie e quindi del nucleo risolvente, viene presentata analizzando la risposta dell'oscillatore ad un forzamento.

Il secondo capitolo è dedicato alle serie di funzioni, con particolare riferimento alle serie di Taylor, utilizzata per ricavare formule di derivazione ed integrazione approssimata, e di Fourier, con la quale si valuta la risposta in frequenza dell'oscillatore. Tra gli esercizi proposti, molti riguardano il calcolo per serie di integrali, partendo dalla funzione degli errori e dagli integrali ellittici. In appendice sono riportati alcuni programmi in Fortran, utili per confrontare le valutazioni per serie e numeriche degli integrali precedenti.

Nel terzo capitolo si introducono le funzioni vettoriali di variabile scalare, le funzioni scalari di più variabili ed, infine, le funzioni vettoriali di variabile vettoriale. Come prototipo di funzione vettoriale di una variabile scalare viene utilizzata la nozione di curva nello spazio tridimensionale, estendendo a tale ente le operazioni di limite e di derivata. Riguardo alle curve in $\mathbb{R}^3$, si ricavano le equazioni di Frenet, deducendo in appendice le proprietà differenziali di una curva per una parametrizzazione arbitraria. Per le funzioni scalari di variabile vettoriale, esteso il concetto di limite, si introducono i concetti di derivata direzionale e differenziale totale. Una applicazione al calcolo dei punti estremali di una superficie in $\mathbb{R}^3$ consente di visualizzare queste importanti nozioni differenziali. L'estensione alle funzioni vettoriali di variabile vettoriale consente, infine, di introdurre gli operatori di divergenza, rotore e gradiente.

Nel quarto capitolo vengono presentati alcuni complementi sulla teoria dell'integrazione, in particolare la derivazione di un integrale definito con estremi variabili e l'integrale curvilineo di una forma differenziale lineare. Si passa poi all'estensione bidimensionale del concetto di integrale, applicandolo al calcolo dei volumi sottesi da superfici. Infine, tale estensione dell'integrale viene utilizzata per calcolare l'area di una superficie e per definire gli integrali superficiali.

Nel quinto capitolo, l'integrale viene esteso a funzioni di variabile vettoriale di dimensione qualunque. Si analizza il cambiamento di variabili in questi integrali e si discutono i criteri di sommabilità nel punto ed all'infinito. Infine, vengono dedotte le formule di Green, presentandole come estensione pluridimensionale dell'operazione di integrazione per parti, ed i conseguenti teoremi di Gauss e Stokes.

L'ultimo capitolo è dedicato ad una breve introduzione alle equazioni alle derivate parziali, che sono uno tra gli argomenti di maggiore interesse applicativo. Discussa con degli esempi la classificazione (una trattazione più sistematica per equazioni lineari del secondo ordine è riportata in appendice), si richiama l'attenzione del lettore sulle differenti modalità di assegnazione delle condizioni al contorno, accennando alla tecnica di soluzione per serie. Viene infine presentato il metodo della funzione di Green per la soluzione di problemi ellittici.

Ringraziamenti

Sono profondamente grato a tutti coloro che mi hanno aiutato nel redigere questi appunti. Desidero ringraziare, in particolare, alcuni dei miei più cari amici e colleghi: Filippo Maria Denaro, Bernardo Favini, Alessandro Iafrati, Enrico De Bernardis, Emilio Campana, Carmine Golia e Danilo Durante, per il costante interessamento e per i tanti, preziosi consigli. Un ringraziamento affettuoso va a Massimo Strani: le idee e gli ideali di Massimo mi hanno sempre accompagnato in questi anni difficili, rimanendo la mia guida ed, al contempo, la mia forza. Ringrazio infine il Prof. Alfio Quarteroni, per aver grandemente migliorato la stesura finale di questi appunti.

Non essendo un matematico di estrazione, spero che le eventuali imprecisioni e lo scarso rigore formale di questi appunti possano parzialmente essere scusati. Rimane comunque mia la responsabilità di qualunque errore presente nel testo.

Chiunque voglia manifestare il suo giudizio critico, dare suggerimenti o segnalare errori, può farlo utilizzando l'indirizzo di posta elettronica *giorgio.riccardi@email.it*. Rimango comunque disponibile a qualunque discussione, in merito agli argomenti che qui ho tentato di esporre.

Un sincero augurio di buon lavoro.

Aversa, giugno 2004   *Giorgio Riccardi*

Indice

1

Equazioni differenziali ordinarie

Questo capitolo tratta di equazioni in cui compaiono le derivate di funzioni incognite (di qui l'aggettivo "*differenziali*") e delle relative tecniche di risoluzione, le quali consentono di determinare tutte le funzioni che verificano una data equazione. L'ulteriore aggettivo, "*ordinarie*", specifica che si tratterà di equazioni in cui compaiono funzioni di una sola variabile. L'analisi è qui ristretta ad alcune tipologie di equazioni, particolarmente semplici, e non può essere considerata più che una introduzione all'argomento, di enorme importanza nelle applicazioni. La trattazione matematica di molti importanti problemi fisici, infatti, conduce naturalmente ad equazioni differenziali ordinarie, fatto questo che, a sua volta, ha stimolato la crescita di una teoria oggi molto vasta ed articolata. Una proposta per un percorso bibliografico sull'argomento è presentata nel §1.6.

Dopo una introduzione fenomenologica (§1.1), basata sulla dinamica del punto materiale, in §1.2 viene discussa la risoluzione di una equazione lineare in cui è presente un termine noto (sommabile, cfr. §5.3, nell'intervallo di integrazione), mostrando come sia possibile trovare la soluzione, una volta nota quella dell'equazione omogenea corrispondente. La risoluzione di quest'ultima risulta particolarmente agevole nel caso in cui l'equazione sia anche a coefficienti costanti. Nel paragrafo 1.3 viene poi affrontata la soluzione di una importante classe di equazioni ancora lineari, ma a coefficienti variabili. La tecnica di risoluzione di una particolare classe di equazioni differenziali ordinarie, in generale non lineari, è infine trattata in §1.4.

Una raccolta di esercizi svolti e da svolgere (per i quali è fornita soltanto la soluzione) è proposta nel §1.5, seguendo un ordine di difficoltà crescente.

1.1 Definizione ed esempi

Come già accennato nell'introduzione, una *equazione differenziale* è una equazione in cui compare una funzione incognita f e qualche sua derivata. Se f è funzione di una sola variabile indipendente, si parla di equazione differenziale *ordinaria*, mentre se f dipende da più variabili indipendenti e, conseguentemente, le derivate presenti nell'equazione sono parziali, si parla di equazione differenziale *alle derivate parziali*. Al primo tipo di equazioni differenziali è dedicato questo capitolo, mentre una breve introduzione alle equazioni differenziali alle derivate parziali verrà presentata nel Cap. 6.

L'importanza che la teoria delle equazioni differenziali ordinarie ha nelle applicazioni è enorme: le tecniche di risoluzione di tali equazioni diviengono necessarie, ad esempio, non appena si considera l'*equazione fondamentale della dinamica* del punto materiale: massa (m) × accelerazione (d^2x/dt^2) = forza (F), in cui quest'ultima dipende, in generale, dalla posizione (x) e dalla velocità $(dx/dt = \dot{x})$ di quest'ultimo, oltre che, eventualmente, dal tempo. Infatti, questa equazione coinvolge direttamente la derivata seconda della funzione del tempo $x(t)$:

$$m\,\frac{d^2x}{dt^2} = F\left(x, \frac{dx}{dt}; t\right)\,, \tag{1.1}$$

mentre la dipendenza dalla derivata prima di questa e dalla posizione stessa è introdotta, eventualmente, dalla forma funzionale della forza. Assumendo la (1.1) come prototipo di equazione differenziale, introduciamo alcuni concetti importanti.

Osservando l'equazione (1.1), notiamo subito che la soluzione di una equazione differenziale non è unica: ad esempio, se si assume $F = 0$, una arbitraria funzione lineare del tempo $x(t) = At + B$ (moto rettilineo uniforme, o, in particolare, quiete se $A = 0$) è soluzione della (1.1), qualunque valore assumano le costanti A e B. Si può anche notare che tali costanti hanno un significato fisico preciso: A è la velocità del punto materiale (costante nel tempo, perché il moto è uniforme) e B è la posizione assunta dal punto materiale al tempo $t = 0$. Più in generale, se la forza è una funzione lineare a coefficienti costanti della posizione e della velocità, vedremo che l'equazione (1.1) ammette sempre ∞^2 soluzioni, ovvero ha soluzioni dipendenti da due parametri arbitrari. Per determinare la legge oraria del moto del punto materiale, occorrerà allora specificare le condizioni (posizione x_0 e velocità u_0) in cui si trova il punto ad un fissato tempo iniziale, assunto convenzionalmente come $t = 0$. Si tratterà, allora, di risolvere il *problema differenziale*:

$$\begin{cases} m\,\dfrac{d^2x}{dt^2} = F\left(x, \dfrac{dx}{dt}; t\right) & \text{per } t > 0 \\[2ex] x(0) = x_0 \quad \text{e} \quad \dfrac{dx}{dt}(0) = u_0\,, \end{cases} \tag{1.2}$$

ovvero di trovare la legge oraria del moto $x = x(t)$, tale da verificare simultaneamente sia l'equazione (1.1) che le condizioni iniziali richieste. Come si può osservare dalla (1.2), un problema differenziale è costituito da una equazione differenziale e da condizioni che devono essere verificate da una delle soluzioni di tale equazione. Il fatto che nel nostro caso le condizioni (iniziali) da specificare siano due è, come vedremo tra breve, dovuto alla presenza di una derivata di ordine massimo pari a 2 nell'equazione fondamentale della dinamica (1.1), che si dice per questo *del secondo ordine*. Il problema differenziale (1.2), in cui si cerca una soluzione specificandone valori iniziali, si chiama spesso *problema di Cauchy*.

Osserviamo che frequentemente il problema di Cauchy (1.2) viene posto in una forma equivalente, ma strutturalmente diversa. Infatti, si può introdurre la velocità $u = dx/dt$ del punto materiale e considerare il seguente *sistema* di equazioni differenziali del primo ordine:

$$\begin{cases} \dfrac{dx}{dt} = u \\[2mm] m\,\dfrac{du}{dt} = F(x, u; t) \\[2mm] x(0) = x_0 \quad \text{e} \quad u(0) = u_0\,, \end{cases} \qquad \text{per } t > 0$$

in cui si utilizza la definizione di velocità come equazione differenziale, da considerare unitamente a quella della dinamica, la quale, scritta in termini di velocità, risulta del primo ordine. Il precedente *sistema differenziale* è equivalente al problema (1.2), nel senso che ammette soluzioni $[x(t), u(t)]$ nelle quali $x(t)$ è, a sua volta, soluzione del problema (1.2).

Supponiamo ora che il punto materiale sia sottoposto ad una forza elastica lineare, nulla nella condizione di riposo (scelta convenzionalmente in $x = 0$). Questa forza si esprime allora come

$$F(x) = -\chi\,x\,, \tag{1.3}$$

in cui χ è una costante positiva (*costante elastica*). Il funzionamento di una forza del tipo (1.3) è facile da spiegare: se il punto materiale si trova ad una $x > 0$, la forza è negativa e tende a riportarlo indietro, mentre se il punto materiale si trova ad una $x < 0$, la forza è positiva e tende a riportarlo in avanti. In ogni caso la forza (1.3) agisce per riportare il punto x in 0. Ovviamente, quando il punto x è in 0, la forza è nulla, ma questo, come vedremo, non implicherà che la velocità del punto materiale sia anch'essa nulla. La forza (1.3) non è che la descrizione matematica dell'azione di una molla fissata ad un estremo e che, in condizioni di riposo, ha l'altro estremo in $x = 0$. Per questo, un qualunque sistema fisico, il cui moto può essere rappresentato dall'equazione (1.1) con una forza del tipo (1.3), si chiama *oscillatore armonico*.

Il problema differenziale (1.2) si scrive, con questa specificazione della forza, nella forma:

$$\begin{cases} m\,\dfrac{d^2x}{dt^2} + \chi\,x = 0 \quad \text{per } t > 0 \\[2mm] x(0) = x_0 \quad \text{e} \quad \dfrac{dx}{dt}(0) = u_0\,, \end{cases} \tag{1.4}$$

in cui, per sottolineare il carattere di equazione nella variabile x della (1.1), abbiamo scritto a primo membro tutti i termini contenenti x. L'equazione differenziale nel problema (1.4) si dice *omogenea*, essendo soddisfatta dalla funzione x identicamente nulla. Se $x_0 = 0$ e $u_0 = 0$, questa soluzione dell'equazione è anche *una* soluzione del problema (1.4). Vedremo più avanti che la soluzione di tale problema è unica (mentre esistono infinite soluzioni dell'equazione differenziale) e quindi $x(t) \equiv 0$ è *la* soluzione del problema, corrispondente alle condizioni iniziali omogenee $x_0 = 0$ ed $u_0 = 0$.

Cerchiamo ora di risolvere il problema (1.4), iniziando a discutere alcune proprietà dell'equazione differenziale:

$$m \, \frac{d^2 x}{dt^2} + \chi \, x = 0 \; . \tag{1.5}$$

I due termini nell'equazione (1.5) sono lineari in x e nelle sue derivate, ovvero mancano prodotti tra derivate di x (x stesso è pensato come derivata di ordine zero di x), conseguentemente l'equazione differenziale si chiama *lineare*. Infine, i coefficienti di x e della sua derivata seconda sono costanti nel tempo e, per questo, l'equazione lineare ed omogenea (1.5) si dice *a coefficienti costanti*.

Osserviamo che se $x(t)$ è soluzione della equazione differenziale lineare ed omogenea (1.5), allora anche il prodotto di $x(t)$ per una costante α è soluzione della medesima equazione differenziale.

◇   **Esercizio:**   Dimostrare che, se $x(t)$ è soluzione della (1.5), allora $\alpha \, x(t)$, con α costante, è ancora soluzione della (1.5). È necessario, per questo, che i coefficienti di x e della sua derivata seconda siano costanti nel tempo?

Inoltre, se $x(t)$ ed $y(t)$ sono soluzioni dell'equazione (1.5), allora anche $x(t) + y(t)$ è soluzione della medesima equazione.

◇   **Esercizio:**   Dimostrare che, se $x(t)$ ed $y(t)$ sono soluzioni della (1.5), allora anche $x(t) + y(t)$ è ancora soluzione della (1.5). È necessario, per questo, che i coefficienti di x e della sua derivata seconda siano costanti nel tempo?

Ne segue che, se $x(t)$ ed $y(t)$ sono soluzioni dell'equazione (1.5), una qualunque loro combinazione lineare $A \, x(t) + B \, y(t)$, purché i coefficienti A e B siano costanti, è soluzione della medesima equazione (1.5).

Per trovare le soluzioni della equazione differenziale (1.5), riscriviamola in forma più semplice, effettuando una analisi dimensionale dei vari termini. Se con M, L e T conveniamo di indicare le dimensioni fisiche di una massa, di una lunghezza e di un tempo, il primo termine nella equazione (1.5) ha dimensione MLT^{-2} (cioè è omogeneo ad una forza), poiché il secondo termine deve avere le medesime dimensioni, la costante elastica della molla χ risulta avere dimensione fisica MT^{-2}. Possiamo allora definire la *costante di tempo* intrinseca dell'oscillatore armonico come $\tau = \sqrt{m/\chi}$, utilizzando la quale l'equazione (1.5) diviene:

$$\tau^2 \, \frac{d^2 x}{dt^2} + x = 0 \ . \tag{1.6}$$

L'equazione (1.6) implica che il moto del punto materiale avviene su scale dei tempi dell'ordine di τ, fatto questo che chiarisce il significato fisico di τ. Osserviamo che τ aumenta (il moto diviene più lento), all'aumentare della massa associata al punto materiale, mentre diminiusce (il moto diviene più veloce) all'aumentare della costante elastica della molla.

Conosciamo già due possibili soluzioni dell'equazione (1.6): infatti $\sin(t/\tau)$ e $\cos(t/\tau)$ soddisfano entrambe l'equazione (1.6). Ma allora, per le proprietà di linearità ed omogeneità dell'equazione, possiamo costruire infinite soluzioni nel modo seguente:

$$x(t) = A \, \sin(t/\tau) + B \, \cos(t/\tau) \ , \tag{1.7}$$

essendo A e B due costanti qualsiasi. Possono esistere altre soluzioni dell'equazione differenziale (1.6)?

Per rispondere a questa domanda, osserviamo che le uniche funzioni in grado di soddisfare l'equazione lineare a coefficienti costanti (1.6) sono le funzioni esponenziali, cioè le funzioni della forma:

$$f(t) = e^{\alpha t} \ , \tag{1.8}$$

con α numero complesso (notare che, dovendo l'esponente αt essere adimensionale, [1] il numero α ha dimensione fisica T^{-1}, ovvero è omogeneo ad una frequenza). Infatti, una qualunque derivata della funzione (1.8) è proporzionale alla funzione medesima e quindi la *sostituzione della funzione $f(t)$ nell'equazione (1.6) porta ad avere tutti i termini della stessa forma*, proporzionali ad $f(t)$. Questo rende possibile risolvere l'equazione (1.6) per ogni t, come può essere provato sostituendo $f(t)$ (1.8) nell'equazione (1.6):

$$(\tau\alpha)^2 f(t) + f(t) = 0 \ .$$

Mettendo in evidenza $f(t)$ nell'equazione precedente, otteniamo:

---

[1] Ci si può chiedere perché l'argomento di una funzione trascendente *deve* essere adimensionale. Il motivo apparirà chiaro non appena si studierà il Cap. 2, dove verrà mostrato che la funzione $f(t) = \exp(\alpha t)$ si può approssimare con il polinomio in αt seguente:

$$e^{\alpha t} \simeq \sum_{k=0}^{n} \frac{(\alpha t)^k}{k!}$$

e l'errore commesso diviene via via più piccolo all'aumentare dell'intero positivo n. Ovviamente, per scrivere il polinomio approssimante, occorre che le potenze di αt abbiano tutte le stesse dimensioni fisiche, ovvero che αt sia adimensionale. Il medesimo ragionamento vale per una qualunque altra funzione trascendente, purché questa sia "*approssimabile con un polinomio*".

$$\left[(\tau\alpha)^2 + 1\right] f(t) = 0$$

che è soddisfatta in ogni tempo t, se scegliamo α in modo tale che:

$$(\tau\alpha)^2 + 1 = 0 \ . \tag{1.9}$$

L'equazione algebrica in α (1.9) prende il nome di *equazione caratteristica* associata all'equazione (1.6) e le sue soluzioni si chiamano *radici caratteristiche*. Le soluzioni dell'equazione (1.9) sono $\alpha_1 = +i/\tau$ ed $\alpha_2 = -i/\tau$ (in cui i è l'unità immaginaria) e quindi la soluzione più generale possibile dell'equazione (1.6) si scrive nella forma:

$$x(t) = A' \, e^{+i \, t/\tau} + B' \, e^{-i \, t/\tau} \ , \tag{1.10}$$

dove A' e B' sono, però, costanti *complesse*, dovendo essere $x(t)$ reale. La soluzione (1.10) della (1.6) prende il nome di *integrale generale* dell'equazione differenziale (1.6). È facile vedere, utilizzando la formula di Eulero (2.19), che la soluzione (1.10) è identica alla (1.7), con la definizione seguente delle costanti:

$$A' = (B - i \, A)/2 \ , \quad B' = (B + i \, A)/2 \ .$$

Ne segue che la soluzione (1.7) è la più generale possibile e la risposta alla domanda precedete è che *non possono esistere altre soluzioni dell'equazione differenziale* (1.6), *oltre a quelle* (1.7).

Come si vede dalla forma (1.7) dell'integrale generale, esistono ∞^2 soluzioni dell'equazione differenziale (1.6), corrispondenti alla scelta di due costanti, fino a questo punto arbitrarie, A e B. Torniamo ora alla soluzione del problema differenziale (1.4), ovvero cerchiamo se esistono soluzioni della (1.6) che verifichino le condizioni iniziali $x(0) = x_0$ e $dx/dt(0) = u_0$. Si vede subito che imponendo queste due condizioni sull'integrale generale (1.7) si ottiene:

$$B = x_0 \ , \quad \frac{A}{\tau} = u_0 \ . \tag{1.11}$$

Dalle equazioni (1.11) si calcolano facilmente i valori delle due costanti A e B, ottenendo finalmente la soluzione del problema differenziale (1.4):

$$x(t) = u_0\tau \sin(t/\tau) + x_0 \cos(t/\tau) \ . \tag{1.12}$$

Il moto del punto materiale risulta essere periodico nel tempo (di qui l'aggettivo "armonico" attribuito all'oscillatore), di periodo $T = 2\pi \, \tau$. Dalla (1.12) segue anche che, partendo dalla posizione di riposo della molla $x_0 = 0$, il punto si muove se e solo se $u_0 \neq 0$. In tal caso l'ampiezza dell'oscillazione è tanto più grande, quanto più τ è grande, ovvero quanto più è grande il rapporto tra la massa m del punto e la costante elastica χ della molla. Invece, partendo con velocità iniziale nulla, l'ampiezza dell'oscillazione dipende solo dalla posizione iniziale x_0.

Questo comportamento dell'oscillatore è abbastanza vicino a quello che ci suggerisce l'osservazione diretta di tale sistema fisico, salvo per il fatto che, per tempi t molto più lunghi della costante di tempo τ propria dell'oscillatore, osserviamo sempre una diminuzione della "ampiezza" di oscillazione, fino ad arrivare alla quiete. Se la forza a cui è sottoposto il punto materiale è esclusivamente quella elastica (1.3), questo invece non accade. Infatti, calcoliamo l'energia cinetica media [2] in un periodo, ovvero per tempi compresi tra kT e $(k+1)T$, posseduta dall'oscillatore:

$$\mathcal{E} = \frac{1}{T} \int_{kT}^{(k+1)T} \frac{1}{2}\, m\, \left(\frac{dx}{dt'} \right)^2\, dt' = \frac{m}{4}\, \left[u_0^2 + \left(\frac{x_0}{\tau} \right)^2 \right] \tag{1.13}$$

e verifichiamo subito che, qualunque sia il periodo (k) scelto, questa assume sempre lo stesso valore. Notiamo che, se la costante di tempo τ è molto piccola (ovvero la molla è molto rigida), è sufficiente un piccolo spostamento iniziale dalla posizione di equilibrio, per avere un significativo contributo all'energia cinetica media.

Il fatto che l'energia cinetica media dell'oscillatore non diminuisca al crescere di k è dovuto alla mancanza di qualunque effetto dell'attrito nell'espressione della forza (1.3), adottata fino a questo punto per studiare il moto dell'oscillatore. Una semplice descrizione della presenza di attrito può essere ottenuta aggiungendo al termine elastico, già presente nella (1.3), un secondo termine proporzionale alla velocità dell'oscillatore, cioè adottando la nuova espressione per la forza:

$$F\left(x, \frac{dx}{dt} \right) = -\chi\, x - \mu\, \frac{dx}{dt}\,, \tag{1.14}$$

in cui la costante positiva μ prende il nome di *costante di attrito*. Una semplice analisi dimensionale mostra che la dimensione fisica di μ è MT^{-1}. Il funzionamento del nuovo termine è piuttosto semplice: genera una forza di verso sempre opposto alla velocità del punto materiale, opponendosi al moto. Con questa nuova definizione della forza, l'equazione differenziale da risolvere diviene:

$$m\, \frac{d^2 x}{dt^2} + \mu\, \frac{dx}{dt} + \chi\, x = 0\,, \tag{1.15}$$

che è ancora lineare ed omogenea. Introduciamo il coefficiente di attrito adimensionale $\delta = \mu/(2\sqrt{m\chi})$, proporzionale al rapporto tra la frequenza caratteristica dell'attrito μ/m e la frequenza propria dell'oscillatore $\sqrt{\chi/m}/(2\pi)$, e cerchiamo ancora soluzioni del tipo (1.8), con α costante complessa che verifica la seguente equazione caratteristica:

$$(\tau\, \alpha)^2 + 2\delta\, (\tau\, \alpha) + 1 = 0\,,$$

---

[2] L'energia cinetica istantanea è anch'essa periodica e non fornisce indicazioni supplementari, rispetto alla conoscenza della legge oraria del moto (1.12).

le cui soluzioni si scrivono:

$$\alpha_{1,2} = \frac{1}{\tau}\left(-\delta \pm \sqrt{\delta^2 - 1}\right).\qquad(1.16)$$

La forma di tali radici caratteristiche suggerisce di suddividere gli oscillatori con attrito in due classi, a seconda dei valori assunti da $\delta^2 - 1$: quelli in cui l'attrito è sufficientemente piccolo da consentire ancora oscillazioni del sistema, per $\delta \in [0,1)$, e gli "oscillatori" in cui l'attrito è così forte da non consentire più oscillazioni del sistema, per $\delta \in (1, +\infty)$. Un terzo tipo, molto speciale, di "oscillatori", nei quali δ assume il valore unitario, di separazione tra le due classi precedenti, gode di proprietà molto interessanti dal punto di vista ingegneristico, a cui accenneremo di seguito. È evidente dalla (1.16), che le due radici sono *non reali e distinte* nel primo caso, sono *reali e distinte* nel secondo ed, infine, sono *reali e coincidenti* nel terzo. Introduciamo, per semplicità la quantità reale $\nu = \sqrt{|\delta^2 - 1|}$ (notare che $\nu \to 1$, quando $\mu \to 0$) ed analizziamo i tre casi separatamente.

Nel primo caso il termine sotto la radice quadrata nella (1.16) è negativo, per cui le radici caratteristiche possono scriversi:

$$\alpha_{1,2} = \frac{1}{\tau}\left(-\delta \pm i\,\nu\right),\qquad(1.17)$$

a cui corrisponde un integrale generale nella forma:

$$x(t) = A'\,e^{(-\delta + i\,\nu)\,t/\tau}B'\,e^{(-\delta - i\,\nu)\,t/\tau}$$

$$= \left[A\,\sin(\nu t/\tau) + B\,\cos(\nu t/\tau)\right]e^{-\delta\,t/\tau}.\qquad(1.18)$$

Per soddisfare le condizioni iniziali nel problema differenziale (1.2), dobbiamo specificare le costanti A e B in modo da ottenere posizione x_0 e velocità u_0 all'istante 0. Imponendo tali condizioni si arriva al sistema lineare:

$$\begin{cases} B = x_0 \\ \dfrac{\nu}{\tau}\,A - \dfrac{\delta}{\tau}\,B = u_0\,, \end{cases}\qquad(1.19)$$

il quale è *compatibile [può essere risolto]* se e solo se $\nu \neq 0$, cosa che ci viene garantita dalla condizione $\delta < 1$, in cui stiamo operando. Il sistema (1.19) ammette soluzione:

$$A = \frac{\delta x_0 + \tau u_0}{\nu}\,,\quad B = x_0\,,\qquad(1.20)$$

che, sostituite nella (1.18) forniscono la soluzione del problema differenziale:

$$x(t) = \frac{1}{\nu}\left[(\delta x_0 + \tau u_0)\,\sin(\nu t/\tau) + \nu\,x_0\,\cos(\nu t/\tau)\right]e^{-\delta\,t/\tau}.\qquad(1.21)$$

Questa soluzione non è più periodica, a causa della presenza del fattore esponenziale $\exp(-\delta\,t/\tau)$, il quale smorza le oscillazioni, caratterizzate da un "periodo" $T = 2\pi\,\tau/\nu$, su tempi dell'ordine di τ/δ. Questi tempi divengono via

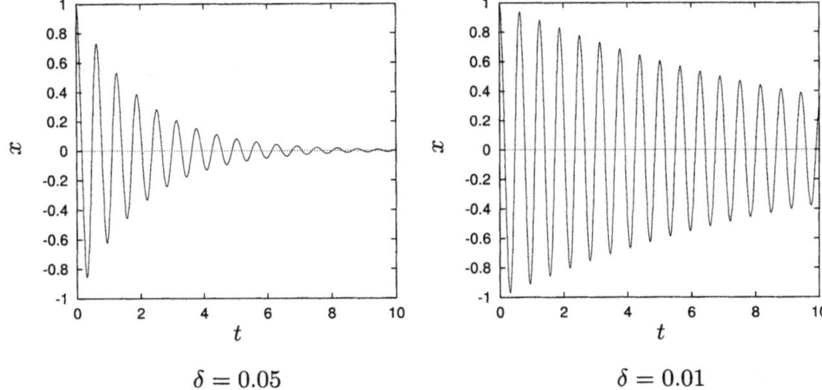

Figura 1.1. Soluzione (1.21) con condizioni iniziali: $x_0 = 1$ ed $u_0 = 0$, per un oscillatore con costante di tempo $\tau = 1/10$ e due differenti valori del coefficiente di attrito adimensionale δ

via più grandi riducendo il coefficiente di attrito μ, ovvero δ. Due esempi per la soluzione (1.21) sono riportati in Fig. 1.1, per un oscillatore con costante di tempo fissata e due differenti valori del coefficiente di attrito adimensionale δ.

◇   **Esercizio:**   Cosa succede alla soluzione (1.21) quando $\delta \to 1^-$?   (1.22)

Per valutare l'effetto dell'attrito, è interessante calcolare l'energia cinetica media [3] sul "periodo" $T = 2\pi\,\tau/\nu$ tra gli istanti kT e $(k+1)T$, in parallelo a quanto si è fatto nel caso in cui è assente l'attrito, cfr. equazione (1.13). Si trova il seguente risultato:

$$\mathcal{E} = \underbrace{\frac{m}{4}\left[u_0^2 + \left(\frac{x_0}{\tau}\right)^2\right]}_{\substack{\text{energia in assenza}\\\text{di attrito}}} \times \underbrace{\frac{1 - e^{-4\pi(\delta/\nu)}}{4\pi(\delta/\nu)}}_{\substack{\text{fattore di}\\\text{smorzamento }\sigma}} \times \underbrace{e^{-4k\,\pi(\delta/\nu)}}_{\substack{\text{riduzione per}\\\text{il periodo }k}} \qquad (1.23)$$

in cui l'energia cinetica dell'oscillatore in assenza di attrito è moltiplicata per un fattore di smorzamento σ, indipendente dal periodo (k) e mostra-

---

[3] Utilizzare i seguenti integrali indefiniti (omettiamo le costanti additive arbitrarie):

$$\int \sin^2\eta\, e^{-\gamma\eta}\, d\eta \;=\; \frac{2}{\gamma^2+4}\left(-\sin\eta\cos\eta - \frac{\gamma}{2}\sin^2\eta - \frac{1}{\gamma}\right)e^{-\gamma\eta}$$

$$\int \sin\eta\,\cos\eta\, e^{-\gamma\eta}\, d\eta = \frac{2}{\gamma^2+4}\left(-\frac{\gamma}{2}\sin\eta\cos\eta + \sin^2\eta - \frac{1}{2}\right)e^{-\gamma\eta}$$

$$\int \cos^2\eta\, e^{-\gamma\eta}\, d\eta \;=\; \frac{2}{\gamma^2+4}\left(\sin\eta\cos\eta + \frac{\gamma}{2}\sin^2\eta - \frac{\gamma^2+2}{2\gamma}\right)e^{-\gamma\eta}\,.$$

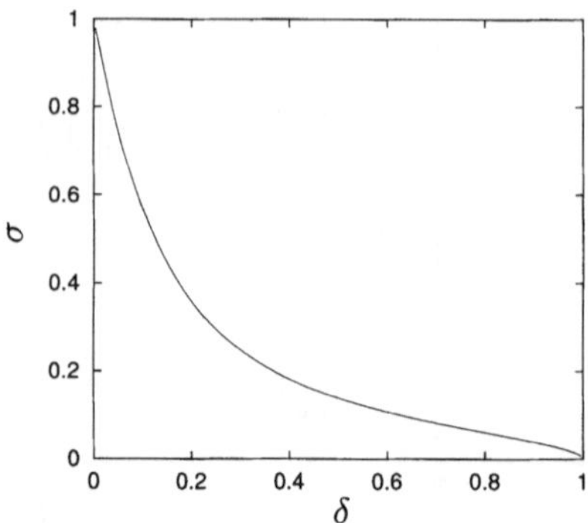

Figura 1.2. Fattore di smorzamento σ per l'energia cinetica dell'oscillatore (1.23) in funzione del coefficiente di attrito adimensionale δ

to in Fig. 1.2 in funzione di δ, e per un fattore di riduzione che descresce esponenzialmente all'aumentare di k, ovvero spingendosi a tempi via via più grandi.

Se il punto materiale è sottoposto ad un attrito maggiore, tale da far risultare il coefficiente adimensionale $\delta > 1$, allora la natura della soluzione cambia. Infatti, le radici (1.17) divengono reali e l'integrale generale assume la forma:

$$x(t) = A\, e^{(-\delta+\nu)\, t/\tau} + B\, e^{(-\delta-\nu)\, t/\tau} \ . \tag{1.24}$$

Imponendo che la funzione (1.24) soddisfi le condizioni iniziali richieste, si giunge al sistema lineare:

$$\begin{cases} A + \qquad\quad B = x_0 \\ (-\delta+\nu)A - (\delta+\nu)B = \tau\, u_0 \ , \end{cases}$$

compatibile se $\nu \neq 0$, che fornisce i valori delle costanti A e B. Sostituendo questi ultimi nella (1.24) otteniamo:

$$x(t) = \frac{1}{\nu}\left[(\delta x_0 + \tau u_0)\sinh(\nu t/\tau) + \nu x_0\, \cosh(\nu t/\tau)\right] e^{-\delta t/\tau} \ , \tag{1.25}$$

la quale poteva anche essere direttamente dedotta dalla (1.21), sostituendo al numero reale ν, la quantità immaginaria iν. L'andamento della soluzione (1.25) è rappresentato per due differenti valori del coefficiente di attrito adimensionale δ in Fig. 1.3. Anche in questo caso, lo spostamento dalla condizione di equilibrio $x(t)$ va a zero su tempi dell'ordine di τ/δ, ma non è più presente alcuna oscillazione della posizione del punto materiale attorno a quella di riposo ($x = 0$) della molla.

$\diamond$ **Esercizio:**   Cosa succede alla soluzione (1.25) quando $\delta \to 1^+$?   (1.26)

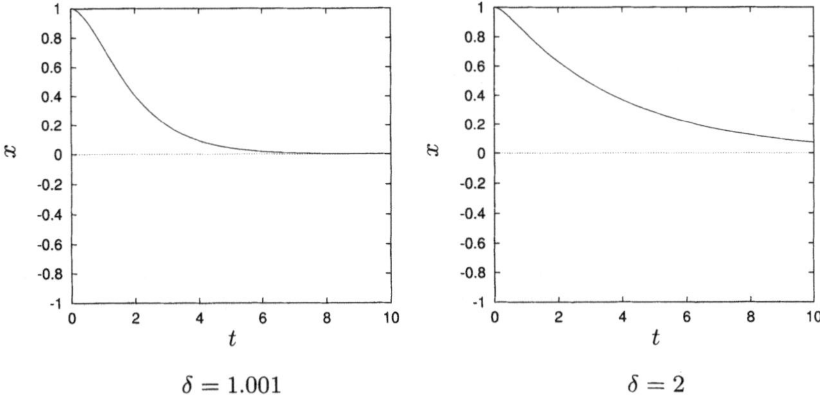

Figura 1.3. Soluzione (1.25) con condizioni iniziali: $x_0 = 1$ ed $u_0 = 0$, per un oscillatore con costante di tempo $\tau = 1$ e due differenti valori del coefficiente di attrito adimensionale δ

Una classe particolare di oscillatori è quella in cui il coefficiente di attrito adimensionale δ vale 1, vedi gli Esercizi (1.22, 1.26), che è il valore di separazione tra soluzioni oscillanti e non. In tali condizioni $\nu \to 0$ ed entrambe le soluzioni (1.21, 1.25) assumono la forma:

$$x(t) = \left[\left(\frac{x_0}{\tau} + u_0 \right) t + x_0 \right] e^{-t/\tau} , \qquad (1.27)$$

come si calcola subito in base alla formula di de l'Hospital, dalla quale segue che $\sin(\nu t/\tau)/\nu$ nella (1.21) e $\sinh(\nu t/\tau)/\nu$ nella (1.25) hanno entrambe limite t/τ, per $\nu \to 0$. Poiché il moto secondo la legge oraria (1.27) è, tra tutte le soluzioni prive di oscillazioni (monotone) dell'equazione (1.15), quella che avviene con l'attrito più piccolo possibile, la soluzione (1.27) è normalmente utilizzata nella progettazione degli equipaggi mobili degli strumenti di misura analogici. A causa della sua importanza, analizziamo un secondo modo, più generale, di ottenerla.

Per $\delta \to 1$, le due radici (1.17) divengono reali e coincidenti, ponendo un problema nuovo nella risoluzione dell'equazione differenziale (1.15). Infatti, quando l'equazione caratteristica ammette due radici coincidenti $\alpha_1 = \alpha_2 = \alpha^\star$, l'equazione differenziale non ha più soltanto soluzioni del tipo $e^{\alpha t}$. Per convincerci di questo, supponiamo che l'equazione caratteristica sia semplicemente:

$$(\alpha - \alpha^\star)\,(\alpha - \alpha^\star) = 0 ,$$

a questa corrisponde una equazione differenziale:

$$\left(\frac{d}{dt} - \alpha^\star \right) \left(\frac{d}{dt} - \alpha^\star \right) x = 0 . \qquad (1.28)$$

Osserviamo che una funzione della forma $x_1(t) = \exp(\alpha^\star t)$ verifica l'equazione:

$$\left(\frac{d}{dt} - \alpha^\star \right) x_1 = 0 \tag{1.29}$$

e, banalmente, anche la (1.28). Una funzione del tipo $x_2(t) = t \, \exp(\alpha^\star t) = t \, x_1(t)$ soddisfa, invece, l'equazione:

$$\left(\frac{d}{dt} - \alpha^\star \right) x_2 = e^{\alpha^\star t} = x_1$$

e quindi, sulla base della (1.29), verifica l'equazione di partenza (1.28). Abbiamo quindi trovato che esistono due soluzioni distinte $x_1(t)$ ed $x_2(t)$ che verificano l'equazione di partenza (1.28), il cui integrale generale si scriverà:

$$x(t) = A \, e^{\alpha^\star t} + B \, t \, e^{\alpha^\star t} = (A + B \, t) \, e^{\alpha^\star t} \,, \tag{1.30}$$

imponendo sulla (1.30) le condizioni iniziali $x(0) = x_0$ e $dx/dt(0) = u_0$ si ritrova la (1.27).

Supponiamo ora che la forza agente sul punto materiale sia quella data dalla (1.14), alla quale si aggiunga una funzione del tempo $\chi f(t)$ assegnata:

$$F\left(x, \frac{dx}{dt}; t \right) = -\chi \, x - \mu \, \frac{dx}{dt} + \chi \, f(t) \tag{1.31}$$

(la moltiplicazione per la costante χ è opportuna per semplificare la trattazione). In queste condizioni, il problema differenziale da risolvere diviene:

$$\begin{cases} m \, \dfrac{d^2 x}{dt^2} + \mu \, \dfrac{dx}{dt} + \chi \, x = \chi \, f(t) \quad \text{per} \quad t > 0 \\[2mm] x(0) = x_0 \quad \text{e} \quad \dfrac{dx}{dt}(0) = u_0 \,, \end{cases} \tag{1.32}$$

in cui l'equazione differenziale non è più omogenea, cioè non è più soddisfatta dalla funzione identicamente nulla. Si parla in tal caso di oscillatore armonico *forzato*. Consideriamo preliminarmente la medesima equazione differenziale, in cui però si consideri nullo il termine noto. Questa nuova equazione si chiama *equazione omogenea associata* all'equazione originaria nel problema (1.32), la corrispondente equazione caratteristica ha le due soluzioni (1.16) che, per comodità, riscriviamo nella forma:

$$\alpha_{1,2} = \frac{1}{\tau} \left(-\delta \pm \theta \right) , \tag{1.33}$$

in cui $\theta = \sqrt{\delta^2 - 1}$ ed, in particolare, $\theta = i \, \nu$ nel caso in cui $\delta \in [0, 1)$ e $\theta = \nu$ nel caso in cui $\delta \in (1, +\infty)$. Inoltre, sappiamo che l'equazione omogenea corrispondente all'equazione differenziale in (1.32) ha i due integrali:

$$x_1(t) = e^{(-\delta+\theta)t/\tau} \,, \quad x_2(t) = e^{(-\delta-\theta)t/\tau} \,, \tag{1.34}$$

con una combinazione lineare dei quali si è costruito l'integrale generale. L'integrale generale dell'equazione (non omogenea) nel problema (1.32) si costruisce sommando all'integrale generale dell'equazione omogenea associata

un *qualunque* integrale della non omogenea. Quest'ultimo non è ovviamente
unico, essendo possibile costruirne uno nuovo semplicemente sommando al
vecchio un integrale dell'omogenea associata. Cerchiamo allora una soluzione dell'equazione non omogenea (ottenuta dall'equazione nel problema (1.32)
dividendo per χ):

$$\tau^2 \, \frac{d^2 x}{dt^2} + 2 \, \delta \, \tau \, \frac{dx}{dt} + x = f(t) \tag{1.35}$$

come combinazione lineare *a coefficienti variabili* dei due integrali (1.34):

$$x(t) = A_1(t) \, x_1(t) + A_2(t) \, x_2(t) \tag{1.36}$$

e cosí pure, con gli stessi coefficienti, per la derivata prima (sottointendiamo
la dipendenza dal tempo, per semplificare la notazione):

$$\frac{dx}{dt} = A_1 \, \frac{dx_1}{dt} + A_2 \, \frac{dx_2}{dt} \; . \tag{1.37}$$

Questo modo di ricercare la soluzione di una equazione non omogenea prende
il nome di *metodo di variazione delle costanti arbitrarie*. Occorre allora determinare le due funzioni del tempo $A_{1,2}$, imponendo che la funzione (1.36)
verifichi l'equazione (1.35), oltre alla richiesta (1.37). Derivando nel tempo la
(1.36) si ha che deve valere, simultaneamente alla (1.37), anche la relazione:

$$\frac{dx}{dt} = \frac{dA_1}{dt} \, x_1 + \frac{dA_2}{dt} \, x_2 + A_1 \, \frac{dx_1}{dt} + A_2 \, \frac{dx_2}{dt} \; ,$$

che, per confronto, fornisce:

$$\frac{dA_1}{dt} \, x_1 + \frac{dA_2}{dt} \, x_2 = 0 \; . \tag{1.38}$$

Deriviamo a sua volta la (1.37) ed otteniamo per la derivata seconda di x:

$$\frac{d^2 x}{dt^2} = \frac{dA_1}{dt} \, \frac{dx_1}{dt} + \frac{dA_2}{dt} \, \frac{dx_2}{dt} + A_1 \, \frac{d^2 x_1}{dt^2} + A_2 \, \frac{d^2 x_2}{dt^2} \; . \tag{1.39}$$

Sostituendo le derivate di x (1.36, 1.37) e (1.39) nell'equazione differenziale
(1.35), si ottiene:

$$\tau^2 \, \Big(\frac{dA_1}{dt} \, \frac{dx_1}{dt} + \frac{dA_2}{dt} \, \frac{dx_2}{dt} + A_1 \, \frac{d^2 x_1}{dt^2} + A_2 \, \frac{d^2 x_2}{dt^2} \Big) +$$

$$+ \, 2 \, \delta \, \tau \, \Big(A_1 \, \frac{dx_1}{dt} + A_2 \, \frac{dx_2}{dt} \Big) + A_1 \, x_1 + A_2 \, x_2 = f(t) \; .$$

Mettendo in evidenza i termini contenenti A_1 ed A_2 non derivati si ha:

$$\tau^2 \, \Big(\frac{dA_1}{dt} \, \frac{dx_1}{dt} + \frac{dA_2}{dt} \, \frac{dx_2}{dt} \Big) +$$

$$+ A_1 \underbrace{\left(\tau^2 \frac{d^2 x_1}{dt^2} + 2\,\delta\,\tau\,\frac{dx_1}{dt} + x_1 \right)}_{= 0} + \tag{1.40}$$

$$+ A_2 \underbrace{\left(\tau^2 \frac{d^2 x_2}{dt^2} + 2\,\delta\,\tau\,\frac{dx_2}{dt} + x_2 \right)}_{= 0} = f(t)$$

e ricordando che le due funzioni x_1 ed x_2 verificano l'equazione omogena associata alla (1.35), e quindi i due termini in parentesi tonde nella (1.40) sono nulli, si riesce a scrivere una seconda equazione, oltre alla (1.38), contenente le sole derivate delle due funzioni incognite A_1 ed A_2:

$$\frac{dA_1}{dt}\,\frac{dx_1}{dt} + \frac{dA_2}{dt}\,\frac{dx_2}{dt} = \frac{1}{\tau^2}\,f(t)\,, \tag{1.41}$$

che risulta anch'essa lineare. Risolvendo il sistema ottenuto dalle (1.38, 1.41) ricaveremo le derivate prime delle due funzioni incognite. Il sistema si scrive:

$$\begin{cases} x_1\,\dfrac{dA_1}{dt} + x_2\,\dfrac{dA_2}{dt} = 0 \\[2ex] \dfrac{dx_1}{dt}\,\dfrac{dA_1}{dt} + \dfrac{dx_2}{dt}\,\dfrac{dA_2}{dt} = \dfrac{1}{\tau^2}\,f(t)\,, \end{cases} \tag{1.42}$$

il cui determinante dei coefficienti è dato da:

$$W(t) = \begin{vmatrix} x_1(t) & x_2(t) \\[2ex] \dfrac{dx_1}{dt}(t) & \dfrac{dx_2}{dt}(t) \end{vmatrix} \tag{1.43}$$

ed è il determinante costruito mettendo sulla prima riga gli integrali dell'omogenea e sulla seconda le loro derivate prime. Il deteminante (1.43) prende il nome di *wronskiano* dell'equazione (1.35) e si può dimostrare che o è sempre nullo, oppure non si annulla per alcun valore di t. Noti i due integrali (1.34), il wronskiano si calcola subito:

$$W(t) = \begin{vmatrix} e^{(-\delta+\theta)t/\tau} & e^{(-\delta-\theta)t/\tau} \\[2ex] \dfrac{-\delta+\theta}{\tau}\,e^{(-\delta+\theta)t/\tau} & \dfrac{-\delta-\theta}{\tau}\,e^{(-\delta-\theta)t/\tau} \end{vmatrix} = -2\,\frac{\theta}{\tau}\,e^{-2\delta t/\tau}\,. \tag{1.44}$$

Il sistema (1.42) fornisce allora:

$$\begin{cases} \dfrac{dA_1}{dt} = \dfrac{1}{2\tau\theta}\,e^{(\delta-\theta)t/\tau}\,f(t) \\[2ex] \dfrac{dA_2}{dt} = -\dfrac{1}{2\tau\theta}\,e^{(\delta+\theta)t/\tau}\,f(t)\,, \end{cases}$$

integrando nel tempo, ad esempio dall'istante $t = 0$, si ottengono le due funzioni cercate:

$$\begin{cases} A_1(t) = \dfrac{1}{2\tau\theta} \displaystyle\int_0^t e^{(\delta-\theta)\eta/\tau}\, f(\eta)\, d\eta + c_1 \\[3mm] A_2(t) = -\dfrac{1}{2\tau\theta} \displaystyle\int_0^t e^{(\delta+\theta)\eta/\tau}\, f(\eta)\, d\eta + c_2\,, \end{cases} \tag{1.45}$$

dove c_1 e c_2 sono due costanti, che cambiano se si sceglie un diverso istante da cui partire con l'integrazione. Osserviamo, però, che tali costanti moltiplicheranno x_1 ed x_2, rispettivamente, che sono due integrali dell'omogenea. Poiché l'integrale generale della non omogenea si ottiene come somma di una soluzione della non omogenea e dell'integrale generale della omogenea, la presenza di queste due costanti è irrilevante e possono essere assunte nulle, ovvero la soluzione non è affetta dalla scelta dell'estremo inferiore di integrazione nelle relazioni (1.45). Ricordando l'ipotesi di costruzione (1.36) di un integrale dell'equazione non omogenea (1.35), otteniamo allora l'integrale generale di quest'ultima:

$$x(t) = e^{-\delta t/\tau}\left\{ \frac{1}{2\tau\theta}\left[e^{\theta t/\tau}\!\int_0^t e^{(\delta-\theta)\eta/\tau} f(\eta)\, d\eta - e^{-\theta t/\tau}\!\int_0^t e^{(\delta+\theta)\eta/\tau} f(\eta)\, d\eta \right] + \right.$$
$$\left. + A\, e^{\theta t/\tau} + B\, e^{-\theta t/\tau} \right\}, \tag{1.46}$$

su cui vanno imposte le condizioni iniziali richieste nel problema (1.32), al fine di determinare le costanti A e B. In tal modo si ottiene il sistema lineare

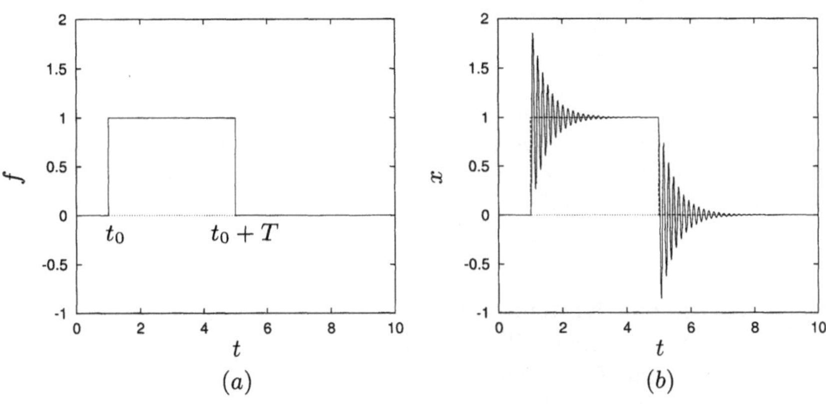

Figura 1.4. In (a) è riportato il forzamento $f(t)$ utilizzato per la soluzione (1.48, 1.49, 1.50): l'istante di accensione è $t_0 = 1$, la durata T è pari a 4 unità di tempo e l'ampiezza F è scelta unitaria. La legge oraria del moto $x = x(t)$ corrispondente (1.48, 1.49, 1.50) è disegnata in (b), sovrapposta al forzamento (linea tratteggiata). L'oscillatore ha costante di tempo $\tau = 0.025$ e coefficiente di attrito adimensionale $\delta = 0.05$. Il punto materiale parte dall'origine ($x_0 = 0$) con velocità iniziale nulla ($u_0 = 0$)

seguente in A e B:

$$\begin{cases} A + \quad\quad B = x_0 \\ (\delta - \theta)\,A + (\delta + \theta)\,B = -\tau u_0 \end{cases}$$

e sostituendo nell'equazione (1.46) si perviene alla soluzione del problema differenziale (1.32):

$$x(t) = \frac{1}{2\tau\theta}\left\{ e^{-(\delta-\theta)t/\tau}\left[\int_0^t e^{(\delta-\theta)\eta/\tau}f(\eta)\,d\eta + (\delta+\theta)\tau x_0 + \tau^2 u_0\right] + \right.$$

$$\left. -e^{-(\delta+\theta)t/\tau}\left[\int_0^t e^{(\delta+\theta)\eta/\tau}f(\eta)\,d\eta + (\delta-\theta)\tau x_0 + \tau^2 u_0\right]\right\}.$$

$$(1.47)$$

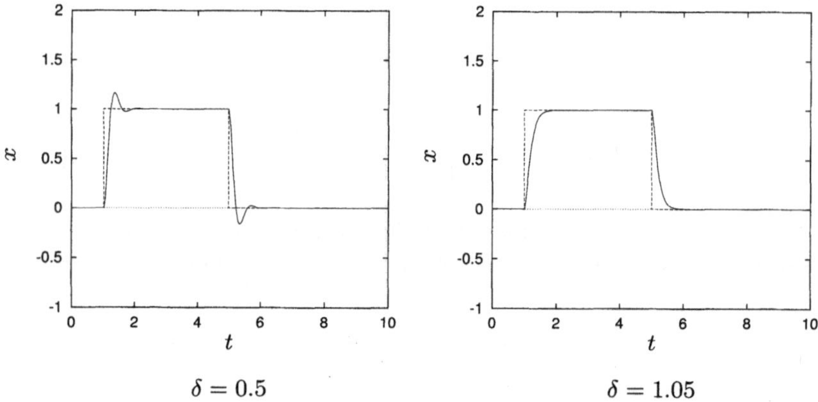

Figura 1.5. Soluzione (1.48, 1.49, 1.50) per l'oscillatore armonico forzato dalla sollecitazione in Fig. 1.4-a, quest'ultima è riportata con linea tratteggiata. L'oscillatore parte dall'origine ($x_0 = 0$) con velocità iniziale nulla ($u_0 = 0$), ha costante di tempo $\tau = 0.1$ e differenti coefficienti di attrito adimensionali

Facciamo un esempio divertente sull'uso della soluzione (1.47): studiamo la risposta dell'oscillatore ad una sollecitazione impulsiva del tipo rappresentato in Fig. 1.4. Questa forza $f(t)$ viene accesa ad un istante fissato $t = t_0 > 0$ e viene tenuta costante al valore F per un tempo $T > 0$, dopodiché viene spenta. Utilizzando la forma generale (1.47) della soluzione del problema differenziale (1.32), si trova la seguente soluzione per $0 \le t < t_0$:

$$x(t) = e^{-\delta t/\tau}\left[\left(\frac{\delta}{\tau}\,x_0 + u_0\right)\frac{\sinh(\theta t/\tau)}{\theta/\tau} + x_0\,\cosh(\theta t/\tau)\right] =: X(t) \quad (1.48)$$

(è comodo introdurre la nuova funzione $X(t)$, perché apparirà anche nelle soluzioni per $t \ge t_0$), per $t_0 \le t \le t_0 + T$:

$$x(t) = X(t) + \tag{1.49}$$

$$+F \left\{ 1 - e^{-\delta(t-t_0)/\tau} \left[\frac{\delta}{\tau} \frac{\sinh[\theta(t-t_0)/\tau]}{\theta/\tau} + \cosh[\theta(t-t_0)/\tau] \right] \right\} ,$$

ed, infine, per $t > t_0 + T$:

$$x(t) = X(t) + \tag{1.50}$$

$$+Fe^{-\delta(t-t_0)/\tau} \left\{ e^{\delta T/\tau} \left[\frac{\delta}{\tau} \frac{\sinh[\theta(t-(T+t_0))/\tau]}{\theta/\tau} + \cosh[\theta(t-(T+t_0))/\tau] \right] + \right.$$

$$\left. - \left[\frac{\delta}{\tau} \frac{\sinh[\theta(t-t_0)/\tau]}{\theta/\tau} + \cosh[\theta(t-t_0)/\tau] \right] \right\} .$$

Questa soluzione è riportata nelle Figg. 1.4 e 1.5 per oscillatori con differenti costanti di tempo e coefficienti di attrito. Infine, nell'appendice 1.7 viene discusso brevemente il caso in cui l'oscillatore è forzato con un impulso molto intenso e localizzato nel tempo.

Introdotti i concetti fondamentali per il tramite dell'esempio fisico dell'oscillatore forzato, analizziamo con maggiore generalità alcune questioni che riguardano la soluzione delle equazioni differenziali lineari non omogenee.

1.2 Equazioni differenziali lineari non omogenee

In questo paragrafo saranno brevemente discussi due aspetti della risoluzione di una equazione differenziale lineare di ordine qualunque: la presenza di radici caratteristiche multiple in una equazione a coefficienti costanti e la costruzione di un integrale particolare della non omogenea, una volta noto l'integrale generale della omogenea.

Riguardo al primo punto, la discussione svolta nel caso di una equazione differenziale lineare a coefficienti costanti del secondo ordine può essere semplicemente estesa ad un ordine qualunque. Supponiamo di avere una equazione omogenea nella funzione $y(x)$ di ordine $n \geq 2$, a coefficienti costanti:

$$y^{(n)}(x) + a_{n-1}y^{(n-1)}(x) + \ldots + a_1 y'(x) + a_0 y(x) = 0 , \tag{1.51}$$

in cui indichiamo con $y^{(k)}$ la k-esima derivata della funzione y, con la convenzione che $y^{(0)}$ è proprio la funzione y. Il coefficiente della derivata di ordine massimo è stato fissato ad 1 (come è sempre possibile) e per questo alla forma (1.51) dell'equazione differenziale viene attribuito l'aggettivo *normale*. Inoltre supponiamo che la corrispondente equazione caratteristica possieda una radice $\alpha^\star$ di molteplicità $k \leq n$. In tal caso la struttura dell'equazione caratteristica è del tipo:

$$p_{n-k}(\alpha) \, (\alpha - \alpha^\star)^k = 0 , \tag{1.52}$$

dove $p_{n-k}(\alpha)$ è un polinomio di grado $n - k$ in α, che è diverso da zero in $\alpha = \alpha^\star$. In corrispondenza alla (1.52), l'equazione differenziale potrà essere riscritta nella forma:

$$\Big(\frac{d^{n-k}}{dx^{n-k}} + b_{n-k-1} \frac{d^{n-k-1}}{dx^{n-k-1}} + \ldots + b_1 \frac{d}{dx} + b_0 \Big) \Big(\frac{d}{dx} - \alpha^\star \Big)^k y(x) = 0 \ , \quad (1.53)$$

in cui i coefficienti b_m per $m = 1, 2, \ldots, n - k - 1$ sono dei numeri dipendenti dai coefficienti dell'equazione (1.51), anche per il tramite di $\alpha^\star$. Analizziamo il secondo fattore a primo membro della (1.53), che può essere riscritto come:

$$\Big(\frac{d}{dx} - \alpha^\star \Big)^k y(x) = \underbrace{\Big(\frac{d}{dx} - \alpha^\star \Big) \cdot \ldots \cdot \Big(\frac{d}{dx} - \alpha^\star \Big)}_{k \text{ volte}} y(x) \ , \qquad (1.54)$$

dalla quale si vede che una funzione $y(x)$ in grado di annullare tale fattore è senz'altro la funzione $y_1(x) = \exp(\alpha^\star x)$, perché risulta:

$$\Big(\frac{d}{dx} - \alpha^\star \Big) y_1(x) = 0 \ . \qquad (1.55)$$

$y_1(x)$ è in grado di rendere nulla anche la quantità seguente:

$$\Big(\frac{d}{dx} - \alpha^\star \Big) \Big(\frac{d}{dx} - \alpha^\star \Big) y_1(x) = \Big(\frac{d}{dx} - \alpha^\star \Big)^2 y_1(x) \ , \qquad (1.56)$$

ma c'è un'altra funzione che annulla la quantità (1.56): la funzione $y_2(x) = x \exp(\alpha^\star x) = x \, y_1(x)$. Infatti, possiamo facilmente calcolare, in base alla (1.55), che:

$$\Big(\frac{d}{dx} - \alpha^\star \Big) y_2(x) = x \Big(\frac{d}{dx} - \alpha^\star \Big) y_1(x) + y_1(x) = y_1(x)$$

e questa funzione annulla, vedi la (1.55), il secondo fattore differenziale nella (1.56). Se poi si considera la quantità:

$$\Big(\frac{d}{dx} - \alpha^\star \Big)^3 y(x) \ ,$$

si scopre facilmente che esistono tre funzioni in grado di annullarla: $y_1(x)$, $y_2(x)$ e $y_3(x) = x \, y_2(x)$. Quindi, se una equazione differenziale lineare, omogenea ed a coefficienti costanti ammette una radice caratteristica $\alpha^\star$, di molteplicità k, allora ammette i k integrali particolari: $y_1(x) = \exp(\alpha^\star x)$, $y_2(x) = x \, y_1(x)$, \ldots, $y_k(x) = x^{k-1} \, y_1(x)$.

Riguardo al secondo punto, le considerazioni fatte nel §1.1, circa la costruzione dell'integrale particolare della non omogenea, possono essere estese facilmente ad una qualunque equazione differenziale lineare non omogenea, anche a coefficienti variabili. Supponiamo di avere una equazione differenziale di questo tipo e di ordine n nella funzione incognita $y = y(x)$:

$$y^{(n)}(x) + a_{n-1}(x)y^{(n-1)}(x) + \ldots + a_1(x)y'(x) + a_0(x)y(x) = f(x) \ , \quad (1.57)$$

in cui i coefficienti a_k sono funzioni assegnate di x e si è assunto $a_n(x) \equiv 1$, ovvero l'equazione differenziale (1.57) è in forma normale. Supponiamo di essere riusciti a calcolare l'integrale generale $y_0(x)$ dell'omogenea corrispondente alla (1.57):

$$y_0(x) = B_1\, y_1(x) + B_2\, y_2(x) + \ldots + B_n\, y_n(x) \; , \qquad (1.58)$$

con B_k costante ed $y_k(x)$ integrale particolare, per $k = 1,\, 2,\, \ldots,\, n$. Vogliamo far vedere che, una volta noto l'integrale generale dell'omogenea, è facile ricavare quello della non omogenea.

Consideriamo dapprima il caso di una equazione differenziale lineare del primo ordine, non omogenea. Seguendo la notazione precedente, la forma normale di questa equazione si scrive:

$$y'(x) + a_0(x)y(x) = f(x) \; , \qquad (1.59)$$

di cui supponiamo di conoscere l'integrale della omogenea $y_1(x)$. Cerchiamo un integrale particolare della non omogenea nella forma $y(x) = A(x)\, y_1(x)$. Sostituendo questa forma nell'equazione differenziale (1.59) e ricordando che $y_1(x)$ verifica l'equazione omogenea, otteniamo:

$$A'y_1 + A(y_1' + a_0 y_1) = A'y_1 = f \; ,$$

da cui si ricava A, integrando tra un punto x_0 arbitrario ed x:

$$A(x) = \int_{x_0}^{x} \frac{f(\xi)}{y_1(\xi)}\, d\xi \; .$$

Ne segue per l'integrale particolare della non omogenea:

$$y(x) = \int_{x_0}^{x} \frac{y_1(x)}{y_1(\xi)}\, f(\xi)\, d\xi \; , \qquad (1.60)$$

la cui scrittura può essere semplificata introducendo il *nucleo risolvente*:

$$K_1(x,\xi) = \frac{y_1(x)}{y_1(\xi)} \; , \qquad (1.61)$$

che, sostituito in (1.60), fornisce l'integrale particolare della non omogenea nella forma:

$$y(x) = \int_{x_0}^{x} K_1(x,\xi)\, f(\xi)\, d\xi \; , \qquad (1.62)$$

mentre l'integrale generale della non omogenea si scrive sommando all'integrale particolare (1.62) l'integrale generale della omogenea, ovvero il prodotto di $y_1(x)$ per una costante.

Passiamo ora al caso $n \geq 2$. Si parte ricercando n funzioni di x, denominate $A_1,\, A_2,\, \ldots,\, A_n$, tali da verificare le seguenti n equazioni:

$$\begin{cases} y_1 A_1 + & y_2 A_2 + \ldots + & y_n A_n = & y \\[4pt] y_1' A_1 + & y_2' A_2 + \ldots + & y_n' A_n = & y' \\[4pt] y_1'' A_1 + & y_2'' A_2 + \ldots + & y_n'' A_n = & y'' \\[4pt] \vdots & \vdots & \vdots & \vdots \\[4pt] y_1^{(n-2)} A_1 + y_2^{(n-2)} A_2 + & \ldots + y_n^{(n-2)} A_n = & y^{(n-2)} \\[4pt] y_1^{(n-1)} A_1 + y_2^{(n-1)} A_2 + & \ldots + y_n^{(n-1)} A_n = & y^{(n-1)} \end{cases} \qquad (1.63)$$

La derivata n-esima si ottiene derivando in x l'ultima riga, in tal modo si ha:

$$\begin{aligned} & \left[y_1^{(n)} A_1 + y_2^{(n)} A_2 + \ldots + y_n^{(n)} A_n \right] + \\ & + \left[y_1^{(n-1)} A'_1 + y_2^{(n-1)} A'_2 + \ldots + y_n^{(n-1)} A'_n \right] = y^{(n)} , \end{aligned} \qquad (1.64)$$

da cui segue, sostituendo le (1.63) e la (1.64) nell'equazione differenziale di partenza (1.57) e ricordando che le funzioni y_k verificano l'omogenea, la condizione:

$$y_1^{(n-1)} A'_1 + y_2^{(n-1)} A'_2 + \ldots + y_n^{(n-1)} A'_n = f . \qquad (1.65)$$

Il risultato (1.65) suggerisce di non lavorare direttamente con le funzioni $A_k(x)$, ma con le loro derivate prime $A'_k(x)$. È facile ricavare, a partire dalle (1.63) $n-1$ relazioni per le derivate prime. Infatti, derivando la prima riga e sottraendo a tale derivata la seconda riga si ha:

$$y_1 A'_1 + y_2 A'_2 + \ldots + y_n A'_n = 0 ,$$

mentre, derivando la seconda riga e sottraendo da tale derivata la terza riga si ottiene:

$$y_1' A'_1 + y_2' A'_2 + \ldots + y_n' A'_n = 0 ,$$

e cosí via, fino alla $n-1$-esima riga delle (1.63). Utilizzando poi il risultato (1.65) della sostituzione all'interno dell'equazione differenziale, siamo in grado di scrivere il seguente sistema lineare [4] nelle derivate delle funzioni $A_k(x)$:

$$\begin{cases} y_1 A'_1 + & y_2 A'_2 + \ldots + & y_n A'_n = & 0 \\[4pt] y_1' A'_1 + & y_2' A'_2 + \ldots + & y_n' A'_n = & 0 \\[4pt] y_1'' A'_1 + & y_2'' A'_2 + \ldots + & y_n'' A'_n = & 0 \\[4pt] \vdots & \vdots & \vdots & \vdots \\[4pt] y_1^{(n-2)} A'_1 + y_2^{(n-2)} A'_2 + & \ldots + y_n^{(n-2)} A'_n = & 0 \\[4pt] y_1^{(n-1)} A'_1 + y_2^{(n-1)} A'_2 + & \ldots + y_n^{(n-1)} A'_n = & f , \end{cases} \qquad (1.66)$$

---

[4] Notare che nel caso $n = 1$, escluso dalla trattazione presente, il determinante (1.67) si ridurrebbe alla sola funzione $y_1(x)$, mentre, invece, il sistema (1.66) non avrebbe senso, essendo valida la sola ultima riga. Questo è il motivo per il quale è stato escluso il caso $n = 1$.

il cui determinante dei coefficienti è proprio il wronskiano associato agli n integrali dell'omogenea:

$$W(x) = \begin{vmatrix} y_1(x) & y_2(x) & \cdots & y_n(x) \\ y_1'(x) & y_2'(x) & \cdots & y_n'(x) \\ \vdots & \vdots & & \vdots \\ y_1^{(n-2)}(x) & y_2^{(n-2)}(x) & \cdots & y_n^{(n-2)}(x) \\ y_1^{(n-1)}(x) & y_2^{(n-1)}(x) & \cdots & y_n^{(n-1)}(x) \end{vmatrix} . \tag{1.67}$$

Esempi di risoluzione di equazioni differenziali non omogenee con il metodo della varizione delle costanti arbitrarie si trovano nel §1.5.1.

Per risolvere il sistema (1.66), indichiamo con $\eta_k(x)$ l'aggiunto dell'elemento k-esimo dell'ultima riga del determinante (1.67). In tal modo la derivata della funzione k-esima sarà data semplicemente da:

$$A_k'(x) = \frac{\eta_k(x)f(x)}{W(x)}$$

ed, integrando quest'ultima relazione tra un punto x_0 arbitrario ed x, otteniamo la funzione cercata:

$$A_k(x) = \int_{x_0}^{x} \frac{\eta_k(\xi)f(\xi)}{W(\xi)} \, d\xi . \tag{1.68}$$

Sostituendo nella prima riga delle (1.63) abbiamo un integrale particolare dell'equazione non omogenea (1.57) nella forma:

$$y(x) = \sum_{k=1}^{n} y_k(x) \int_{x_0}^{x} \frac{\eta_k(\xi)f(\xi)}{W(\xi)} \, d\xi = \int_{x_0}^{x} f(\xi) \frac{1}{W(\xi)} \sum_{k=1}^{n} \eta_k(\xi) \, y_k(x) , \tag{1.69}$$

ma la sommatoria sotto l'integrale a terzo membro della (1.69) è pari al determinante ottenuto sostituendo l'ultima riga del wronskiano (1.67) con la riga degli integrali particolari dell'omogenea *valutati nel punto* x: $y_1(x)$, $y_2(x)$, ..., $y_n(x)$. Definendo allora il seguente rapporto di determinanti:

$$K_n(x,\xi) = \frac{1}{W(\xi)} \begin{vmatrix} y_1(\xi) & y_2(\xi) & \cdots & y_n(\xi) \\ y_1'(\xi) & y_2'(\xi) & \cdots & y_n'(\xi) \\ \vdots & \vdots & & \vdots \\ y_1^{(n-2)}(\xi) & y_2^{(n-2)}(\xi) & \cdots & y_n^{(n-2)}(\xi) \\ y_1(x) & y_2(x) & \cdots & y_n(x) \end{vmatrix} , \tag{1.70}$$

che prende il nome di nucleo risolvente, l'integrale particolare della non omogenea (1.69) si riscrive:

$$y(x) = \int_{x_0}^{x} K_n(x, \xi)\, f(\xi)\, d\xi \,, \qquad\qquad (1.71)$$

mentre l'integrale generale della non omogenea si ottiene sommando a quello particolare (1.71) l'integrale generale dell'omogenea y_0 (1.58). Come verrà anche chiarito dagli esempi nel §1.5.2, lavorando sulla forma (1.71) dell'integrale particolare, quest'ultimo si riesce a scrivere come *integrale di convoluzione* tra la funzione nucleo ed il termine noto f. Ovvero, ponendo $\tilde{K}_n(x-\xi) = K_n(x, \xi)$:

$$y(x) = \int_{x_0}^{x} \tilde{K}_n(x - \xi)\, f(\xi)\, d\xi \,.$$

Per concludere, riconsideriamo l'esempio (1.35) trattato nel paragrafo precedente, in cui il termine noto si scrive come $f(t)/\tau^2$ (ricordare che la (1.57) è in forma normale!) ed i due integrali particolari della omogenea sono dati dalla (1.34), con wronskiano (1.44). Valutiamo il nucleo risolvente:

$$\begin{aligned}
K_2(t, \eta) &= -\frac{1}{2}\,\frac{\tau}{\theta}\, e^{2\delta\eta/\tau}\, \begin{vmatrix} e^{(-\delta+\theta)\eta/\tau} & e^{(-\delta-\theta)\eta/\tau} \\ e^{(-\delta+\theta)t/\tau} & e^{(-\delta-\theta)t/\tau} \end{vmatrix} \\
&= \frac{\tau}{\theta}\, e^{-\delta(t-\eta)/\tau}\, \sinh[\theta(t - \eta)/\tau] \,,
\end{aligned}$$

quindi, sostituendo nella relazione (1.71), si ritrova la (1.46), ovviamente a meno dell'integrale generale dell'omogenea. Come questo esempio fa apprezzare, l'utilizzo della procedura generale è molto più economico della risoluzione diretta del sistema (1.66) e dell'integrazione successiva delle funzioni A'_k, per $k = 1, 2, \ldots, n$. Altri esempi di equazioni differenziali risolte con questa tecnica ed esercizi proposti si trovano nel §1.5.2.

1.3 Una classe di equazioni differenziali lineari a coefficienti variabili

Nel paragrafo precedente è stato mostrato che per una equazione differenziale lineare, se si riesce a risolvere l'equazione omogenea associata, allora è possibile risolvere la non omogenea, per qualsiasi forma del termine noto, purché, ovviamente, quest'ultimo possa essere integrato. Il vero problema della risoluzione di una equazione lineare a coefficienti variabili è, quindi, la soluzione dell'equazione omogenea. In questo paragrafo studieremo la soluzione di una importante classe di equazioni differenziali lineari omogenee a coefficienti variabili, che sono classificate come *equazioni di Eulero*. Tali equazioni hanno la forma:

$$y^{(n)}(x) + \frac{b_{n-1}}{x}\, y^{(n-1)}(x) + \frac{b_{n-2}}{x^2}\, y^{(n-2)}(x) + \ldots + \frac{b_1}{x^{n-1}}\, y'(x) + \frac{b_0}{x^n}\, y(x) = 0 \,,$$
$$(1.72)$$

che è del tipo (1.57), con $a_k(x) = b_k/x^{n-k}$, essendo b_k una costante assegnata, per $k = 0, 1, \ldots, n$. Nella (1.72) x deve essere sempre diverso da zero, essendo i coefficienti singolari in questo punto. Senza perdere di generalità, x si può supporre positivo, in quanto la posizione opposta comporta semplicemente la moltiplicazione per $(-1)^n$ del primo membro della (1.72).

La risoluzione dell'equazione (1.72) è molto semplice, infatti tale equazione si trasforma in una equazione a coefficienti costanti cambiando variabile da x a $t(x) = \log x$. Infatti, posto $y(x) = Y[t(x)]$, utilizzando il teorema di derivazione di funzioni composte, le derivate di y si scrivono:

$$
\begin{aligned}
y'(x) &= Y'(t) \Big|_{t=t(x)} \frac{1}{x} \\[2mm]
y''(x) &= [Y''(t) - Y'(t)] \Big|_{t=t(x)} \frac{1}{x^2} \\[2mm]
y'''(x) &= [Y'''(t) - 3Y''(t) + 2Y'(t)] \Big|_{t=t(x)} \frac{1}{x^3}
\end{aligned}
\qquad (1.73)
$$

$$
\vdots \qquad\qquad \vdots
$$

da cui è chiaro che la derivata k-esima di y in x si scrive come un polinomio a coefficienti costanti nelle derivate di Y rispetto a t, moltiplicato per $1/x^k$. Sostituendo nella (1.72) le derivate (1.73) si ottiene un polinomio a coefficienti costanti nelle derivate fino all'n-esima di Y rispetto a t, moltiplicato per $1/x^n$. Moltiplicando primo e secondo membro della (1.72) per x^n si ottiene allora una equazione differenziale di ordine n, lineare ed a coefficienti costanti in Y. Risolta tale equazione, utilizzando la trasformazione $Y[t(x)] = y(x)$ si ottiene l'integrale generale della (1.72).

Facciamo un esempio. Supponiamo di avere l'equazione di Eulero:

$$
y'' - \frac{1}{x}\, y' + \frac{1}{x^2}\, y = 0 \,,
\qquad (1.74)
$$

con la sostituzione precedente e le derivate (1.73) questa equazione viene trasformata nella:

$$
Y'' - 2Y' + Y = 0 \,,
$$

che ha integrale generale $Y(t) = (A + B\,t)\, e^t$, ne segue che l'integrale generale della (1.74) si scrive:

$$
y(x) = (A + B \log x)\, x \,.
$$

Altri esempi di risoluzione di equazioni di Eulero ed esercizi proposti si trovano nel §1.5.3.

1.4 Equazioni a variabili separabili

Una importante categoria di equazioni differenziali del primo ordine è costituita da equazioni della forma:

$$\frac{dy}{dx} = Y(y)\, X(x) \,, \tag{1.75}$$

in cui Y è una funzione della sola y ed X è della sola x. In generale, $Y(y)$ è una funzione non lineare di y, cosicché l'equazione (1.75) risulta essere anch'essa *non lineare*.

Supponendo che Y sia sempre differente da zero, si può dividere per Y primo e secondo membro della (1.75), ottenendo in tal modo l'equazione:

$$\frac{1}{Y(y)}\, \frac{dy}{dx} = X(x) \,. \tag{1.76}$$

Chiamata con $F(y)$ una primitiva della funzione $1/Y(y)$ e con $f(x)$ una primitiva della funzione $X(x)$, ovvero avendo:

$$\frac{dF}{dy}(y) = \frac{1}{Y(y)} \quad e \quad \frac{df}{dx}(x) = X(x) \,,$$

e ricordando il teorema di derivazione di una funzione composta, l'equazione (1.76) si riscrive:

$$\frac{d}{dx}\, F[y(x)] = \frac{df}{dx}(x) \,.$$

Integrando primo e secondo membro in x si ottiene, in definitiva, la soluzione dell'equazione (1.75) in forma implicita (occorre, cioè, ancora ricavare la funzione $y(x)$ per avere la forma esplicita):

$$F[y(x)] = f(x) + \text{costante} \,. \tag{1.77}$$

La struttura di tale soluzione può essere ricordata semplicemente, attraverso il seguente artificio formale. Si divide per Y e si moltiplica per dx primo e secondo membro della (1.75):

$$\frac{dy}{Y(y)} = X(x)\, dx \,. \tag{1.78}$$

Integrando poi entrambi i membri della relazione (1.78) si ottiene la soluzione in forma implicita (1.77).

Facciamo qualche esempio. Supponiamo di dover integrare il problema:

$$\begin{cases} y' = \dfrac{y^2}{1 + x^2} \\[2mm] y(0) = 2/\pi \,. \end{cases} \tag{1.79}$$

Considerato che una primitiva di $1/y^2$ è $-1/y$ e che una primitiva di $1/(1+x^2)$ è $\arctan x$, applicando la (1.77) si ottiene la soluzione in forma implicita:

$$-\frac{1}{y(x)} = \arctan x + \text{costante} \,, \tag{1.80}$$

in cui, imponendo la condizione $y(0) = 2/\pi$, il valore della costante risulta essere $-\pi/2$, quindi l'equazione (1.80) si riscrive nella forma:

$$\frac{1}{y(x)} = \frac{\pi}{2} - \arctan x \ . \tag{1.81}$$

La (1.81) è la forma implicita di soluzione del problema (1.79); è semplice, in tal caso, ottenere la forma esplicita:

$$y(x) = \frac{1}{\pi/2 - \arctan x} \ . \tag{1.82}$$

Come secondo esempio consideriamo la soluzione del problema:

$$\begin{cases} y' = y \, (x \log x)^2 \\ y(1) = 1 \ . \end{cases} \tag{1.83}$$

Una primitiva di $Y(y) = 1/y$ è $\log y$, mentre, integrando ripetutamente per parti, si ottiene anche la primitiva di $X(x) = (x \log x)^2$:

$$\int (x \log x)^2 dx = \frac{x^3}{27} \, \left(9 \, \log^2 x - 6 \, \log x + 2\right) \ ,$$

ne segue che l'integrale generale della (1.83) si scrive, in forma implicita, nel modo seguente:

$$\log y = \frac{x^3}{27} \, \left(9 \, \log^2 x - 6 \, \log x + 2\right) + \text{costante} \ . \tag{1.84}$$

Il valore della costante si ricava imponendo la condizione in $x = 1$, cosicché la (1.84) fornisce la soluzione seguente del problema (1.83):

$$y(x) = \exp \left[\frac{x^3}{27} \, \left(9 \, \log^2 x - 6 \, \log x + 2\right) - \frac{2}{27} \right] \ . \tag{1.85}$$

Altri esempi ed esercizi proposti sulla risoluzione di equazioni a variabili separabili si trovano nel §1.5.4.

1.5 Esercizi

In questo paragrafo vengono svolti alcuni esercizi sui problemi differenziali ordinari. Sarà seguito l'ordine con cui i vari argomenti sono stati trattati, iniziando dalle equazioni lineari a coefficienti costanti e non omogenee, risolte in §1.5.1 col metodo della variazione delle costanti arbitrarie ed in §1.5.2 col nucleo risolvente. Si svolgeranno poi alcuni esercizi sulle equazioni lineari di Eulero, §1.5.3, ed, infine, sulle equazioni a variabili separabili, §1.5.4. Alla fine di ogni paragrafo di esercizi svolti è collocata una raccolta di esercizi da svolgere, dei quali è fornita soltanto la soluzione.

1.5.1 Equazioni lineari a coefficienti costanti risolte col metodo della variazione delle costanti arbitarie

In questo paragrafo saranno risolti problemi differenziali costituiti da equazioni lineari a coefficienti costanti e non omogenee. L'integrale particolare della non omogenea è calcolato col metodo di variazione delle costanti arbitrarie.

- **Esercizio 1**

  Risolvere il problema differenziale del primo ordine:

$$\begin{cases} 4y' + y = \sin x \\ y(0) = 0 \ . \end{cases}$$

L'equazione caratteristica si scrive:

$$4\alpha + 1 = 0$$

ed ha radice $\alpha = -1/4$. In corrispondenza a tale radice, l'integrale della omogenea si può scegliere, a meno di costanti moltiplicative, come $y_1(x) = \exp(-x/4)$, conseguentemente l'integrale particolare della non omogenea si cerca della forma: $\tilde{y}(x) = A(x)\exp(-x/4)$. Sostituendo nella equazione si ottiene per la derivata prima di A:

$$A'(x) = \frac{1}{4} \ \sin x \ e^{x/4} \ ,$$

considerando che vale il risultato seguente:

$$\int d\xi \ e^{\xi/4} \ \sin \xi = \frac{4}{17} \ e^{\xi/4} \ (\sin \xi - 4\cos \xi) \ ,$$

si integra A', ottenendo a meno di costanti additive:

$$A(x) = \frac{1}{17} \ e^{x/4} \ (\sin x - 4\cos x) \ ,$$

da cui segue che la soluzione del problema si può cercare nella forma:

$$y(x) = \frac{1}{17}(\sin x - 4\cos x) + a \ e^{-x/4} \ .$$

La costante a si determina imponendo la condizione in $x = 0$, che fornisce $a = 0$, la soluzione del problema è quindi:

$$y(x) = \frac{1}{17} \ \left(\sin x - 4\cos x + 4e^{-x/4} \right) \ .$$

Questa soluzione è rappresentata in Fig. 1.6.

- **Esercizio 2**

  Risolvere il problema differenziale del secondo ordine:

$$\begin{cases} y'' + y' = \cos x \\ y(0) = 1 \ , \ \ y(\pi) = 0 \ . \end{cases}$$

L'equazione caratteristica si scrive:

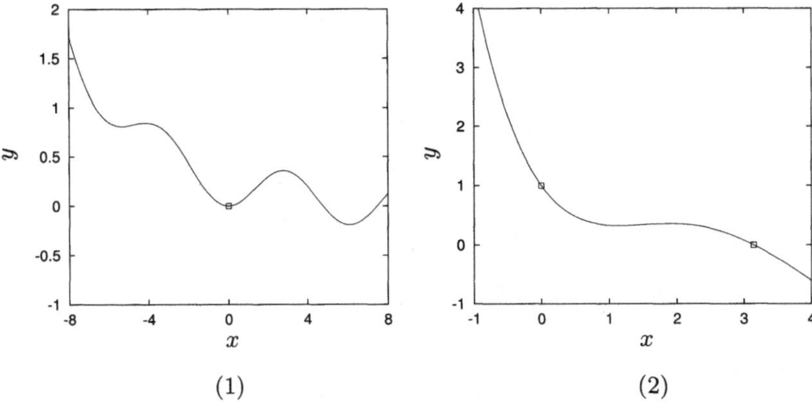

Figura 1.6. Soluzioni degli esercizi 1 e 2. Sono indicati con quadratini i punti in cui vengono imposte le condizioni al contorno

$$\alpha^2 + \alpha = 0$$

che ammette soluzioni: $\alpha = 0$ ed $\alpha = -1$. Gli integrali della omogenea possono quindi essere scelti nel modo seguente:

$$y_1(x) = 1 \ , \quad y_2(x) = e^{-x} \ ,$$

il cui determinante wronskiano si scrive:

$$w(x) = \begin{vmatrix} 1 & e^{-x} \\ 0 & -e^{-x} \end{vmatrix} = -e^{-x} \ ,$$

diverso da zero per ogni x. L'integrale particolare per la non omogenea si costruisce mediante le due funzioni $A_1(x)$ ed $A_2(x)$ che verificano il sistema seguente:

$$\begin{cases} 1 \, A_1' + e^{-x} \, A_2' = 0 \\ 0 \, A_1' - e^{-x} \, A_2' = \cos x \ , \end{cases}$$

che fornisce:

$$A_1' = \cos x \ , \quad A_2' = -e^x \cos x \ .$$

Integrando le due relazioni precedenti si ottiene, a meno di costanti additive:

$$A_1(x) = \sin x \ , \quad A_2(x) = -\frac{1}{2} \, e^x \, (\sin x + \cos x) \ ,$$

da cui segue la forma della soluzione:

$$y(x) = \sin x - \frac{1}{2} \, (\cos x + \sin x) + a + b e^{-x} \ ,$$

imponendo le condizioni in $x = 0$ ed in $x = \pi$ si ottiene il seguente sistema nelle due costanti a e b:

$$\begin{cases} a + b = 3/2 \\ e^{\pi}a + b = -e^{\pi}/2 \end{cases}$$

che ha soluzione:

$$a = -\frac{3 + e^{\pi}}{2(e^{\pi} - 1)} \ , \quad b = \frac{2e^{\pi}}{e^{\pi} - 1} \ ,$$

da cui segue la funzione che risolve il problema differenziale:

$$y(x) = \frac{1}{2}\,(\sin x - \cos x) - \frac{3 + e^{\pi}}{2(e^{\pi} - 1)} + \frac{2e^{\pi}}{e^{\pi} - 1}\,e^{-x} \ .$$

Questa soluzione è rappresentata in Fig. 1.6.

- **Esercizio 3**

   Risolvere il problema differenziale del secondo ordine:

$$\begin{cases} y'' + y = x^2 \\ y(0) = 0 \ , \quad y'(0) = 1 \ . \end{cases}$$

L'equazione caratteristica si scrive:

$$\alpha^2 + 1 = 0$$

ed ammette soluzioni $\alpha_{1,2} = \pm i$, in corrispondenza alle quali si possono scegliere i due integrali dell'equazione omogenea:

$$y_1(x) = \sin x \ , \quad y_2(x) = \cos x \ ,$$

il cui determinante wronskiano si scrive:

$$w(x) = \begin{vmatrix} \sin x & \cos x \\ \cos x & -\sin x \end{vmatrix} = -1 \ ,$$

che prova l'indipendenza dei due integrali trovati. Le due funzioni $A_1(x)$ e $A_2(x)$, con le quali si scrive la soluzione particolare dell'equazione non omogenea, verificano il seguente sistema:

$$\begin{cases} \sin x \ A_1' + \cos x \ A_2' = \ 0 \\ \cos x \ A_1' - \sin x \ A_2' = x^2 \ , \end{cases}$$

che ammette soluzione, a meno di costanti additive:

$$A_1(x) = (x^2 - 2)\sin x + 2x \cos x \ , \quad A_2(x) = (x^2 - 2)\cos x - 2x \sin x \ .$$

Ne segue che la soluzione del problema si può ricercare nella forma:

$$y(x) = x^2 - 2 + a \sin x + b \cos x \ ,$$

l'imposizione delle condizioni in $x = 0$ consente di calcolare le due costanti a e b, ottenendo:

$$y(x) = x^2 - 2 + \sin x + 2\cos x \ .$$

Questa soluzione è rappresentata in Fig. 1.7.

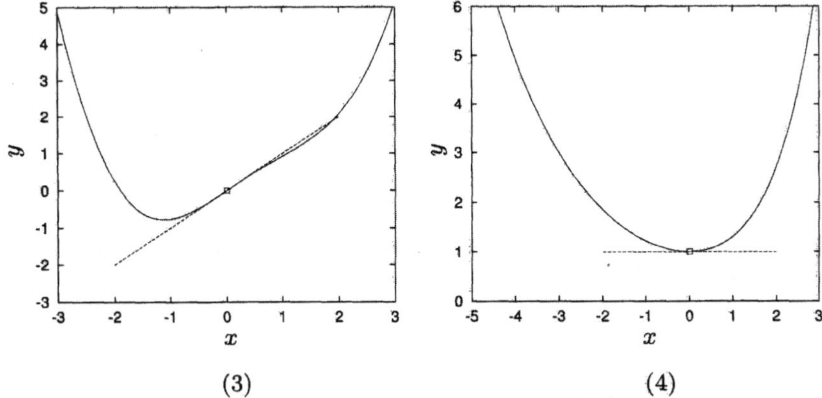

(3)   (4)

Figura 1.7. Soluzioni degli esercizi 3 e 4. Sono indicati con quadratini i punti
in cui vengono imposte le condizioni al contorno. Sono anche tracciate le rette
tangenti, di cui si impone il coefficiente angolare

- **Esercizio 4**

Risolvere il seguente problema del secondo ordine:

$$\begin{cases} 4y'' - y = e^x \\ y(0) = 1 \,, \quad y'(0) = 0 \,. \end{cases}$$

L'equazione caratteristica si scrive:

$$\alpha^2 - \frac{1}{4} = 0 \,,$$

che ammette soluzioni $\alpha_{1,2} = \pm 1/2$. In corrispondenza a queste radici si possono
scegliere i due integrali della omogenea associata nella forma:

$$y_1(x) = e^{x/2} \,, \quad y_2(x) = e^{-x/2} \,,$$

il cui determinante wronskiano si scrive:

$$w(x) = \begin{vmatrix} e^{x/2} & e^{-x/2} \\ \dfrac{1}{2} e^{x/2} & -\dfrac{1}{2} e^{-x/2} \end{vmatrix} = -1 \,,$$

differente da 0 per ogni x. L'integrale particolare della non omogenea si ricerca
come combinazione lineara a coefficienti $A_1(x)$ ed $A_2(x)$ degli integrali y_1 ed y_2
dell'omogenea associata. Si ricava il sistema nelle derivate prime A_1' e A_2':

$$\begin{cases} e^{x/2}A_1' + e^{-x/2}A_2' = 0 \\ \dfrac{1}{2}e^{x/2}A_1' - \dfrac{1}{2}e^{-x/2}A_2' = \dfrac{1}{4} e^x \end{cases}$$

che ammette soluzione:

$$A_1' = \frac{1}{4} e^{x/2} \,, \quad A_2' = -\frac{1}{4} e^{3x/2} \,.$$

Integrando le relazioni precedenti si ottiene, a meno di costanti additive:

$$A_1 = \frac{1}{2}\, e^{x/2} \ , \quad A_2 = -\frac{1}{6}\, e^{3x/2} \ ,$$

ne segue che la soluzione del problema può essere ricercata nella forma:

$$y(x) = \frac{1}{3}\, e^x + ae^{x/2} + be^{-x/2} \ ,$$

in cui le due costanti a e b si ricavano imponendo le condizioni in $x = 0$. In tal modo si ottiene $a = 0$ e $b = 2/3$ e la soluzione si scrive:

$$y(x) = \frac{1}{3}\, e^x + \frac{2}{3}\, e^{-x/2} \ .$$

Questa soluzione è rappresentata in Fig. 1.7.

- **Esercizio 5**
  Risolvere il seguente problema differenziale del secondo ordine:

$$\begin{cases} y'' - y' = x \\ y(0) = 0 \ , \ \ y(1) = 1 \ . \end{cases}$$

L'equazione caratteristica si scrive:

$$\alpha^2 - \alpha = 0$$

che ammette soluzioni $\alpha_1 = 0$ ed $\alpha_2 = 1$. In corrispondenza a queste soluzioni gli integrali della omogenea possono essere scelti come:

$$y_1(x) = 1 \ , \ \ y_2(x) = e^x$$

e l'integrale particolare della non omogenea viene ricercato combinando i due integrali $y_{1,2}$ con due funzioni di x, chiamate $A_1(x)$ ed $A_2(x)$, ottenendo il seguente sistema per le loro derivate prime:

$$\begin{cases} 1\, A_1' + e^x\, A_2' = 0 \\ 0\, A_1' + e^x\, A_2' = x \end{cases}$$

che ammette soluzione:

$$A_1' = -x \ , \ \ A_2' = x\, e^{-x} \ .$$

Integrando le relazioni precedenti, si ottengono le due funzioni incognite A_1 ed A_2:

$$A_1(x) = -\frac{x^2}{2} \ , \ \ A_2(x) = 1 - (1 + x)\, e^{-x} \ .$$

La soluzione del problema può allora essere ricercata della forma:

$$y(x) = -1 - x - \frac{x^2}{2} + e^x + a + be^x \ .$$

L'imposizione delle due condizioni in $x = 0$ ed in $x = 1$ porta al sistema lineare nelle due costanti a e b:

$$\begin{cases} a + b = 0 \\ a + eb = \dfrac{7}{2} - e \end{cases}$$

che ha soluzione:

$$a = -b = -\frac{7 - 2e}{2(e - 1)} \ ,$$

ne segue che la soluzione del problema si scrive:

$$y(x) = -\frac{5}{2(e - 1)} - x - \frac{x^2}{2} + \frac{5}{2(e - 1)} \ e^x \ .$$

Questa soluzione è rappresentata in Fig. 1.8.

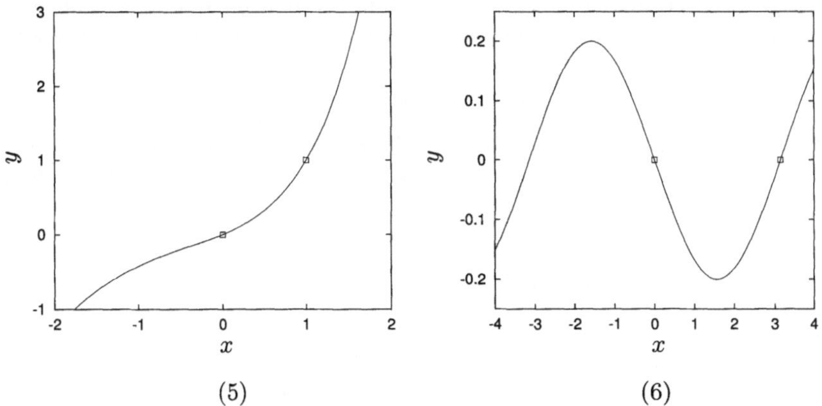

Figura 1.8. Soluzioni degli esercizi 5 e 6. Sono indicati con quadratini i punti in cui vengono imposte le condizioni al contorno

- **Esercizio 6**

  Risolvere il seguente problema differenziale del secondo ordine:

$$\begin{cases} 4y'' - y = \sin x \\ y(0) = y(\pi) = 0 \ . \end{cases}$$

L'equazione caratteristica si scrive:

$$4\alpha^2 - 1 = 0 \ ,$$

che ammette soluzioni $\alpha_1 = 1/2$ ed $\alpha_2 = -1/2$, in corrispondenza a queste radici caratteristiche gli integrali della omogenea possono essere scelti come:

$$y_1(x) = e^{x/2} \ , \quad y_2(x) = e^{-x/2} \ .$$

Un integrale particolare della non omogenea si ricerca come combinazione lineare a coefficienti $A_1(x)$ ed $A_2(x)$ dei due integrali dell'omogenea associata. Le derivate prime delle due funzioni A_1 ed A_2 verificano il sistema:

$$\begin{cases} e^{x/2}A_1' + e^{-x/2}A_2' = 0 \\ \dfrac{1}{2}\, e^{x/2}A_1' - \dfrac{1}{2}\, e^{-x/2}A_2' = \dfrac{1}{4}\, \sin x \,, \end{cases}$$

in cui occorre notare che il secondo membro della seconda equazione é il termine noto dell'equazione differenziale *posta in forma normale* (ovvero, con il coefficiente delle derivata di ordine massimo pari ad 1). La soluzione del sistema precedente si scrive:

$$A_1' = \frac{1}{4}\, e^{-x/2}\sin x \,, \quad A_2' = -\frac{1}{4}\, e^{x/2}\sin x \,,$$

che, integrate tra 0 ed x, forniscono:

$$A_1 = \frac{1}{5} - \frac{1}{10}\, e^{-x/2}\left(\sin x + 2\cos x\right) \,, \quad A_2 = -\frac{1}{5} + \frac{1}{10}\, e^{x/2}\left(-\sin x + 2\cos x\right) \,.$$

La scelta di 0 come estremo inferiore di integrazione semplificherà l'imposizione delle condizioni al contorno in $x = 0$. L'integrale generale della non omogenea segue allora come:

$$y(x) = -\frac{1}{5}\,\sin x + a\sinh\frac{x}{2} + b\cosh\frac{x}{2} \,,$$

in cui le costanti a e b vanno ricavate sulla base delle condizioni associate all'equazione differenziale. Poiché si trova $a = b = 0$, là soluzione del problema si scrive:

$$y(x) = -\frac{1}{5}\,\sin x \,.$$

Questa soluzione è rappresentata in Fig. 1.8.

- **Esercizio 7**

  Risolvere il seguente problema differenziale del terzo ordine:

$$\begin{cases} y''' + y' = x \\ y(0) = y(1) = 0 \,, \quad y'(0) = 1 \,. \end{cases}$$

L'equazione caratteristica si scrive:

$$\alpha^3 + \alpha = 0 \,,$$

che ammette soluzioni $\alpha_1 = 0$, $\alpha_2 = +i$ ed $\alpha_3 = -i$. In corrispondenza a queste radici caratteristiche, gli integrali dell'omogenea associata si possono scegliere come:

$$y_1(x) \equiv 1 \,, \quad y_2(x) = \cos x \,, \quad y_3(x) = \sin x \,.$$

L'integrale particolare della non omogenea si cerca della forma $\tilde{y}(x) = A_1(x)\,1 + A_2(x)\,\cos x + A_3(x)\,\sin x$, in cui le derivate prime delle tre funzioni A_1, A_2 ed A_3 verificano il sistema:

$$\begin{cases} A_1' + \cos x\, A_2' + \sin x\, A_3' = 0 \\ \quad\quad - \sin x\, A_2' + \cos x\, A_3' = 0 \\ \quad\quad - \cos x\, A_2' - \sin x\, A_3' = x \end{cases}$$

che fornisce:

$$A_1' = x \,, \quad A_2' = -x\,\cos x \,, \quad A_3' = -x\,\sin x \,.$$

Integrando tra 0 ed x le relazioni precedenti, si ottiene:

$$A_1 = \frac{x^2}{2} \ , \quad A_2 = 1 - \cos x - x\,\sin x \ , \quad A_3 = -\sin x + x\,\cos x \ ,$$

ne segue che l'integrale particolare della non omogenea può essere scritto come:

$$\tilde{y}(x) = \frac{x^2}{2} + \cos x - 1$$

e l'integrale generale della non omogenea assume la forma:

$$y(x) = \frac{x^2}{2} + \cos x - 1 + a + b\,\cos x + c\,\sin x \ ,$$

in cui le costanti a, b e c devono essere ricavate dall'imposizione delle condizioni associate all'equazione. Dalla prima condizione, $y(0) = 0$, segue $b = -a$, dalla terza, $y'(0) = 1$, segue che $c = 1$, mentre dalla seconda, $y(1) = 0$ si ricava la costante a:

$$a = \frac{1 - 2\cos 1 - 2\sin 1}{2(1 - \cos 1)} \ ,$$

ne segue la soluzione del problema:

$$y(x) = \frac{x^2}{2} + \frac{1 + 2\sin 1}{2(1 - \cos 1)}\,\cos x + \sin x - \frac{1 + 2\sin 1}{2(1 - \cos 1)} \ .$$

Questa soluzione è rappresentata in Fig. 1.9.

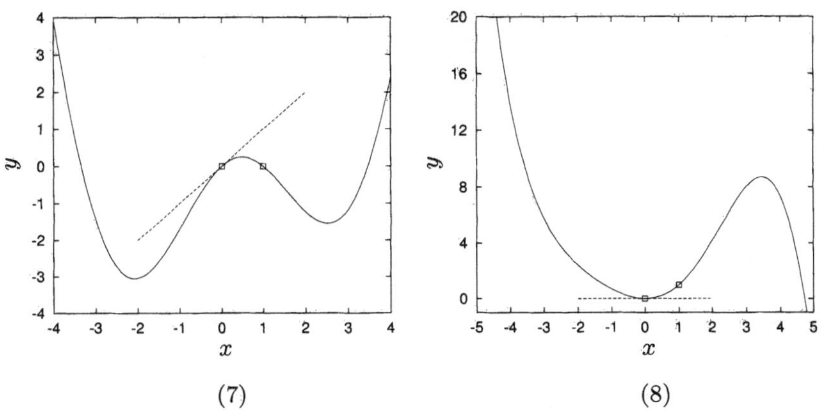

(7)   (8)

Figura 1.9. Soluzioni degli esercizi 7 e 8. Sono indicati con quadratini i punti in cui vengono imposte le condizioni al contorno. Sono anche tracciate le rette tangenti, di cui si impone il coefficiente angolare

- **Esercizio 8**

  Risolvere il seguente problema differenziale del terzo ordine:

$$\begin{cases} y''' + y = 1 \\ y(0) = y'(0) = 0 \ , \quad y(1) = 1 \ . \end{cases}$$

L'equazione caratteristica si scrive:

$$\alpha^3 + 1 = 0 \ ,$$

che ammette soluzioni $\alpha_1 = 1$, $\alpha_2 = (1 + i\sqrt{3})/2$ ed $\alpha_3 = (1 - i\sqrt{3})/2$. In corrispondenza a queste radici, gli integrali dell'equazione omogenea associata si scelgono come segue:

$$y_1(x) = e^{-x} \ , \quad y_2(x) = e^{x/2}\cos(\sqrt{3}\,x/2) \ , \quad y_3(x) = e^{x/2}\sin(\sqrt{3}\,x/2) \ ,$$

mentre l'integrale particolare della non omogenea si ricerca nella forma:

$$\tilde{y}(x) = A_1(x)\,e^{-x} + A_2(x)\,e^{x/2}\cos(\sqrt{3}\,x/2) + A_3(x)\,e^{x/2}\sin(\sqrt{3}\,x/2) \ .$$

Ponendo:

$$u(x) = e^{x/2}\cos(\sqrt{3}\,x/2) \ , \quad v(x) = e^{x/2}\sin(\sqrt{3}\,x/2) \ ,$$

le derivate prime delle funzioni $A_1(x)$, $A_2(x)$ ed $A_3(x)$ verificano il sistema:

$$\begin{cases} e^{-x}\,A_1' + u\,A_2' + v\,A_3' = 0 \\[2mm] -e^{-x}\,A_1' + \dfrac{u - \sqrt{3}\,v}{2}\,A_2' + \dfrac{\sqrt{3}\,u + v}{2}\,A_3' = 0 \\[2mm] e^{-x}\,A_1' - \dfrac{u + \sqrt{3}\,v}{2}\,A_2' + \dfrac{\sqrt{3}\,u - v}{2}\,A_3' = 1 \ , \end{cases}$$

il cui determinante dei coefficienti, che è il determinante wronskiano degli integrali y_1, y_2 ed y_3, vale $3\sqrt{3}/2$. Risolvendo il sistema precedente si calcolano le derivate delle tre funzioni incognite A_1, A_2 ed A_3:

$$A_1' = \frac{1}{3}\,e^x$$

$$A_2' = -\frac{1}{3}\,e^{-x/2}\left[\cos(\sqrt{3}\,x/2)\,x\,) + \sqrt{3}\sin(\sqrt{3}\,x/2)\,x\,)\,\right]$$

$$A_3' = \frac{1}{3}\,e^{-x/2}\left[\sqrt{3}\cos(\sqrt{3}\,x/2)\,x\,) - \sin(\sqrt{3}\,x/2)\,\right] \ ,$$

che vengono integrate tra 0 ed x, ottenendo:

$$A_1 = \frac{1}{3}\,(e^x - 1)$$

$$A_2 = \frac{2}{3}\left[e^{-x/2}\cos(\sqrt{3}\,x/2) - 1\,\right]$$

$$A_3 = \frac{2}{3}\,e^{-x/2}\sin(\sqrt{3}\,x/2) \ .$$

Ne segue che l'integrale generale dell'equazione non omogenea si può scrivere come:

$$y(x) = 1 - \frac{1}{3}\,e^{-x} - e^{-x/2}\cos(\sqrt{3}\,x/2) +$$

$$+ a\,e^{-x} + b\,e^{-x/2}\cos(\sqrt{3}\,x/2) + c\,e^{-x/2}\sin(\sqrt{3}\,x/2) \ ,$$

in cui le tre costanti a, b e c devono essere determinate sulla base delle condizioni associate all'equazione differenziale. dalla prima condizione, $y(0) = 0$, si ottiene

$b = -a$, dalla seconda, $y'(0) = 0$ si deduce allora che $a = \sqrt{3}\,c/3$ ed infine dalla terza, $y(1) = 1$, si ottiene c:

$$c = \frac{1 + 2\,e^{3/2}\,\cos(\sqrt{3}/2)}{\sqrt{3} - \sqrt{3}\,e^{3/2}\,\cos(\sqrt{3}/2) + 3\,e^{3/2}\,\sin(\sqrt{3}/2)}\ .$$

La soluzione del problema si scrive allora nel modo seguente:

$$y(x) = \frac{1}{1 - e^{3/2}\,\cos(\sqrt{3}/2) + \sqrt{3}\,e^{3/2}\,\sin(\sqrt{3}/2)} \times$$

$$\times \left\{\ \frac{\sqrt{3}}{3}\ \left[\ \sqrt{3}\,\cos(\sqrt{3}/2) - \sin(\sqrt{3}/2)\ \right] e^{3/2-x} + \right.$$

$$-\frac{\sqrt{3}}{3}\ \left[\ \sqrt{3} + 2\,e^{3/2}\,\sin(\sqrt{3}/2)\ \right] e^{x/2}\,\cos(\sqrt{3}\,x/2) +$$

$$+\frac{\sqrt{3}}{3}\ \left[\ 1 + 2\,e^{3/2}\,\cos(\sqrt{3}/2)\ \right] e^{x/2}\,\sin(\sqrt{3}\,x/2) +$$

$$\left. +1 - e^{3/2}\,\cos(\sqrt{3}/2) + \sqrt{3}\,e^{3/2}\,\sin(\sqrt{3}/2)\ \right\}\ .$$

Questa soluzione è rappresentata in Fig. 1.9.

1.5.2 Equazioni lineari a coefficienti costanti risolte col nucleo risolvente

Questo paragrafo è dedicato alla soluzione di problemi differenziali costituiti da equazioni lineari, a coefficienti costanti e non omogenee. Negli esercizi seguenti, l'integrale particolare della non omogenea è calcolato con il nucleo risolvente.

- **Esercizio 1**
  Risolvere il problema del primo ordine:

$$\begin{cases} y' + y = x \\ y(0) = 1\ . \end{cases}$$

L'equazione caratteristica si scrive:

$$\alpha + 1 = 0$$

che ha soluzione $\alpha = -1$, quindi un integrale della omogenea è $y(x) = \exp(-x)$. Il nucleo risolvente si scrive $K_1(x,\xi) = \exp(\xi - x)$ (notare che, in questo caso, $\tilde{K}_1(u) = \exp(u)$ e l'integrale particolare assume la struttura di una convoluzione) e l'integrale particolare della non omogenea si calcola come:

$$\tilde{y}(x) = e^{-x} \int_0^x \xi\,e^{\xi}\,d\xi = x - 1 + e^{-x}\ .$$

Ne segue che la soluzione del problema ha la forma:

$$y(x) = Ae^{-x} + x - 1 + e^{-x}\ ,$$

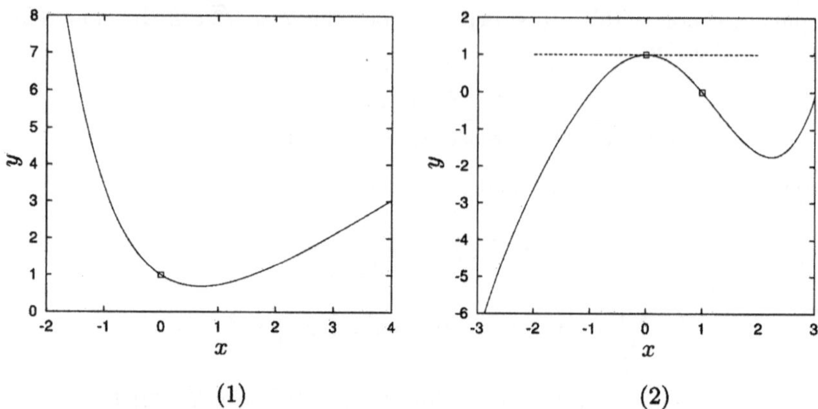

Figura 1.10. Soluzioni degli esercizi 1 e 2. Sono indicati con quadratini i punti in cui vengono imposte le condizioni al contorno. Sono anche tracciate le rette tangenti, di cui si impone il coefficiente angolare

imponendo la condizione in $x = 0$ si ottiene $A = 1$, quindi la soluzione si scrive:

$$y(x) = 2e^{-x} + x - 1 \; .$$

Questa soluzione è rappresentata in Fig. 1.10.

- **Esercizio 2**

  Risolvere il problema del terzo ordine:

$$\begin{cases} y''' + y' = x^2 \\ y(0) = 1 \; , \quad y(1) = y'(0) = 0 \; . \end{cases}$$

L'equazione caratteristica si scrive:

$$\alpha^3 + \alpha = 0$$

che ammette soluzioni $\alpha_1 = 0$, $\alpha_{2,3} = \pm i$. In corrispondenza a tali radici, gli integrali della omogenea si scelgono come:

$$y_1(x) = 1 \; , \quad y_2(x) = \sin x \; , \quad y_3(x) = \cos x \; ,$$

il cui determinante wronskiano risulta essere:

$$W(x) = \begin{vmatrix} 1 & \sin x & \cos x \\ 0 & \cos x & -\sin x \\ 0 & -\sin x & -\cos x \end{vmatrix} \equiv -1 \; .$$

Il nucleo risolvente si scrive:

$$K_3(x,\xi) = - \begin{vmatrix} 1 & \sin \xi & \cos \xi \\ 0 & \cos \xi & -\sin \xi \\ 1 & \sin x & \cos x \end{vmatrix} = 1 - \cos(x - \xi)$$

(notare che, in questo caso, $\tilde{K}_3(u) = 1 - \cos u$ e l'integrale particolare assume la struttura di una convoluzione) e l'integrale particolare della non omogenea risulta essere dato da:

$$\tilde{y}(x) = \frac{x^3}{3} - x^2 \int_0^x \cos \xi \, d\xi + 2x \int_0^x \xi \, \cos \xi \, d\xi - \int_0^x \xi^2 \, \cos \xi \, d\xi$$

$$= \frac{1}{3} \, x^3 - 2x + 2\sin x \, .$$

La soluzione del problema si cerca allora nella forma:

$$y(x) = \tilde{y}(x) + A + B \sin x + C \cos x \, ,$$

imponendo le condizioni in 0 ed 1 si ottiene il sistema lineare per le costanti A, C e C (si pone $c = \cos 1 \simeq 0.54030$, $s = \sin 1 \simeq 0.84147$):

$$\begin{cases} A \quad + \quad C = 1 \\ \quad\quad B \quad\quad = 0 \\ A \quad + c \, C = \dfrac{5}{3} - 2s \, , \end{cases}$$

che ha soluzione:

$$A = \frac{5 - 3c - 6s}{3(1 - c)} \, , \quad B = 0 \, , \quad C = \frac{2 - 6s}{3(1 - c)} \, ,$$

da cui segue la soluzione del problema differenziale:

$$y(x) = \frac{1}{3} \, x^3 - 2x + \frac{5 - 3c - 6s}{3(1 - c)} + 2\sin x - \frac{2(1 - 3s)}{3(1 - c)} \, \cos x \, .$$

Questa soluzione è rappresentata in Fig. 1.10.

- **Esercizio 3**
  Risolvere il problema del quarto ordine:

$$\begin{cases} y^{IV} + y'' = \cos x \\ y(0) = y'(0) = 0 \ , \quad y(\pi) = y'(\pi) = 0 \ . \end{cases}$$

L'equazione caratteristica si scrive:

$$\alpha^4 + \alpha^2 = 0$$

ed ammette radici $\alpha_{1,2} = 0$, $\alpha_{3,4} = \pm i$. In corrispondenza a tali radici, gli integrali dell'omogenea associata si scelgono come:

$$y_1(x) = 1 \ , \quad y_2(x) = x \ , \quad y_3(x) = \cos x \ , \quad y_4(x) = \sin x \ ,$$

il cui determinante wronskiano si scrive:

$$W(x) = \begin{vmatrix} 1 & x & \cos x & \sin x \\ 0 & 1 & -\sin x & \cos x \\ 0 & 0 & -\cos x & -\sin x \\ 0 & 0 & \sin x & -\cos x \end{vmatrix} \equiv 1 \ .$$

Il nucleo risolvente si scrive:

$$K_4(x,\xi) = \begin{vmatrix} 1 & \xi & \cos \xi & \sin \xi \\ 0 & 1 & -\sin \xi & \cos \xi \\ 0 & 0 & -\cos \xi & -\sin \xi \\ 1 & x & \cos x & \sin x \end{vmatrix} = (x - \xi) - \sin(x - \xi) \ ,$$

(notare che, in questo caso, $\tilde{K}_4(u) = u - \sin u$ e l'integrale particolare assume la struttura di una convoluzione) da cui segue l'integrale particolare della non omogenea:

$$\tilde{y}(x) = x \int_0^x \cos \xi \, d\xi - \int_0^x \xi \, \cos \xi \, d\xi - \sin x \int_0^x \cos^2 \xi \, d\xi + \cos x \int_0^x \sin \xi \, \cos \xi \, d\xi$$

$$= -\frac{1}{2} \, x \sin x - \cos x + 1$$

e la soluzione del problema si può cercare nellla forma:

$$y(x) = \tilde{y}(x) + A + Bx + C\cos x + D\sin x \ ,$$

in cui le costanti A, B, C e D devono soddisfare il sistema lineare ottenuto imponendo le condizioni nei punti 0 e π:

$$\begin{cases} A & + C & = 0 \\ & B & + D = 0 \\ 2A + \pi B & & = -2 \\ & B & - D = \dfrac{\pi}{2} \end{cases}$$

che ha soluzione $A = \pi^2/8 - 1$, $B - \pi/4$, $C = -A$ e $D = -B$. La soluzione si scrive allora come:

$$y(x) = \frac{\pi^2}{8} - \frac{\pi}{4}\, x + \frac{1}{4}\, (\pi - 2x)\, \sin x - \frac{\pi^2}{8}\, \cos x \ .$$

Questa soluzione è rappresentata in Fig. 1.11.

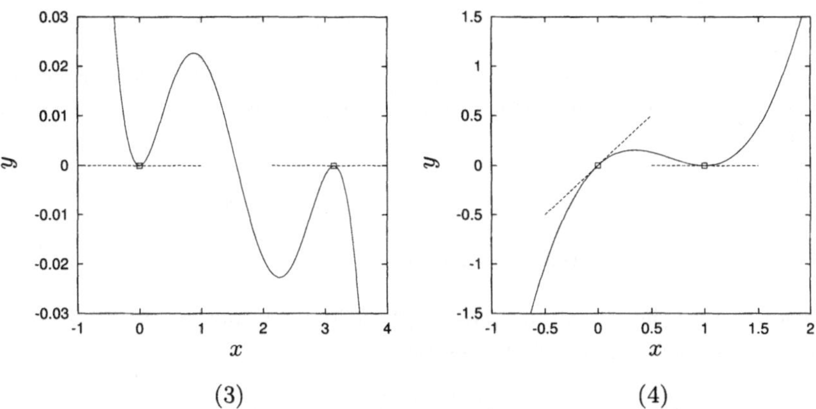

(3)   (4)

Figura 1.11. Soluzioni degli esercizi 3 e 4. Sono indicati con quadratini i punti in cui vengono imposte le condizioni al contorno. Sono anche tracciate le rette tangenti, di cui si impone il coefficiente angolare

- **Esercizio 4**
  Risolvere il problema del quarto ordine:

$$\begin{cases} y^{IV} + 2y'' + y = \sin x \\ y(0) = y(1) = y'(1) = 0 \ , \quad y'(0) = 1 \ . \end{cases} \tag{1.86}$$

L'equazione caratteristica si scrive:

$$\alpha^4 + 2\alpha^2 + 1 = 0$$

ed ammette soluzioni $\alpha_{1,2} = +i$, $\alpha_{3,4} = -i$. In corrispondenza a tali radici, gli integrali dell'equazione omogenea si scrivono:

$$y_1(x) = \sin x \ , \quad y_2(x) = x \sin x \ , \quad y_3(x) = \cos x \ , \quad y_4(x) = x \cos x \ ,$$

il cui determinante wronskiano è:

$$W(x) = \begin{vmatrix} \sin x & x \sin x & \cos x & x \cos x \\ \cos x & x \cos x + \sin x & -\sin x & -x \sin x + \cos x \\ -\sin x & -x \sin x + 2\cos x & -\cos x & -x \cos x - 2\sin x \\ -\cos x & -x \cos x - 3\sin x & \sin x & x \sin x - 3\cos x \end{vmatrix} \equiv -4 \ .$$

Il nucleo risolvente si scrive allora:

$$K_4(x,\xi) = -\frac{1}{4} \begin{vmatrix} \sin\xi & \xi\sin\xi & \cos\xi & \xi\cos\xi \\ \cos\xi & \xi\cos\xi+\sin\xi & -\sin\xi & -\xi\sin\xi+\cos\xi \\ -\sin\xi & -\xi\sin\xi+2\cos\xi & -\cos\xi & -\xi\cos\xi-2\sin\xi \\ \sin x & x\sin x & \cos x & x\cos x \end{vmatrix}$$

$$= \frac{1}{2}\left[\sin(x-\xi) - (x-\xi)\cos(x-\xi)\right]$$

(notare che, in questo caso, $\tilde{K}_4(u) = (\sin u - u\cos u)/2$ e l'integrale particolare assume la struttura di una convoluzione). L'integrale particolare della non omogenea si scrive allora:

$$\tilde{y}(x) = \frac{1}{2}\left[\int_0^x \sin\xi\,\sin(x-\xi)\,d\xi - \int_0^x \sin\xi\,(x-\xi)\,\sin(x-\xi)\,d\xi\right]$$

$$= \frac{1}{8}\left(3\sin x - 3x\cos x - x^2\sin x\right),$$

in cui occorre notare che, definiti $c = \cos 1 \simeq 0.54030$ e $s = \sin 1 \simeq 0.84147$, i valori in 0 ed 1 di tale soluzione particolare sono dati da:

$$\tilde{y}(0) = 0\,,\quad \tilde{y}'(0) = 0\,,\quad \tilde{y}(1) = \frac{2s-3c}{8}\,,\quad \tilde{y}'(1) = \frac{s-c}{8}\,,$$

mentre la soluzione del problema si cerca nella forma:

$$y(x) = \tilde{y}(x) + A\sin x + Bx\sin x + C\cos x + Dx\cos x\,,$$

in cui le costanti A, B, C e D sono scelte verificando le condizioni in 0 ed 1. Ponendo $c = \cos 1 \simeq 0.54030$ e $s = \sin 1 \simeq 0.84147$, l'imposizione delle condizioni porta al seguente sistema lineare:

$$\begin{cases} & & C & = 0 \\ & A & & + D = 1 \\ (s-c)A + & sB & & = -\dfrac{5c+2s}{8} \\ sA + (s+c)B & & & = \dfrac{7}{8}(s-c) \end{cases}$$

che ha soluzione:

$$A = \frac{5+4s^2}{8c^2}\,,\quad B = \frac{9cs-2s^2-7}{8c^2}\,,\quad C = 0\,,\quad D = \frac{3c^2-9s^2}{8c^2}\,.$$

Conseguentemente, la soluzione del problema differenziale si scrive:

$$y(x) = \frac{1}{8c^2}\left[(8+s^2)\sin x - 9s^2 x\cos x - c^2 x^2\sin x + (9cs-2s^2-7)\,x\sin x\right]\,.$$

Questa soluzione è rappresentata in Fig. 1.11.

- **Esercizio 5**

Risolvere per $x > 0$ il problema del quarto ordine:

$$\begin{cases} y^{IV} + y'' = \sqrt{x} \\ y(0) = y(1) = 1 \ , \quad y'(0) = y'(1) = 0 \ . \end{cases}$$

L'equazione caratteristica si scrive:

$$\alpha^4 + \alpha^2 = 0$$

che ammette soluzioni $\alpha_{1,2} = 0$, $\alpha_{3,4} = \pm i$. In corrispondenza, gli integrali dell'equazione omogenea sono:

$$y_1(x) = 1 \ , \quad y_2(x) = x \ , \quad y_3(x) = \sin x \ , \quad y_4(x) = \cos x \ ,$$

il cui determinante wronskiano si scrive:

$$W(x) = \begin{vmatrix} 1 & x & \sin x & \cos x \\ 0 & 1 & \cos x & -\sin x \\ 0 & 0 & -\sin x & -\cos x \\ 0 & 0 & -\cos x & \sin x \end{vmatrix} \equiv -1 \ .$$

Il nucleo risolvente è allora dato da:

$$K_4(x,\xi) = \begin{vmatrix} 1 & \xi & \sin \xi & \cos \xi \\ 0 & 1 & \cos \xi & -\sin \xi \\ 0 & 0 & -\sin \xi & -\cos \xi \\ 1 & x & \sin x & \cos x \end{vmatrix} = (x - \xi) - \sin(x - \xi)$$

(notare che, in questo caso, $\tilde{K}_4(u) = u - \sin u$ e l'integrale particolare assume la struttura di una convoluzione) e l'integrale particolare della non omogenea si calcola come:

$$\tilde{y}(x) = x \int_0^x \sqrt{\xi}\, d\xi - \int_0^x \xi^{3/2}\, d\xi - \sin x \int_0^x \sqrt{\xi}\cos \xi\, d\xi + \cos x \int_0^x \sqrt{\xi}\sin \xi\, d\xi \ .$$

Posto (cfr. §2.3):

$$C(x) = \int_0^x \sqrt{\xi}\,\cos \xi\, d\xi = 2\,x^{3/2} \sum_{k=0}^{+\infty} \frac{(-1)^k}{(2k)!\,(4k+3)}\,x^{2k} \qquad \text{con:} \quad C(1) = p$$

$$S(x) = \int_0^x \sqrt{\xi}\,\sin \xi\, d\xi = 2\,x^{5/2} \sum_{k=0}^{+\infty} \frac{(-1)^k}{(2k+1)!\,(4k+5)}\,x^{2k} \qquad \text{con:} \quad S(1) = q \ ,$$

oltre a $c = \cos 1$ e $s = \sin 1$, l'integrale particolare si scrive:

$$\tilde{y}(x) = \frac{4}{15}\,x^{5/2} - C(x)\sin x + S(x)\cos x \ ,$$

avendo:

$$\tilde{y}(0) = 0 \ , \quad \tilde{y}'(0) = 0 \ , \quad \tilde{y}(1) = \frac{4}{15} - sp + cq \ , \quad \tilde{y}'(1) = \frac{2}{3} - cp - sq \ .$$

La soluzione del problema viene quindi cercata nella forma:

$$y(x) = \tilde{y}(x) + A + Bx + C\sin x + D\cos x \ ,$$

dove le costanti A, B, C e D vanno determinate imponendo le condizioni in $x = 0$ ed in $x = 1$. In tal modo si ottiene il sistema lineare:

$$\begin{cases} A & + D = 1 \\ B + C & = 0 \\ (1-c)A + (1-s)B & = \dfrac{11}{15} - (1+q)c + ps \\ sA + (1-c)B & = (1+q)s + pc - \dfrac{2}{3} \ , \end{cases}$$

che ammette soluzione:

$$A = \frac{1}{2 - 2c - s} \left[\frac{12}{5} - \frac{26}{15}\, c - \frac{5}{3}\, s + (1 - c - s)q + (s - c)p \right] = \alpha$$

$$B = \frac{1}{2 - 2c - s} \left[-\frac{2}{3} + \frac{2}{3}\, c + \frac{4}{15}\, s + sq - (1 - c)p \right] \qquad = \beta$$

$$C = -\beta$$

$$D = 1 - \alpha \ ,$$

da cui si ottiene la soluzione del problema differenziale:

$$y(x) = \alpha + \beta x + \frac{4}{15}\, x^{5/2} + [1 - \alpha + S(x)]\cos x - [\beta + C(x)]\sin x \ .$$

Questa soluzione è rappresentata in Fig. 1.12.

- **Esercizio 6**

  Risolvere il problema del quarto ordine:

$$\begin{cases} y^{IV} - y = x^2 \\ y(0) = y'(0) = 0 \ , \quad y(1) = y'(1) = 1 \ . \end{cases}$$

L'equazione caratteristica si scrive:

$$\alpha^4 - 1 = 0 \ ,$$

che ammette radici $\alpha_1 = 1$, $\alpha_2 = +i$, $\alpha_3 = -1$ e $\alpha_4 = -i$. In corrispondenza a queste radici, gli integrali dell'equazione omogenea si scrivono:

$$y_1(x) = \sinh x \ , \quad y_2(x) = \cosh x \ , \quad y_3(x) = \sin x \ , \quad y_4(x) = \cos x \ ,$$

il cui determinante wronskiano si scrive (notare che si sviluppa rispetto all'ultima riga):

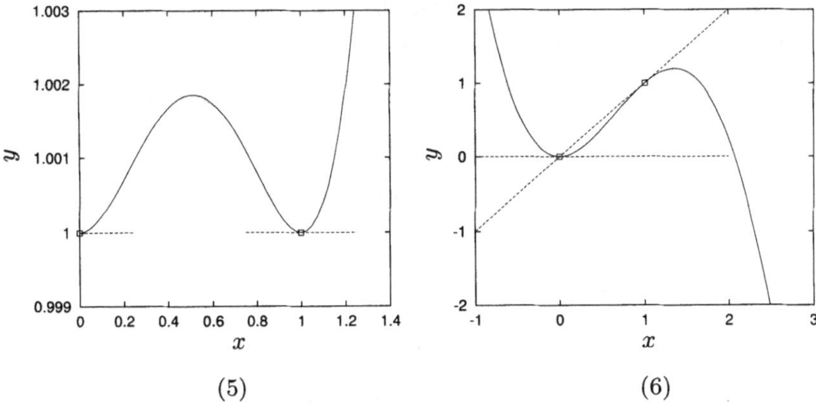

$$(5) \qquad\qquad (6)$$

Figura 1.12. Soluzioni degli esercizi 5 e 6. Sono indicati con quadratini i punti in cui vengono imposte le condizioni al contorno. Sono anche tracciate le rette tangenti, di cui si impone il coefficiente angolare

$$W(x) = \begin{vmatrix} \sinh x & \cosh x & \sin x & \cos x \\ \cosh x & \sinh x & \cos x & -\sin x \\ \sinh x & \cosh x & -\sin x & -\cos x \\ \cosh x & \sinh x & -\cos x & \sin x \end{vmatrix}$$

$$= \quad (-1)^{1+4} \ \cosh x \begin{vmatrix} \cosh x & \sin x & \cos x \\ \sinh x & \cos x & -\sin x \\ \cosh x & -\sin x & -\cos x \end{vmatrix} +$$

$$+(-1)^{2+4} \ \sinh x \begin{vmatrix} \sinh x & \sin x & \cos x \\ \cosh x & \cos x & -\sin x \\ \sinh x & -\sin x & -\cos x \end{vmatrix} +$$

$$+(-1)^{3+4} \ (-\cos x) \begin{vmatrix} \sinh x & \cosh x & \cos x \\ \cosh x & \sinh x & -\sin x \\ \sinh x & \cosh x & -\cos x \end{vmatrix} +$$

$$+(-1)^{4+4} \ \sin x \begin{vmatrix} \sinh x & \cosh x & \sin x \\ \cosh x & \sinh x & \cos x \\ \sinh x & \cosh x & -\sin x \end{vmatrix}$$

$$= -\cosh x \ (-2\cosh x) + \sinh x \ (-2\sinh x) + \cos x \ (2\cos x) + \sin x \ (2\sin x)$$

$$\equiv 4 \ ,$$

in cui sono stati indicati esplicitamente i valori dei complementi algebrici dei termini sull'ultima riga del determinante wronskiano. In questo modo, il calcolo del nucleo risolvente risulta semplificato, se il determinante a numeratore viene sviluppato secondo la sua ultima riga (cosa conveniente, per avere solo ξ nei minori):

$$K_4(x,\xi) = \frac{1}{4} \begin{vmatrix} \sinh\xi & \cosh\xi & \sin\xi & \cos\xi \\ \cosh\xi & \sinh\xi & \cos\xi & -\sin\xi \\ \sinh\xi & \cosh\xi & -\sin\xi & -\cos\xi \\ \sinh x & \cosh x & \sin x & \cos x \end{vmatrix}$$

$$= \frac{1}{4} \Big[-\sinh x \, (-2\cosh\xi) + \cosh x \, (-2\sinh\xi) +$$

$$- \sin x \, (2\cos\xi) + \cos x \, (2\sin\xi) \Big]$$

$$= \frac{1}{2} \Big[\sinh(x - \xi) - \sin(x - \xi) \Big]$$

(notare che, in questo caso, $\tilde{K}_4(u) = (\sinh u - \sin u)/2$ e l'integrale particolare assume la struttura di una convoluzione). Ne segue che l'integrale particolare della non omogenea può essere scritto come:

$$\tilde{y}(x) = \frac{1}{2} \Big[\int_0^x \xi^2 \, \sin(\xi - x) \, d\xi - \int_0^x \xi^2 \, \sinh(\xi - x) \, d\xi \Big]$$

$$= \frac{1}{2} \Big[\int_0^x (-\sin\eta + \sinh\eta) \, d\eta - 2x \int_0^x \eta \, (-\sin\eta + \sinh\eta) \, d\eta +$$

$$+ \int_0^x \eta^2 \, (-\sin\eta + \sinh\eta) \, d\eta \Big]$$

$$= -x^2 - \cos x + \cosh x \, .$$

Poiché gli ultimi due addendi nella forma precedente di $\tilde{y}$ sono integrali della omogenea, si possono omettere nel calcolo della soluzione del problema:

$$y(x) = -x^2 + A \sinh x + B \cosh x + C \sin x + D \cos x \, ,$$

in cui le costanti A, B, C e D devono essere calcolate sulla base delle condizioni in $x = 0$ ed in $x = 1$. L'imposizione di tali condizioni porta al sistema lineare:

$$\begin{cases} B + D = 0 \\ A + C = 0 \\ (\sinh 1 - \sin 1)A + (\cosh 1 - \cos 1)B = 2 \\ (\cosh 1 - \cos 1)A + (\sinh 1 + \sin 1)B = 3 \end{cases}$$

che ha soluzione:

$$A = -C = \frac{2\sinh 1 - 3\cosh 1 + 2\sin 1 + 3\cos 1}{2(\cos 1 \cosh 1 - 1)}$$

$$B = -D = \frac{3\sinh 1 - 2\cosh 1 - 3\sin 1 + 2\cos 1}{2(\cos 1 \cosh 1 - 1)} \, ,$$

da cui segue la soluzione del problema:

$$y(x) = -x^2 + \frac{2\sinh 1 - 3\cosh 1 + 2\sin 1 + 3\cos 1}{2(\cos 1 \cosh 1 - 1)} \, (\sinh x - \sin x) +$$

$$+ \frac{3\sinh 1 - 2\cosh 1 - 3\sin 1 + 2\cos 1}{2(\cos 1 \cosh 1 - 1)} \, (\cosh x - \cos x) \; .$$

Questa soluzione è rappresentata in Fig. 1.12.

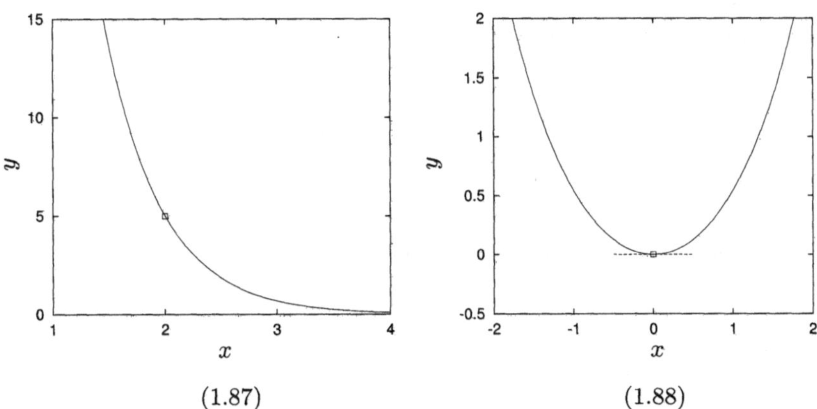

(1.87)   (1.88)

Figura 1.13. Soluzioni degli esercizi (1.87) e (1.88). Sono indicati con quadratini i punti in cui vengono imposte le condizioni al contorno. Sono anche tracciate le rette tangenti, di cui si impone il coefficiente angolare

- **Esercizi proposti**

◇ Risolvere il problema differenziale:

$$\begin{cases} y' + 2y = 0 \\ y(2) = 5 \; . \end{cases} \qquad (1.87)$$

Risposta:

$$y(x) = 5 \, e^4 \, e^{-2x} \; ,$$

riportata in Fig. 1.13.

◇ Risolvere il problema differenziale:

$$\begin{cases} y'' + y' = e^x \\ y(0) = y'(0) = 0 \; . \end{cases} \qquad (1.88)$$

Risposta:

$$y(x) = -1 + \cosh x \; ,$$

riportata in Fig. 1.13.

◇   Risolvere il problema differenziale:

$$\begin{cases} y'' - y' + 5y = 4 \\ y(0) = 1 \, , \ y'(0) = 0 \, . \end{cases} \tag{1.89}$$

Risposta:

$$y(x) = \frac{4}{5} + \frac{e^{x/2}}{5} \left[\cos\left(\frac{\sqrt{19}}{2} x \right) - \frac{\sqrt{19}}{19} \sin\left(\frac{\sqrt{19}}{2} x \right) \right] \, ,$$

riportata in Fig. 1.14.

◇   Risolvere il problema differenziale:

$$\begin{cases} y''' - 4y' = x^2 \\ y(0) = y(1) = y'(0) = 0 \, . \end{cases} \tag{1.90}$$

Risposta:

$$y(x) = (3\sinh 2x - 6x - 4x^3)/48 + 2a\cosh 2x - 2a \, ,$$

con $a = (10 - 3\sinh 2)/[96(\cosh 2 - 1)] \simeq -0.003321$, riportata in Fig. 1.14.

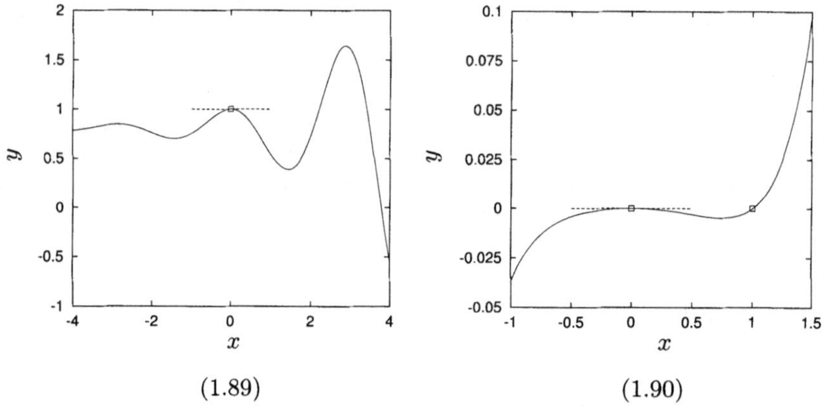

(1.89)   (1.90)

Figura 1.14. Soluzioni degli esercizi (1.89) e (1.90). Sono indicati con quadratini i punti in cui vengono imposte le condizioni al contorno. Sono anche tracciate le rette tangenti, di cui si impone il coefficiente angolare

◇   Risolvere il problema differenziale:

$$\begin{cases} y''' + y'' - 2y' = \sin x \\ y(0) = 0, \ y'(0) = 1, \ y''(0) = 0 \, . \end{cases} \tag{1.91}$$

Risposta:

$$y(x) = \frac{1}{6} \left(5e^x - 2e^{-2x} \right) - \frac{1}{2} \left(\sin x + \cos x \right) \, ,$$

riportata in Fig. 1.15.

◇ Risolvere il problema differenziale:

$$\begin{cases} y^{(4)} + 2y^{(2)} - 3y = 0 \\ y(0) = 10, \ y'(0) = 9, \ y''(0) = 8, \ y'''(0) = 7 \ . \end{cases} \tag{1.92}$$

Risposta:

$$y(x) = (10 - x) \, e^x \ ,$$

riportata in Fig. 1.15.

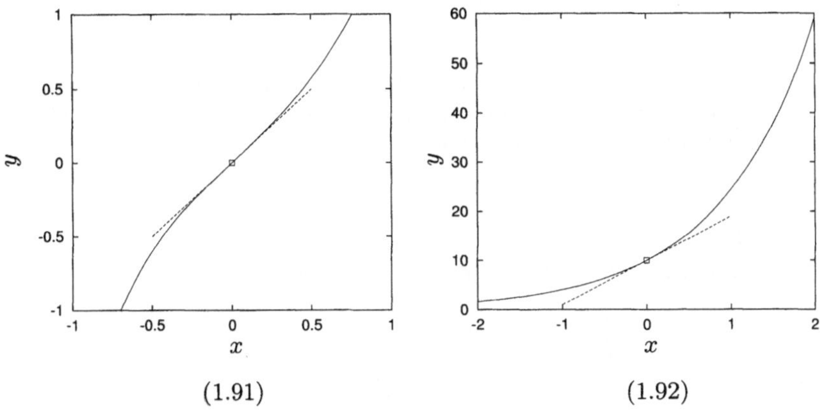

(1.91)   (1.92)

Figura 1.15. Soluzioni degli esercizi (1.91) e (1.92). Sono indicati con quadratini i punti in cui vengono imposte le condizioni al contorno. Sono anche tracciate
le rette tangenti, di cui si impone il coefficiente angolare

◇ Risolvere il problema differenziale:

$$\begin{cases} y^{(4)} - 2y^{(2)} + y = \cosh x \\ y(0) = y'(0) = y''(0) = 0, \ y(1) = 1 \ . \end{cases} \tag{1.93}$$

Risposta:

$$y(x) = [(x^2 + ax)\cosh x - (x + a)\sinh x]/8 \ ,$$

con $a = 8e - 1 \simeq 20.74625$, riportata in Fig. 1.16.

1.5.3 Equazioni di Eulero

In questo paragrafo saranno risolti problemi differenziali di Eulero, in particolare
non omogenei. La tecnica con cui sarà calcolata la soluzione particolare della non
omogenea è quella del nucleo risolvente.

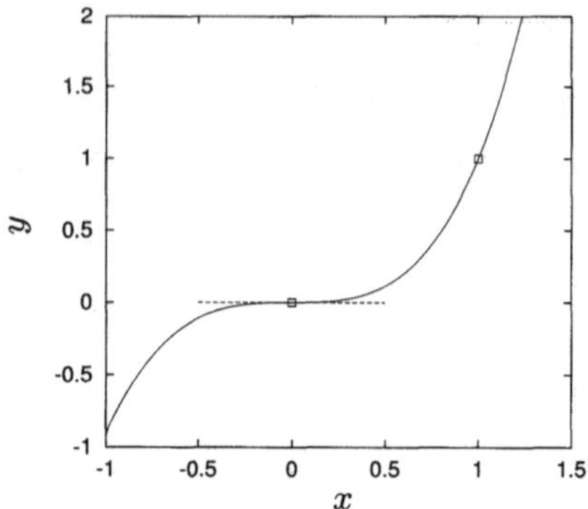

Figura 1.16. Soluzione dell'esercizio (1.93). Sono indicati con quadratini i punti in cui vengono imposte le condizioni al contorno. Sono anche tracciate le rette tangenti, di cui si impone il coefficiente angolare

- **Esercizio 1**
  Risolvere il problema differenziale del secondo ordine:

$$\begin{cases} y'' + \dfrac{3}{x}\, y' + \dfrac{1}{x^2}\, y = 1 + x^2 \\[2mm] y(1) = 0 \ , \ \ y'(1) = 1 \ . \end{cases}$$

Con la sostituzione $t(x) = \log x$ e $Y[t(x)] = y(x)$, le derivate prima e seconda di y si scrivono:

$$y' = \frac{Y'}{x} \ , \ \ y'' = \frac{Y'' - Y'}{x^2} \ ,$$

sostituendo nell'equazione differenziale omogenea associata e moltiplicando per x^2 si ottiene:

$$Y'' + 2Y' + Y = 0 \ ,$$

che è una equazione lineare a coefficienti costanti. L'equazione caratteristica si scrive:

$$\alpha^2 + 2\alpha + 1 = 0 \ ,$$

che ammette due soluzioni coincidenti $\alpha_{1,2} = -1$. In corrispondenza a queste soluzioni, gli integrali della omogenea si scelgono come:

$$Y_1(t) = e^{-t} \ , \ \ Y_2(t) = te^{-t} \ ,$$

ne segue, effettuando la sostituzione $t = \log x$, che gli integrali della omogenea associata all'equazione di partenza possono essere scelti come:

$$y_1(x) = Y_1[\log(x)] = \frac{1}{x} \ , \ \ y_2(x) = Y_2[\log(x)] = \frac{\log x}{x} \ ,$$

il cui determinante wronskiano si scrive:

$$w(x) = \begin{vmatrix} \dfrac{1}{x} & \dfrac{\log x}{x} \\[3mm] -\dfrac{1}{x^2} & \dfrac{1 - \log x}{x^2} \end{vmatrix} = \frac{1}{x^3} \ .$$

Notare come il wronskiano permanga sempre dello stesso segno, senza annullarsi mai. Il nucleo risolvente è dato da:

$$K(x,\xi) = \xi^3 \begin{vmatrix} \dfrac{1}{\xi} & \dfrac{\log \xi}{\xi} \\[2mm] \dfrac{1}{x} & \dfrac{\log x}{x} \end{vmatrix} = \frac{\log x}{x}\,\xi^2 - \frac{1}{x}\,\xi^2 \log \xi \ ,$$

da cui segue che un integrale particolare della non omogenea si scrive come:

$$\tilde{y}(x) = \frac{1}{x}\int_1^x (\xi^2 \log x - \xi^2 \log \xi)(1+\xi^2)\, d\xi = \frac{1}{225\,x}\,(-120\log x + 9x^5 + 25x^3 - 34)$$

e la soluzione del problema si può cercare nella forma seguente:

$$y(x) = \frac{1}{225\,x}\,(-120\log x + 9x^5 + 25x^3 - 34) + \frac{A}{x} + B\,\frac{\log x}{x} \ ,$$

in cui le due costanti A e B devono essere calcolate imponendo le condizioni in $x = 1$. In tal modo si ottiene $A = 0$ e $B = 1$, per cui la soluzione del problema si scrive:

$$y(x) = \frac{1}{225\,x}\,(105\log x + 9x^5 + 25x^3 - 34) \ .$$

Questa soluzione è riportata in Fig. 1.17.

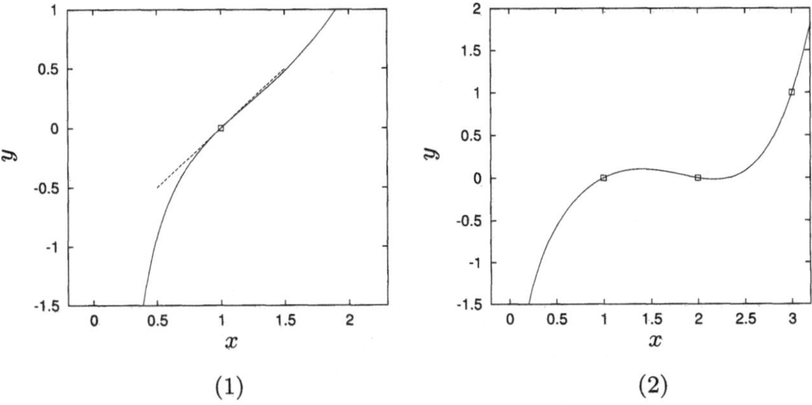

Figura 1.17. Soluzioni degli esercizi 1 e 2. Sono indicati con quadratini i punti in cui vengono imposte le condizioni al contorno. Sono anche tracciate le rette tangenti, di cui si impone il coefficiente angolare

- **Esercizio 2**
  Risolvere il problema differenziale del secondo ordine:

$$\begin{cases} y''' - \dfrac{2}{x^2}\,y' = x^2 \\[2mm] y(1) = y(2) = 0 \ , \ \ y(3) = 1 \ . \end{cases}$$

Con la sostituzione $t(x) = \log x$ e $Y[t(x)] = y(x)$ e tenendo conto che le derivate di y si scrivono:

$$y' = \frac{Y'}{x} \ , \quad y'' = \frac{Y'' - Y'}{x^2} \ , \quad y''' = \frac{Y''' - 3Y'' + 2Y'}{x^3} \ ,$$

l'equazione omogenea associata si riduce, dopo una moltiplicazione per x^3, all'equazione lineare a coefficienti costanti:

$$Y''' - 3Y'' = 0 \ ,$$

la cui equazione caratteristica si scrive:

$$\alpha^3 - 3\alpha^2 = 0 \ .$$

Le radici di tale equazione sono $\alpha_{1,2} = 0$ ed $\alpha = 3$, a cui corrispondono i seguenti integrali dell'omogenea:

$$Y_1(t) = 1 \ , \quad Y_2(t) = t \ , \quad Y_3(t) = e^{3t} \ ,$$

sostituendo $t = \log x$ nelle precedenti funzioni si ottengono gli integrali dell'omogenea associata al problema originale:

$$y_1(x) = 1 \ , \quad y_2(x) = \log x \ , \quad y_3(x) = x^3 \ .$$

Il determinante wronskiano di tali integrali si scrive:

$$w(x) = \begin{vmatrix} 1 & \log x & x^3 \\ 0 & \dfrac{1}{x} & 3x^2 \\ 0 & -\dfrac{1}{x^2} & 6x \end{vmatrix} \equiv 9 \ ,$$

mentre il nucleo risolvente è dato da:

$$K(x,\xi) = \frac{1}{9} \begin{vmatrix} 1 & \log \xi & \xi^3 \\ 0 & \dfrac{1}{\xi} & 3\xi^2 \\ 1 & \log x & 6x \end{vmatrix} = \frac{1}{9} \left[-(1 + 3\log x)\xi^2 + 3\xi^2 \log \xi + \frac{x^3}{\xi} \right] \ .$$

Ne segue per l'integrale particolare della non omogenea:

$$\tilde{y}(x) = -\frac{1}{9} \int_1^x \xi^4 \, d\xi + \frac{1}{3} \int_1^x \xi^4 \, \log \xi \, d\xi + \frac{x^3}{9} \int_1^x \xi \, d\xi \ ,$$

poiché, integrando per parti, si ha:

$$\int_1^x \xi^4 \, \log \xi \, d\xi = \frac{1}{25} \, \xi^5 \, (5 \log \xi - 1) \ ,$$

si ottiene:

$$\tilde{y}(x) = \frac{1}{450} \, (30 \, \log x + 9 \, x^5 - 25 \, x^3 + 16) \ .$$

Osserviamo che i termini in $\log x$, x^3 e costante possono essere omessi quando si scrive la struttura dell'integrale generale dell'equazione non omogenea, poiché sono integrali della omogenea associata. Ne segue che l'integrale generale della non omogenea si scrive nella forma:

$$y(x) = \frac{1}{50}\,x^5 + A + B\,\log x + C\,x^3\,,$$

in cui le tre costanti A, B e C devono essere calcolate dalle tre condizioni associate all'equazione differenziale. Si ottiene in tal modo il sistema lineare:

$$\begin{cases} A \qquad\quad + \quad C = -\dfrac{1}{50} \\[2mm] A + \log 2\ B + \ \ 8\ C = -\dfrac{16}{25} \\[2mm] A + \log 3\ B + 27\ C = -\dfrac{193}{50} \end{cases}$$

la cui soluzione si scrive:

$$\begin{pmatrix} A \\ B \\ C \end{pmatrix} = \frac{1}{50\,(26\log 2 - 7\log 3)} \begin{pmatrix} 166\log 2 - 24\log 3 \\ 538 \\ -192\log 2 + 31\log 3 \end{pmatrix}\,.$$

Inserendo tali valori delle costanti nell'integrale generale si ottiene la soluzione del problema:

$$y(x) = \frac{1}{50(26\log 2 - 7\log 3)}\Big[\ (26\log 2 - 7\log 3)\,x^5 + (166\log 2 - 24\log 3) +$$
$$+538\ \log x - (192\log 2 - 31\log 3)\,x^3\ \Big]\,.$$

Questa soluzione è riportata in Fig. 1.17.

- **Esercizio 3**

  Risolvere il problema differenziale del secondo ordine:

$$\begin{cases} y'' + \dfrac{y'}{x} - \dfrac{y}{x^2} = (x^2 + 1)\log x \\[2mm] y(1) = y'(1) = 0\,. \end{cases}$$

Come in tutte le equazioni della forma di Eulero, la x non può assumere il valore 0, in particolare, poiché le condizioni sono assegnate in $x = 1$, la x dovrà sempre mantenersi positiva. Con l'usuale sostituzione di variabili $t(x) = \log x$ ed $Y[t(x)] = y(x)$, l'equazione omogenea associata si scrive:

$$Y'' - Y = 0\,,$$

la cui equazione caratteristica é data da:

$$\alpha^2 - 1 = 0\,,$$

che ammette radici $\alpha_1 = +1$ ed $\alpha_2 = -1$. In corrispondenza a queste radici i due integrali della omogenea sono $Y_1(t) = e^t$ ed $Y_2(t) = e^{-t}$, quindi gli integrali dell'omogenea associata all'equazione in y sono:

$$y_1(x) = x , \quad y_2(x) = \frac{1}{x} ,$$

il cui determinante wronskiano si scrive:

$$w(x) = \begin{vmatrix} x & \dfrac{1}{x} \\[2mm] 1 & -\dfrac{1}{x^2} \end{vmatrix} = -\frac{2}{x} .$$

Il nucleo risolvente è dato allora da:

$$K(x,\xi) = -\frac{\xi}{2} \begin{vmatrix} \xi & \dfrac{1}{\xi} \\[2mm] x & \dfrac{1}{x} \end{vmatrix} = \frac{x}{2} - \frac{\xi^2}{2x}$$

e l'integrale particolare della non omogenea si cerca nella forma:

$$\tilde{y}(x) = \int_1^x \left(\frac{x}{2} - \frac{\xi^2}{2x} \right) (\xi^2 + 1) \, \log \xi \, d\xi$$

$$= \frac{x}{2} \int_1^x \log \xi \, d\xi + \left(\frac{x}{2} - \frac{1}{2x} \right) \int_1^x \xi^2 \, \log \xi \, d\xi - \frac{1}{2x} \int_1^x \xi^4 \, \log \xi \, d\xi .$$

Considerando che vale per un qualunque k positivo la relazione seguente:

$$\int \xi^k \, \log \xi \, d\xi = \frac{\xi^{k+1}}{(k+1)^2} \left[(k+1) \, \log \xi - 1 \right] ,$$

l'integrale particolare si calcola come:

$$\tilde{y}(x) = \frac{1}{225 \, x} \left(15 \, x^5 \, \log x + 75 \, x^3 \, \log x - 8 \, x^5 - 100 \, x^3 + 125 \, x^2 - 17 \right) .$$

Ne segue che l'integrale generale della non omogenea assume la forma:

$$y(x) = \frac{1}{225} \left(15 \, x^4 \, \log x + 75 \, x^2 \, \log x - 8 \, x^4 - 100 \, x^2 \right) + Ax + \frac{B}{x} ,$$

in cui le costanti A e B devono essere valutate dalle condizioni associate all'equazione differenziale, da cui segue il sistema algebrico:

$$\begin{cases} A + B = \dfrac{108}{225} \\[3mm] A - B = \dfrac{142}{225} \end{cases}$$

che ha soluzione $A = 5/9$ e $B = -17/225$. Ne segue la soluzione del problema:

$$y(x) = \frac{x^4}{15} \, \log x + \frac{x^2}{3} \, \log x - \frac{8}{225} \, x^4 - \frac{4}{9} \, x^2 + \frac{5}{9} \, x - \frac{17}{225} \frac{1}{x} .$$

Questa soluzione è riportata in Fig. 1.18.

- **Esercizio 4**
  Risolvere il problema differenziale del terzo ordine:

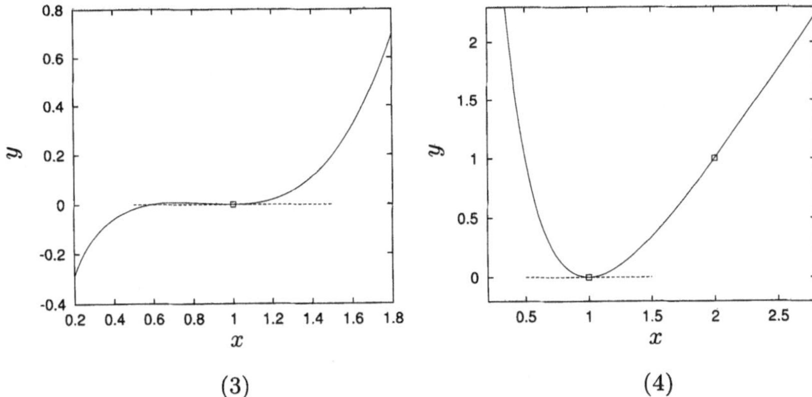

Figura 1.18. Soluzioni degli esercizi 3 e 4. Sono indicati con quadratini i punti in cui vengono imposte le condizioni al contorno. Sono anche tracciate le rette tangenti, di cui si impone il coefficiente angolare

$$\begin{cases} y''' + \dfrac{3}{x}\, y'' + \dfrac{y'}{x^2} - \dfrac{y}{x^3} = 0 \\[2mm] y(1) = y'(1) = 0 \ , \quad y(2) = 1 \ . \end{cases}$$

Con la sostituzione $t(x) = \log x$ ed $Y[t(x)] = y(x)$, considerato che si ha:

$$y' = \frac{1}{x}\, Y' \ , \quad y'' = \frac{1}{x^2}\, (Y'' - Y') \ , \quad y''' = \frac{1}{x^3}\, (Y''' - 3Y'' + 2Y') \ ,$$

si ottiene l'equazione trasformata:

$$Y''' - Y = 0 \ ,$$

a cui corrisponde l'equazione caratteristica:

$$\alpha^3 - 1 = 0 \ ,$$

che ha radici $\alpha_1 = 1$, $\alpha_2 = (-1 + i\sqrt{3})/2$ ed $\alpha_3 = (-1 - i\sqrt{3})/2$. In corrispondenza a queste radici caratteristiche, gli integrali dell'equazione trasformata si possono scegliere come $Y_1(t) = e^t$, $Y_2(t) = e^{-t/2}\,\cos(\sqrt{3}t/2)$ ed $Y_3(t) = e^{-t/2}\,\sin(\sqrt{3}t/2)$, a cui corrispondono i seguenti integrali dell'equazione in y:

$$y_1(x) = x \ , \quad y_2(x) = \frac{1}{\sqrt{x}}\,\cos\left(\frac{\sqrt{3}}{2}\,\log x\right) \ , \quad y_3(x) = \frac{1}{\sqrt{x}}\,\sin\left(\frac{\sqrt{3}}{2}\,\log x\right) \ .$$

L'integrale generale dell'equazione differenziale omogenea in y si scrive allora:

$$y(x) = A\,x + \frac{B}{\sqrt{x}}\,\cos\left(\frac{\sqrt{3}}{2}\,\log x\right) + \frac{C}{\sqrt{x}}\,\sin\left(\frac{\sqrt{3}}{2}\,\log x\right) \ ,$$

in cui le tre costanti A, B e C si calcolano sulla base delle condizioni associate all'equazione differenziale. Dalla prima condizione $y(1) = 0$ si ottiene $B = -A$, dalla seconda condizione $y'(1) = 0$ si ottiene $C = -\sqrt{3}\,A$, mentre dalla terza $y(2) = 1$ si ottiene A:

$$A = \frac{\sqrt{2}}{2\sqrt{2} - \cos\left(\frac{\sqrt{3}}{2}\log 2\right) - \sqrt{3}\,\sin\left(\frac{\sqrt{3}}{2}\log 2\right)} \,.$$

Si ottiene in tal modo la soluzione del problema:

$$y(x) = \frac{\sqrt{2}}{2\sqrt{2} - \cos\left(\frac{\sqrt{3}}{2}\log 2\right) - \sqrt{3}\,\sin\left(\frac{\sqrt{3}}{2}\log 2\right)} \times$$
$$\left[x - \frac{1}{\sqrt{x}}\cos\left(\frac{\sqrt{3}}{2}\log x\right) - \sqrt{\frac{3}{x}}\,\sin\left(\frac{\sqrt{3}}{2}\log x\right)\right] \,.$$

Questa soluzione è riportata in Fig. 1.18.

- **Esercizi proposti**

◇ Risolvere il problema differenziale:

$$\begin{cases} y'' - \dfrac{4}{x}\,y' - \dfrac{50}{x^2}\,y = x^3 \\[2mm] y(1) = -\dfrac{1}{50},\ y'(1) = \dfrac{9}{10} \,. \end{cases} \tag{1.94}$$

Risposta:

$$y(x) = \frac{1}{15}\left(x^{10} - \frac{3}{10}\,x^5 - x^{-5}\right) \,,$$

riportata in Fig. 1.19.

◇ Risolvere il problema differenziale:

$$\begin{cases} x^2\,y'' + x\,y' - y = x\,\log x \\[2mm] y(1) = \dfrac{1}{8},\ y'(1) = 0 \,. \end{cases} \tag{1.95}$$

Risposta:

$$y(x) = \frac{3}{16}\,x - \frac{1}{16}\,\frac{1}{x} + \frac{x}{4}\,\log x\,(\log x - 1) \,,$$

riportata in Fig. 1.19.

◇ Risolvere il problema differenziale:

$$\begin{cases} y''' - \dfrac{1}{x}\,y'' + \dfrac{1}{x^2}\,y' = x^2 \\[2mm] y(1) = 0,\ y'(1) = 1,\ y(e) = 1 \,. \end{cases} \tag{1.96}$$

Risposta:

$$y(x) = \frac{1}{45(1+e^2)}\left[\,2(66 - 20e^2 - e^5)\,x^2\log(x) + (1+e^2)\,x^5 + \right.$$
$$\left. + (-46 + 40e^2 + e^5)\,x^2 + (45 - 41e^2 - e^5)\,\right] \,,$$

riportata in Fig. 1.20.

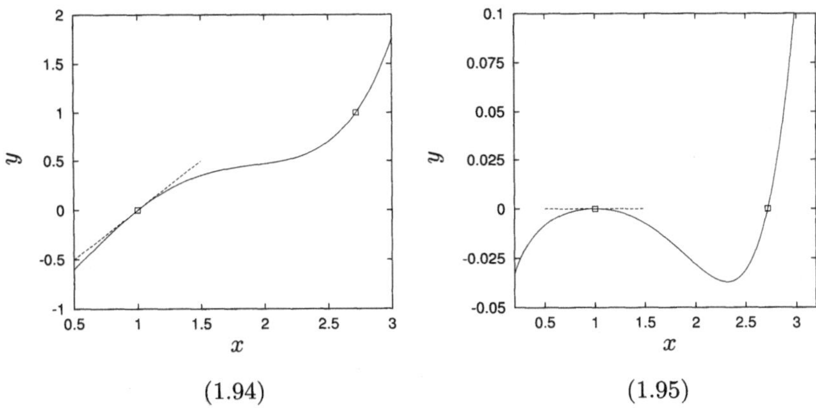

$$(1.94) \qquad\qquad (1.95)$$

Figura 1.19. Soluzioni degli esercizi (1.94) e (1.95). Sono indicati con quadratini i punti in cui vengono imposte le condizioni al contorno. Sono anche tracciate le rette tangenti, di cui si impone il coefficiente angolare

◇ Risolvere il problema differenziale:

$$\begin{cases} x^2\, y^{IV} - 6\, y'' = x^3\, \log(x) \\[2mm] y(1) = 0,\; y'(1) = 0,\; y'''(1) = 0,\; y(e) = 0\;. \end{cases} \qquad (1.97)$$

Risposta:

$$y(x) = \alpha + \beta\, \log(x) + \gamma\, x + \delta\, x^5 + 1/200\, x^5\, (\log x - 13/10)\, \log x\;,$$

con:

$$\Delta = 800\, (e^5 + 25e - 56)$$
$$\alpha = (189e^5 - 345e - 704)/(5\Delta) \simeq 0.041168$$
$$\beta = (191e^5 - 1075e + 704)/(5\Delta) \simeq 0.040732$$
$$\gamma = (284 - 39e^5)/\Delta \simeq -0.042902$$
$$\delta = (6e^5 + 345e - 716)/(5\Delta) \simeq 0.001734\;,$$

riportata in Fig. 1.20.

1.5.4 Equazioni a variabili separabili

In questo paragrafo saranno risolti problemi differenziali del primo ordine, in cui sono presenti equazioni a variabili separabili. Tali equazioni sono, in generale, non lineari e la loro risoluzione conduce spesso ad una definizione *implicita* della soluzione $y = y(x)$, attraverso una equazione del tipo $F(x, y) = 0$, non sempre risolubile analiticamente nella variabile y. In questi casi, al fine di rappresentare graficamente le soluzioni, occorre implementare opportuni algoritmi numerici che risolvano, in modo approssimato, l'equazione $F(x, y) = 0$ rispetto alla variabile y (vedi Esercizi 3 e 4).

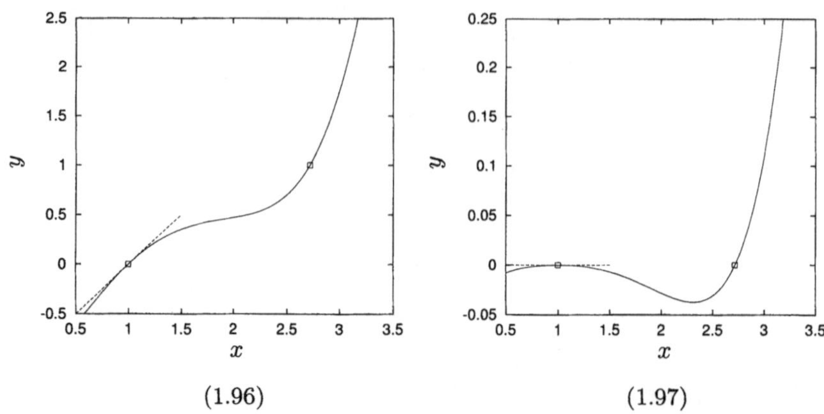

(1.96)   (1.97)

Figura 1.20. Soluzioni degli esercizi (1.96) e (1.97). Sono indicati con quadratini i punti in cui vengono imposte le condizioni al contorno. Sono anche tracciate le rette tangenti, di cui si impone il coefficiente angolare

- **Esercizio 1**

  Risolvere il problema differenziale del primo ordine:

$$\begin{cases} x(1+x)y' = y(1-y) \\ y(1) = -1 \ . \end{cases}$$

Per separare le variabili è necessario dividere per $x(1+x)$ e per $y(1-y)$ entrambi i membri dell'equazione. La soluzione del problema precedente sarà allora valida solo per $x > 0$ (la condizione è assegnata in $x = 1$ ed x non può attraversare lo 0), inoltre y dovrà rimanere sempre negativa (in $x = 1$ $y < 0$ ed anche y non può mai attraversare lo 0). Specificate tali richieste, si può separare le variabili, ottenendo:

$$\frac{dy}{y(1-y)} = \frac{dx}{x(1+x)} \ .$$

Integrando primo e secondo membro di tale relazione si può scrivere:

$$\log \frac{y}{y-1} = \log \frac{x}{x+1} + A \ ,$$

in cui la costante A si calcola imponendo la condizione in $x = 1$. Si trova $A = 0$ e la soluzione del problema assume la forma seguente:

$$y = -x \ .$$

- **Esercizio 2**

  Risolvere il problema differenziale del primo ordine:

$$\begin{cases} y' + \dfrac{y^2}{1-x^2} = 0 \\ y(2) = 1 \ . \end{cases}$$

In questo problema, x deve mantenersi maggiore di 1 ed y non può attraversare lo 0, essendo necessario dividere primo e secondo membro per y^2. Separando le variabili si ottiene:

$$-\frac{dy}{y^2} = \frac{dx}{1 - x^2}$$

ed integrando:

$$\frac{1}{y} = \frac{1}{2} \log \frac{x+1}{x-1} + A \,,$$

in cui la costante A si trova imponendo la condizione. La soluzione del problema assume allora la forma esplicita seguente:

$$y = \frac{1}{1 - \dfrac{1}{2} \log 3 + \dfrac{1}{2} \log \dfrac{x+1}{x-1}} \,.$$

Questa soluzione è riportata in Fig. 1.21.

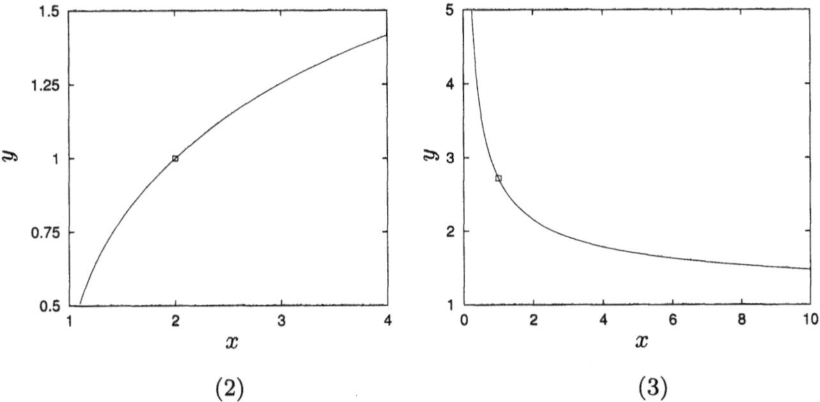

(2)   (3)

Figura 1.21. Soluzioni degli esercizi 2 e 3. Sono indicati con un quadratino i punti in cui vengono imposte le condizioni al contorno

- **Esercizio 3**
  Risolvere il problema differenziale del primo ordine:

$$\begin{cases} x^2 y' = -\dfrac{1}{\log y} \\ y(1) = e \,. \end{cases}$$

In questo problema $x > 0$ ed y deve essere sempre compresa tra 0 (incluso, essendo il secondo membro dell'equazione non singolare in tali condizioni) ed 1, valore in cui il secondo membro diverge. Separando le variabili ed integrando membro a membro si ottiene:

$$y(\log y - 1) = \frac{1}{x} + A \,,$$

in cui la costante A deve essere ricavata sulla base della condizione associata all'equazione, si ottiene $A = -1$. La soluzione del problema assume allora la forma:

$$f(y) = y(1 - \log y) = 1 - \frac{1}{x} = g(x) \ .$$

Questa soluzione è calcolata numericamente in Fig. 1.21, sulla base delle considerazioni seguenti. La funzione $g(x)$ per $x > 0$ non supera 1 e così pure la corrispondente funzione $f(y)$, che raggiunge il valore massimo (unitario) per $y = 1$, risultando positiva per $1 < y < e$ e negativa per $y > e$. Inoltre, il punto $y = e$ corrisponde al punto $x = 1$, essendo $f(e) = 0$. Ne segue che alle x comprese tra 0 ed 1 $(g(x) < 0)$ corrispondono le $y > e$ ed alle x maggiori di 1 $(g(x) > 0)$ le $y \in (1, e)$. Sulla base di queste considerazioni, l'implementazione del metodo di bisezione consente di calcolare numericamente la curva in Fig. 1.21, ovvero di invertire l'equazione in y: $f(y) = g(x)$.

- **Esercizio 4**

  Risolvere il problema differenziale del primo ordine:

$$\begin{cases} y' = (1 + 2y + y^2)yx \\ y(1) = 1 \ . \end{cases}$$

In questo problema y deve essere sempre positiva (la condizione assegna $y > 0$ ed inoltre y non può attraversare lo 0), mentre non si hanno vincoli su x. Separando le variabili e tenendo conto che:

$$\frac{1}{y(1 + y)^2} \equiv \frac{1}{y} - \frac{1}{y + 1} - \frac{1}{(y + 1)^2}$$

si perviene all'equazione:

$$\frac{dy}{y} - \frac{dy}{y + 1} - \frac{dy}{(y + 1)^2} = x dx \ .$$

Integrando membro a membro si ha:

$$\log \frac{y}{y + 1} + \frac{1}{y + 1} = \frac{x^2}{2} + A \ ,$$

in cui la costante A si ottiene imponendo la condizione. Si trova $A = -\log 2$ e la soluzione del problema si scrive:

$$f(y) = \log \frac{y}{y + 1} + \frac{1}{y + 1} = \frac{x^2}{2} - \log 2 = g(x) \ .$$

Questa soluzione è calcolata numericamente in Fig. 1.22, sulla base delle considerazioni seguenti. Innanzitutto, la soluzione è valida per $y > 0$, poiché la condizione al contorno impone un valore positivo della y corrispondente ad $x = 1$ e la y non può mai annullarsi. Per $y > 0$ la funzione $f(y)$ è sempre negativa, ne segue che la soluzione di cui sopra vale solo per $0 < x < \sqrt{2 \log 2}$, intervallo in cui $f(y)$ passa dal valore $-\log 2$ al valore 0. In corrispondenza a questo intervallo, y percorre l'intervallo $(0.3, +\infty)$. Si verifica facilmente che valgono in tale intervallo le due limitazioni seguenti:

$$-\frac{0.1}{y^{1.5}} < f(y) < -\frac{0.3}{y^{0.8}} \ ,$$

da cui seguono le due limitazioni per $y(x)$:

$$\left(\frac{0.2}{2\log 2 - x^2}\right)^{0.66} < y(x) < \left(\frac{0.6}{2\log 2 - x^2}\right)^{1.25} \ ,$$

che forniscono le due stime iniziali necessarie per implementare il metodo delle bisezioni. In tal modo è calcolata numericamente la curva in Fig. 1.22, ovvero è invertita l'equazione in y: $f(y) = g(x)$.

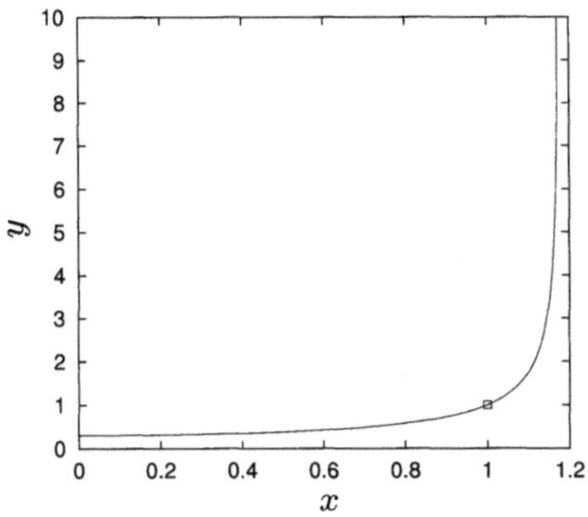

Figura 1.22. Soluzione dell'esercizio 4. È indicato con un quadratino il punto in cui è imposta la condizione al contorno

- **Esercizi proposti**

◇ Risolvere il problema differenziale:

$$\begin{cases} y' + \tan x \, y = 0 \\ y(0) = 1 \ . \end{cases} \tag{1.98}$$

Risposta:

$$y(x) = \cos x \ .$$

◇ Risolvere il problema differenziale:

$$\begin{cases} y' = (1 - y^2)\,(e^x + 1) \\ y(1) = 0 \ . \end{cases} \tag{1.99}$$

Risposta:

$$y(x) = \frac{\exp[2(e^x + x - 1 - e)] - 1}{\exp[2(e^x + x - 1 - e)] + 1} \ ,$$

riportata in Fig. 1.23.

◇ Risolvere il problema differenziale:

$$\begin{cases} y' = e^{2y} \,(1 + \log x) \\ y(1) = 0 \ . \end{cases} \qquad (1.100)$$

Risposta:

$$y(x) = -\frac{1}{2}\,\log(1 - 2x\log x) \ ,$$

riportata in Fig. 1.23.

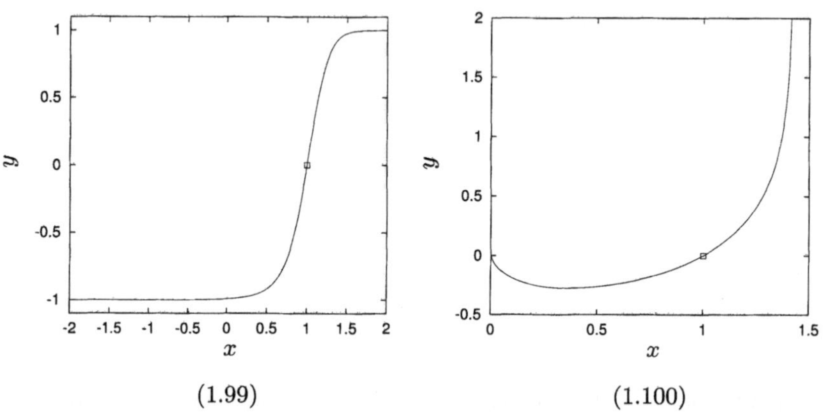

(1.99)   (1.100)

Figura 1.23. Soluzioni degli esercizi (1.99) e (1.100). Sono indicati con un quadratino i punti in cui vengono imposte le condizioni al contorno

◇ Risolvere il problema differenziale:

$$\begin{cases} y' = x^2\,e^{2x-y} \\ y(0) = e \ . \end{cases} \qquad (1.101)$$

Risposta:

$$y(x) = \log\left[e^e - \frac{1}{4} + \frac{1}{4}\,e^{2x}(2x^2 - 2x + 1) \right] \ ,$$

riportata in Fig. 1.24.

◇ Risolvere il problema differenziale:

$$\begin{cases} y' = \dfrac{\cos^2 x}{\sin x}\,(y+1) \\ y\left(\dfrac{\pi}{2}\right) = 0 \ . \end{cases} \qquad (1.102)$$

Risposta:

$$y(x) = e^{\cos x}\,\tan\frac{x}{2} - 1 \ ,$$

riportata in Fig. 1.24.

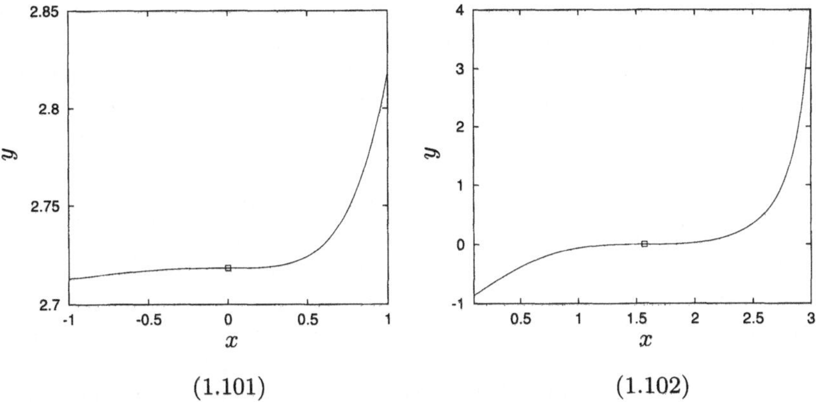

$$(1.101) \qquad\qquad (1.102)$$

Figura 1.24. Soluzioni degli esercizi (1.101) e (1.102). Sono indicati con un quadratino i punti in cui vengono imposte le condizioni al contorno

1.6 Curiosando in biblioteca

Sugli argomenti trattati nel presente capitolo esiste una amplissima letteratura. In questo paragrafo suggeriamo, in modo molto sintetico e certamente non esaustivo, un percorso bibliografico in grado di arricchire ed ampliare gli argomenti appena trattati.

Riguardo all'analisi del moto di un oscillatore libero in assenza di attrito, una trattazione esaustiva si trova nel testo di Meccanica Applicata [13] alle pp. 338 − 344. L'analisi del moto in presenza di attrito si trova poi alle pp. 378−388. Sempre in [13], il fenomeno della risonanza in presenza di forzamento è ampiamente discusso alle pp. 388 − 393. Un aspetto molto interessante di tale trattazione è che l'analisi della dinamica dell'oscillatore viene estesa al caso in cui siano presenti più punti materiali oscillanti e, quindi, ad un sistema oscillante a più gradi di libertà. Trattazioni piuttosto approfondite si trovano anche sul testo di Fisica [17], alle pp. 173 − 180, e sul testo classico di Matematica Superiore [23], alle pp. 102 − 112.

Riguardo alle equazioni differenziali ordinarie, possiamo suggerire alcuni libri che affrontano tale argomento nell'ambito della didattica universitaria. Una prima trattazione rigorosa della teoria si trova al cap. 4 del testo di Analisi Matematica [25], dove viene discussa approfonditamente la questione dell'esistenza ed unicità della soluzione di un problema di Cauchy in forma locale e globale. Questa trattazione viene specializzata nel successivo cap. 5 per le equazioni lineari. Nel §59 vi si trova anche una interessante trattazione dei sistemi di equazioni differenziali lineari. Una ampissima trattazione dell'argomento si può trovare nei primi due capitoli del già citato volume [23]. Nel primo, l'argomento è introdotto dando una panoramica generale degli sviluppi della teoria, la quale è sistematicamente esposta nel capitolo successivo.

È interessante notare che in questo ambito viene anche discussa (§4) la tecnica di soluzione per serie di una equazione ordinaria, prendendo come esempio l'equazione di Bessel. Anche nel testo di Analisi Matematica [10], cap. 1, si trova una estesa introduzione alle equazioni differenziali ordinarie, con particolare riferimento alle procedure di risoluzione, comprensiva di tutti gli argomenti trattati in questo capitolo. Inoltre viene trattato un particolare problema differenziale che è anche, al contempo, un problema agli autovalori (§9). Nel cap. 12 viene poi presentata la teoria generale delle equazioni differenziali ordinarie. La risoluzione di alcune tipologie particolari di equazioni non lineari, come quelle di Bernoulli o di Clairaut, è affrontata in questo capitolo di [10]. Una interessante ed estesa trattazione dell'argomento si trova nel testo di Analisi Matematica [19], al cap. 4, in cui la teoria è motivata sistematicamente da esempi, pur essendo sempre formalmente rigorosa. Nel contempo, vi si trovano proposti molti esercizi, la risoluzione di alcuni riguarda la stessa teoria, piuttosto che sue applicazioni. Il paragrafo 3 è poi dedicato all'analisi dei sistemi autonomi e della loro stabilità, trattata col metodo di Liapunov. Alle equazioni differenziali ordinarie è poi dedicato il cap. 2 del ponderoso manuale [28], in cui ad una ampissima trattazione teorica sono associati numerosi esempi ed una collezione molto vasta di esercizi proposti. Una introduzione alle equazioni differenziali ordinarie è anche presentata nel cap. 12 di [3], argomento che viene poi ripreso ed approfondito nei capp. 6 e 7 del testo di Analisi Matematica [4]. In particolare, nel cap. 6 è sviluppata la teoria, non senza proporre alcuni esercizi la cui soluzione non riguarda le applicazioni. Nel cap. 7, invece, sono descritte le procedure di risoluzione di problemi differenziali ordinari, correlando la discussione con una vasta collezione di esercizi svolti e proposti. Infine, una trattazione molto rigorosa della teoria delle equazioni differenziali ordinarie è svolta al cap. XI del libro [7], corredata da una interessante collezione di esempi classici. La teoria viene poi specializzata nel cap. XII per le equazioni lineari, proponendo alcuni interessanti esercizi la cui soluzione è guidata dall'autore.

Approfondimenti ed esercizi sulle equazioni differenziali ordinarie si trovano nel volume [12], mentre una ricca collezione di esercizi è fornita nel testo di esercizi [15]. Con maggiore dettaglio, il cap. 4 è dedicato agli esercizi sulla soluzione di equazioni lineari, nel cap. 5 si affronta la soluzione di particolari classi di equazioni non lineari del primo ordine, mentre il cap. 6 è dedicato alla soluzione di equazioni non lineari di ordine superiore al primo. Una importante raccolta di esercizi, con richiami sistematici di teoria, si trova anche nel volume della collana Schaum [1], nei capitoli dal 1 al 20. Nei capp. 8 e 20 si trovano poi una serie di applicazioni, molte delle quali di natura meccanica ed elettrica, mentre applicazioni di tipo geometrico si trovano nel cap. 7. Infine, interessanti applicazioni numeriche della teoria delle equazioni differenziali ordinarie vengono illustrate nel cap. 7 del testo [21], oltre che nel già citato [15], ai capp. 4, 5 e 6.

Approfondimento

1.7 Risposta impulsiva

Disponendo della soluzione (1.48, 1.49, 1.50) possiamo valutare la risposta dell'oscillatore ad una sollecitazione molto intensa $F \gg 1$ applicata per un tempo brevissimo $T \ll 1$. Anzi, correliamo intensità e tempo di applicazione assumendo $T = 1/F$, in tal modo il lavoro effettivamente fatto sul punto materiale rimarrà finito, al crescere del livello di forzamento F.

Un forzamento di questo tipo si chiama *impulso* di ampiezza finita. Considerando poi il limite della soluzione per $F \to +\infty$, otterremo quella che si definisce la *risposta impulsiva* dell'oscillatore. Sviluppiamo in serie di McLaurin in T la soluzione (1.50), considerando che:

$$e^{\delta T/\tau} \, \sinh[\theta(t - (T + t_0))/\tau] \; =$$

$$= \; \sinh[\theta(t - t_0)/\tau] + \left\{ \frac{\delta}{\tau} \, \sinh[\theta(t - t_0)/\tau] - \frac{\theta}{\tau} \, \cosh[\theta(t - t_0)/\tau] \right\} T + o(T)$$

$$e^{\delta T/\tau} \, \cosh[\theta(t - (T + t_0))/\tau] \; =$$

$$= \; \cosh[\theta(t - t_0)/\tau] + \left\{ \frac{\delta}{\tau} \, \cosh[\theta(t - t_0)/\tau] - \frac{\theta}{\tau} \, \sinh[\theta(t - t_0)/\tau] \right\} T + o(T)$$

e che $FT = 1$, otteniamo che per $t > t_0$ vale la seguente soluzione, al limite per $F \to +\infty$:

$$x(t) = \; \frac{1}{\tau^2} \, e^{-\delta(t - t_0)/\tau} \, \frac{\sinh[\theta(t - t_0)/\tau]}{\theta/\tau} +$$

$$+ e^{-\delta t/\tau} \left[\left(\frac{\delta}{\tau} \, x_0 + u_0 \right) \frac{\sinh(\theta t/\tau)}{\theta/\tau} + x_0 \, \cosh(\theta t/\tau) \right] , \qquad (1.103)$$

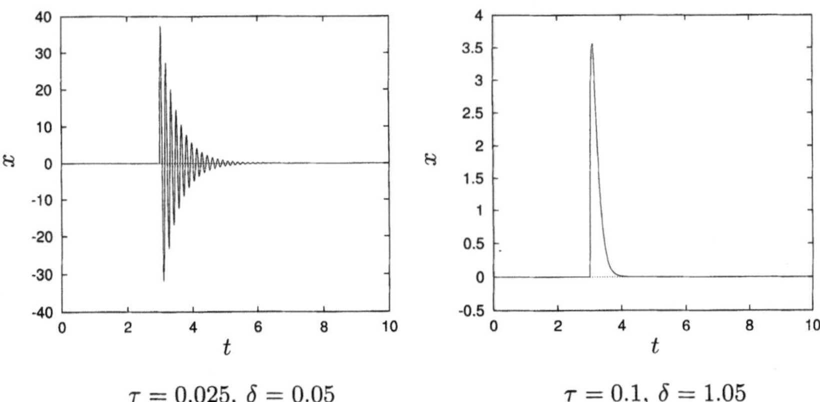

$$\tau = 0.025, \; \delta = 0.05 \qquad\qquad \tau = 0.1, \; \delta = 1.05$$

Figura 1.25. Risposta impulsiva per oscillatori armonici con differenti costanti di tempo e coefficienti di attrito. L'impulso è generato al tempo $t_0 = 3$ ed il punto materiale parte dall'origine ($x_0 = 0$) con velocità nulla ($u_0 = 0$)

mentre la soluzione per $t < t_0$ rimane la (1.48). Le (1.48, 1.103) forniscono la risposta impulsiva dell'oscillatore, di cui due esempi sono riportati in Fig. 1.25. Occorre infine sottolineare che la conoscenza della risposta impulsiva per un qualunque sistema, meccanico o no, purché governato da equazioni differenziali lineari, consente di valutare il comportamento del sistema sotto l'azione di una forzante arbitraria.

Serie di funzioni

In questo capitolo verrà presentato uno degli strumenti di maggiore utilità nelle applicazioni: la *serie di funzioni*. Utilizzando questo strumento si può facilmente costruire una approssimazione *locale* [*nell'intorno di un punto*] o *globale* [*nell'intero dominio di definizione*] di una qualunque funzione, purché sufficientemente regolare. Questo problema è spesso affrontato costruendo dapprima una serie di funzioni, che converga alla funzione da approssimare, e poi troncando tale serie ad una somma finita. Poiché gran parte dei metodi numerici di interesse ingegneristico sono basati su un approccio di questo tipo, si può ben comprendere l'importanza di tale strumento.

La definizione di serie di funzioni è presentata in §2.1, mentre il paragrafo 2.2 è dedicato ad una breve rassegna delle principali proprietà di convergenza delle serie. Impostato l'argomento nella sua generalità, in §2.3 si passa allo studio dell'*approssimazione locale* di una funzione mediante la serie di Taylor, mostrando alcune applicazioni di questa approssimazione a due problemi numerici di grande interesse: la derivazione e l'integrazione approssimate di una funzione. L'approssimazione *globale* di una funzione è poi discussa in §2.4, dedicato alla serie di Fourier e ad alcune sue applicazioni. Alcuni esercizi svolti sono presentati in §2.5. Infine, nel §2.6 viene suggerito un percorso bibliografico, utile per approfondire gli argomenti trattati in questo capitolo.

2.1 Definizioni ed esempi

Consideriamo un insieme *numerabile* [*che può essere messo in corrispondenza biunivoca con l'insieme dei numeri naturali*] di funzioni di una sola variabile reale x, tutte definite nel medesimo sottoinsieme D di $\mathbb{R}$:

$$f_1(x) \,, \quad f_2(x) \,, \quad f_3(x) \,, \quad \ldots \tag{2.1}$$

L'insieme (2.1) verrà chiamato *successione di funzioni* e sarà indicato scrivendo:

$$\{f_k(x) \,, \quad k = 1,2,3,\ldots\} \,,$$

in cui k assume tutti i valori interi positivi, come ad esempio in Fig. 2.1. La notazione precedente sarà utilizzata nel presente capitolo in una forma contratta, in cui si ometterà di indicare i valori assunti da k che, convenzionalmente, apparterrà sempre all'insieme dei numeri interi positivi. Semplici esempi di successioni di funzioni sono i seguenti:

$$f_k(x) = \begin{cases} 1/(1 + x^2)^k \\ x^k \\ |x|^k \\ \sin(k\pi x) \\ \sin(k\pi x)/(k\pi x) \end{cases} \tag{2.2}$$

◇ **Esercizio:**   Con l'ausilio di un calcolatore, diagrammare i primi 10 elementi delle successioni date nell'esempio (2.2) per $x \in [-2, +2]$. Commentare i grafici ottenuti: cosa succede all'aumentare di k?

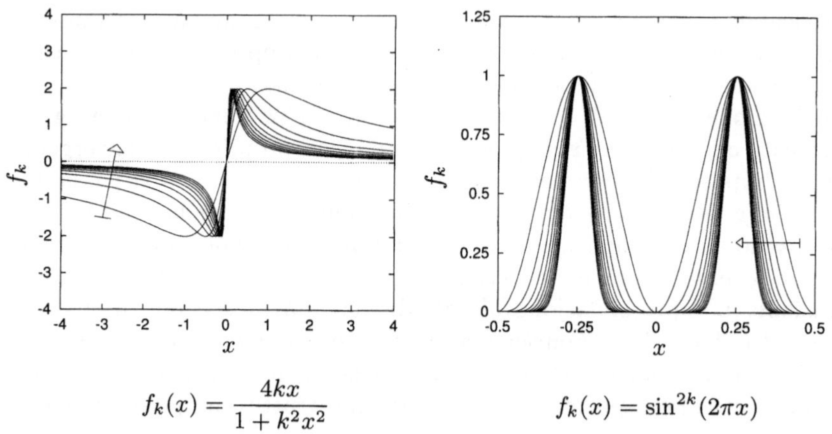

$$f_k(x) = \frac{4kx}{1 + k^2 x^2} \qquad\qquad f_k(x) = \sin^{2k}(2\pi x)$$

Figura 2.1. Successioni di funzioni $f_k(x) = 4kx/(1+k^2 x^2)$ e $f_k(x) = \sin^{2k}(2\pi x)$ per $k = 1,\ldots,10$. k è crescente se si ordinano le curve nel verso indicato dalle frecce. Cosa succede all'aumentare di k?

Data una successione di funzioni $\{\varphi_m(x)\}$, si può costruire una nuova successione di funzioni $\{\varPhi_k(x)\}$ nel modo seguente:

$$\varPhi_k(x) = \varphi_1(x) + \varphi_2(x) + \varphi_3(x) + \ldots + \varphi_k(x) = \sum_{m=1}^{k} \varphi_m(x) \,, \tag{2.3}$$

l'elemento k di tale successione è ottenuto, come mostra la (2.3), sommando i primi k elementi della successione $\{\varphi_m(x)\}$. Per questo la funzione $\Phi_k(x)$ prende il nome di *somma parziale di ordine k* della successione $\{\varphi_m(x)\}$. Se in ogni punto di un sottoinsieme E di D esiste (finito o infinito) il limite della successione delle *somme parziali*:

$$\lim_{k \to \infty} \Phi_k(x) =: \Phi(x) \,, \tag{2.4}$$

allora in tale sottoinsieme si può definire la *serie di funzioni*:

$$\Phi(x) = \varphi_1(x) + \varphi_2(x) + \varphi_3(x) + \ldots = \sum_{m=1}^{\infty} \varphi_m(x) \,. \tag{2.5}$$

La funzione $\Phi(x)$ definita in E, limite della successione delle somme parziali, si chiama *somma* della serie di funzioni (2.5). Una serie di funzioni è allora una somma infinita di funzioni, ma occorre fare molta attenzione al fatto che, se per certi valori di x non esiste il limite (2.4), la scrittura (2.5) perde di significato. Notiamo, inoltre, che nella scrittura (2.5) l'indice di somma m va da 1 all'infinito, ma nulla impedisce di partire da $m = 0$, se l'ordinamento delle funzioni $\varphi_m(x)$ lo richiede.

Esamineremo più avanti la questione della convergenza di una serie di funzioni, per il momento possiamo indagare empiricamente qualche esempio, con l'ausilio di un calcolatore. In Fig. 2.2 sono illustrati due esempi di convergenza molto semplici, in cui è sufficiente adottare il criterio del rapporto per ogni x in entrambi i casi, a meno dei punti $x = 1/4$ e $3/4$ nell'esempio a destra, in

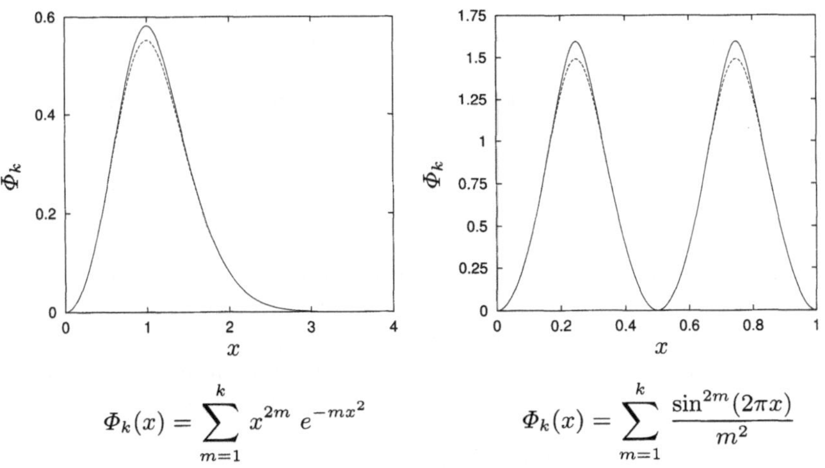

$$\Phi_k(x) = \sum_{m=1}^{k} x^{2m} \, e^{-mx^2} \qquad\qquad \Phi_k(x) = \sum_{m=1}^{k} \frac{\sin^{2m}(2\pi x)}{m^2}$$

Figura 2.2. Somme parziali $\Phi_k(x)$ delle serie di termini $\varphi_m(x) = x^{2m} \, e^{-mx^2}$ per $k = 3$ (linea tratteggiata) e $k = 10$ (linea continua) e $\varphi_m(x) = \sin^{2m}(2\pi x)/m^2$ per $k = 6$ (linea tratteggiata) e $k = 20$ (linea continua)

cui si usa il criterio del confronto, per provare la convergenza (alcuni richiami sui criteri di convergenza sono forniti nella Appendice 2.7). Peraltro, la figura 2.2 mostra proprio il tipo di convergenza più interessante: la *convergenza uniforme*, in cui la velocità di convergenza non dipende dal punto x considerato. In queste condizioni, la differenza tra $\Phi(x)$ e $\Phi_k(x)$ può essere resa piccola a piacere, scegliendo k maggiore di un numero intero opportuno, indipendente dal punto x.

◇   **Esercizio:**   Con l'ausilio di un calcolatore, diagrammare le somme parziali di ordine 50 e 100 per $x \in (-1, +1)$, relative alle successioni date nell'esempio (2.2). Commentare i risultati ottenuti: in quali casi esiste il limite (2.4)?

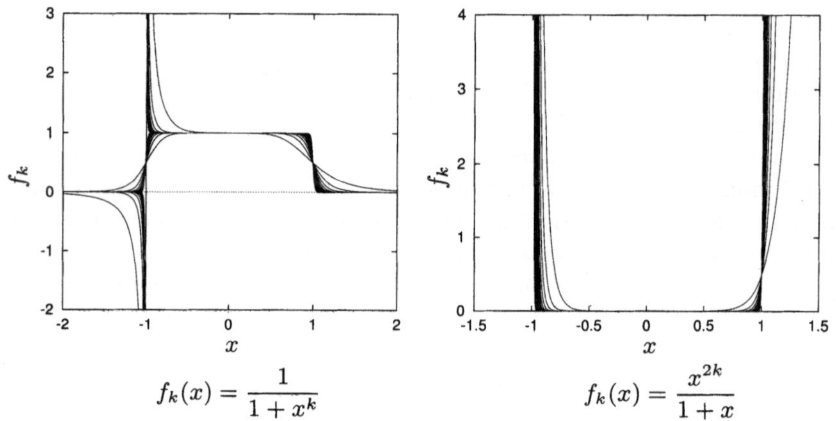

$$f_k(x) = \frac{1}{1 + x^k} \qquad\qquad f_k(x) = \frac{x^{2k}}{1 + x}$$

Figura 2.3. Grafici, in funzione della variabile x, per gli elementi delle successioni di funzioni (2.7) e (2.8) (gli archi per $x < -1$ non sono visibili, per motivi di scala), con $k = 5, 10, \ldots, 100$

Vediamo quando si può affermare che esiste finito il limite (2.4), ovvero quando è utile definire la serie (2.5). Per far questo, occorre precisare il concetto di limite di una successione di funzioni in un certo punto $x_0 \in D$, nel quale la successione di funzioni si riduce alla successione numerica $\{f_k(x_0)\}$. La successione di funzioni (2.1) si dice *regolare* nel punto x_0 se esiste il

$$\lim_{k \to \infty} f_k(x_0) = F \ . \tag{2.6}$$

Se il limite F dato nella (2.6) è finito, la successione regolare si dice *convergente* e la scrittura (2.6) significa che, comunque piccolo si scelga il numero $\varepsilon > 0$, esiste un intero $n_\varepsilon > 0$, dipendente da ε, tale che per ogni $k > n_\varepsilon$ si ha $|f_k(x_0) - F| < \varepsilon$. Ad esempio, la successione formata dalle funzioni:

$$f_k(x) = \frac{1}{1 + x^k} \tag{2.7}$$

è definita su $D = (-\infty, -1) \cup (-1, +\infty)$, ovvero su tutto l'asse reale privato del punto -1, converge ad 1 per $-1 < x < 1$, ad $1/2$ se $x = 1$ ed a 0 se $x < -1$ o $x > 1$, come si può constatare dalla Fig. 2.3. Se il limite F dato nella (2.6) è $+\infty$, la successione regolare si dice *divergente* in x_0 e la scrittura (2.6) significa che, comunque grande si scelga il numero $P > 0$, esiste un intero $n_P > 0$, dipendente da P, tale che per ogni $k > n_P$ si ha $f_k(x_0) > P$. L'ultima diseguaglianza diviene poi $f_k(x_0) < -P$, quando $F = -\infty$. Ad esempio, la successione formata dalle funzioni:

$$f_k(x) = \frac{x^{2k}}{1 + x} \tag{2.8}$$

è definita sullo stesso D della (2.7) e diverge a $+\infty$ quando $x > 1$ ed a $-\infty$ quando $x < -1$ (mentre converge a 0 per $-1 < x < 1$ ed a $1/2$ per $x = 1$), come si verifica ancora dalla Fig. 2.3. Infine, se il limite (2.6) non esiste, la successione si dice *indeterminata*. Ad esempio, la successione formata dalle funzioni:

$$f_k(x) = \sin^k(2\pi x) \tag{2.9}$$

è definita su $D = \mathbb{R}$, è periodica e, nell'intervallo $[0, 1)$, è indeterminata per $x = 3/4$ (converge a $+1$ in $x = 1/4$ ed a 0 in tutti gli altri punti, come mostra la Fig. 2.4).

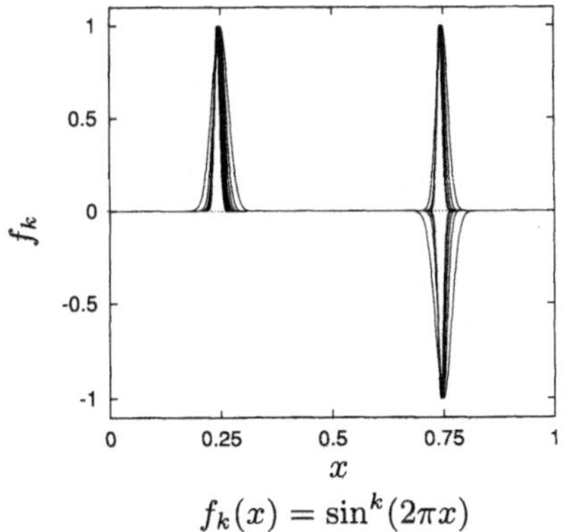

$$f_k(x) = \sin^k(2\pi x)$$

Figura 2.4. Grafici, in funzione della variabile x, per gli elementi della successione di funzioni (2.9), con $k = 75, 150, \ldots, 750$

◇ **Esercizio:**   Nei punti $x_0 = -2$, $x_0 = 0$ ed $x_0 = 1/2$ dire quali
successioni, tra quelle date nell'esempio (2.2), sono
regolari e quali sono indeterminate. Quelle regolari
sono anche convergenti?

Ovviamente, quando tali proprietà del limite valgono in un certo insieme, la
successione di funzioni $\{f_k(x)\}$ si dice regolare (ed, in particolare, convergente)
o indeterminata in tale insieme.

◇ **Esercizio:**   Studiare il limite delle successioni nell'esempio
(2.2) e dire per quali valori di x sono regolari e per
quali sono indeterminate. Dire dove le successioni
regolari sono convergenti.

Utilizzando queste definizioni per la successione delle somme parziali $\{\Phi_k(x)\}$,
si può dire semplicemente che la scrittura della serie (2.5) ha senso nell'insieme
$E \subseteq D$, in cui la successione delle somme parziali ad essa associate è regolare.
Nel sottoinsieme C di E in cui tale successione è anche convergente, la somma
della serie (2.4) è finita e la serie si dice *convergente*, mentre negli eventuali
punti di E non appartenenti a C il limite (2.4) è infinito e la serie si dice
divergente.

Un esempio molto importante di serie, regolare per $x > -1$ e convergente
per $-1 < x < 1$ è quello della serie geometrica:

$$1 + x + x^2 + \ldots = \sum_{m=0}^{\infty} x^m \; . \tag{2.10}$$

È possibile sommare facilmente la serie (2.10). La somma parziale $\Phi_m(x)$ si
può scrivere nei due modi seguenti:

$$\Phi_m(x) = 1 + x + x^2 + x^3 + \ldots + x^{m-1} + x^m$$

$$x\, \Phi_m(x) = \quad x + x^2 + x^3 + \ldots + x^{m-1} + x^m + x^{m+1} \; ,$$

per cui, sottraendo membro a membro dalla prima la seconda relazione si
ottiene:

$$(1 - x)\, \Phi_m(x) = 1 - x^{m+1} \; . \tag{2.11}$$

Escludendo il caso in cui $x = 1$, perché per tale valore la serie (2.10) è
palesemente divergente a $+\infty$, l'equazione (2.11) può essere risolta in Φ_m:

$$\Phi_m(x) = \frac{1 - x^{m+1}}{1 - x} \; , \tag{2.12}$$

dalla quale si ricava che la serie (2.10) è convergente per $|x| < 1$ ed ha per
somma:

$$\Phi(x) = \sum_{m=0}^{\infty} x^m = \frac{1}{1 - x} \; , \tag{2.13}$$

mentre è divergente a $+\infty$ quando $x > 1$. Infine, tale serie non può essere
considerata quando $x = -1$ perché le sue somme parziali di ordine k assumono
alternativamente i valori 1 e 0, a seconda che k sia pari o dispari.

2.2 Convergenza di una serie di funzioni

Dire che una serie (2.5) è convergente, significa affermare che la successione delle somme parziali è convergente, cioè che esiste finito il limite (2.4). Le proprietà di convergenza di una serie *in un punto* sono trattate con gli strumenti utilizzati per le serie numeriche. Se x è un punto di D, poniamo per semplicità $u_m = \varphi_m(x)$ e riassumiamo brevemente ciò che può essere detto sulla convergenza "locale". Innanzitutto, se la serie (2.5) è convergente nel punto x, allora la successione dei suoi termini $\{u_m\}$ deve essere infinitesima. Infatti, se la serie converge, allora per ogni $\varepsilon > 0$ fissato esiste un numero naturale n_ε, tale che per $m > n_\varepsilon$ si ha:

$$|\Phi_m(x) - \Phi(x)| < \frac{\varepsilon}{2} \quad \text{ed anche} \quad |\Phi_{m+1}(x) - \Phi(x)| < \frac{\varepsilon}{2} \, ,$$

ma allora, applicando la diseguaglianza triangolare (vedi Fig. 2.5), vale pure:

$$\begin{aligned}
|u_m| &= |\Phi_{m+1}(x) - \Phi_m(x)| \\
&\equiv |\, [\Phi_{m+1}(x) - \Phi(x)] - [\Phi_m(x) - \Phi(x)] \,| \\
&\leq |\Phi_{m+1}(x) - \Phi(x)| + |\Phi_m(x) - \Phi(x)| < \varepsilon \, ,
\end{aligned}$$

ovvero la successione $\{u_m\}$ è infinitesima. Da un punto di vista operativo, inoltre, la verifica diretta della definizione di convergenza non è agevole e si preferisce utilizzare dei criteri sufficienti, alcuni dei quali sono riportati nella Appendice 2.7.

Differentemente da quanto accade per le serie *numeriche*, per le serie *di funzioni* ci si può porre però anche altri problemi, legati alla dipendenza dal punto x delle proprietà di convergenza. Infatti, nella definizione di convergenza in x, fissato ε, il numero naturale n_ε dipende, in generale, dal punto x considerato, potendo la convergenza essere più lenta in alcuni punti e più

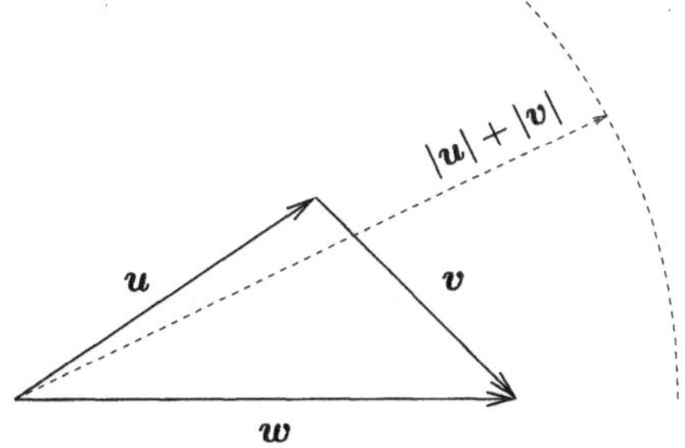

Figura 2.5. Se il vettore w è la somma dei due vettori u e v, il modulo del vettore w non può superare la somma dei moduli dei due vettori u e v. Questa semplice constatazione geometrica prende il nome di *disuguaglianza triangolare* ed è estremamente utile in diversi contesti

veloce in altri. Si dovrà quindi scrivere $n_\varepsilon = n_\varepsilon(x)$. Consideriamo allora un sottoinsieme A dell'insieme di convergenza C della serie (2.5) ed analizziamo la convergenza puntuale in A, per ε fissato. Come è illustrato in Fig. 2.6, due casi possono accadere: o esiste finito l'estremo superiore dell'insieme di numeri naturali $\{n_\varepsilon(x), x \in A\}$ (caso (a) in Fig. 2.6), che verrà chiamato N_ε, oppure tale estremo è infinito (caso (b) in Fig. 2.6). Nel primo caso, si potrebbe assumere direttamente $n_\varepsilon = N_\varepsilon$ e verificare la convergenza per ogni $x \in A$ *indipendentemente dal punto* $x \in A$: la serie (2.5) si dice *uniformemente convergente* in A, mentre nel secondo caso ciò non è possibile.

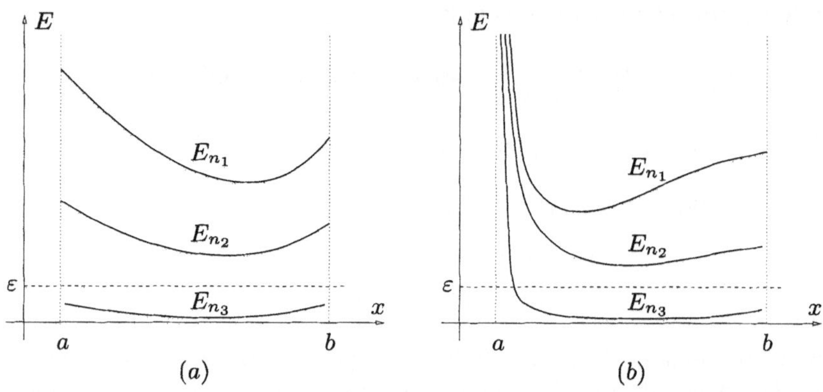

Figura 2.6. Errori di convergenza $E_n(x) = |\Phi(x) - \Phi_n(x)|$, con $n = n_1, n_2, n_3$ ed $n_1 < n_2 < n_3$, per due serie convergenti in $(a, b) = C$. Per $\varepsilon > 0$ comunque piccolo, nel caso (a) esiste un intero N_ε tale che, comunque si prenda $n > N_\varepsilon$, risulti $E_n(x) < \varepsilon$, per ogni $x \in C$: la serie è uniformemente convergente in C. Nel caso (b), l'errore $E_n(x)$ si mantiene sempre grande in un intorno, di ampiezza decrescente con n, del punto $x = a$, risultando $N_\varepsilon = \sup\{n_\varepsilon(x), x \in C\} = +\infty$. In tal caso, la serie non è uniformemente convergente in C

Consideriamo ad esempio la serie:

$$\sum_{m=1}^{\infty} e^{mx(x-1)} \, , \tag{2.14}$$

convergente per $x \in (0, 1)$ (in tale intervallo, $x(x-1) < 0$ e quindi $e^{x(x-1)} < 1$), la somma di questa serie vale:

$$\Phi(x) = \sum_{m=0}^{\infty} e^{mx(x-1)} - 1 = \frac{e^{x(x-1)}}{1 - e^{x(x-1)}} \, ,$$

che è una funzione divergente a $+\infty$ per $x \to 0^+$ e $x \to 1^-$. Proviamo a vedere se tale serie risulta anche uniformemente convergente in un intervallo

$(\delta, 1 - \delta) \subseteq (0, 1)$ (si assume $0 < \delta < 1/2$), vedi Fig. 2.7. La somma parziale di ordine k è $\Phi_k(x) = [e^{x(x-1)} - e^{(k+1)x(x-1)}]/[1 - e^{x(x-1)}]$ e, ponendo $c = e^{-\delta(1-\delta)} < 1$, la condizione di convergenza si specifica nel caso in esame:

$$|\Phi_k(x) - \Phi(x)| = \frac{e^{(k+1)x(x-1)}}{1 - e^{x(x-1)}} < \frac{c^{k+1}}{1 - c} < \varepsilon , \qquad (2.15)$$

da cui segue che può prendersi [1] $N_\varepsilon \geq |\log[\varepsilon(1 - c)]|/[\delta(1 - \delta)]$, risultando la serie uniformemente convergente in $(\delta, 1 - \delta)$.

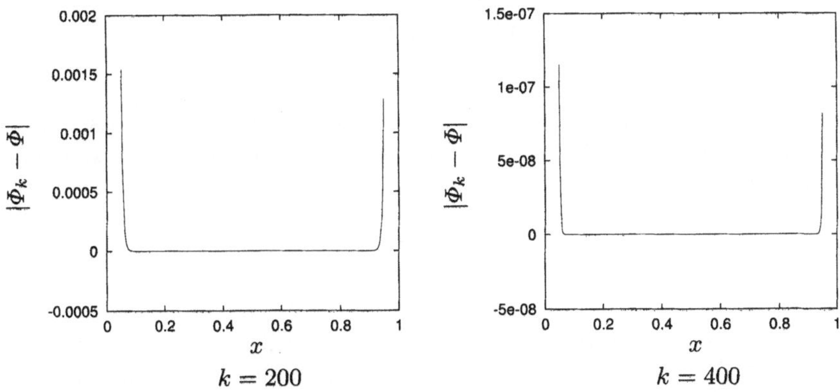

Figura 2.7. Errore (2.15) commesso approssimando la somma della serie $\Phi(x)$ (2.14) con la corrispondente somma parziale $\Phi_k(x)$ di ordine k. In entrambi i casi si è scelto $\delta = 1/20$

L'uniforme convergenza di una serie di funzioni è una proprietà fondamentale per le applicazioni, perché consente di operare con i normali strumenti dell'analisi matematica (limiti, derivate, integrali) *indifferentemente* dall'esterno o dall'interno della sommatoria infinita (2.5). Cioè, il limite in un punto x_0 di una serie uniformemente convergente di funzioni è la serie dei limiti:

$$\lim_{x \to x_0} \sum_{m=1}^{\infty} \varphi_m(x) = \sum_{m=1}^{\infty} \lim_{x \to x_0} \varphi_m(x) ,$$

---

[1] Per ottenere il valore di N_ε si deve ricavare k dalla diseguaglianza:

$$c^{k+1} < \varepsilon(1 - c) ,$$

che segue subito dalla condizione di convergenza (2.15). Occorre allora estrarre il logaritmo di ambo i membri della precedente disuguaglianza, considerato che la funzione $\log x$ è monotona crescente di x e, quindi, l'estrazione del logaritmo non inverte il verso della diseguaglianza.

conseguentemente, una tale serie, se è composta da funzioni continue, definisce una somma che è ancora una funzione continua. Inoltre, la derivata di una serie convergente di funzioni derivabili è la serie delle derivate, se quest'ultima è uniformemente convergente, cioè:

$$\frac{d}{dx} \sum_{m=1}^{\infty} \varphi_m(x) = \sum_{m=1}^{\infty} \frac{d\varphi_m}{dx}(x) \ ,$$

mentre l'integrale su un intervallo limitato $[a,b]$ di una serie di funzioni continue uniformemente convergente è la serie degli integrali:

$$\int_a^b \Big[\sum_{m=1}^{\infty} \varphi_m(x) \Big] \, dx = \sum_{m=1}^{\infty} \int_a^b \varphi_m(x) \, dx \ .$$

La possibilità di scambiare derivata ed integrale con la serie è spesso utile per calcolare la somma di una serie. Consideriamo, ad esempio, il problema di sommare, per $x \in (-1+\delta, 1-\delta)$ con $\delta < 1$, la serie:

$$\Phi(x) = \sum_{m=1}^{\infty} \frac{x^m}{m} \ .$$

Innanzitutto, la serie è convergente, come si prova utilizzando il criterio del confronto (2.122), tenendo conto della convergenza della serie geometrica e del fatto che $|x|^m/m \leq |x|^m$. Inoltre, la serie delle derivate è uniformemente convergente in $(-1+\delta, 1-\delta)$, infatti per $\varepsilon < 1$:

$$\sum_{m=0}^{\infty} x^m = \frac{1}{1-x} \quad \text{inoltre:} \quad \Big| \sum_{m=n+1}^{\infty} x^m \Big| = \frac{|x|^{n+1}}{1-x} < \frac{(1-\delta)^{n+1}}{\delta} < \varepsilon \ ,$$

da cui segue che si può scegliere $N_\varepsilon \geq \log(\varepsilon\delta)/\log(1-\delta)$, risultando la serie uniformemente convergente in $(-1+\delta, 1-\delta)$. Si può quindi derivare per serie, ottenendo per Φ:

$$\frac{d\Phi}{dx} = \frac{1}{1-x} \quad \text{con} \quad \Phi(0) = 0 \ .$$

Integrando in x primo e secondo membro dell'equazione precedente e tenendo conto della condizione in $x = 0$, si ottiene infine:

$$\Phi(x) = -\log(1-x) \ ,$$

deducibile anche utilizzando lo sviluppo in serie di Taylor, di cui si parlerà in seguito.

Un'altra richiesta sulla convergenza di una serie, più restrittiva di quella di convergenza uniforme, viene spesso utilizzata: una serie i cui termini sono *funzioni limitate* in un dato insieme A [*esiste un numero positivo C tale che* $|\varphi_m(x)| \leq C$ *per ogni* $x \in A$] e tale per cui, chiamato con Λ_m l'estremo superiore del modulo $|\varphi_m(x)|$ del termine m-esimo, la serie numerica:

$$\sum_{m=1}^{\infty} \Lambda_m$$

sia convergente, si chiama *totalmente convergente* in A. Una serie totalmente convergente in A risulta uniformemente convergente nello stesso dominio. Infatti, riconsiderando l'esempio (2.14), si può osservare che il generico termine m-esimo di tale serie ha, nell'intervallo $(\delta, 1 - \delta)$, estremo superiore pari a c^m e che la serie degli estremi superiori converge perché è una serie geometrica di ragione $c < 1$. Ne segue che tale serie è totalmente convergente in $(\delta, 1 - \delta)$.

Le serie di funzioni sono utili per approssimare funzioni nell'intorno di un punto (*punto di vista locale*) o nell'intero loro dominio di definizione (*punto di vista globale*). Nel prossimo paragrafo analizzeremo il primo punto di vista.

2.3 Il punto di vista locale: serie di Taylor

Supponiamo di dover approssimare una funzione $y = g(x)$ in un intorno I_0 di un punto x_0, così piccolo, da risultare tutto interno al dominio di definizione di g. Ammettiamo che $g(x)$ possieda un certo numero, per esempio n, di derivate *continue in* I_0 e poniamo $y_0 = g(x_0)$. Il problema è quello di approssimare la $y = g(x)$ con un polinomio p_r di grado r nella variabile locale $x - x_0$. Analizziamo il comportamento locale di polinomi di grado r crescente, da $r = 0$ ad $r = n$.

La migliore approssimazione che si può ottenere utilizzando un polinomio costante ($r = 0$) è quella di assumere $p_0(x - x_0) \equiv g(x_0)$, come mostrato dalla Fig. 2.8-*a*. Questo polinomio è tale che $p_0(0) = g(x_0)$: ha un *contatto di ordine* 0 con la curva $y = g(x)$ in (x_0, y_0), ma le sue derivate sono tutte nulle ed, in generale, non assumono gli stessi valori nel punto x_0 delle corrispondenti derivate della funzione $g(x)$.

Se si usa un polinomio lineare ($r = 1$), non si può fare di meglio che scegliere la retta tangente alla curva $y = g(x)$ nel suo punto x_0, ovvero $p_1(x - x_0) = g(x_0) + g'(x_0)(x - x_0)$, come mostrato dalla Fig. 2.8-*b*. Questo polinomio è tale che $p_1(0) = g(x_0)$ e $p'_1(0) = g'(x_0)$: ha un *contatto di ordine* 1 con la curva $y = g(x)$ in (x_0, y_0), ma le sue derivate di ordine maggiore di 1 sono tutte nulle ed, in generale, non assumono gli stessi valori nel punto x_0 delle corrispondenti derivate della funzione $g(x)$.

Estendendo queste considerazioni (ad esempio, in Fig. 2.8-*c* è riportata l'approssimazione della funzione $y = g(x)$ in un intorno di $x = x_0$ con un polinomio quadratico), valutiamo il comportamento locale di un polinomio di grado $r = n$:

$$p_n(x - x_0) = a_0 + a_1(x - x_0) + \ldots + a_{n-1}(x - x_0)^{n-1} + a_n(x - x_0)^n \ , \quad (2.16)$$

al quale possiamo imporre, nelle migliori condizioni, di coincidere fino alla derivata n-esima con la curva $y = g(x)$ nel punto (x_0, y_0), avendo in tale punto un *contatto di ordine n*:

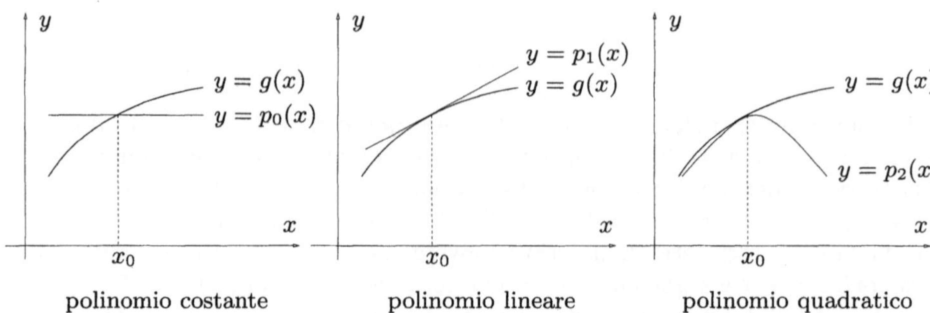

Figura 2.8. Differenti approssimazioni della curva $y = g(x)$ in un intorno del punto $x = x_0$, con polinomi di grado 0, 1 e 2

$$\frac{d^k}{dx^k} p_n(x - x_0) \Big|_{x - x_0 = 0} = \frac{d^k}{dx^k} g(x) \Big|_{x = x_0} \,, \tag{2.17}$$

per $k = 0, 1, \ldots, n$. Poiché il primo membro della (2.17) vale $k!\, a_k$, si ricava che il polinomio (2.16) ricercato ha la forma seguente:

$$g(x) \simeq p_n(x - x_0)$$

$$= \; g(x_0) + g'(x_0)\,(x - x_0) + \frac{1}{2!}\, g''(x_0)\,(x - x_0)^2 + \ldots +$$

$$+ \frac{1}{n!}\, g^{(n)}(x_0)\,(x - x_0)^n \,, \tag{2.18}$$

per garantirci l'uguaglianza delle derivate, fino all'n-esima, in x_0. L'approssimazione (2.18) prende il nome di *polinomio di Taylor*, centrato nel punto x_0 e di ordine n, della funzione $y = g(x)$. L'analogo sviluppo, centrato in $x_0 = 0$, si chiama spesso *polinomio di McLaurin*. [2]

◇   **Esercizio:**   Scrivere gli sviluppi in serie di McLaurin per le funzioni $\cos x$, $\sin x$, e^x, $\log(1 + x)$, confrontare con l'equazione (2.21) e l'esercizio (2.22). Determinare gli insiemi di convergenza.

◇   **Esercizio:**   Utilizzando gli sviluppi in serie di McLaurin per le funzioni $\cos x$ e $\sin x$ e ponendo, nell'analogo sviluppo per e^x, $x = i\,\theta$ (i è l'unità immaginaria), provare la *formula di Eulero:*   (2.19)

$$e^{i\theta} = \cos\theta + i\sin\theta \,.$$

---

[2] Brook Taylor (1685-1731) pubblicò nel 1715 il *Methodus incrementorum directa et inversa* ([2], pp. 493-494), in cui veniva presentato questo sviluppo in serie. Colin McLaurin (1698-1746) pubblicò nel 1742 il *Treatise of Fluxions*, in cui presentava lo sviluppo in serie che oggi porta il suo nome.

Non sempre il calcolo delle derivate successive della funzione da sviluppare è agevole, talvolta è meglio procedere in modo differente. Ad esempio, proponiamoci di scrivere lo sviluppo in serie di McLaurin per la funzione $y = \arctan x$. Invece di procedere direttamente, sviluppiamo in serie la derivata $y'(x) = 1/(1+x^2)$ e poi integriamo. Scrivendo $y'(x) = 1/[1-(-x^2)]$ questa funzione si sviluppa subito utilizzando la somma della serie geometrica:

$$y'(x) \;=\; \sum_{m=0}^{\infty} (-1)^m x^{2m} \ .$$

Tale serie è composta da funzioni continue ed è totalmente (e quindi uniformemente) convergente in un qualunque insieme $(-1+\delta, 1-\delta)$ con $\delta < 1$, contenuto in $(-1,+1)$. Si può allora integrare sotto il segno di serie, ottenendo:

$$\arctan x \;=\; \sum_{m=0}^{\infty} (-1)^m \int_0^x dt\, t^{2m} \;=\; \sum_{m=0}^{\infty} \frac{(-1)^m}{2m+1}\, x^{2m+1} \ ,$$

che converge totalmente in $(-1+\delta, 1-\delta)$.

Si può dimostrare (vedi l'Appendice 2.8) che l'errore $R_n(x; x_0)$, commesso troncando alla somma parziale n-esima lo sviluppo (2.18) centrato in x_0 e valutato in x, è dato dalla formula integrale seguente:

$$R_n(x; x_0) = \frac{1}{n!} \int_{x_0}^x (x-t)^n\, g^{(n+1)}(t)\, dt \ , \qquad (2.20)$$

R_n si chiama anche *resto* di ordine n dello sviluppo. Ad esempio, considerata la serie di McLaurin del coseno:

$$\cos x = \sum_{m=0}^{\infty} \frac{(-1)^m}{(2m)!}\, x^{2m} \ , \qquad (2.21)$$

stimiamo quanti termini occorre sommare per calcolare il coseno in $x = \pi$ con un errore prestabilito, pari ad ε. Ovvero verifichiamo per quali n è garantito che il resto (2.20), calcolato in π e di punto iniziale 0, si mantiene al di sotto di ε:

$$\frac{1}{n!}\, \left| \int_0^\pi (\pi - t)^n\, \frac{d^{n+1}}{dt^{n+1}} \cos t\, dt \, \right| \le \frac{\pi^{n+1}}{(n+1)!} < \varepsilon \ ,$$

da cui si ricava, ad esempio, che, se $\varepsilon = 10^{-10}$, occorre sommare 21 termini, mentre, se $\varepsilon = 10^{-20}$, ne occorrono 32.

◇   **Esercizio:**   Calcolare il numero di termini da sommare per
ottenere il valore approssimato, a meno di una
quantità ε delle seguenti funzioni:

$$\sin x = \sum_{m=0}^{\infty} \frac{(-1)^m}{(2m+1)!} \, x^{2m+1}$$

$$e^x = \sum_{m=0}^{\infty} \frac{x^m}{m!} \tag{2.22}$$

$$\log(1+x) = \sum_{m=1}^{\infty} \frac{(-1)^m}{m} \, x^m$$

in $x = 1/3$ ed in $x = 2/3$ e per $\varepsilon = 10^{-10}$ ed
$\varepsilon = 10^{-20}$.

Una seconda forma del resto $R_n(x; x_0)$, ancora più interessante della (2.20)
perché differenziale, è quella seguente:

$$R_n(x; x_0) = \frac{1}{(n+1)!} \, (x - x_0)^{n+1} \, g^{(n+1)}(\xi) \,, \tag{2.23}$$

in cui ξ è un opportuno punto compreso tra x_0 ed x. Anche questa espressione
per il resto è provata nella Appendice 2.8. Come si vede dalla (2.23), il resto
assume la stessa forma del primo termine trascurato troncando lo sviluppo
all'n-esimo termine, in cui, però, la derivata è calcolata in un punto ξ opportuno. L'interesse della forma (2.23) nasce quando è possibile *maggiorare*
[*fornire una costante che sia maggiore di*] il modulo della derivata $g^{(n+1)}(x)$
tra i punti x_0 ed x, in modo da stimare l'errore di trocamento, svincolando-
si dalla scelta di ξ. L'espressione (2.23) è molto utilizzata nelle applicazioni
e prende il nome di *forma di Lagrange* del resto dello sviluppo di Taylor di
ordine n, centrato nel punto x_0.

Vediamo ora alcuni importanti esempi di applicazione dello sviluppo in
serie di Taylor.

2.3.1 Calcolo approssimato della derivata di una funzione

Uno dei problemi più comunemente affrontati nelle applicazioni è quello di
approssimare la derivata di una funzione nota soltanto su un insieme discreto
di punti equispaziati, come mostrato in Fig. 2.9.

Supponiamo di voler determinare la derivata prima della funzione $y = f(x)$
nel punto x_0, conoscendo i valori della funzione nei punti x_k per $k = 0, \pm 1, \dots$
equispaziati (separati, cioè, da un intervallo di ampiezza h costante). Suppo-
niamo che valga, per la derivata m-esima la relazione $|f^{(m)}(x)| \leq F_m$, con F_m
finito, e poniamo, per semplicità, $f(x_k) = y_k$. La soluzione più semplice, e meno accurata, consiste nell'approssimare la derivata col rapporto incrementale,
utilizzando il nodo successivo o quello precedente:

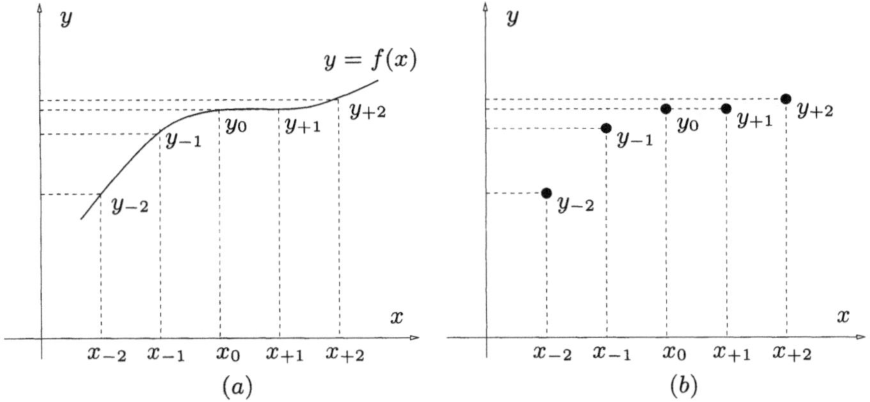

Figura 2.9. La curva $y = f(x)$, in (a), di cui si deve approssimare la derivata, ed i suoi valori, in (b), noti su un insieme discreto di punti equispaziati

$$y'_0 \simeq \frac{y_{+1} - y_0}{h} \quad \text{derivata al primo ordine in avanti,}$$

$$y'_0 \simeq \frac{y_0 - y_{-1}}{h} \quad \text{derivata al primo ordine all'indietro.} \tag{2.24}$$

ome mostrato in Fig. 2.10. Si vede subito, utilizzando la forma di Lagrange (2.23) del resto per la serie di Taylor di punto iniziale x_0, scritta al secondo ordine in $x = x_{+1}$, o in $x = x_{-1}$, che l'errore E sulle derivate (2.24) è maggiorato da:

$$|E| = \frac{1}{2}\,|f''(\xi)|\,h \leq \frac{1}{2}\,F_2\,h\,,$$

dove ξ è un punto dell'intervallo (x_0, x_{+1}), o dell'intervallo (x_{-1}, x_0). Poiché l'errore commesso dipende dalla potenza 1 del passo h, le approssimazioni della derivata prima (2.24) si dicono *al primo ordine*.

Per calcolare approssimazioni più accurate di tale derivata conviene scrivere gli sviluppi in serie di Taylor di punto iniziale x_0 nei vari punti in cui sono noti i valori della funzione:

$$\text{in } x_{-2}: \quad y_{-2} = y_0 - 2hy'_0 + 2h^2 y''_0 - \frac{4h^3}{3}y'''_0 + \frac{2h^4}{3}y_0^{(IV)} + \dots$$

$$\text{in } x_{-1}: \quad y_{-1} = y_0 - hy'_0 + \frac{h^2}{2}y''_0 - \frac{h^3}{6}y'''_0 + \frac{h^4}{24}y_0^{(IV)} + \dots$$

$$\text{in } x_{+1}: \quad y_{+1} = y_0 + hy'_0 + \frac{h^2}{2}y''_0 + \frac{h^3}{6}y'''_0 + \frac{h^4}{24}y_0^{(IV)} + \dots$$

$$\text{in } x_{+2}: \quad y_{+2} = y_0 + 2hy'_0 + 2h^2 y''_0 + \frac{4h^3}{3}y'''_0 + \frac{2h^4}{3}y_0^{(IV)} + \dots$$

dai quali si vede che una approssimazione al secondo ordine può essere ottenuta sottraendo dallo sviluppo in x_{+1} lo sviluppo in x_{-1}. In tal modo tutte

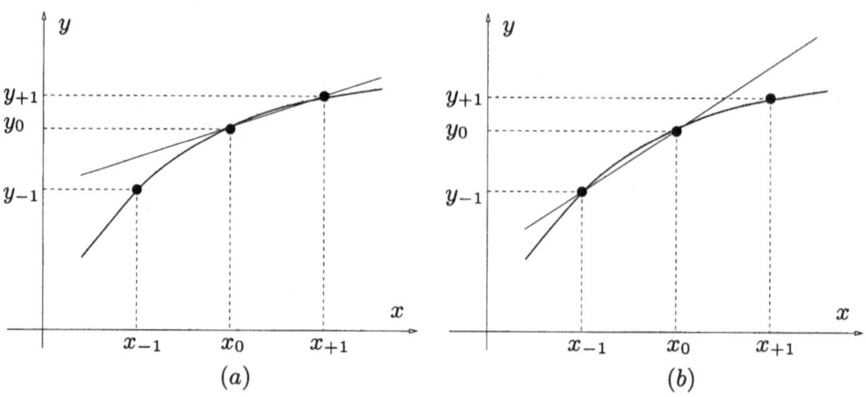

Figura 2.10. Approssimazione della derivata prima al primo ordine, utilizzando un punto in avanti (a), prima formula in (2.24), ed un punto indietro (b), seconda formula in (2.24)

le potenze pari di h si elidono:

$$y_{+1} - y_{-1} = 2hy_0' + \frac{h^3}{3}y_0''' + \frac{h^5}{60}y_0^{(V)} + \dots \qquad (2.25)$$

ricavando y_0' si ottiene la formula centrata al secondo ordine:

$$y_0' \simeq \frac{y_{+1} - y_{-1}}{2h} \quad \text{con: } |E| \leq \frac{1}{6}\, F_3\, h^2 \,, \qquad (2.26)$$

dove ξ è un punto dell'intervallo (x_{-1}, x_{+1}). Se si desidera ricavare uno sviluppo ancora più accurato, si può fare anche la differenza tra lo sviluppo in x_{+2} e quello in x_{-2}, che si scrive:

$$y_{+2} - y_{-2} = 4hy_0' + \frac{8h^3}{3}y_0''' + \frac{8h^5}{15}y_0^{(V)} + \dots \qquad (2.27)$$

Moltiplicando per 8 lo sviluppo (2.25) e sottraendo, membro a membro, lo sviluppo (2.27) si elimina anche il termine in h^3, ottenendo la formula simmetrica al quarto ordine:

$$y_0' \simeq \frac{-y_{+2} + 8y_{+1} - 8y_{-1} + y_{-2}}{12h} \quad \text{con: } |E| \leq \frac{1}{30}\, F_4\, h^4 \,. \qquad (2.28)$$

Facciamo alcune considerazioni sulle formule ottenute (2.24, 2.26) e (2.28).

Innanzitutto, ci sono due criteri che possono aiutare a capire se si sono commessi errori, nel combinare gli sviluppi di Taylor allo scopo di costruire una formula che approssimi la derivata prima. La somma dei coefficienti a numeratore deve essere nulla, perché tali formule devono restituire lo 0 quando $y = f(x) \equiv$ costante, e la somma dei prodotti tra coefficienti ed indici di y

deve essere pari al coefficiente di h al denominatore, ad esempio nella (2.28) abbiamo: $(-1) \cdot (+2) + (+8) \cdot (+1) + (-8) \cdot (-1) + (+1) \cdot (-2) = 12$, perché tali formule devono restituire 1 per la funzione $y = f(x) = x$.

Si nota, inoltre, che all'aumentare dell'accuratezza della formula, aumenta il numero di nodi che vi sono coinvolti. Questo fatto è molto importante nelle applicazioni: spesso si preferiscono formule meno accurate, che consentono, però, di ridurre il numero di punti coinvolti. C'è, poi, ancora un fatto importante da sottolineare: gli errori coinvolgono derivate di ordine via via più grande all'aumentare della accuratezza delle formule. Per comprendere l'importanza di questo risultato, occorre considerare, a titolo di esempio, il calcolo della derivata della funzione $y = f(x) = \sin(\alpha x)$, in cui α è un numero positivo. In tal caso $F_m = \alpha^m$ e, se $\alpha \gg 1$, questi numeri crescono velocemente con m. Si vede allora dalle formule (2.24, 2.26) e (2.28) che ciò che conta per ottenere errori via via più bassi al crescere dell'ordine di accuratezza è che $\alpha h \ll 1$, cioè che si disponga di un buon numero di nodi su ogni periodo delle funzione $\sin(\alpha x)$. Questo consente di concludere che l'uso di formule ad elevato ordine di accuratezza per valutare derivate di funzioni rapidamente variabili conviene soltanto quando si dispone di un buon numero di nodi. Altrimenti, l'incremento di accuratezza è solo illusorio.

Procedure simili a quelle illustrate per la derivata prima possono essere sviluppate per le derivate successive. Per esempio, se si volesse determinare una formula accurata al secondo ordine per la derivata seconda della funzione $y = f(x)$, basterebbe sommare gli sviluppi in x_{+1} ed in x_{-1} (eliminando in tal modo tutte le derivate dispari), ottenendo la formula centrata:

$$y_0'' \simeq \frac{y_{+1} - 2y_0 + y_{-1}}{h^2} \quad \text{con: } |E| \leq \frac{1}{12} \, F_4 \, h^2 \, . \tag{2.29}$$

2.3.2 Calcolo approssimato dell'integrale di una funzione

Un problema frequente nelle applicazioni è quello di approssimare l'integrale di una funzione $y = f(x)$:

$$\int_a^b f(x) \, dx \, , \tag{2.30}$$

disponendo dei valori di f solo su un insieme discreto di nodi equispaziati

$$a = x_0, x_1, x_2, \ldots, x_n = b \, ,$$

con h distanza tra un nodo ed il successivo. Supponiamo la funzione $y = f(x)$ continua in $[a, b]$, insieme alle sue prime tre derivate. Ne segue che $|f^{(m)}(x)| \leq F_m$, con F_m finito, per ogni $x \in [a, b]$ ed $m = 0, 1, 2$ e 3.

Consideriamo una generica coppia di nodi contigui, x_i ed x_{i+1}. Supponiamo di approssimare la funzione f nell'intervallo (x_i, x_{i+1}) con una funzione lineare:

$$f(x) \simeq y_i + \frac{y_{i+1} - y_i}{h} \, (x - x_i) \, , \tag{2.31}$$

in cui il coefficiente angolare è proprio la derivata prima al primo ordine in avanti (2.24) di f sui nodi x_i ed x_{i+1}. La (2.31) è esatta nei due nodi considerati. Inoltre, dagli sviluppi di Taylor di punto iniziale x_i, valutati prima in x e poi in x_{i+1} ed arrestati al secondo ordine, segue:

$$f(x) = y_i + y_i'(x - x_i) + \frac{1}{2} f''(\xi') (x - x_i)^2 \quad e \quad y_i' = \frac{y_{i+1} - y_i}{h} - \frac{1}{2} f''(\xi'') h ,$$

con $\xi' \in (x_i, x)$ e $\xi'' \in (x_i, x_{i+1})$, relazioni che ci consentono di determinare l'errore commesso nella (2.31):

$$f(x) = y_i + \frac{y_{i+1} - y_i}{h} (x - x_i) \underbrace{- \frac{1}{2} f''(\xi'') (x - x_i) h + \frac{1}{2} f''(\xi') (x - x_i)^2}_{errore} .$$

$$(2.32)$$

Integrando membro a membro la relazione (2.32) nell'intervallo di ampiezza h (x_i, x_{i+1}) si ottiene (ξ'' non dipende da x):

$$\int_{x_i}^{x_{i+1}} f(x)\, dx = \frac{h}{2} (y_i + y_{i+1}) \underbrace{- \frac{h^3}{4} f''(\xi'') + \frac{1}{2} \int_{x_i}^{x_{i+1}} f''(\xi') (x - x_i)^2\, dx}_{errore\, =\, E_i} , \quad (2.33)$$

in cui si nota che il valore dell'integrale viene approssimato dall'area del trapezio rettangolo che ha altezza h e basi y_i ed y_{i+1}. Dalla (2.33) segue che il modulo dell'errore E_i commesso sull'intervallo (x_i, x_{i+1}) può essere maggiorato da:

$$\begin{aligned}
|E_i| &\le \frac{h^3}{4} F_2 + \frac{1}{2} \left| \int_{x_i}^{x_{i+1}} f''(\xi') (x - x_i)^2 \right| dx \\
&\le \frac{h^3}{4} F_2 + \frac{1}{2} \int_{x_i}^{x_{i+1}} \left| f''(\xi') (x - x_i)^2 \right| dx \\
&\le \frac{h^3}{4} F_2 + \frac{1}{2} F_2 \int_{x_i}^{x_{i+1}} (x - x_i)^2\, dx = \frac{5}{12} F_2 h^3 ,
\end{aligned} \qquad (2.34)$$

indipendente dall'intervallo (x_i, x_{i+1}) considerato. Sommando i singoli contributi (2.33) sugli $n = (b - a)/h$ intervalli si ha la stima dell'integrale (2.30):

$$\int_a^b f(x)\, dx = \sum_{i=0}^{n-1} \int_{x_i}^{x_{i+1}} f(x)\, dx \simeq \left(\frac{y_0}{2} + \sum_{i=1}^{n-1} y_i + \frac{y_n}{2} \right) h , \qquad (2.35)$$

che prende il nome di *regola dei trapezi*. La formula (2.35) è facile da ricordare: si deve moltiplicare per il passo h la somma dei valori della funzione nei nodi interni all'intervallo di integrazione e dei valori negli estremi divisi a metà. L'errore complessivo può essere maggiorato da:

$$|E| \le \sum_{i=0}^{n-1} |E_i| \le \frac{b-a}{h} \cdot \frac{5}{12} \, F_2 \, h^3 = \frac{5}{12} \, (b-a) \, F_2 \, h^2 \, , \qquad (2.36)$$

da cui si ricava che il metodo dei trapezi è accurato al secondo ordine. La stima (2.36) dell'errore mostra come, per integrare accuratamente una funzione rapidamente variabile ($F_2 \gg 1$), occorra conoscerla su un insieme di nodi molto fitto ($F_2 h^2 \ll 1$).

2.4 Il punto di vista globale: serie di Fourier

Consideriamo il problema di approssimare una funzione $y = f(x)$, *periodica* [*esiste un numero $L > 0$, chiamato periodo, tale che per ogni intero relativo k ed ogni x si ha: $f(x + kL) = f(x)$*] di periodo $L = 2\pi$, in tutti i punti del periodo $[-\pi, +\pi)$. Assumiamo che la funzione f sia derivabile con derivata continua, seppure occorra sottolineare che le considerazioni seguenti possono essere estese ad un insieme ben più ampio di funzioni, anche discontinue. Nelle ipotesi poste, ha senso considerare, per ogni intero naturale k, i seguenti numeri reali:

$$a_0 = \frac{1}{2\pi} \int_{-\pi}^{+\pi} f(x) \, dx \, , \quad a_k = \frac{1}{\pi} \int_{-\pi}^{+\pi} f(x) \, \cos(kx) \, dx \, , \qquad (2.37)$$

che prendono il nome di *coefficienti di Fourier rispetto al coseno*, ed i numeri:

$$b_k = \frac{1}{\pi} \int_{-\pi}^{+\pi} f(x) \, \sin(kx) \, dx \, , \qquad (2.38)$$

che si chiamano *coefficienti di Fourier rispetto al seno* . Avendo definiti i coefficienti (2.37) e (2.38), si può costruire una serie:

$$a_0 + \sum_{k=1}^{\infty} \left[\, a_k \, \cos(kx) + b_k \, \sin(kx) \, \right] \, , \qquad (2.39)$$

nota come *forma trigonometrica della serie di Fourier* associata alla funzione $y = f(x)$, oppure *sviluppo in serie di Fourier della funzione f*.[3] Sulle proprietà di convergenza della serie (2.39) torneremo più avanti.

Ad esempio, consideriamo la funzione $y = \sin^2 x$ e valutiamo il suo sviluppo in serie di Fourier. Basta ricordare che $\sin^2 x = [1 - \cos(2x)]/2$, che coincide con lo sviluppo cercato. In tal caso $a_0 = 1/2$, $a_2 = -1/2$ e tutti gli altri coefficienti sono nulli. Un esempio meno banale è dato dallo sviluppo in serie

---

[3] Joseph Fourier (1768-1830) introdusse questo sviluppo in serie nella sua celebre opera *Théorie analytique de la chaleur* (1822), risistemazione teorica di un suo saggio che, dieci anni prima, vinse un premio sulla teoria matematica del calore ([2], pp. 633-634).

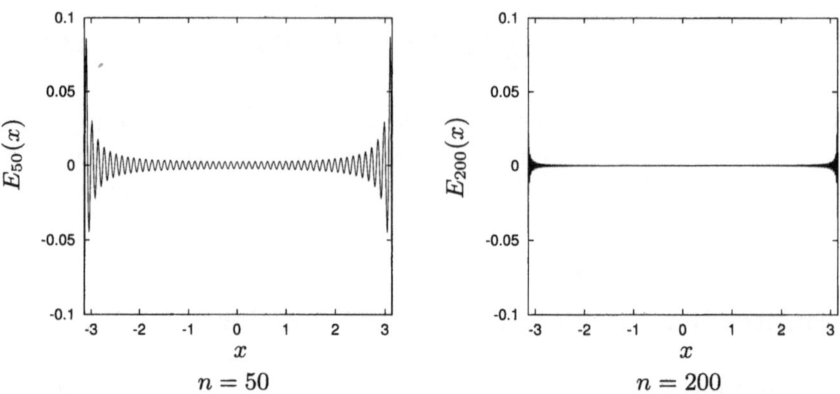

Figura 2.11. Differenze $E_n(x)$ (2.40) tra la funzione $f(x) = (x + \pi)^2(\pi - x)$ e le somme parziali della serie di Fourier ad essa associata, per due differenti valori di n ed $x \in [-\pi, +\pi)$

di Fourier della funzione $f(x) = (x + \pi)^2(\pi - x)$, per scrivere il quale occorre valutare, per $k \neq 0$, gli integrali seguenti:

$$\frac{1}{\pi} \int_{-\pi}^{+\pi} x \, \sin kx \, dx = \frac{2}{k} \, (-1)^{k+1}$$

$$\frac{1}{\pi} \int_{-\pi}^{+\pi} x^2 \, \cos kx \, dx = \frac{4}{k^2} \, (-1)^k$$

$$\frac{1}{\pi} \int_{-\pi}^{+\pi} x^3 \, \sin kx \, dx = \frac{2}{k^3} \, (\pi^2 k^2 - 6) \, (-1)^{k+1} \, .$$

È allora possibile scrivere lo sviluppo:

$$\frac{2}{3} \, \pi^3 + 4 \sum_{k=1}^{+\infty} (-1)^{k+1} \, \left(\frac{\pi}{k^2} \, \cos kx + \frac{3}{k^3} \, \sin kx \right) \, .$$

In Fig. 2.11 è diagrammata, in funzione di x, la differenza:

$$E_n(x) = f(x) - \left[\frac{2}{3} \, \pi^3 + 4 \sum_{k=1}^{n} (-1)^{k+1} \, \left(\frac{\pi}{k^2} \, \cos kx + \frac{3}{k^3} \, \sin kx \right) \right] \quad (2.40)$$

tra i valori della funzione $f(x) = (x + \pi)^2(\pi - x)$ e quelli delle somme parziali della serie precedente per $n = 50$ ed $n = 200$. Come si vede, questa differenza diminuisce all'aumentare di n: la serie di Fourier converge alla funzione $y = f(x)$.

Utilizzando la formula di Eulero, vedi (2.19), il termine k-esimo della serie di funzioni (2.39) si può riscrivere, in modo più semplice, come:

$$a_k \, \cos(kx) + b_k \, \sin(kx) = a_k \, \frac{e^{i\,kx} + e^{-i\,kx}}{2} + b_k \, \frac{e^{i\,kx} - e^{-i\,kx}}{2\,i}$$

$$= \frac{a_k - i\,b_k}{2} \, e^{i\,kx} + \frac{a_k + i\,b_k}{2} \, e^{-i\,kx} \, ,$$

ovvero, introdotti i coefficienti complessi:

$$c_k = \frac{a_k - i\,b_k}{2}$$

$$= \frac{1}{2\pi} \, \Big[\int_{-\pi}^{+\pi} f(x) \, \cos kx \, dx - i \int_{-\pi}^{+\pi} f(x) \, \sin kx \, dx \, \Big]$$

$$= \frac{1}{2\pi} \int_{-\pi}^{+\pi} f(x) \, e^{-ikx} \, dx \, , \tag{2.41}$$

la serie (2.39) si riscrive nel modo seguente:

$$\sum_{k'=1}^{\infty} c_{k'} \, e^{+ik'x} + c_0 + \sum_{k''=1}^{\infty} c_{k''} \, e^{-ik''x} = \sum_{k=-\infty}^{+\infty} c_k \, e^{ikx} \, , \tag{2.42}$$

che si chiama *forma complessa della serie di Fourier* associata alla funzione $y = f(x)$. Per questo, i numeri (2.41) prendono il nome di *coefficienti di Fourier* della funzione $y = f(x)$. Osserviamo che c_0 è il valor medio di f sul periodo ed è un numero reale. Inoltre, se f è una *funzione pari* [vale la: $f(-x) = f(x)$] tutti i numeri (2.38) sono nulli, ovvero i numeri (2.41) sono reali, per ogni k. Infatti, ponendo $x' = -x$, b_k risulta proporzionale a:

$$\int_{-\pi}^{+\pi} f(x) \, \sin kx \, dx = \int_{-\pi}^{0} f(x) \, \sin kx \, dx + \int_{0}^{+\pi} f(x) \, \sin kx \, dx$$

$$= \int_{0}^{+\pi} f(-x') \, \sin k(-x') \, dx' + \int_{0}^{+\pi} f(x) \, \sin kx \, dx \, ,$$

somma che è nulla, essendo $f(-x') = f(x')$ e $\sin k(-x') = -\sin kx'$. Se, invece, f è una *funzione dispari* [vale la: $f(-x) = -f(x)$], si prova, con un ragionamento simile, che tutti i coefficienti (2.37) sono nulli, ovvero i coefficienti (2.41) sono immaginari puri, per ogni k. In generale, se f non gode di particolari simmetrie, i coefficienti (2.41) hanno sia la parte reale che l'immaginaria non nulle.

◇   **Esercizio:**   Verificare che, se f è pari, allora $c_{-k} = c_k$, mentre, se f è dispari, allora $c_{-k} = -c_k$.

◇   **Esercizio:**   Verificare che $c_{-k} = \bar{c}_k$, ovvero il coefficiente di indice $-k$ è il complesso coniugato di quello di indice k (questa proprietà è dovuta al fatto che la   (2.43) funzione f è a valori reali e non vale quando la parte immaginaria di f è diversa da 0).

Poiché le forme trigonometrica (2.37, 2.38) e complessa (2.41) sono equivalenti, faremo d'ora in poi esplicitamente riferimento a quest'ultima, perché risulta molto più comoda. I numeri (2.41), considerati come funzioni dell'intero relativo k, risultano infinitesimi per $|k| \to \infty$, grazie all'ipotesi di regolarità posta sulla funzione f. Infatti, per $k \neq 0$ ed integrando per parti, l'integrale nel k-esimo coefficiente di Fourier di f si riscrive:

$$
\int_{-\pi}^{+\pi} f(x)\, e^{-ikx}\, dx = -\frac{1}{ik} \int_{-\pi}^{+\pi} f(x)\, \frac{d}{dx}\, e^{-ikx}\, dx
$$

$$
= -\frac{1}{ik} \left[\, e^{-ikx}\, f(x)\, \Big|_{x=-\pi}^{x=+\pi} - \int_{-\pi}^{+\pi} f'(x)\, e^{-ikx}\, dx \,\right]
$$

$$
= \frac{1}{ik} \int_{-\pi}^{+\pi} f'(x)\, e^{-ikx}\, dx \,, \tag{2.44}
$$

in cui si è utilizzata la periodicità di f. Poiché f' è una funzione continua di x, esiste un numero $F_1 > 0$ finito tale che $|f'(x)| < F_1$ per $x \in [-\pi, +\pi)$, allora dalla relazione (2.44) segue:

$$
|c_k| \leq \frac{F_1}{|k|} \,, \tag{2.45}
$$

ricordando che $|e^{-ikx}| \equiv 1$. La maggiorazione (2.45) dimostra che c_k è infinitesimo per $|k| \to \infty$. Se la funzione f è infinitamente derivabile, iterando il ragionamento precedente si deduce che i suoi coefficienti di Fourier $\{c_k\}$ costituiscono una successione convergente a 0 *esponenzialmente [più velocemente di una qualunque potenza di $1/k$]* per $|k| \to \infty$.

◇ **Esercizio:**   Scrivere le serie di Fourier (2.42) per le funzioni:

$$
f_1(x) = \begin{cases} 0 & x \in [-\pi, 0) \\ 2 & x \in [0, +\pi) \end{cases}
$$

$$
f_2(x) = \begin{cases} 2\,(\pi + x)/\pi & x \in [-\pi, 0) \\ 2\,(\pi - x)/\pi & x \in [0, +\pi) \end{cases}
$$

$$
f_3(x) = \begin{cases} 4\,(\pi + x)^2/\pi^2 & x \in [-\pi, -\pi/2) \\ -4\,x^2/\pi^2 + 2 & x \in [-\pi/2, +\pi/2) \\ 4\,(\pi - x)^2/\pi^2 & x \in [+\pi/2, +\pi) \end{cases} \tag{2.46}
$$

in ordine di regolarità crescente: f_1 è discontinua, f_2 ha derivata prima discontinua ed f_3 ha derivata seconda discontinua. Le funzioni precedenti hanno tutte valor medio unitario.

◇ **Esercizio:**   Con l'ausilio di un calcolatore, studiare la velocità di convergenza delle tre serie dell'esercizio (2.46). Quale serie converge più lentamente e quale più velocemente? Motivare la risposta.

Il fatto che i coefficienti (2.41) siano infinitesimi per $|k| \to \infty$, proprietà che vale anche per funzioni f discontinue, purché limitate, implica che per una amplia classe di funzioni ha senso considerare la serie di Fourier nella forma trigonometrica (2.39), od in quella complessa (2.42). È allora naturale porsi il problema di valutare sotto quali ipotesi tale serie risulti convergente e come la sua somma sia legata alla funzione f, con la quale sono stati definiti i coefficienti (2.41). L'analisi di convergenza della serie nel punto x porta al risultato seguente: se esiste finito l'integrale del modulo di f sul periodo ed f ha, al più, una discontinuità a salto in x, esistendo finiti i valori limite da destra e da sinistra di f e di f', allora la serie di Fourier converge nel punto x al valor medio:

$$\sum_{k=-\infty}^{+\infty} c_k\, e^{\mathrm{i}kx} = \frac{f(x^-) + f(x^+)}{2}\,. \tag{2.47}$$

Se f è una funzione continua, si può provare che la serie di Fourier (2.42) è uniformemente convergente ad f. Occorre peraltro notare che una qualunque funzione, definita nell'intervallo $[-\pi, +\pi)$, può pensarsi estesa all'intero asse reale replicandola periodicamente, con periodo 2π. Ovviamente, se la funzione non è genuinamente periodica, i suoi valori in $-\pi^+$ ed in $+\pi^-$ saranno differenti. Ne segue allora che il risultato (2.47) può essere considerato valido per una qualunque funzione che verifichi le ipotesi poste, non necessariamente periodica. La serie di Fourier, in tal caso, agli estremi dell'intervallo non converge al valore della funzione, ma alla media dei valori negli estremi, in accordo con la (2.47).

◇   **Esercizio:**   Mostrare che:

$$\frac{1}{2\pi} \int_{-\pi}^{+\pi} e^{\mathrm{i}mx}\, dx = \left\{ \begin{array}{l} 1 \text{ se } m = 0 \\ 0 \text{ se } m \neq 0 \end{array} \right.$$

e quindi dedurre l'espressione (2.41) del k-esimo coefficiente di Fourier per una f continua, moltiplicando primo e secondo membro della (2.47) per $e^{-\mathrm{i}kx}$ ed integrando sul periodo.

◇   **Esercizio:**   Mostrare che dalla condizione:

$$\sum_{k=-\infty}^{+\infty} c_k\, e^{\mathrm{i}kx} \equiv 0 \tag{2.48}$$

segue che tutti i coefficienti di Fourier sono nulli.

Se il periodo della funzione $y = f(x)$ è L (in generale, diverso da 2π), considerato l'intervallo $[-L/2, +L/2]$, si introduce la nuova variabile $\xi = \pi\, x/(L/2)$, la quale percorre l'intervallo $[-\pi, +\pi)$, quando x percorre $[-L/2, +L/2)$. Rispetto a ξ, i coefficienti di Fourier di f si scrivono ancora nella forma (2.41):

$$c_k = \frac{1}{2\pi} \int_{-\pi}^{+\pi} f\left(\frac{L}{2\pi}\,\xi\right) e^{-ik\xi}\, d\xi \;. \tag{2.49}$$

Effettuando il cambiamento di variabile $x = [L/(2\pi)]\,\xi$ nell'integrale (2.49) si ottiene la nuova espressione dei coefficienti di Fourier:

$$c_k = \frac{1}{L} \int_{-L/2}^{+L/2} f(x)\,\exp\left(-i\,\frac{2\pi}{L}\,k\,x\right)\, dx \;. \tag{2.50}$$

Spesso, nelle applicazioni, la quantità $\kappa = [(2\pi)/L]\,k$, che indica l'angolo (in radianti) percorso dall'argomento dell'esponenziale quando x percorre il periodo, viene chiamata *numero d'onda k-esimo* se x ha le dimensioni fisiche di una lunghezza, *pulsazione k-esima*, se x ha le dimensioni fisiche di un tempo.

Prima di analizzare alcune interessanti applicazioni della serie di Fourier, è importante sottolineare che lo sviluppo in serie trigonometrica di Fourier (per semplicità, limitiamo l'analisi al caso di serie reale, ma l'analisi si può estendere facilmente al caso di serie in forma complessa) di una funzione $y = f(x)$ è, in una forma matematicamente più elegante, una operazione analoga alla scrittura di un vettore in una particolare base. Per la serie di Fourier, il sistema di funzioni di base è il seguente:

$$\{\varphi_0(x) \equiv 1, \varphi_k(x) = \cos kx, \psi_k(x) = \sin kx, k = 1, 2, \ldots\} \tag{2.51}$$

ed il *prodotto scalare* tra le due funzioni g ed h è definito al modo seguente:

$$(g,h) = \int_{-\pi}^{+\pi} g(x)\,h(x)\, dx \;. \tag{2.52}$$

Osserviamo che la precedente definizione di prodotto scalare consente di introdurre una norma:

$$\|f\|^2 = (f,f) = \int_{-\pi}^{+\pi} f^2(x)\, dx \;, \tag{2.53}$$

che prende il nome di *norma $L_2(-\pi, +\pi)$* ed è sempre finita nel nostro caso, avendo ipotizzato f limitata. Con la definizione di prodotto scalare (2.52), due qualunque funzioni di base (2.51) risultano ortogonali. Infatti, utilizzando le formule di prostaferesi:

$$\cos\alpha\,\cos\beta = [\cos(\alpha+\beta) + \cos(\alpha-\beta)]/2$$
$$\sin\alpha\,\sin\beta = [\cos(\alpha-\beta) - \cos(\alpha+\beta)]/2$$
$$\sin\alpha\,\cos\beta = [\sin(\alpha+\beta) + \sin(\alpha-\beta)]/2 \;,$$

si verifica subito che $(\varphi_p, \varphi_q) = (\psi_p, \psi_q) = 0$ per $p \neq q$, $(\varphi_p, \varphi_p) = (\psi_p, \psi_p) = \pi$ per $p \geq 1$ e $(\varphi_0, \varphi_0) = 2\pi$.

◇   **Esercizio:**   Mostrare che il prodotto scalare tra funzioni, definito in (2.52), gode effettivamente delle proprietà che definiscono un prodotto scalare, riassunte di seguito.

Se V è uno spazio vettoriale sui reali, il *prodotto scalare* è una applicazione da $V \times V$ ad $\mathbb{R}$ che verifica le proprietà seguenti ($\boldsymbol{u}, \boldsymbol{v}, \boldsymbol{w} \in V$):

1) $(\boldsymbol{u}, \boldsymbol{u}) \geq 0$ e $(\boldsymbol{u}, \boldsymbol{u}) = 0$ se e solo se $\boldsymbol{u} = 0$
(definita positiva)

2) $(\boldsymbol{u}, \boldsymbol{v}) = (\boldsymbol{v}, \boldsymbol{u})$
(commutativa)

3) $\alpha, \beta \in \mathbb{R}$, $(\alpha \boldsymbol{u} + \beta \boldsymbol{v}, \boldsymbol{w}) = \alpha(\boldsymbol{u}, \boldsymbol{w}) + \beta(\boldsymbol{v}, \boldsymbol{w})$
(lineare).

Il fatto che le funzioni di base (2.51) siano ortogonali permette di calcolare la componente della funzione f rispetto alla funzione di base prescelta, valutando il prodotto scalare (2.52) tra quest'ultima e la f. In tal modo si ottengono, vedi la (2.37), la componente di f rispetto alla funzione φ_0:

$$(f, \varphi_0) = \int_{-\pi}^{+\pi} f(x) \, \varphi_0(x) \, dx$$

$$= \int_{-\pi}^{+\pi} f(x) \, dx = 2\pi \, a_0 = (\varphi_0, \varphi_0) \, a_0 \qquad (2.54)$$

e la componente rispetto alla generica funzione φ_k con $k \geq 1$:

$$(f, \varphi_k) = \int_{-\pi}^{+\pi} f(x) \, \varphi_k(x) \, dx$$

$$= \int_{-\pi}^{+\pi} f(x) \, \cos kx \, dx = \pi \, a_k = (\varphi_k, \varphi_k) \, a_k \; ; \qquad (2.55)$$

inoltre, ricordando la (2.38), si determina anche la componente di f rispetto alla generica funzione ψ_k:

$$(f, \psi_k) = \int_{-\pi}^{+\pi} f(x) \, \psi_k(x) \, dx$$

$$= \int_{-\pi}^{+\pi} f(x) \, \sin kx \, dx = \pi \, b_k = (\psi_k, \psi_k) \, b_k \; . \qquad (2.56)$$

Osserviamo quindi che, data una base di vettori mutuamente ortogonali $\{\boldsymbol{u}_k, k = 1, 2, \ldots\}$, un generico vettore $\boldsymbol{v}$ si scrive in tale base come:

$$\boldsymbol{v} = \sum_k v_k \, \boldsymbol{u}_k \; ,$$

in cui la componente v_k del vettore $\boldsymbol{v}$ lungo il vettore di base $\boldsymbol{u}_k$ è data da:

$$v_k = \frac{(\boldsymbol{v}, \boldsymbol{u}_k)}{(\boldsymbol{u}_k, \boldsymbol{u}_k)} \;,$$

dove il prodotto scalare è l'ordinario prodotto scalare euclideo. La relazione precedente mostra che la componente v_k di $\boldsymbol{v}$ lungo il vettore di base $\boldsymbol{u}_k$ è il rapporto tra il prodotto scalare del vettore $\boldsymbol{v}$ con il vettore di base $\boldsymbol{u}_k$ ed il modulo quadrato di quest'ultimo. In completa analogia, possiamo riscrivere la funzione f nella base trigonometrica come:

$$f(x) = \frac{(f, \varphi_0)}{(\varphi_0, \varphi_0)} \, \varphi_0(x) + \sum_{k=1}^{\infty} \left[\frac{(f, \varphi_k)}{(\varphi_k, \varphi_k)} \, \varphi_k(x) + \frac{(f, \psi_k)}{(\psi_k, \psi_k)} \, \psi_k(x) \right] \;, \quad (2.57)$$

la quale, ricordando i valori assunti dai prodotti scalari (2.54, 2.55) e (2.56), coincide con lo sviluppo in serie trigonometrica di Fourier (2.39) della funzione f.

Ci si può chiedere se esistano altre basi di funzioni ortogonali, oltre a quella trigonometrica, per funzioni definite su un intervallo (limitato, oppure illimitato) dell'asse reale. La risposta è ovviamente positiva, facciamo due esempi importanti.

Per funzioni definite in $[-1, +1]$ si può anche usare la base dei *polinomi di Legendre*, il cui polinomio di grado n è definito dalla formula:

$$P_n^{(L)}(x) = \frac{1}{2^n \, n!} \, \frac{d^n}{dx^n} \, (x^2 - 1)^n \;. \qquad (2.58)$$

Tali polinomi sono funzioni ortogonali in $[-1, +1]$, poiché verificano la:

$$\int_{-1}^{+1} P_n^{(L)}(x) \, P_m^{(L)}(x) \, dx = \begin{cases} 0 & \text{se } n \neq m \\ \dfrac{2}{2n+1} & \text{se } n = m, \end{cases} \qquad (2.59)$$

e quindi si può usare ancora una formula di tipo (2.57) per ottenere lo sviluppo di una funzione in tale base. Si dimostra, infine, che le funzioni polinomiali $y = P_n^{(L)}(x)$ verificano l'*equazione di Sturm-Liouville*:

$$(1 - x^2) \, \frac{d^2 y}{dx^2} - 2 \, x \, \frac{dy}{dx} + n(n+1) \, y = 0 \;.$$

Per funzioni definite su tutto l'asse reale, una base di funzioni ortogonali è la seguente:

$$\{ P_n^{(H)}(x) \, e^{-x^2/2} \;, \quad n = 0, 1, 2, \ldots \} \;, \qquad (2.60)$$

in cui $P_n^{(H)}$ è un polinomio di grado n, che prende il nome di *polinomio di Hermite*. I polinomi $P_n^{(H)}$ si determinano imponendo l'ortonormalità del sistema di funzioni di base (2.60) rispetto al prodotto scalare (2.52), ovvero la relazione:

$$\int_{-\infty}^{+\infty} P_n^{(H)}(x)\, e^{-x^2/2}\, P_m^{(H)}(x)\, e^{-x^2/2}\, dx = \begin{cases} 0 & \text{se } n \neq m \\ 1 & \text{se } n = m, \end{cases}$$

che fornisce i polinomi seguenti:

$$P_0^{(H)}(x) \equiv \frac{1}{\pi^{1/4}}$$

$$P_1^{(H)}(x) = \frac{2^{1/2}}{\pi^{1/4}}\, x$$

$$P_2^{(H)}(x) = \frac{2^{1/2}}{\pi^{1/4}}\, \left(\frac{1}{2} - x^2 \right)$$

$$P_3^{(H)}(x) = \frac{2}{3^{1/2}\, \pi^{1/4}}\, \left(x^3 - \frac{3}{2}\, x \right) ,$$

e così via. Si dimostra, inoltre, che le funzioni polinomiali $y = P_n^{(H)}(x)$ verificano l'equazione:

$$\frac{d^2 y}{dx^2} - x\, \frac{dy}{dx} + n\, y = 0 .$$

Notiamo, infine, che la forma (2.60) delle funzioni di questa base, ovvero polinomio $\times$ esponenziale, suggerisce di considerare come elementi della base direttamente i polinomi $P_n^{(H)}$, modificando, nel contempo, la definizione (2.52) di prodotto scalare tra due funzioni g ed h, che assume la nuova forma:

$$(g,h) = \int_{-\infty}^{+\infty} g(x)\, h(x)\, q(x)\, dx ,$$

in cui q è una funzione positiva che prende il nome di *peso*. Ovviamente, nel caso dei polinomi di Hermite, la funzione peso è $q(x) = \exp(-x^2)$. La scelta della base di funzioni più opportuna su cui espandere una data funzione dipende molto dal problema che deve essere risolto e verrà discussa ed approfondita in corsi successivi, dove si incontreranno moltri altri esempi di basi di funzioni ortogonali, come ad esempio i *polinomi di Laguerre* (tra 0 e $+\infty$, con $q(x) = e^{-x}$).

Definita la serie di Fourier e discusse brevemente le relative proprietà di convergenza, esaminiamone una applicazione estremamente importante nella meccanica delle vibrazioni.

2.4.1 Soluzione di equazioni differenziali con l'uso della serie di Fourier: l'oscillatore forzato

In questo paragrafo descriveremo una applicazione dello sviluppo in serie di Fourier allo studio del moto di un oscillatore armonico forzato in condizioni di regime, ovvero trascorso un transitorio iniziale, nelle quali il moto dipende solo dal forzamento. Riscriviamo, per comodità del lettore, l'equazione che descrive il moto monodimensionale di un oscillatore armonico forzato in presenza di attrito:

$$m\,\ddot{\xi} = -\mu\,\dot{\xi} - \chi\,\xi + F\,, \qquad (2.61)$$

in cui ξ è la posizione dell'oscillatore, misurata rispetto alla posizione di equilibrio in assenza di forzamento, che si assume funzione infinitamente derivabile del tempo, $\dot{\xi}$ è la corrispondente velocità e $\ddot{\xi}$ l'accelerazione. Diversamente da quanto fatto nel Cap. 1, nell'equazione (2.61) si preferisce usare la lettera ξ in luogo di x, perché quest'ultima verrà adoperata per indicare la posizione opportunamente *adimensionalizzata* dell'oscillatore. Ricordiamo che m è la massa dell'oscillatore, μ è il coefficiente di attrito, χ è la costante elastica della molla ed $F(t)$ è il forzamento, assunto qui periodico con periodo τ_f. La frequenza $\nu_f = 1/\tau_f$ verrà chiamata frequenza *fondamentale* del forzamento. Una misura dell'intensità del forzamento è il suo valore quadratico medio sul periodo:

$$\mathcal{F} = \Big[\,\frac{1}{\tau_f}\int_0^{\tau_f} F^2(t')\,dt'\,\Big]^{1/2}\,. \qquad (2.62)$$

Nel Cap. 1, sono state associate all'equazione differenziale (2.61) opportune condizioni iniziali:

$$\xi(0) = \xi_0\,,\quad \dot{\xi}(0) = \dot{\xi}_0\,, \qquad (2.63)$$

che specificano posizione e velocità dell'oscillatore al tempo iniziale. In verità, le condizioni (2.63) sono importanti per studiare il transitorio iniziale del sistema, non per la dinamica a regime, situazione in cui l'oscillatore ha "dimenticato" lo stato da cui è partito e la sua dinamica dipende solo dal forzamento. Per questo ignoreremo le condizioni iniziali (2.63), nel seguito.

L'analisi dimensionale dell'equazione (2.61) sviluppata nel Cap. 1 mostra che il sistema possiede una scala dei tempi τ intrinseca, data da $\tau = \sqrt{m/\chi}$, da confrontare ora col periodo τ_f del forzamento. La corrispondente frequenza $\nu = 1/\tau$ prende il nome di frequenza *propria* dell'oscillatore ed il rapporto $\rho = 2\pi\,\nu_f/\nu = 2\pi\,\tau/\tau_f$ (la presenza del fattore 2π tornerà utile negli sviluppi seguenti), tra la frequenza fondamentale del forzamento e quella propria dell'oscillatore, è un numero molto importante per caratterizzare la dinamica forzata di quest'ultimo. Il sistema non forzato ($F = 0$) possiede una scala delle lunghezze L intrinseca, specificata dalle condizioni iniziali (2.63): $L = |\xi_0|$ oppure $L = |\dot{\xi}_0|\tau$, a seconda che $\xi_0 \neq 0$ oppure $\dot{\xi}_0 \neq 0$. Il sistema forzato possiede anche una seconda scala di lunghezze, ben più importante della prima nelle condizioni di regime, data da $L_f = \mathcal{F}/\chi$. Adimensionalizziamo l'equazione (2.61) con L_f e τ, chiamando con $x = \xi/L_f$ la posizione e con t il tempo adimensionali. Introduciamo, come già visto nel §1.1, il coefficiente di attrito adimensionale $\delta = \mu/(2\sqrt{m\chi})$, oltre al forzamento adimensionale $f = F/\mathcal{F}$, di valore quadratico medio unitario. In tal modo, l'equazione (2.61) diviene:

$$\ddot{x} + 2\,\delta\,\dot{x} + x = f\,. \qquad (2.64)$$

Poiché il forzamento $f(t)$ è periodico di periodo adimensionale $\tau_f/\tau = 2\pi/\rho$, possiamo considerarne lo sviluppo in serie di Fourier:

$$f(t) = \sum_{m=-\infty}^{\infty} d_m \, e^{i\omega_m t} \, , \tag{2.65}$$

in cui la pulsazione m-esima è data proprio da $\omega_m = m\rho$. Lo sviluppo (2.65) considera un forzamento con infinite componenti (di ampiezza decrescente con $|m|$) a frequenze multiple della sua fondamentale. I coefficienti di Fourier $\{d_m\}$ nella (2.65) sono da considerarsi dati del problema.

Avendo un forzamento nella forma (2.65), si può provare a determinare la posizione dell'oscillatore ancora come serie di Fourier alle medesime frequenze:

$$x(t) = \sum_{m=-\infty}^{\infty} c_m \, e^{i\omega_m t} \, . \tag{2.66}$$

La serie (2.66) converge per ogni t, insieme alle sue derivate prima e seconda:

$$\dot{x}(t) = i \sum_{m=-\infty}^{\infty} \omega_m \, c_m \, e^{i\omega_m t} \, , \quad \ddot{x}(t) = - \sum_{m=-\infty}^{\infty} \omega_m^2 \, c_m \, e^{i\omega_m t} \, .$$

Impiegando queste derivate nell'equazione (2.64), insieme al forzamento (2.65), si ottiene l'equazione:

$$\sum_{m=-\infty}^{\infty} \left[\left(-\omega_m^2 + 2i\delta\omega_m + 1\right) c_m - f_m \right] e^{i\omega_m t} = 0 \, ,$$

da cui si ricavano, procedendo come nell'esercizio (2.48), i coefficienti c_m:

$$c_m = \frac{f_m}{(1 - \omega_m^2) + 2i\delta\omega_m} \, , \tag{2.67}$$

sui quali si può osservare che vale la relazione provata nell'esercizio (2.43): $c_{-m} = \bar{c}_m$. Inserendo l'espressione (2.67) dei coefficienti di Fourier nello sviluppo (2.66) per la posizione x, si ottiene l'andamento nel tempo a regime della posizione dell'oscillatore forzato. Come si vede dalla (2.67), per ottenere l'omologa componente della posizione, l'm-esima componente del forzamento è moltiplicata per il numero complesso $1/[(1 - \omega_m^2) + 2i\delta\omega_m] = A_m e^{-i\theta_m}$, che produce una *attenuazione* A_m delle ampiezze:

$$A_m = \frac{1}{\sqrt{\omega_m^4 + 2(2\delta^2 - 1)\omega_m^2 + 1}} \tag{2.68}$$

(fare attenzione al fatto che, nonostante il nome assegnatole, A_m può risultare > 1, ed anzi può anche divergere) ed un *ritardo di fase* θ_m pari a:

$$\theta_m = \begin{cases} \arctan \dfrac{2\delta\omega_m}{1 - \omega_m^2} & \text{se } \omega_m < 1 \\[2ex] \pi - \arctan \dfrac{2\delta\omega_m}{\omega_m^2 - 1} & \text{se } \omega_m > 1. \end{cases} \tag{2.69}$$

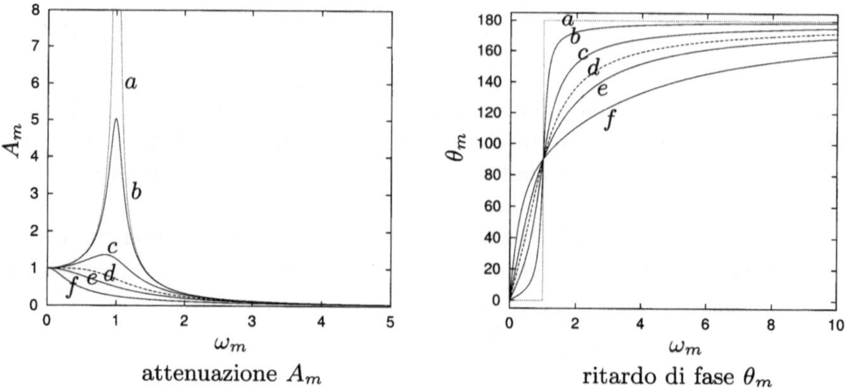

Figura 2.12. Attenuazione e ritardo di fase (in gradi sessagesimali) in funzione di ω_m, per un oscillatore forzato con δ uguale a 0 (a, linea a punti), 0.1 (b), 0.4 (c), $\sqrt{2}/2$ (d, linea a tratti), 1 (e) e 2 (f)

Gli andamenti della attenuazione A_m e del ritardo di fase θ_m in funzione di ω_m sono disegnati in Fig. 2.12, per differenti valori del coefficiente di attrito adimensionale δ. Il risultato (2.68), che riguarda l'ampiezza della risposta del sistema, è particolarmente interessante e merita di essere approfondito. A tale scopo, poniamo $\Omega = \omega_m^2$ e studiamo la curva $S(\Omega) = \Omega^2 + 2(2\delta^2 - 1)\Omega + 1$, poiché $A_m = 1/\sqrt{S(\Omega)}$, al variare di δ. Questa curva è una parabola, con concavità rivolta verso l'alto, vertice nel punto $\Omega = 1 - 2\delta^2$, $S = 4\delta^2(1 - \delta^2)$ e passante per il punto $(0, 1)$ del piano (Ω, S).

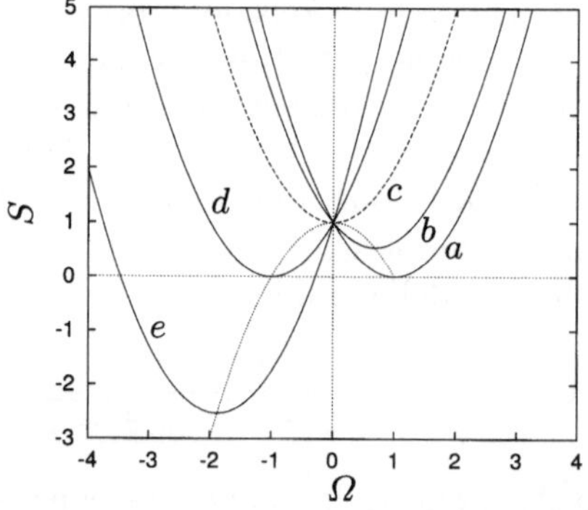

Figura 2.13. Parabole $S = S(\Omega)$ per $\delta = 0$ (a), 0.4 (b), $\sqrt{2}/2$ (c, linea a tratti), 1 (d) ed 1.2 (e). Con linea a punti è disegnato anche il luogo dei vertici di tali parabole. Notare come esistano radici reali solo per $\delta = 0$ e $\delta \geq 1$, ma in quest'ultimo caso sono negative e, pertanto, non hanno significato fisico ($\Omega = \omega_m^2$)

Eliminando δ^2 tra le due coordinate del vertice, otteniamo che questo si muove, al variare di δ^2, sulla parabola $S = 1 - \Omega^2$ (linea a punti in Fig. 2.13). In particolare, il vertice si trova in $(1,0)$ quando $\delta = 0$ (curva a in Fig. 2.13) ed al crescere di δ si muove sulla parabola $S = 1 - \Omega^2$, fino a raggiungere il punto $(0,1)$ per $\delta = \sqrt{2}/2$ (curva c in Fig. 2.13). Per δ ancora crescenti, si muove sull'arco ad $\Omega < 0$, fino a raggiungere il punto $(-1,0)$ per $\delta = 1$ (curva d in Fig. 2.13). Continuando a crescere δ, il vertice si sposta sull'arco ad $S < 0$ su valori di Ω ed S sempre minori. Quindi solo per $\delta \geq 1$ e per $\delta = 0$ il trinomio $\Omega^2 + 2(2\delta^2 - 1)\Omega + 1$ ammette due radici reali. Nel primo caso, $\delta \geq 1$, le radici del trinomio sono reali, ma entrambe negative e quindi prive di interesse (ricordare che $\Omega = \omega_m^2$). Assai più interessante è il secondo caso, $\delta = 0$, perché implica $\Omega = \omega_m^2 = 1$, che è una radice ammissibile in corrispondenza alla quale $A_m \to +\infty$. Queste condizioni, in cui $\omega_m = m\rho = 1$, cioè la frequenza propria dell'oscillatore ν è pari a 2π volte la m-esima frequenza del forzamento $m\nu_f$, si chiamano *condizioni di risonanza* per l'oscillatore. Pur non essendo mai $\delta = 0$ nella realtà, avvicinarsi a tali condizioni è estremamente pericoloso, perché, per $\omega_m = 1$, l'attenuazione (2.68) diviene $A_m = 1/(2\delta)$, indicando come in tal caso l'ampiezza dell'oscillazione sia limitata solo dagli effetti dell'attrito.

2.4.2 Un esempio di soluzione di equazioni integrali con l'uso della serie di Fourier

Lo sviluppo in serie di Fourier è molto utile anche quando si tratti di risolvere una equazione integrale, ovvero una equazione in cui la funzione incognita compare sotto il segno di integrale. Consideriamo, a titolo di semplice esempio, l'equazione integrale nella funzione f:

$$\int_{-\pi}^{+\pi} \xi \, f(x - \xi) \, d\xi = \frac{1}{6} \left(\pi^2 \, x - x^3 \right) = g(x) \,, \qquad (2.70)$$

il cui termine noto g è riportato in funzione di x in Fig. 2.14. Notare che l'equazione (2.70) determina la funzione f *a meno di una costante additiva*. Inoltre, la funzione f è assunta almeno derivabile due volte, con derivata seconda continua. Questa richiesta assicura, iterando una seconda volta l'integrazione per parti (2.44), che il termine k-esimo della serie di Fourier per f è maggiorato da F_2/k^2, essendo F_2 un numero che maggiora f'' in $[-\pi, +\pi)$. La serie di Fourier di f è allora totalmente convergente.

L'equazione (2.70) può essere risolta sviluppando le funzioni f e g in serie di Fourier:

$$\int_{-\pi}^{+\pi} \xi \sum_{k=-\infty}^{+\infty} c_k \, e^{ik(x-\xi)} \, d\xi = \sum_{k=-\infty}^{+\infty}{}^{*} 2\pi \, \frac{(-1)^{k+1}}{ik^3} \, e^{ikx} \,,$$

in cui l'asterisco sopra la somma a secondo membro sta ad indicare che si esclude il valore $k = 0$ dalla somma. Considerando che, per l'ipotesi posta

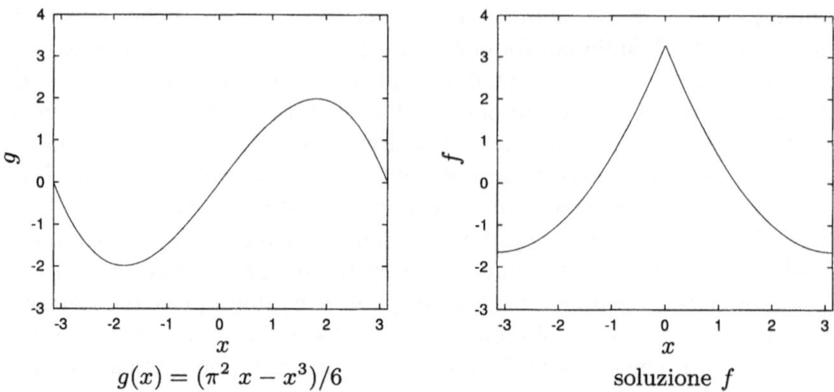

$$g(x) = (\pi^2\, x - x^3)/6 \qquad\qquad \text{soluzione } f$$

Figura 2.14. Termine noto e soluzione (2.73), per il valore nullo della costante additiva, dell'equazione integrale (2.70). La somma della serie (2.73) è approssimata con una somma parziale di ordine 1000

sulla funzione f, la serie sotto l'integrale a primo membro è totalmente (e quindi uniformemente) convergente in $[-\pi, \pi)$, si possono scambiare serie ed integrale, ottenendo:

$$\sum_{k=-\infty}^{+\infty} c_k\, e^{\mathrm{i}kx} \int_{-\pi}^{+\pi} \xi\, e^{-\mathrm{i}k\xi}\, d\xi = \sum_{k=-\infty}^{+\infty}{}^{\star} 2\pi\, \frac{(-1)^{k+1}}{\mathrm{i}k^3}\, e^{\mathrm{i}kx}\,. \tag{2.71}$$

Calcolando gli integrali a primo membro dell'equazione (2.71), si arriva alla seguente uguaglianza tra le due serie di Fourier:

$$\sum_{k=-\infty}^{+\infty}{}^{\star} 2\pi\, \frac{(-1)^{k+1}}{\mathrm{i}k}\, c_k\, e^{\mathrm{i}kx} = \sum_{k=-\infty}^{+\infty}{}^{\star} 2\pi\, \frac{(-1)^{k+1}}{\mathrm{i}k^3}\, e^{\mathrm{i}kx}\,. \tag{2.72}$$

Poiché due serie di Fourier sono uguali quando sono uguali tutti i coefficienti, vedi Esercizio 2.48, per verificare la (2.72) deve essere $c_k = 1/k^2$, quindi la funzione incognita vale:

$$f(x) = 2 \sum_{k=1}^{+\infty} \frac{\cos kx}{k^2} + \text{costante}\,. \tag{2.73}$$

La soluzione (2.73) è diagrammata in Fig. 2.14, per il valore nullo della costante.

2.5 Esercizi

I questo paragrafo sarà illustrato lo svolgimento di alcuni esercizi sulle serie di funzioni, con particolare riferimento alle serie di Taylor (2.5.1) e di Fourier

(2.5.2). Per alcuni di questi esercizi sono proposte semplici applicazioni numeriche, mediante l'utilizzo di piccoli programmi di calcolo che sono riportati in appendice al presente capitolo.

2.5.1 Serie di Taylor

In questo paragrafo saranno illustrate alcune applicazioni dello sviluppo in serie di Taylor.

Di molte funzioni elementari non si conoscono le primitive, peró è spesso necessario valutare integrali definiti in cui sono funzioni integrande. Si utilizza allora lo sviluppo in serie di Taylor o, quando anche questo è troppo complicato, si integra numericamente con la regola dei trapezi. Prendiamo ad esempio il calcolo, per un certo x, della funzione:

$$\operatorname{erf}(x) = \frac{2}{\sqrt{\pi}} \int_0^x e^{-\xi^2} \, d\xi \, , \qquad (2.74)$$

che è nota col nome di *funzione degli errori* ([10], pag. 176) e viene molto utilizzata in Statistica. Per questo la funzione (2.74) è di libreria nel Fortran ed, in doppia precisione, si richiama come $derf(x)$ (vedi la linea 39 del codice in Appendice 2.10). Il fattore $2/\sqrt{\pi}$ davanti all'integrale nella definizione (2.74) consente di avere $\operatorname{erf}(x) \to 1$ per $x \to +\infty$, vedi la (5.31). In pratica, già per $x > 4$ il Fortran in doppia precisione non distingue più tra funzione e valore limite.

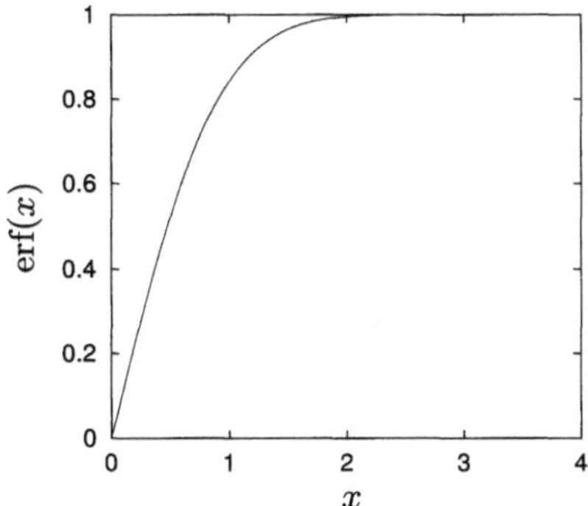

Figura 2.15. Funzione degli errori (2.74) valutata mediante la stima per serie (2.75)

Utilizzando lo sviluppo di McLaurin della funzione e^{-x^2}, che risulta essere totalmente convergente in ogni intervallo limitato dell'asse reale, l'integrale si puó valutare per serie:

$$\int_0^x e^{-\xi^2} \, d\xi = \int_0^x \sum_{k=0}^{\infty} \frac{(-1)^k}{k!} \, \xi^{2k} \, d\xi = \sum_{k=0}^{\infty} \frac{(-1)^k}{k!(2k+1)} \, x^{2k+1} \, .$$

Inserendo questo sviluppo nella definizione (2.74) della funzione $\operatorname{erf}(x)$ si ottiene la stima per serie:

$$\operatorname{erf}(x) = \frac{2}{\sqrt{\pi}} \sum_{k=0}^{\infty} \frac{(-1)^k}{k!(2k+1)} \, x^{2k+1} \, . \tag{2.75}$$

Un metodo alternativo è quello di valutare l'integrale nella definizione (2.74) con la regola dei trapezi. Entrambi i metodi sono implementati e confrontati nel programma Fortran riportato in Appendice 2.10, utilizzato per produrre il grafico in Fig. 2.15.

Altri esempi importanti di funzioni che possono essere rappresentate utilizzando la serie di Taylor sono gli *integrali ellittici completi* ([10], cap. 3, §9) di seconda specie:

$$E(k) = \int_0^{\pi/2} \sqrt{1 - k^2 \sin^2 \varphi} \, d\varphi \tag{2.76}$$

e di prima specie:

$$F(k) = \int_0^{\pi/2} \frac{d\varphi}{\sqrt{1 - k^2 \sin^2 \varphi}} \, , \tag{2.77}$$

in cui k è un numero reale compreso tra -1 e $+1$, che viene chiamato *modulo* dell'integrale ellittico.

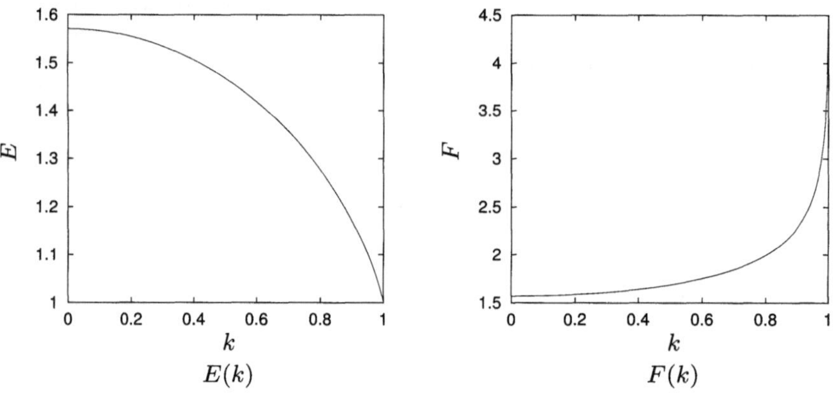

Figura 2.16. Integrali ellittici completi di seconda e prima specie in funzione del modulo k, valutati mediante le espansioni in serie (2.83, 2.84)

Preliminarmente, osserviamo che se α è un numero reale, lo sviluppo di McLaurin della funzione $(1 + x)^\alpha$ si scrive:

$$(1 + x)^\alpha = 1 + \frac{\alpha}{1} \, x + \frac{\alpha(\alpha - 1)}{1 \cdot 2} \, x^2 + \frac{\alpha(\alpha - 1)(\alpha - 2)}{1 \cdot 2 \cdot 3} \, x^3 + \ldots \, ,$$

ponendo nella formula precedente:

$$\binom{\alpha}{0} = 1$$

$$\binom{\alpha}{m} = \frac{\alpha(\alpha - 1) \cdot \ldots \cdot (\alpha - m + 2)(\alpha - m + 1)}{m!} \quad \text{per } m \geq 1 \, , \tag{2.78}$$

in analogia con quanto viene fatto nella potenza di un binomio, lo sviluppo di McLaurin di $(1+x)^\alpha$ si scrive:

$$(1+x)^\alpha = \sum_{m=0}^{\infty} \binom{\alpha}{m} x^m \ . \qquad (2.79)$$

Utilizzando lo sviluppo (2.79) per $x = -k^2 \sin^2 \varphi$ nell'integrale (2.76) e considerando che la serie ottenuta è totalmente convergente in φ, si puó integrare sotto il segno di serie e scrivere:

$$E(k) = \sum_{m=0}^{\infty} \binom{1/2}{m} (-1)^m k^{2m} \underbrace{\int_0^{\pi/2} \sin^{2m} \varphi \, d\varphi}_{I_m} \ , \qquad (2.80)$$

nella quale l'integrale I_m puó essere valutato per ogni m. Prima di far questo, osserviamo che il coefficiente binomiale presente nella (2.80) si puó riscrivere, in base alla definizione (2.78), al modo seguente:

$$\binom{1/2}{m} = \frac{\frac{1}{2} \left(\frac{1}{2}-1\right) \cdot \ldots \cdot \left(\frac{1}{2}-m+2\right) \left(\frac{1}{2}-m+1\right)}{m!}$$

$$= (-1)^{m-1} \frac{\frac{1}{2} \cdot \frac{1}{2} \cdot \frac{3}{2} \cdot \ldots \cdot \left(m-\frac{5}{2}\right) \cdot \left(m-\frac{3}{2}\right)}{m!}$$

$$= \frac{(-1)^{m-1}}{2^m} \frac{1 \cdot 3 \cdot 5 \cdot \ldots \cdot (2m-5) \cdot (2m-3) \cdot (2m-1)}{(2m-1)\, m!}$$

$$= \frac{(-1)^{m-1}}{(2m-1)\, 2^m\, m!} \frac{1 \cdot 2 \cdot 3 \cdot 4 \cdot \ldots \cdot (2m-2) \cdot (2m-1) \cdot (2m)}{2 \cdot 4 \cdot \ldots \cdot (2m-2) \cdot (2m)}$$

$$= \frac{(-1)^{m-1}\, (2m)!}{2^{2m}\, (m!)^2\, (2m-1)} \ . \qquad (2.81)$$

Osserviamo che, dal punto di vista computazionale, il coefficiente binomiale (2.81) puó essere agevolmente calcolato nella forma:

$$\binom{1/2}{m} = \frac{1}{2m} \cdot \frac{\frac{1}{2}-1}{1} \cdot \frac{\frac{1}{2}-2}{2} \cdot \ldots \cdot \frac{\frac{1}{2}-(m-2)}{m-2} \cdot \frac{\frac{1}{2}-(m-1)}{m-1} \ .$$

L'integrale I_m si calcola in modo iterativo. Innanzitutto, integrando per parti si mette in relazione con l'integrale I_{m-1}. Infatti:

$$I_m = -\int_0^{\pi/2} \sin^{2m-1} \varphi \, d\cos\varphi$$

$$= (2m-1) \int_0^{\pi/2} (1 - \sin^2\varphi) \sin^{2m-2} \varphi \, d\varphi = (2m-1)\, (I_{m-1} - I_m) \ ,$$

da cui si ricava:

$$I_m = \frac{2m-1}{2m}\, I_{m-1}$$

$$= \frac{2m-1}{2m} \cdot \frac{2(m-1)-1}{2(m-1)} \cdot \frac{2(m-2)-1}{2(m-2)} \cdot \ldots \cdot \frac{1}{2}\, I_0 \ .$$

Considerando che $I_0 = \pi/2$, dalla (2.81) si ottiene in definitiva:

$$I_m = \frac{(2m-1)\cdot(2m-3)\cdot\ldots\cdot 3\cdot 1}{2^m\, m!}\, \frac{\pi}{2}$$

$$= \frac{(2m)!}{2^{2m}\,(m!)^2}\, \frac{\pi}{2}$$

$$= (-1)^{m-1} \binom{1/2}{m}\, (2m-1)\, \frac{\pi}{2}\ . \tag{2.82}$$

Sostituendo la (2.82) nella (2.80), otteniamo lo sviluppo di McLaurin per l'integrale ellittico completo di seconda specie (2.76):

$$E(k) = \frac{\pi}{2} \sum_{m=0}^{\infty} \binom{1/2}{m}^2 (1-2m)\, k^{2m}\ . \tag{2.83}$$

In modo assolutamente analogo si calcola l'integrale ellittico completo di prima specie F, ottenendo:

$$F(k) = \frac{\pi}{2} \sum_{m=0}^{\infty} \binom{-1/2}{m} \binom{1/2}{m} (1-2m)\, k^{2m}\ . \tag{2.84}$$

Gli integrali ellittici completi di seconda specie E (2.76) e di prima F (2.77) sono calcolati attraverso le loro espansioni in serie nel modulo (2.83, 2.84) in Fig. 2.16. Il codice di calcolo per valutare tali serie è riportato nella Appendice 2.11. Questo programma effettua anche un confronto tra le approssimazioni ottenute troncando tali serie e la valutazione numerica degli integrali di definizione con la regola dei trapezi (2.35).

Concludiamo il discorso sugli integrali ellittici osservando che spesso, nelle applicazioni, si utilizzano anche delle funzioni leggermente differenti dalle (2.76, 2.77), chiamate, rispettivamente, *integrale ellittico* di seconda specie:

$$E(\alpha; k) = \int_0^{\alpha} \sqrt{1 - k^2 \sin^2 \varphi}\, d\varphi \tag{2.85}$$

e di prima specie:

$$F(\alpha; k) = \int_0^{\alpha} \frac{d\varphi}{\sqrt{1 - k^2 \sin^2 \varphi}}\ , \tag{2.86}$$

dove, evidentemente, $E(\pi/2; k) = E(k)$ ed $F(\pi/2; k) = F(k)$. Le due funzioni (2.85, 2.86) generalizzano gli integrali ellittici completi analizzati precedentemente. Queste funzioni possono essere valutate per serie, come già fatto per le altre, ed hanno sviluppi analoghi, avendo l'accortezza di sostituire l'integrale I_m con:

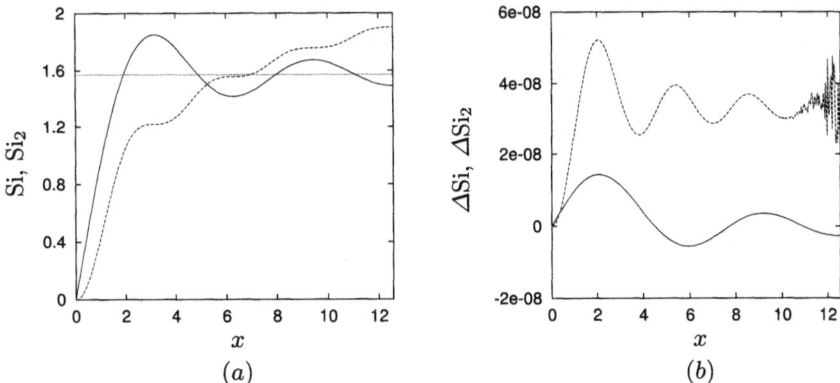

Figura 2.17. In (a) sono disegnati i grafici delle funzioni $\mathrm{Si}(x)$ (linea continua) ed $\mathrm{Si}_2(x)$ (linea a tratti) definite in (2.87), per x tra 0 e 4π. La linea orizzontale si riferisce al valore asintotico $\mathrm{Si}(x) \to \pi/2$ per $x \to +\infty$. In (b) sono disegnati gli errori $\Delta\mathrm{Si}(x)$, $\Delta\mathrm{Si}_2(x)$ tra gli integrali valutati per serie (arrestando la somma quando il modulo del generico termine scende sotto 10^{-12}) e con la regola dei trapezi, con passo $\pi/5000$. La curva continua si riferisce al risultato (2.88), mentre quella a tratti alla serie (2.89)

$$
\begin{aligned}
I_m(\alpha) &= \int_0^\alpha \sin^{2m}\varphi \, d\varphi \\
&= (-1)^{m-1} \binom{1/2}{m} (2m-1) \left[\alpha + \frac{\sin 2\alpha}{4} \sum_{l=1}^m \frac{(-1)^l \sin^{2(l-1)}\alpha}{l\,(2l-1)\binom{1/2}{l}} \right],
\end{aligned}
$$

per $m \geq 1$.

Consideriamo ora i due integrali:

$$
\mathrm{Si}(x) = \int_0^x \frac{\sin \xi}{\xi} \, d\xi \ , \quad \mathrm{Si}_2(x) = \int_0^x \frac{\sin^2 \xi}{\xi} \, d\xi \ , \tag{2.87}
$$

di cui il primo viene spesso utilizzato in letteratura, col nome di *seno integrale* ([10], pp. 176-177), mentre il simbolo utilizzato per il secondo è puramente convenzionale. Impiegando lo sviluppo di McLaurin della funzione $\sin x$, si ottiene lo sviluppo in serie del primo integrale:

$$
\mathrm{Si}(x) = \sum_{m=0}^\infty \frac{(-1)^m}{(2m+1)^2\,(2m)!}\, x^{2m+1} \ , \tag{2.88}
$$

mentre per valutare il secondo occorre ricordare che $\sin^2 \xi = (1 - \cos 2\xi)/2$ ed utilizzare lo sviluppo di McLaurin per $\cos 2\xi$. In tal modo si ottiene:

$$
\mathrm{Si}_2(x) = \sum_{m=1}^\infty \frac{(-1)^{m-1} 2^{2(m-1)}}{m\,(2m)!}\, x^{2m} \ . \tag{2.89}
$$

I grafici degli integrali (2.87) in funzione di x sono disegnati in Fig. 2.17-*a*, mentre in Fig. 2.17-*b* sono mostrati gli errori ottenuti confrontando le stime per serie (2.88, 2.89) con i corrispondenti integrali valutati col metodo dei trapezi.

Considerazioni analoghe possono essere condotte per calcolare molti tipi di integrali di funzioni non elementarmente integrabili, come per i seguenti esercizi proposti.

- **Esercizi proposti**

◇ Calcolare per serie la seguente funzione della variabile reale $\alpha \in (-1, +1)$:

$$f^{(1)}(\alpha) = \int_{-1}^{1} \left(1 + \frac{\alpha x^2}{1+x^2} \right)^{1/3} dx \ . \tag{2.90}$$

Confrontare i risultati ottenuti valutando numericamente l'integrale, ottenendo in tal modo la stima f_n per la precedente funzione, vedi Fig. 2.18.
Risposta:

$$f^{(1)}(\alpha) = \sum_{m=0}^{\infty} \binom{1/3}{m} \alpha^m I_m^{(1)} \ ,$$

con:

$$I_m^{(1)} = \int_{-1}^{+1} \frac{x^{2m}}{(1+x^2)^m} \ dx \ .$$

Si trova $I_0^{(1)} = 2$, $I_1^{(1)} = (4 - \pi)/2$, $I_2^{(1)} = (10 - 3\pi)/4$ e:

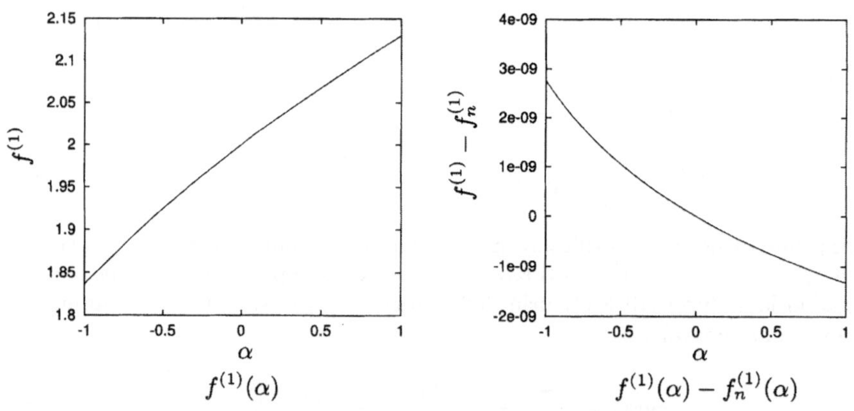

$$f^{(1)}(\alpha) \qquad\qquad f^{(1)}(\alpha) - f_n^{(1)}(\alpha)$$

Figura 2.18. A sinistra è disegnato il grafico della funzione $f^{(1)}(\alpha)$ definita dall'integrale dell'esercizio (2.90) calcolato per serie, arrestando la somma parziale quando il termine generico scende in modulo al di sotto di 10^{-12}. Nel grafico a destra è riportato l'errore $f^{(1)} - f_n^{(1)}$, avendo calcolato $f_n^{(1)}$ con la regola dei trapezi, con 8001 punti nell'intervallo di integrazione

$$I_m^{(1)} = 2(-1)^{m-1} m(2m-1) \binom{1/2}{m} \left[\frac{4-\pi}{2} + \right.$$

$$\left. + \sum_{k=2}^{m-1} \frac{(-1)^k}{2^k k(k-1)(2k-1) \binom{1/2}{k}} \right] - \frac{1}{2^{m-1}(m-1)} \ ,$$

per $m \geq 3$.

$\diamond$ Calcolare per serie la seguente funzione della variabile reale $\alpha \in (-1, +1)$:

$$f^{(2)}(\alpha) = \int_0^1 \left[1 + \alpha \log(1+x) \right]^{-1/5} dx \ . \tag{2.91}$$

Confrontare i risultati ottenuti valutando numericamente l'integrale, vedi Fig. 2.19.

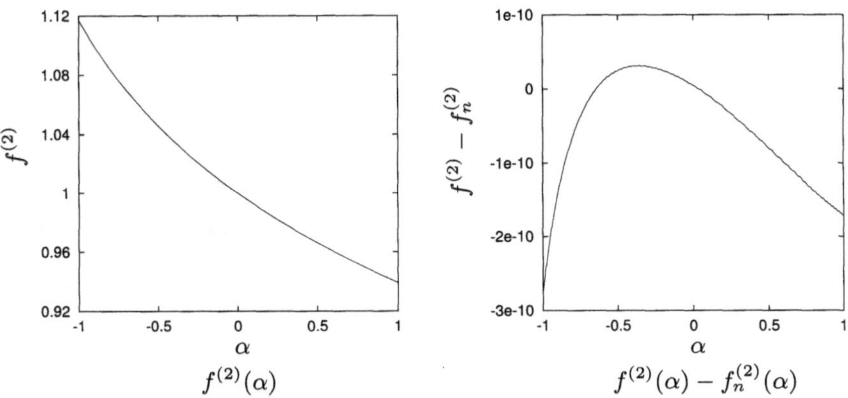

Figura 2.19. Come in Fig. 2.18, per l'esercizio (2.91)

Risposta:

$$f^{(2)}(\alpha) = \sum_{m=0}^{\infty} \binom{-1/5}{m} \alpha^m I_m^{(2)} \ ,$$

con:

$$I_m^{(2)} = \int_0^1 \log^m(1+x) \, dx$$

$$= (-1)^m m! \left[2 \sum_{k=1}^{m} \frac{(-1)^k}{k!} \log^k 2 + 1 \right]$$

$$= 2 \log^m 2 \sum_{p=1}^{\infty} \frac{(-1)^{p+1} \log^p 2}{(m+1)(m+2) \cdot \ldots \cdot (m+p)} \ ,$$

in cui la seconda forma è quella effettivamente utilizzata per i calcoli di Fig. 2.19, poiché consente di evitare il calcolo di $m!$.

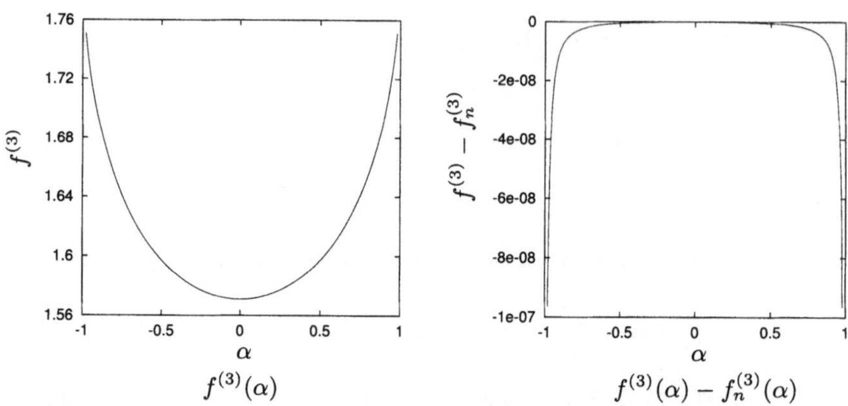

$$f^{(3)}(\alpha) \qquad\qquad f^{(3)}(\alpha) - f_n^{(3)}(\alpha)$$

Figura 2.20. Come in Fig. 2.18, ma con 16001 punti nell'intervallo di integrazione, per l'esercizio (2.92)

$\diamond$ Calcolare per serie la seguente funzione della variabile reale $\alpha \in (-0.98, +0.98)$:

$$f^{(3)}(\alpha) = \int_{-\pi/4}^{+\pi/4} (1 + \alpha \tan x)^{-1/3}\, dx \; . \qquad (2.92)$$

Confrontare i risultati ottenuti valutando numericamente l'integrale, vedi Fig. 2.20. Risposta:

$$f^{(3)}(\alpha) = \sum_{l=0}^{\infty} \binom{-1/3}{2l} \alpha^{2l}\, I_{2l}^{(3)} \; ,$$

con:

$$I_{2l}^{(3)} = \int_{-\pi/4}^{+\pi/4} \tan^{2l} x\, dx = (-1)^l \left[2 \sum_{p=0}^{l-1} \frac{(-1)^{p+1}}{2p+1} + \frac{\pi}{2} \right] \; .$$

$\diamond$ Calcolare per serie la seguente funzione della variabile reale $\alpha \in (-1, +1)$:

$$f^{(4)}(\alpha) = \int_{0}^{1} \log\left[1 + \alpha \log(1+x) \right]\, dx \; . \qquad (2.93)$$

Confrontare i risultati ottenuti valutando numericamente l'integrale, vedi Fig. 2.21. Risposta:

$$f^{(4)}(\alpha) = \sum_{m=1}^{\infty} \frac{(-1)^{m+1}}{m}\, \alpha^m\, I_m^{(2)} \; .$$

$\diamond$ Calcolare per serie la seguente funzione della variabile reale $\alpha \in (-3\pi, +3\pi)$:

$$f^{(5)}(\alpha) = \int_{0}^{1} \sin\left[1 + \alpha \log(1+x) \right]\, dx \; . \qquad (2.94)$$

Confrontare i risultati ottenuti valutando numericamente l'integrale, vedi Fig. 2.22. Risposta:

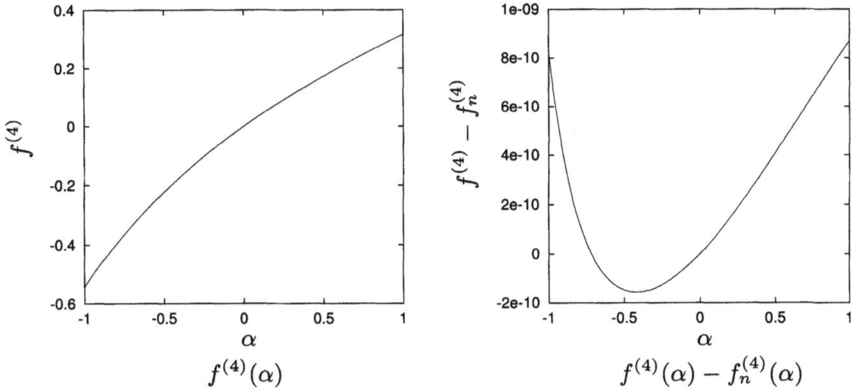

$$f^{(4)}(\alpha) \qquad\qquad f^{(4)}(\alpha) - f_n^{(4)}(\alpha)$$

Figura 2.21. Come in Fig. 2.18, per l'esercizio (2.93)

$$f^{(5)}(\alpha) = \sum_{l=0}^{\infty} \frac{(-1)^l}{(2l)!} \, \alpha^{2l} \left[\sin 1 \; I_{2l}^{(2)} + \cos 1 \, \frac{\alpha}{2l+1} \, I_{2l+1}^{(2)} \right] \; .$$

◇ Calcolare per serie la seguente funzione della variabile reale $\alpha \in (-3\pi, +3\pi)$:

$$f^{(6)}(\alpha) = \int_0^{\pi} \sin(1 + \alpha \sin x) \, dx \; . \tag{2.95}$$

Confrontare i risultati ottenuti valutando numericamente l'integrale, vedi Fig. 2.23. Risposta:

$$f^{(6)}(\alpha) = \sum_{l=0}^{\infty} \frac{(-1)^l}{(2l)!} \, \alpha^{2l} \left[\sin 1 \; I_{2l}^{(6)} + \cos 1 \, \frac{\alpha}{2l+1} \, I_{2l+1}^{(6)} \right] \; ,$$

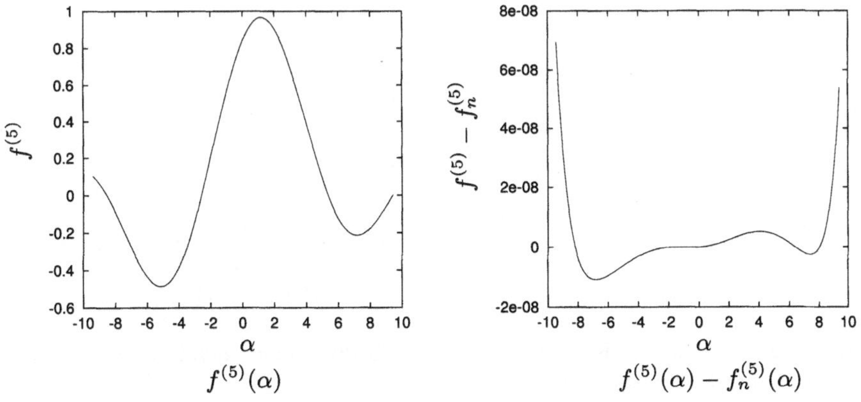

$$f^{(5)}(\alpha) \qquad\qquad f^{(5)}(\alpha) - f_n^{(5)}(\alpha)$$

Figura 2.22. Come in Fig. 2.18, per l'esercizio (2.94)

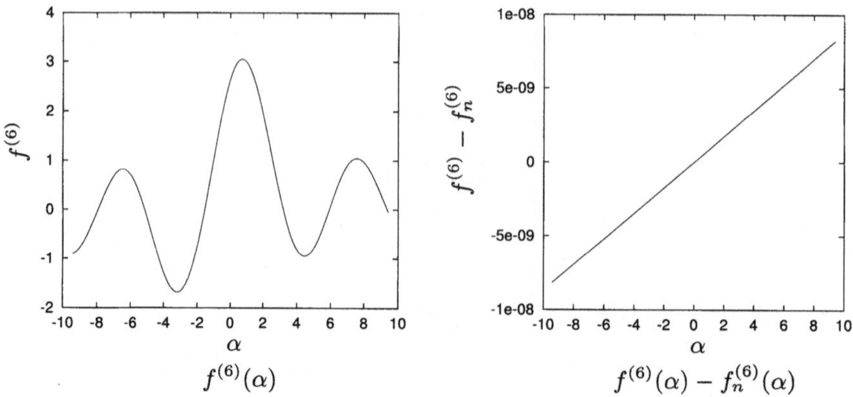

Figura 2.23. Come in Fig. 2.18, ma con 32001 punti nell'intervallo di integrazione, per l'esercizio (2.95)

con:

$$
I_m^{(6)} = \int_0^\pi \sin^m x \, dx = \begin{cases} (-1)^{l+1}(2l-1) \left(\begin{array}{c} 1/2 \\ l \end{array} \right) \pi & \text{per } m = 2l \\[3ex] \dfrac{2(-1)^{l+1}}{(2l+1)(2l-1) \left(\begin{array}{c} 1/2 \\ l \end{array} \right)} & \text{per } m = 2l+1. \end{cases}
$$

$\diamond$ Calcolare per serie la seguente funzione della variabile reale $\alpha \in (-\pi/4, +\pi/4)$:

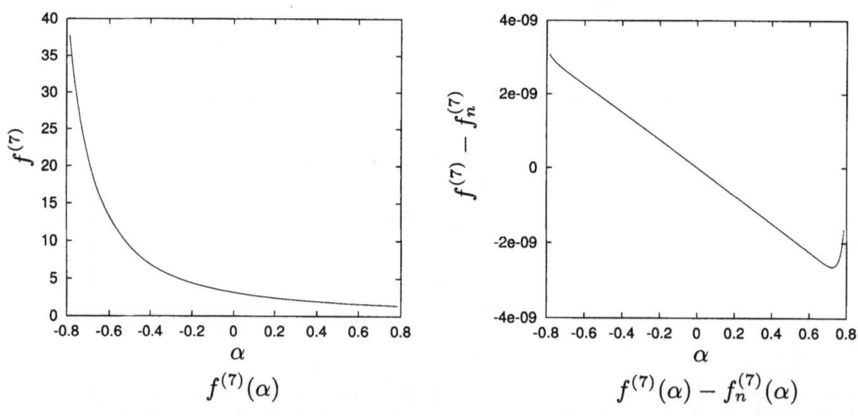

Figura 2.24. Come in Fig. 2.18, ma con 32001 punti nell'intervallo di integrazione, per l'esercizio (2.96)

$$f^{(7)}(\alpha) = \int_0^\pi \left(1 + \alpha \sin x \right)^{-7/3} dx . \qquad (2.96)$$

Confrontare i risultati ottenuti valutando numericamente l'integrale, vedi Fig. 2.24.
Risposta:

$$f^{(7)}(\alpha) = \sum_{l=0}^\infty \alpha^{2l} \left[\binom{-7/3}{2l} I_{2l}^{(6)} + \binom{-7/3}{2l+1} \alpha\, I_{2l+1}^{(6)} \right] .$$

$\diamond$ Calcolare per serie la seguente funzione della variabile reale $\alpha \in (-0.98, +0.98)$:

$$f^{(8)}(\alpha) = \int_{-1}^{+1} \left(1 + \frac{\alpha}{\sqrt{1+x^2}} \right)^{-1/3} dx . \qquad (2.97)$$

Confrontare i risultati ottenuti valutando numericamente l'integrale, vedi Fig. 2.25.

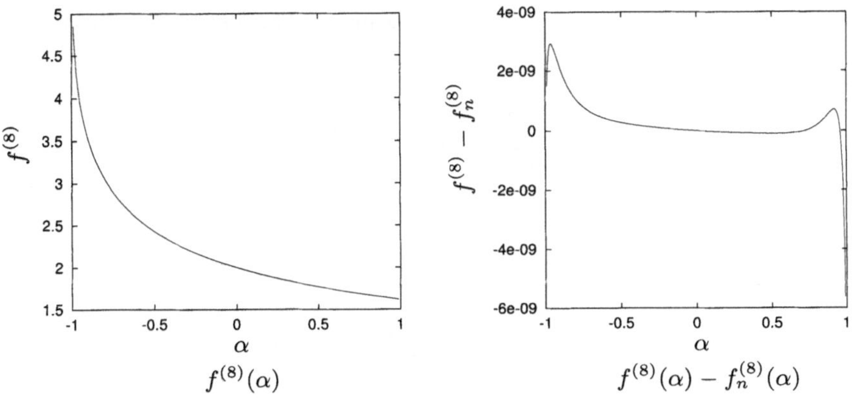

$f^{(8)}(\alpha)$ $f^{(8)}(\alpha) - f_n^{(8)}(\alpha)$

Figura 2.25. Come in Fig. 2.18, per l'esercizio (2.97)

Risposta:

$$f^{(8)}(\alpha) = \sum_{m=0}^\infty \binom{-1/3}{m} \alpha^m I_m^{(8)} ,$$

con:

$$I_m^{(8)} = \int_{-1}^{+1} \frac{dx}{(1+x^2)^{m/2}} .$$

Effettuando la sostituzione $x = \sinh t$ si trova per m pari $(m = 2l)$:

$$I_{2l}^{(8)} = (-1)^l (2l-3) \binom{1/2}{l-1} \left[\frac{\pi}{2} - \sum_{k=0}^{l-3} \frac{(-1)^k}{2^k(4k^2-1)\binom{1/2}{k}} \right] + \frac{2^{1-l}}{l-1}$$

e per m dispari $(m = 2l+1)$:

$$I_{2l+1}^{(8)} = \frac{\sqrt{2}}{2l-1} \left\{ \frac{(-1)^l}{(2l-3)\,\binom{1/2}{l-1}} \left[1 + \sum_{k=0}^{l-3} \frac{(-1)^k}{2^{k+1}}\,(2k+1)\,\binom{1/2}{k+1} \right] + \right.$$

$$\left. +2^{1-l} \right\} ,$$

entrambe valide per $l \geq 3$. I valori per m minori di 6 sono calcolabili facilmente dalla definizione, si trova:

$$I_0^{(8)} = 2 , \qquad I_1^{(8)} = 2\,\log(\sqrt{2}+1) , \qquad I_2^{(8)} = \pi/2 ,$$
$$I_3^{(8)} = \sqrt{2} , \qquad I_4^{(8)} = (2+\pi)/4 , \qquad\qquad I_5^{(8)} = 5\sqrt{2}/6 .$$

$\diamond$ Calcolare per serie la seguente funzione della variabile reale $\alpha \in (-0.98, +0.98)$:

$$f^{(9)}(\alpha) = \int_{-1}^{1} \left(1 + \frac{\alpha}{1+x^2} \right)^{-2/3} dx . \tag{2.98}$$

Confrontare i risultati ottenuti valutando numericamente l'integrale, vedi Fig. 2.26.

Risposta:

$$f^{(9)}(\alpha) = \sum_{m=0}^{\infty} \binom{-2/3}{m} \alpha^m I_m^{(9)} ,$$

con $I_m^{(9)} = I_{2m}^{(8)}$, ovvero:

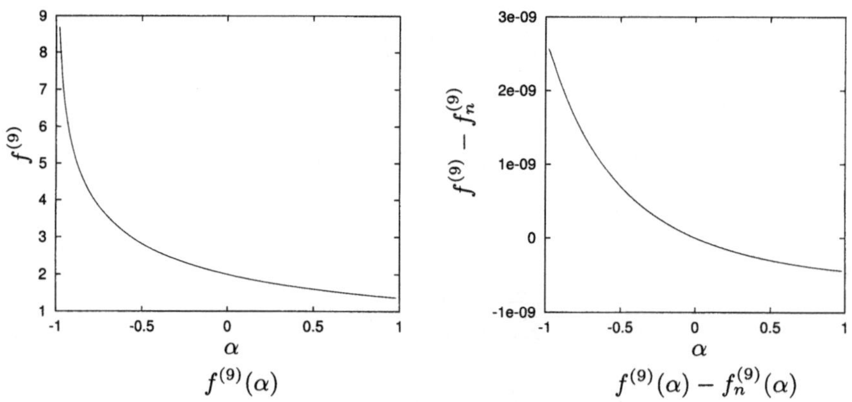

$f^{(9)}(\alpha)$ $\qquad\qquad\qquad\qquad$ $f^{(9)}(\alpha) - f_n^{(9)}(\alpha)$

Figura 2.26. Come in Fig. 2.18, per l'esercizio (2.98)

$$I_m^{(9)} = \int_{-1}^{+1} \frac{dx}{(1+x^2)^m}$$

$$= (-1)^m (2m-3) \left(\begin{array}{c} 1/2 \\ m-1 \end{array} \right) \left[\frac{\pi}{2} - \sum_{k=0}^{m-3} \frac{(-1)^k}{2^k(4k^2-1) \left(\begin{array}{c} 1/2 \\ k \end{array} \right)} \right] +$$

$$+ \frac{2^{1-m}}{m-1} \, ,$$

per $m \geq 3$, mentre $I_0^{(9)} = 2$, $I_1^{(9)} = \pi/2$ ed $I_2^{(9)} = (\pi+2)/4$.

$\diamond$ Calcolare per serie la seguente funzione della variabile reale $\alpha \in (-0.98, +0.98)$:

$$f^{(10)}(\alpha) = \int_{-\pi/2}^{+\pi/2} \left(1 + \alpha \cos x \right)^{-1/5} dx \, . \tag{2.99}$$

Confrontare i risultati ottenuti valutando numericamente l'integrale, vedi Fig. 2.27.

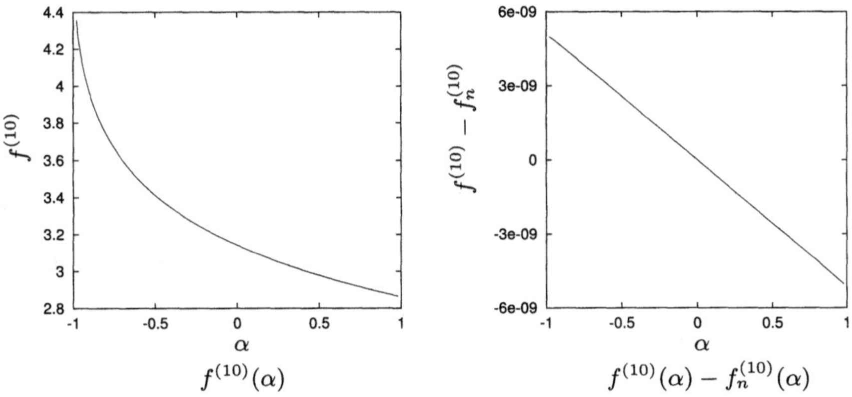

Figura 2.27. Come in Fig. 2.18, per l'esercizio (2.99)

Risposta:

$$f^{(10)}(\alpha) = \sum_{m=0}^{\infty} \left(\begin{array}{c} -1/5 \\ m \end{array} \right) \alpha^m \, I_m^{(10)} \, ,$$

con:

$$I_m^{(10)} = \int_{-\pi/2}^{+\pi/2} \cos^m x \, dx \, ,$$

che vale per m pari ($m = 2l$):

$$I_{2l}^{(10)} = (-1)^{l-1}(2l-1) \left(\begin{array}{c} 1/2 \\ l \end{array} \right) \pi$$

e per m dispari ($m = 2l+1$):

$$I^{(10)}_{2l+1} = \frac{2\,(-1)^{l-1}}{(4l^2 - 1)\,\binom{1/2}{l}}\ .$$

◇ Calcolare per serie la seguente funzione della variabile reale $\alpha \in (-0.98, +0.98)$:

$$f^{(11)}(\alpha) = \int_{-\pi/4}^{+\pi/4} \log(1 + \alpha \tan x)\,dx\ . \tag{2.100}$$

Confrontare i risultati ottenuti valutando numericamente l'integrale, vedi Fig. 2.28.

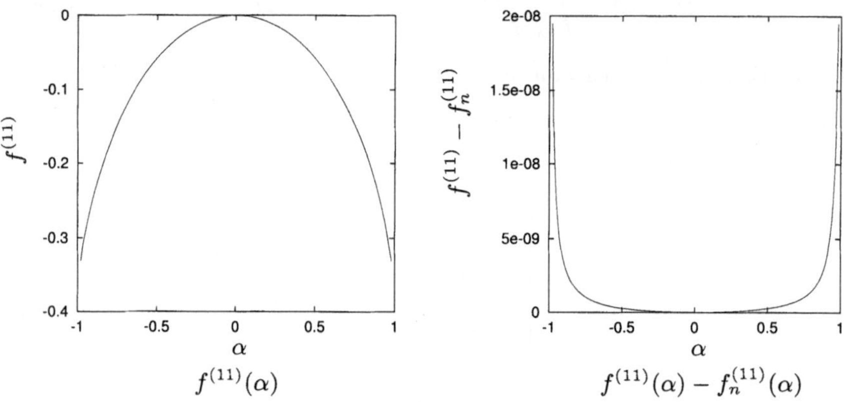

Figura 2.28. Come in Fig. 2.18, ma con 32001 punti nell'intervallo di integrazione, per l'esercizio (2.100)

Risposta:

$$f^{(11)}(\alpha) = -\sum_{l=1}^{\infty} \frac{\alpha^{2l}}{2l}\,I^{(3)}_{2l}\ .$$

◇ Calcolare per serie la seguente funzione della variabile reale $\alpha \in (-1, +1)$:

$$f^{(12)}(\alpha) = \int_0^1 \left[\,1 + \alpha \log(1+x)\,\right]^{-7/3}\,dx\ . \tag{2.101}$$

Confrontare i risultati ottenuti valutando numericamente l'integrale, vedi Fig. 2.29.

Risposta:

$$f^{(12)}(\alpha) = \sum_{m=0}^{\infty} \binom{-7/3}{m}\,\alpha^m\,I^{(2)}_m\ .$$

◇ Calcolare per serie la seguente funzione della variabile reale $\alpha \in (-10, +10)$:

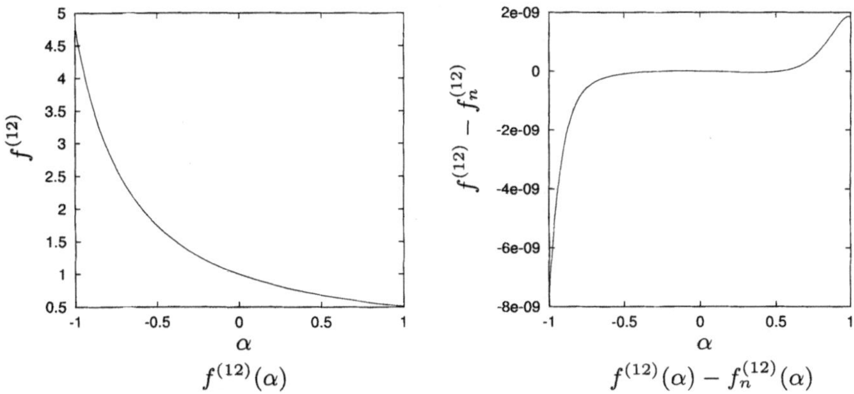

$$f^{(12)}(\alpha) \qquad\qquad f^{(12)}(\alpha) - f_n^{(12)}(\alpha)$$

Figura 2.29. Come in Fig. 2.18, ma con 32001 punti nell'intervallo di integrazione, per l'esercizio (2.101)

$$f^{(13)}(\alpha) = \int_0^1 \cos\left[1 + \frac{\alpha}{\cosh x}\right] dx .\qquad (2.102)$$

Confrontare i risultati ottenuti valutando numericamente l'integrale, vedi Fig. 2.30. Risposta:

$$f^{(13)}(\alpha) = \sum_{l=0}^{\infty} \frac{(-1)^l}{(2l)!} \alpha^{2l} \left(\cos 1 I_{2l}^{(13)} - \frac{\alpha \sin 1}{2l+1} I_{2l+1}^{(13)}\right) ,$$

con:

$$I_m^{(13)} = \int_0^1 \frac{dx}{\cosh^m x} ,$$

che vale per m pari ($m = 2l$):

$$I_{2l}^{(13)} = \frac{\sinh 1}{2l-1} \left[\frac{1}{\cosh^{2l-1} 1} - \frac{(-1)^l}{(2l-3)\binom{1/2}{l-1}} \sum_{k=0}^{l-2} \frac{(-1)^k(2k-1)}{\cosh^{2k+1} 1} \binom{1/2}{k} \right] ,$$

mentre per m dispari ($m = 2l + 1$) si può valutare come:

$$I_{2l+1}^{(13)} = (-1)^{l-1}(2l-1)\binom{1/2}{l} \left[I_1^{(13)} + \right.$$

$$\left. - \sinh 1 \sum_{k=0}^{l-2} \frac{(-1)^k}{(4k^2-1)\binom{1/2}{k}} \frac{1}{\cosh^{2k+2} 1} \right] + \frac{1}{2l} \frac{\sinh 1}{\cosh^{2l} 1} .$$

Entrambe le forme valgono per $l \geq 2$, i valori dei primi quattro integrali si trovano direttamente: $I_0^{(13)} = 1$, $I_1^{(13)} = 2\arctan e - \pi/2$, $I_2^{(13)} = \tanh 1$ ed infine $I_3^{(13)} = \arctan e - \pi/4 + \sinh 1/(2\cosh^2 1)$.

$\diamond$ Calcolare per serie la seguente funzione della variabile reale $\alpha \in (-10, +10)$:

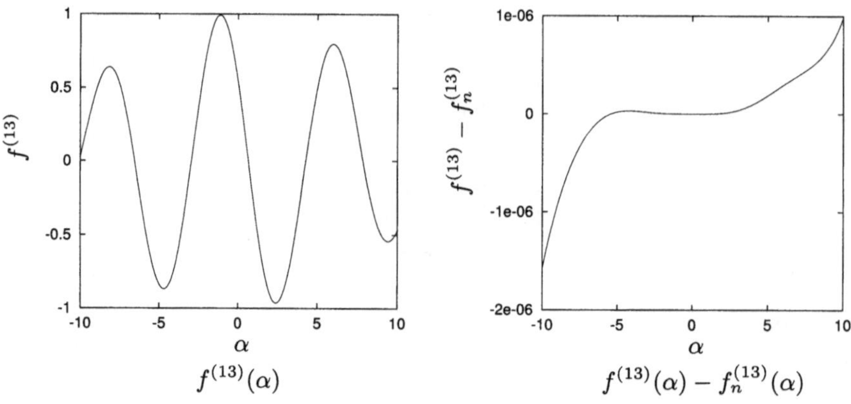

$$f^{(13)}(\alpha) \qquad\qquad f^{(13)}(\alpha) - f_n^{(13)}(\alpha)$$

Figura 2.30. Come in Fig. 2.18, per l'esercizio (2.102)

$$f^{(14)}(\alpha) = \int_{-1}^{+1} \sin(1 + \alpha \cosh x)\, dx \ . \qquad (2.103)$$

Confrontare i risultati ottenuti valutando numericamente l'integrale, vedi Fig. 2.31.
Risposta:

$$f^{(14)}(\alpha) = \sum_{l=0}^{\infty} \frac{(-1)^l}{(2l)!}\, \alpha^{2l} \left(\sin 1\, I_{2l}^{(14)} + \frac{\alpha}{2l+1}\, \cos 1\, I_{2l+1}^{(14)} \right)\ ,$$

con:

$$I_m^{(14)} = \int_{-1}^{+1} \cosh^m x\, dx\ ,$$

che si può valutare per m pari ($m = 2l$) come:

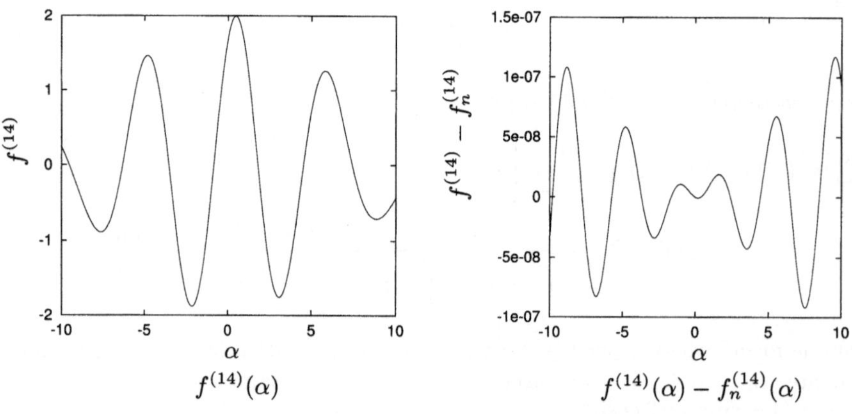

$$f^{(14)}(\alpha) \qquad\qquad f^{(14)}(\alpha) - f_n^{(14)}(\alpha)$$

Figura 2.31. Come in Fig. 2.18, per l'esercizio (2.103)

$$I_{2l}^{(14)} = 2(-1)^{l-1}(2l-1) \left(\begin{array}{c} 1/2 \\ l \end{array}\right) \left[1 - \sinh 1 \sum_{k=0}^{l-2} \frac{(-1)^k \cosh^{2k+1} 1}{(4k^2-1) \left(\begin{array}{c} 1/2 \\ k \end{array}\right)} \right] +$$

$$+ \frac{1}{l} \sinh 1 \cosh^{2l-1} 1 \, ,$$

mentre per m dispari ($m = 2l + 1$) si ottiene:

$$I_{2l+1}^{(14)} = \frac{2 \sinh 1}{2l+1} \left\{ \frac{(-1)^{l-1}}{(2l-1) \left(\begin{array}{c} 1/2 \\ l \end{array}\right)} \times \right.$$

$$\left. \times \left[1 + \sum_{k=0}^{l-2} (-1)^k (2k+1) \left(\begin{array}{c} 1/2 \\ k+1 \end{array}\right) \cosh^{2k+2} 1 \right] + \cosh^{2l} 1 \right\} \, .$$

Entrambe le relazioni precedenti sono valide per $l \geq 2$. I valori mancanti di $I_m^{(14)}$ si calcolano facilmente e sono: $I_0^{(14)} = 2$, $I_1^{(14)} = 2 \sinh 1$, $I_2^{(14)} = 1 + \sinh 1 \cosh 1$ ed $I_3^{(14)} = 2 \sinh 1 (2 + \cosh^2 1)$.

⋄ Calcolare per serie la seguente funzione della variabile reale $\alpha \in (-10, +10)$:

$$f^{(15)}(\alpha) = \int_{-1}^{+1} \sin \left[\frac{1}{\cosh(\alpha x)} \right] \, dx \, . \tag{2.104}$$

Confrontare i risultati ottenuti valutando numericamente l'integrale, vedi Fig. 2.32.

Risposta:

$$f^{(15)}(\alpha) = \frac{1}{\alpha} \sum_{m=0}^{\infty} \frac{(-1)^m}{(2m+1)!} \, I_{2l+1}^{(15)} \, ,$$

dove è stato posto:

$$I_m^{(15)} = \int_{-\alpha}^{+\alpha} \frac{dx}{\cosh^m x} \, ,$$

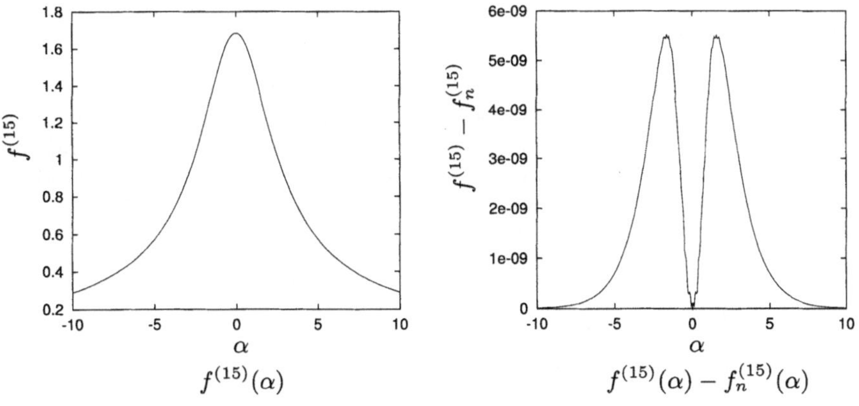

Figura 2.32. Come in Fig. 2.18, per l'esercizio (2.104)

che viene valutato con le stesse formule dell'esercizio 13, ovviamente moltiplicate per 2 e con $\sinh \alpha$ e $\cosh \alpha$ al posto di $\sinh 1$ e $\cosh 1$.

◇ Calcolare per serie la seguente funzione della variabile reale $\alpha \in (-0.98, +0.98)$:

$$f^{(16)}(\alpha) = \int_{-1}^{+1} \left(1 + \frac{\alpha}{\cosh x} \right)^{-1/7} dx \ . \tag{2.105}$$

Confrontare i risultati ottenuti valutando numericamente l'integrale, vedi Fig. 2.33. Risposta:

$$f^{(16)}(\alpha) = 2 \sum_{m=0}^{\infty} \binom{-1/7}{m} \alpha^m I_m^{(13)} \ .$$

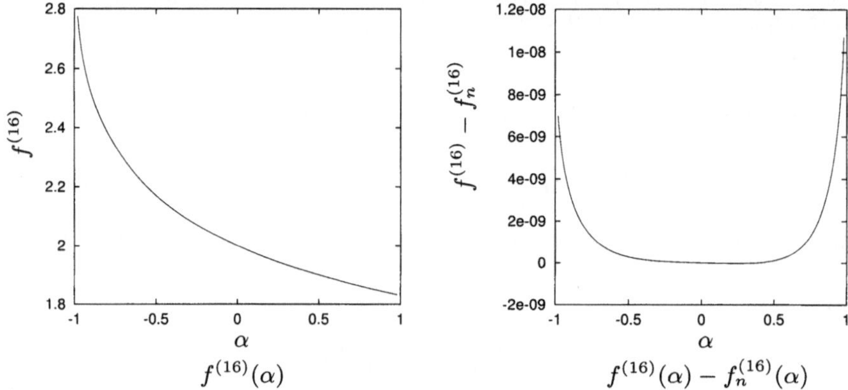

$$f^{(16)}(\alpha) \qquad\qquad f^{(16)}(\alpha) - f_n^{(16)}(\alpha)$$

Figura 2.33. Come in Fig. 2.18, per l'esercizio (2.105)

2.5.2 Serie di Fourier

In questo paragrafo saranno svolti alcuni esercizi sullo sviluppo in serie di Fourier.

Per esemplificare il legame tra proprietà di regolarità della funzione da sviluppare in serie di Fourier e velocità di convergenza della serie, confrontiamo gli sviluppi ottenuti per funzioni aventi discontinuità a salto su derivate di ordine via via più basso, ottenendo serie che convergono a velocità via via minore.

La funzione periodica di periodo 2π:

$$f(x) = \begin{cases} 0 & -\pi \le x < -\pi/2 \\ 2\,(4x^2 + 4\pi x + \pi^2)/\pi^2 & -\pi/2 \le x < -\pi/4 \\ (\pi^2 - 8x^2)/\pi^2 & -\pi/4 \le x < +\pi/4 \\ 2\,(4x^2 - 4\pi x + \pi^2)/\pi^2 & +\pi/4 \le x < +\pi/2 \\ 0 & +\pi/2 \le x < \pi \end{cases} \tag{2.106}$$

è continua con derivata prima continua, mentre ha derivata seconda discontinua. Per questa funzione vale [4] il seguente sviluppo:

$$f(x) = \frac{1}{4} + \frac{32}{\pi^3} \sum_{k=1}^{+\infty} \frac{1}{k^3} \left[2\sin\left(k\frac{\pi}{4}\right) - \sin\left(k\frac{\pi}{2}\right) \right] \cos kx \,, \qquad (2.107)$$

i cui termini risultano essere infinitesimi di ordine k^{-3}, quindi ci si può aspettare una velocità di convergenza della successione delle somme parziali n-esime dell'ordine di n^{-3}. Esempi di somme parziali per la serie (2.107) sono riportati in Fig. 2.34, dalla quale si può apprezzare l'elevata velocità di convergenza di tale serie.

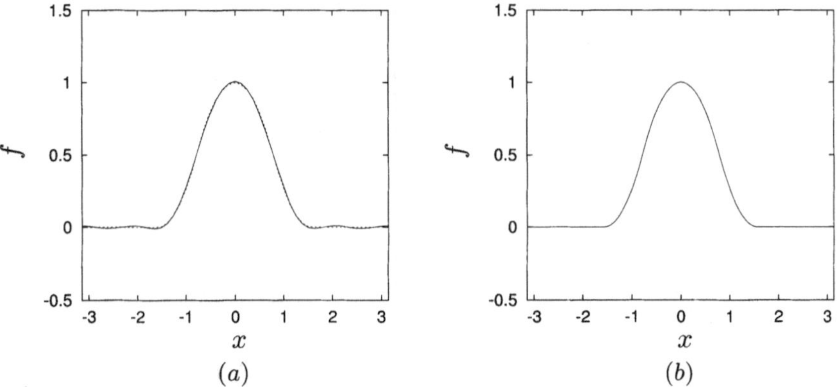

Figura 2.34. Funzione (2.106) (linea tratteggiata) e somme parziali di ordine 5 (*a*) e 20 (*b*) per la corrispondente serie di Fourier (2.107) (linea continua)

Se la funzione da sviluppare in serie è continua, ma ha derivata prima discontinua, si può prendere ad esempio la funzione seguente:

$$f(x) = \begin{cases} 0 & -\pi \leq x < -\pi/2 \\ (\pi + 2x)/\pi & -\pi/2 \leq x < 0 \\ (\pi - 2x)/\pi & 0 \leq x < +\pi/2 \\ 0 & +\pi/2 \leq x < +\pi \end{cases} \qquad (2.108)$$

---

[4] Per calcolare i soli coefficienti di Fourier col coseno (i rimanenti sono nulli poiché la funzione è pari) occorre tenere conto degi risultati seguenti:

$$\int \cos kx \, dx = \sin kx / k$$
$$\int x \, \cos kx \, dx = (kx \sin kx + \cos kx)/k^2$$
$$\int x^2 \, \cos kx \, dx = [(k^2 x^2 - 2) \sin kx + 2kx \cos kx]/k^3 \,,$$

validi per $k \neq 0$ ed a meno di costanti additive, che sono ottenuti mediante ripetute integrazioni per parti.

trovando per questa, sulla base degli integrali che ammette sviluppo:

$$f(x) = \frac{1}{4} + \frac{4}{\pi^2} \left\{ \sum_{l=1}^{+\infty} \frac{1-(-1)^l}{(2l)^2} \cos[(2l)x] + \sum_{l=0}^{+\infty} \frac{1}{(2l+1)^2} \cos[(2l+1)x] \right\} ,$$

$$(2.109)$$

i cui termini risultano essere infinitesimi di ordine k^{-2} (sia per k pari, $k = 2l$, che per k dispari, $k = 2l + 1$), quindi ci si può aspettare una velocità di convergenza dell'ordine di n^{-2}. Esempi di somme parziali per la serie (2.109) sono riportati in Fig. 2.35: con 20 armoniche la convergenza rimane insoddisfacente soltanto in intorni molto stretti dei punti di discontinuità della derivata prima ($x = \pm\pi/2$ ed $x = 0$).

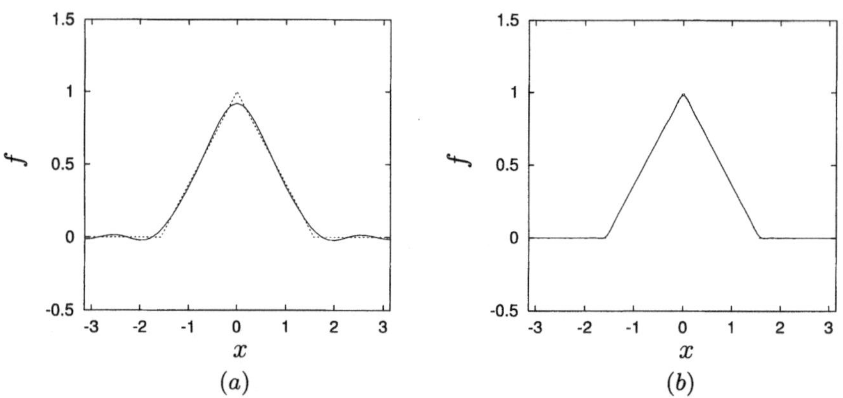

Figura 2.35. Funzione (2.108) (linea tratteggiata) e somme parziali di ordine 5 (a) e 20 (b) per la corrispondente serie di Fourier (2.109) (linea continua)

Infine, se si sviluppa in serie di Fourier la funzione discontinua:

$$f(x) = \begin{cases} 0 & -\pi \le x < -\pi/2 \\ 1 & -\pi/2 \le x < +\pi/2 \\ 0 & +\pi/2 \le x < +\pi \end{cases} \qquad (2.110)$$

si ottiene:

$$f(x) = \frac{1}{2} + \frac{2}{\pi} \sum_{l=0}^{+\infty} \frac{(-1)^l}{2l+1} \cos[(2l+1)x] , \qquad (2.111)$$

i cui termini risultano essere infinitesimi di ordine k^{-1} (per k dispari, $k = 2l + 1$), quindi ci si può aspettare una velocità di convergenza dell'ordine di n^{-1}. Esempi di somme parziali per la serie (2.111) sono mostrati in Fig. 2.36. Si nota che, anche per un numero molto alto di armoniche (in b, $n = 100$), la convergenza rimane insoddisfacente in intorni dei due punti di discontinuità ($x = \pm\pi/2$), dove si notano oscillazioni ad alta frequenza, sempre più concentrate attorno a tali punti, per n crescente. Questo comportamento delle somme parziali, in intorni di punti di discontinuità della funzione sviluppata, è caratteristico della serie di Fourier e prende il nome di *fenomeno di Gibbs*.

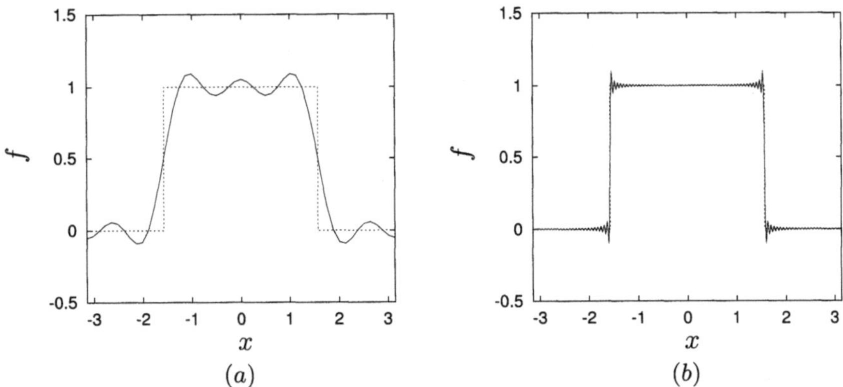

Figura 2.36. Funzione (2.110) (linea tratteggiata) e somme parziali di ordine 5 (a) e 100 (b) per la corrispondente serie di Fourier (2.111) (linea continua). Notare la presenza di oscillazioni attorno ai due punti di discontinuità (fenomeno di Gibbs)

L'errore di convergenza delle serie precedenti, cioè la differenza tra la somma parziale n-esima e la funzione f, si può misurare discretizzando il periodo $[-\pi, +\pi)$ in $m = 10\,n$ intervalli di ampiezza Δx e calcolando la quantità seguente:

$$e_n = \|\Phi_n - f\| \simeq \left\{ \Delta x \sum_{i=0}^{m} \left[\Phi_n(x_i) - f(x_i)\right]^2 \right\}^{1/2} , \qquad (2.112)$$

in cui $x_i = i\,\Delta x$ per $i = 0, 1, \ldots, m$. La forma discreta dell'errore precedente, a terzo membro nella relazione (2.112), è ottenuta approssimando la funzione $(\Phi_n - f)(x)$ con una funzione costante a tratti ed utilizzando la norma L_2 (2.53). Un semplice codice Fortran per calcolare numericamente tale errore nel caso della serie (2.111) per l'impulso rettangolare (2.110) è fornito nella Appendice 2.9. In Fig. 2.37 sono tracciati i logaritmi (in base 10) degli errori di convergenza (2.112), in funzione del $\log_{10} n$, per le tre serie (2.111, 2.109) e (2.107). Le velocità di convergenza effettivamente misurate (vedi le rette tratteggiate in figura) sono rispettivamente $n^{-0.50}$, $n^{-1.50}$ ed $n^{-2.51}$, piuttosto inferiori ai corrispettivi ordini di infinitesimi.

Analizzato il legame velocità di convergenza - regolarità della funzione da sviluppare, passiamo a fare qualche altro esempio di serie di Fourier. Consideriamo ora una funzione costante a tratti che prende il nome di *onda quadra* ed è fatta al modo seguente:

$$f(x) = \begin{cases} 0 & -\pi \leq x < -\pi/2 \\ +1 & -\pi/2 \leq x < 0 \\ -1 & 0 \leq x < +\pi/2 \\ 0 & +\pi/2 \leq x < +\pi \end{cases} \qquad (2.113)$$

Questa funzione è dispari e conviene utilizzare la forma reale della serie di Fourier, in cui saranno presenti i soli seni. Il generico coefficiente b_k si scrive:

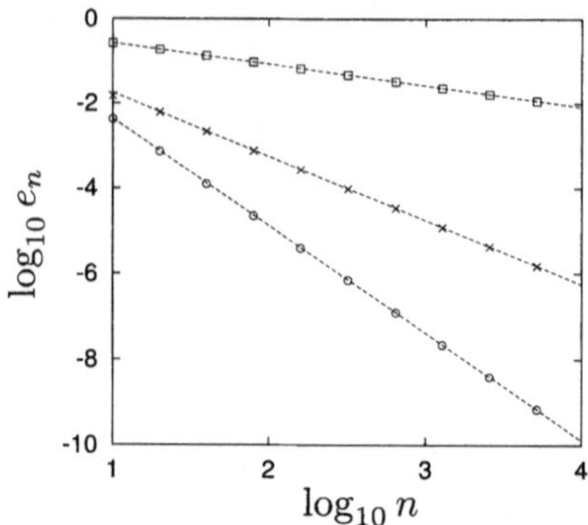

Figura 2.37. $\log_{10} e_n$ (2.112) in funzione di $\log_{10} n$ per le serie (2.111, quadrati), (2.109, ×) e (2.107, cerchi). Con linee tratteggiate sono tracciate le curve $e_n = 0.83 \cdot n^{-0.50}$, $e_n = 0.56 \cdot n^{-1.50}$ ed $e_n = 1.41 \cdot n^{-2.51}$

$$b_k = -\frac{2}{\pi} \int_0^{\pi/2} \sin kx \ dx = \begin{cases} \dfrac{2}{\pi} \dfrac{(-1)^l - 1}{2l} & k = 2l \\[2ex] -\dfrac{2}{\pi} \dfrac{1}{2l+1} & k = 2l+1 \end{cases}$$

per cui lo sviluppo in serie di Fourier è dato da:

$$f(x) = -\frac{2}{\pi} \sin x + \frac{2}{\pi} \sum_{l=1}^{+\infty} \left\{ \frac{(-1)^l - 1}{2l} \sin(2lx) - \frac{1}{2l+1} \sin[(2l+1)x] \right\} . \quad (2.114)$$

Gli andamenti di questa funzione e delle sue somme parziali sono disegnati in Fig. 2.38-*a*.

Una funzione utilizzata spesso è il *dente di sega*:

$$f(x) = \frac{x}{2\pi} + \frac{1}{2} , \quad (2.115)$$

che è 0 in $x = -\pi$ e cresce linearmente fino ad assumere il valore 1 in $x = +\pi^-$, dove passa discontinuamente da tale valore a 0. Poiché la funzione (2.115) non gode di particolari simmetrie, conviene lavorare direttamente in forma complessa. Il coefficiente di Fourier c_0 si calcola subito:

$$c_0 = \frac{1}{2\pi} \int_{-\pi}^{+\pi} \left(\frac{x}{2\pi} + \frac{1}{2} \right) dx = \frac{1}{2} ,$$

mentre i coefficienti di Fourier per $k \neq 0$ si calcolano integrando per parti:

$$c_k = \frac{1}{2\pi} \int_{-\pi}^{+\pi} \left(\frac{x}{2\pi} + \frac{1}{2} \right) e^{-ikx} \ dx = \frac{\pi}{2\pi} \frac{(-1)^k}{k} .$$

Come ci si aspetta, essendo la funzione sviluppata discontinua, i suoi coefficienti di Fourier decadono come $1/|k|$. Sommando i termini corrispondenti in $-k$ ed in $+k$ si ottiene lo sviluppo seguente:

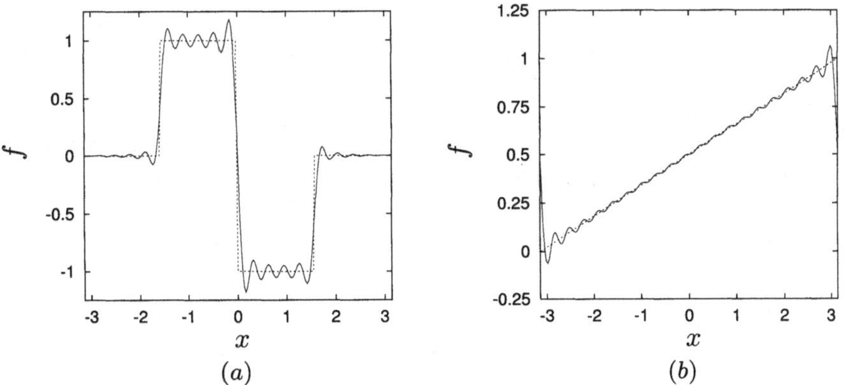

(a)   (b)

Figura 2.38. In (a) sono disegnate la funzione (2.113) (linea tratteggiata) e le somme parziali di ordine 20 associate alla serie (2.114), mentre in (b) sono disegnate la funzione (2.115) (linea tratteggiata) e le somme parziali di ordine 20 associate alla serie (2.116)

$$f(x) = \frac{1}{2} - \frac{1}{\pi} \sum_{k=1}^{+\infty} \frac{(-1)^k}{k} \sin kx \ , \qquad (2.116)$$

che è convergente ad $f(x)$ in tutti i punti distinti dai multipli dispari di π, mentre in tali punti converge ad $1/2$ (valore medio dei limiti da destra e da sinistra). Gli andamenti di questa funzione e delle sue somme parziali sono disegnati in Fig. 2.38-b.

Consideriamo poi la funzione:

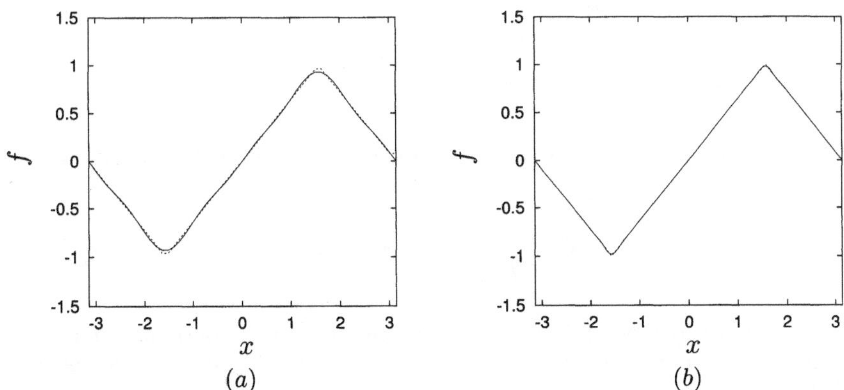

(a)   (b)

Figura 2.39. Funzione (2.117) (linea tratteggiata) e somme parziali di ordine 5 (a) e 20 (b) per la corrispondente serie di Fourier (2.118) (linea continua)

$$f(x) = \begin{cases} -2\,(x+\pi)/\pi & -\pi \le x < -\pi/2 \\ +2\,x/\pi & -\pi/2 \le x < +\pi/2 \\ -2\,(x-\pi)/\pi & +\pi/2 \le x < +\pi \,, \end{cases} \qquad (2.117)$$

che si può pensare come la rettificazione della funzione $\sin x$, tale funzione è dispari, quindi si pu'o considerare la serie con i soli seni. Il coefficiente k-esimo si scrive:

$$b_k = \frac{1}{\pi} \int_{-\pi}^{+\pi} f(x)\,\sin kx\,dx$$

$$= \frac{2}{\pi} \int_0^{+\pi} f(x)\,\sin kx\,dx$$

$$= \frac{2}{\pi} \left[2 \int_{\pi/2}^{\pi} \sin kx\,dx + \frac{2}{\pi} \left(\int_0^{\pi/2} x\,\sin kx\,dx - \int_{\pi/2}^{\pi} x\,\sin kx\,dx \right) \right] \,,$$

che risulta essere differente da 0 solo se k è dispari ($k = 2l + 1$ con $l = 0, 1, \ldots$), valendo:

$$b_{2l+1} = \frac{8}{\pi^2}\,\frac{(-1)^l}{(2l+1)^2}\,.$$

Ne segue per la serie di Fourier:

$$f(x) = \frac{8}{\pi^2} \sum_{l=0}^{\infty} \frac{(-1)^l}{(2l+1)^2}\,\sin[(2l+1)x]\,, \qquad (2.118)$$

le cui somme parziali di ordine 5 e 20 sono diagrammate in Fig. 2.39.

Infine, consideriamo, sempre tra $[-\pi, +\pi)$ l'arco di parabola:

$$f(x) = x(x+\pi) \qquad (2.119)$$

e calcoliamone i coefficienti di Fourier complessi. Il coefficiente c_0 (valore medio della funzione nel periodo) vale $\pi^2/3$, mentre per $k \ne 0$:

$$c_k = \frac{1}{2\pi} \int_{-\pi}^{+\pi} (x^2 + \pi x)\,dx = \frac{(-1)^k(2 + \mathrm{i}\,\pi k)}{k^2}\,,$$

sommando i termini in $-k$ con quelli in $+k$ si ottiene la forma reale seguente della serie di Fourier:

$$f(x) = \frac{\pi^2}{3} + 2 \sum_{k=1}^{+\infty} \frac{(-1)^k}{k^2}\,(2\,\cos kx - \pi\,k\,\sin kx)\,, \qquad (2.120)$$

che converge alla funzione periodicizzata, a meno dei punti di discontinuità, dati dai multipli dispari di π, dove converge al valore $\pi^2 = (0 + 2\pi^2)/2$, come si può vedere in Fig. 2.40.

- **Esercizi proposti**
- ◇ Calcolare la soluzione periodica di periodo 2π dell'equazione differenziale:

$$y'' - y = \cos x \,.$$

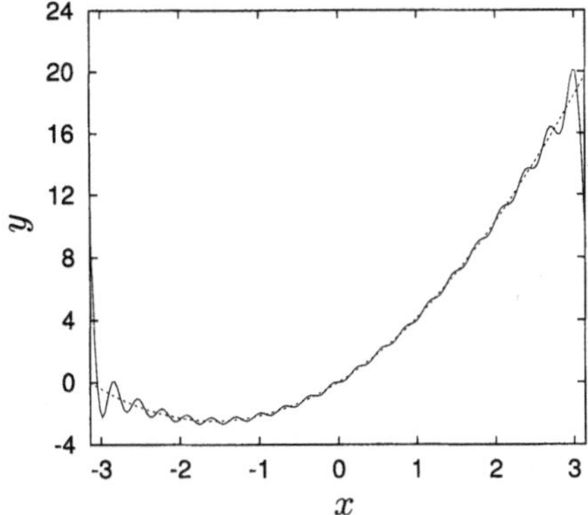

Figura 2.40. Funzione (2.119) (linea tratteggiata) e somme parziali di ordine 20 associate alla serie (2.120)

Risposta: $y(x) = -(\cos x)/2$.

$\diamond$ Calcolare la soluzione periodica di periodo 2π dell'equazione differenziale:

$$y''' + y = \cos 3x + \sin 2x \ .$$

Risposta: $y(x) = (8\cos 2x + \sin 2x)/65 + (\cos 3x - 27\sin 3x)/730$.

$\diamond$ Calcolare la soluzione periodica di periodo 2π dell'equazione differenziale:

$$y^{IV} - 2y'' + y = \cos 2x + \sin x \ .$$

Risposta: $y(x) = (\cos 2x)/25 + (\sin x)/4$.

$\diamond$ Calcolare la soluzione periodica di periodo 2π dell'equazione differenziale:

$$y''' - y = f(x) \ ,$$

con $f(x)$ funzione periodica di periodo 2π, definita da:

$$f(x) = \begin{cases} (x + \pi)/\pi & -\pi < x \le 0 \\ (-x + \pi)/\pi & 0 < x \le +\pi \ . \end{cases}$$

Risposta:

$$y(x) = -\frac{1}{2} - \frac{4}{\pi^2} \sum_{l=0}^{\infty} \frac{1}{1 + (2l+1)^6} \left[\frac{\cos(2l+1)x}{(2l+1)^2} + (2l+1)\sin(2l+1)x \right] \ .$$

$\diamond$ Sviluppare in serie di Fourier la funzione:

$$f(x) = \frac{1}{1 - \varepsilon \cos x} \ ,$$

in cui ε è un numero reale, in modulo minore di 1.

Risposta: la serie cercata è di soli coseni, i cui coeffienti possono essere valutati per ricorrenza:

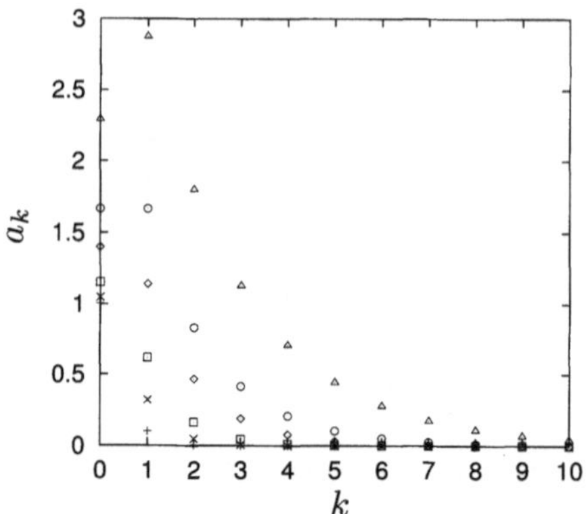

Figura 2.41. Coefficienti di Fourier a_k in funzione di k per $\varepsilon = 0.1$ (+), 0.3 (×), 0.5 (quadrati), 0.7 (rombi), 0.8 (cerchi), 0.9 (triangoli)

$$a_k = \frac{2}{\varepsilon}\, a_{k-1} - a_{k-2} \, ,$$

per $k = 3$, 4, ... e partendo dai valori $a_0 = 1/\sqrt{1-\varepsilon^2}$, $a_1 = 2(a_0 - 1)/\varepsilon$ ed $a_2 = 2a_1/\varepsilon - 2a_0$. In Fig. 2.41 vengono mostrati i coefficienti di Fourier a_k ottenuti per ricorrenza in funzione di k e per differenti valori del parametro ε.

2.6 Curiosando in biblioteca

Suggeriamo un percorso bibliografico allo scopo di approfondire ed arricchire la conoscenza delle serie di funzioni e delle loro applicazioni, brevemente illustrate nel presente capitolo.

Lo studio delle serie di funzioni da un punto di vista generale viene affrontato nei testi di Analisi Matematica [11], alle pp. 305 − 323, e [22], alle pp. 300 − 316 e 342 − 372. Queste trattazioni si propongono di discutere le principali proprietà di convergenza (puntuale, assoluta, uniforme e totale) della generica serie di funzioni.

Una trattazione parimenti rigorosa ed ampia delle serie di funzioni si trova anche al cap. 1 del testo di Analisi Matematica [25]. In particolare, nel §7 viene presentata la serie di Taylor, discutendo due teoremi di convergenza ed una collezione molto ampia di esempi. Nel §8 viene introdotta la serie di Fourier in forma reale e nel §9 vengono dimostrati alcuni risultati sulla convergenza.

Alle serie di funzioni è dedicato il §7 del cap. 1 della prima parte del testo di Analisi Matematica [6], dedicato più in generale alle serie di potenze, in cui si pone attenzione alle proprietà di uniforme convergenza.

Il cap. 11 del testo di Analisi Matematica [3] tratta successioni, serie, serie di Taylor e di potenze, mentre una introduzione alla serie di Taylor è anticipata nel cap. 7, nel §54. Particolarmente utili risultano gli esercizi proposti, in gran parte sviluppi in serie di funzioni elementari.

In [10], le serie di funzioni sono trattate nel cap. 3, presentando prima una teoria generale, con particolare riferimento alle serie di potenze (la serie di Taylor ne è un importante esempio) in campo reale. Nel medesimo capitolo, è riportato un gran numero di esempi per lo sviluppo in serie di Taylor, con una interessante visualizzazione geometrica della convergenza per alcuni di tali sviluppi ($\S 8.VI$). Il capitolo si chiude ($\S 10$) con una panoramica sulle serie di Fourier in forma reale.

Alle serie di funzioni è dedicato il cap. 3, $\S 2$ nel testo di Analisi Matematica [19]. In particolare, il sottoparagrafo 2.3 tratta della serie di Taylor, mentre nei numeri 2.4 e 2.5 si trova una estesa trattazione, corredata da molti esempi ed esercizi, della serie di Fourier. La serie di Fourier è anche trattata anche nel $\S 6$ del cap. VI della seconda parte del già citato testo di Analisi Matematica [7].

Il cap. VI del volume di Matematica Superiore [23] presenta la serie di Fourier, in particolare nel $\S 16$ essa viene utilizzata per introdurre la trasformazione integrale di Fourier (n. 173). La forma complessa di tale serie e la sua estensione tridimensionale sono illustrate nei numeri 174 e 175. Anche il cap. 8 del manuale [28] è dedicato alla serie di Fourier. In questo ambito la trattazione teorica è corredata da una ampia collezione di applicazioni allo studio di sistemi fisici e di esercizi proposti. Per inquadrare le serie di Fourier tra gli strumenti più utili nelle applicazioni ed approfondire alcune loro estensioni, è utile consultare anche i due testi [8, 26]. Inoltre, una interessante introduzione di carattere fisico all'uso della serie di Fourier nella meccanica dei sistemi oscillanti si trova nel testo di Meccanica delle Macchine [13], alle pp. $316 - 322$.

Approfondimenti ed esercizi sulle serie di funzioni si trovano sul libro di esercizi [12], mentre una ricca collezione di esercizi sulle serie di funzioni ed, in particolare, sulla serie di Taylor, è riportata nel testo [15], al cap. 1.

Infine, l'applicazione della serie di Taylor al calcolo di integrali è brevemente discussa nel testo di Analisi Matematica [11], alle pp. $335 - 337$, e nel volume di Matematica Superiore [22], alle pp. $369 - 372$, mentre importanti applicazioni della serie di Taylor all'approssimazione alle differenze finite di derivate si possono trovare nei testi [21], alle pp. $78 - 80$, e [14], alle pp. $1 - 49$. L'applicazione numerica della serie di Fourier, tramite un algoritmo veloce per il calcolo delle somme parziali (FFT), è brevemente illustrata nel testo [21], alle pp. $61 - 65$.

Approfondimenti

2.7 Criteri di convergenza per una serie numerica

Riportiamo alcuni dei criteri di convergenza, ovvero delle *condizioni sufficienti* per la convergenza, più frequentemente utilizzati. Quando una serie ha termini con segno alterno si può usare il seguente

criterio per una serie a termini di segno alterno

se la serie (2.5) nel punto x_0 ha termini di segno alternato e la successione dei moduli di tali termini è non crescente ed infinitesima, allora   (2.121)
la serie è convergente.

Ricordiamo, inoltre, che una serie si dice *assolutamente convergente* quando è convergente la serie dei valori assoluti dei singoli termini e che la assoluta convergenza implica la convergenza. Spesso l'assoluta convergenza si può provare facilmente, utilizzando uno dei seguenti tre criteri:

criterio del confronto

data la serie a termini positivi

$$\sum_{m=1}^{\infty} p_m = P \ ,$$

(2.122)

se, per ogni m, $|u_m| \leq p_m$ e P è finito, allora la serie (2.5) nel punto x_0 è assolutamente convergente, mentre se, per ogni m, $|u_m| \geq p_m$ e P è infinito, allora la serie (2.5) nel punto x_0 non è assolutamente convergente;

criterio della radice

se esiste il limite:

$$\lim_{m \to \infty} \sqrt[m]{|u_m|} = l \ ,$$

(2.123)

la serie (2.5) nel punto x_0 è assolutamente convergente se $l < 1$, mentre non è convergente se $l > 1$;

criterio del rapporto

se esiste il limite:

$$\lim_{m \to \infty} \left| \frac{u_{m+1}}{u_m} \right| = l \ ,$$

(2.124)

la serie (2.5) nel punto x_0 è assolutamente convergente se $l < 1$, mentre non è convergente se $l > 1$.

Occorre notare che i criteri (2.123, 2.124) non consentono di trarre alcuna conclusione sulla convergenza della sulla serie (2.5), quando $l = 1$.

2.8 Errore di troncamento per la serie di Taylor

In questa appendice analizzeremo l'errore che si commette sostituendo ad una funzione g il suo polinomio di Taylor di grado n (2.18). Allo scopo di dare un criterio per valutare tale errore, occorre ricavare una identità notevole per la funzione $g(x)$, valida nell'ulteriore ipotesi che $g(x)$ possieda anche una derivata $n+1$-esima continua in un intorno I_0 del punto x_0. Partendo dalla identità:

$$g(x) - g(x_0) = \int_{x_0}^{x} g'(t)\, dt \tag{2.125}$$

ed integrando per parti una prima volta:

$$\int_{x_0}^{x} g'(t)\, dt = -\int_{x_0}^{x} g'(t)\, d(x-t)$$

$$= (x - x_0)\, g'(x_0) + \int_{x_0}^{x} (x - t)\, g''(t)\, dt$$

una seconda volta:

$$\int_{x_0}^{x} g'(t)\, dt = (x - x_0)\, g'(x_0) - \frac{1}{2} \int_{x_0}^{x} g''(t)\, d(x-t)^2$$

$$= (x - x_0)\, g'(x_0) + \frac{1}{2}\, (x - x_0)^2\, g''(x_0) + \frac{1}{2} \int_{x_0}^{x} (x - t)^2\, g'''(t)\, dt\ ,$$

una terza volta:

$$\int_{x_0}^{x} g'(t)\, dt = (x - x_0)\, g'(x_0) + \frac{1}{2!}\, (x - x_0)^2\, g''(x_0) - \frac{1}{2!\cdot 3} \int_{x_0}^{x} g'''(t)\, d(x-t)^3$$

$$= (x - x_0)\, g'(x_0) + \frac{1}{2!}\, (x - x_0)^2\, g''(x_0) + \frac{1}{3!}\, (x - x_0)^3\, g'''(x_0) +$$

$$+ \frac{1}{3!} \int_{x_0}^{x} (x - t)^3\, g^{IV}(t)\, dt\ ,$$

ed, iterando l'integrazione per parti per n volte e sostituendo nella equazione (2.125), si ottiene:

$$g(x) = p_n(x - x_0) + R_n(x; x_0)\ , \tag{2.126}$$

in cui è stato introdotto l'errore (o resto) definito nell'equazione (2.20).

Si può fornire una seconda espressione per il resto della serie di Taylor, spesso utile perché coinvolge soltanto le derivate della funzione da sviluppare g. Essa utilizza una forma integrale del teorema di Lagrange: se u e v sono continue in (a, b) e v mantiene lo stesso segno in (a, b), allora esiste un punto c, interno all'intervallo (a, b), tale che:

$$\int_{a}^{b} u(x)\, v(x)\, dx = u(c) \int_{a}^{b} v(x)\, dx\ . \tag{2.127}$$

Supponiamo, per esempio, $v > 0$ in (a, b). Indichiamo con m il minimo e con M il massimo di u in $[a, b]$, ne segue che:

$$m \int_a^b v(x)\,dx \leq \int_a^b u(x)\,v(x)\,dx \leq M \int_a^b v(x)\,dx \,, \qquad (2.128)$$

in cui l'integrale di v è ovviamente positivo. Ma allora, chiamato con R il rapporto degli integrali:

$$R = \frac{\displaystyle\int_a^b u(x)\,v(x)\,dx}{\displaystyle\int_a^b v(x)\,dx} \,,$$

dalla (2.128) segue che $m \leq R \leq M$ e quindi esiste un punto c, interno all'intervallo $[a,b]$, tale che $R = u(c)$, essendo $u(x)$ una funzione continua di x. Questo prova la (2.127).

Applicando questo risultato alla forma (2.20) del resto, considerando l'intervallo $[x_0, x]$, se $x_0 < x$, o $[x, x_0]$, se $x_0 > x$, ed al posto di $u(t)$ la derivata $g^{(n+1)}(t)$, al posto di $v(t)$ la funzione di t: $(x-t)^n/n!$. Quest'ultima, evidentemente, non cambia segno per t appartenente all'intervallo considerato. Ne segue che esiste un punto ξ interno a questo intervallo, cioè compreso tra x_0 ed x, tale che:

$$R_n(x; x_0) = \frac{1}{(n+1)!}\,(x-x_0)^{n+1}\,g^{(n+1)}(\xi)\,,$$

come è riportato nell'equazione (2.23) del testo.

2.9 Convergenza della serie di Fourier per l'impulso rettangolare

Il calcolo numerico dell'errore tra una somma parziale della serie di Fourier (2.111), relativa alla funzione impulso rettangolare (2.110), e la funzione medesima si può realizzare utilizzando il programma Fortran che viene proposto in questa appendice. I numeri (da non digitare) a fine riga saranno utilizzati in seguito, al fine di commentare le corrispondenti istruzioni.

```
      integer n, np, i, k, k2                                   1
      double precision zero, uno, pi, pi2, dx, x, somma, pmin, err   2

      write (6,*) 'ordine somma parziale: '                     3
      read (5,*) n                                              4

      zero = 0.d0                                               5
      uno = 1.d0                                                6
      pi = dacos(-1.d0)                                         7
      pi2 = pi/2.d0                                             8
      pmin = 2.d0*pi/dfloat(n)                                  9
      dx = pmin/10                                              10
      np = 10*n+1                                               11
```

```
      open (10,file='risultati/funzione',status='unknown')        12
        write (10,*) -pi, zero                                     13
        write (10,*) -pi2, zero                                    14
        write (10,*) -pi2, uno                                     15
        write (10,*) +pi2, uno                                     16
        write (10,*) +pi2, zero                                    17
        write (10,*) +pi, zero                                     18
      close (10)                                                   19

      open (10,file='risultati/somma',status='unknown')           20
        err = 0.d0                                                 21
        do i = 1, np                                               22
          x = -pi+(i-1)*dx                                         23
          somma = 1.d0/2.d0                                        24
          do k = 1, n                                              25
            if (mod(k,2).ne.0) then                                26
              k2 = (k-1)/2                                          27
              somma = somma + 2.d0/(pi*k)*(-1.d0)**k2*dcos(k*x)     28
            end if                                                 29
          end do                                                   30
          write (10,*) x, somma                                    31
          if ((x.ge.-pi).and.(x.lt.-pi2)) f = 0.d0                 32
          if ((x.ge.-pi2).and.(x.lt.+pi2)) f = 1.d0                33
          if ((x.ge.+pi2).and.(x.lt.+pi)) f = 0.d0                 34
          err = err + (somma-f)**2                                 35
        end do                                                     36
      close (10)                                                   37

      open (10,file='risultati/errore',status='unknown',          38
     &        access='append')                                    39
        err = dsqrt(err*dx)                                        40
        write (10,*) n, dlog10(dx), dlog10(err)                    41
      close (10)                                                   42

      stop                                                         43
      end                                                          44
```

Diamo qualche commento su alcune istruzioni di questo programma. Innanzitutto occorre creare, all'interno della directory in cui questo programma viene eseguito, la sottodirectory *risultati*, in cui il programma scriverà tutti i risultati.

Le istruzioni 1 e 2 dichiarano le variabili intere ed in doppia precisione. Con l'istruzione 9 si calcola il periodo dell'armonica avente frequenza più alta, presente nella somma parziale da calcolare. Alla linea 10 si calcola il passo Δx in modo che in questo periodo entrino 10 punti di calcolo. Questa procedura viene adottata per poter risolvere, con un numero sufficiente di punti, il comportamento oscillante della somma parziale. Alla linea 11 si calcola, quindi, il numero di punti complessivo.

Le linee da 12 a 19 servono a scrivere sul file *funzione* nella sottodirectory *risultati* la forma (2.110) della funzione da sviluppare in serie di Fourier. Le linee da 20 a 37, poi, calcolano la somma parziale n-esima (n è fornito alla linea 4) e l'errore quadratico tra tale somma e la funzione. L'errore viene riportato alla forma (2.112), moltiplicandolo per Δx ed estraendone la radice, alla linea 40. Infine, n, il suo logaritmo in base 10 ed il logaritmo in base 10 dell'errore vengono scritti sul file *errore* nella sottodirectory *risultati* alla linea 41. Osservare che il file *errore* viene gestito accodando ad eventuali linee già presenti quella attualmente calcolata (access='append' alla linea 39). In tal modo è facile costruire, facendo eseguire più volte questo programma, una curva del logaritmo dell'errore in funzione del logaritmo dell'ordine n della somma parziale, del tipo di quelle riportate in Fig. 2.37.

2.10 Calcolo della funzione degli errori

Nel seguente programma, scritto in Fortran, vengono confrontati due differenti approssimazioni della funzione degli errori (2.74): la stima per serie (2.75) e l'integrazione numerica col metodo dei trapezi.

```
      integer n, kmax, npt, i, j, k, m1k, kfat              1
      double precision pi, fn, xmax, x, x2, dx, dxt, ukfat, 2
   &                   somma, erfs, xp, xp2, inttra, xx, xx2, erft,  3
   &                   erff                                 4

      open (10,file='erfd',status='unknown')               5
        read (10,*) xmax                                    6
        read (10,*) n                                       7
        read (10,*) kmax                                    8
        read (10,*) npt                                     9
      close (10)                                            10
      pi = dacos(-1.d0)                                     11
      fn = 2.d0/dsqrt(pi)                                   12
      dx = xmax/dfloat(n)                                   13
      dxt = dx/dfloat(npt-1)                                14

      open (10,file='risultati/erf',status='unknown')      15
        erft = 0.d0                                         16
        xp = 0.d0                                           17
        xp2 = xp*xp                                         18
        do i = 1, n                                         19
          x = dfloat(i)*dx                                  20
          x2 = x*x                                          21

          somma = 0.d0                                      22
          m1k = 1                                           23
          ukfat = x                                         24
          do k = 0, kmax                                    25
            somma = somma + m1k*ukfat/(2*k+1)               26
            m1k = -m1k                                      27
            ukfat = ukfat*x2/(k+1)                          28
          end do                                            29
          erfs = fn*somma                                   30
```

```
      inttra = .5d0*dexp(-xp2)                                      31
      do j = 2, npt-1                                               32
        xx = xp+dfloat(j-1)*dxt                                     33
        xx2 = xx*xx                                                 34
        inttra = inttra + dexp(-xx2)                                35
      end do                                                        36
      inttra = inttra + 0.5d0*dexp(-x2)                             37
      erft = erft + fn*inttra*dxt                                   38

      erff = derf(x)                                                39
      write (10,100) x, erfs, erfs-erff, erft, erft-erff            40
      xp = x                                                        41
      xp2 = x2                                                      42
    end do                                                          43
  close (10)                                                        44
100 format (d10.4,3x,d15.9,1x,d10.4,3x,d15.9,1x,d10.4)              45

  stop                                                              46
  end                                                               47
```

Alcuni commenti sul codice precedente possono favorirne la comprensione. Innanzitutto occorre creare una sottodirectory *risultati* nella directory in cui il codice viene eseguito, in questa sottodirectory si scrivono ovviamente tutti i risultati. Nelle linee da 1 a 4 vengono dichiarate la variabili intere ed in doppia precisione. Nelle linee da 5 a 10 viene aperto il file *erfd* dei dati e si leggono la x massima a cui si vuole arrivare ($xmax$), il numero di punti (n) in cui si valuta la funzione degli errori, l'ordine ($kmax$) della somma parziale della serie (2.75) con cui si approssima la funzione ed il numero di sottointervalli (npt) in cui viene suddiviso l'intervallo tra due punti di valutazione, per applicare la regola dei trapezi. Ad esempio, si possono assegnare i valori seguenti ai dati elencati:

$$xmax = 4 \;, \quad n = 100 \;, \quad kmax = 100 \;, \quad npt = 1001 \;.$$

L'integrale (2.74) nel punto $x_i = i\Delta x$, per $i = 1, 2, \ldots, n$, è valutato per serie, utilizzando la formula (2.75), alle linee 22-30. Occorre notare che si evita di calcolare $k!$ (perché pone problemi, già per k dell'ordine di qualche decina, legati al numero di cifre significative che il Fortran utilizza) ed inoltre, per consentire il calcolo per $x > 1$, si evita di calcolare direttamente x^{2k+1}. Il segno $(-1)^k$ è immagazzinato nella variabile $m1k$. Lo stesso integrale è valutato numericamente con la regola dei trapezi nelle linee 31-37, dove si valuta il contributo dell'intervallo (x_{i-1}, x_i) ed alla linea 38 lo si somma ai contributi precedenti. Entrambi i risultati sono confrontati con la funzione degli errori valutata dal Fortran direttamente (vedi linea 39). L'output alla linea 40 prevede la scrittura su una medesima riga delle seguenti variabili: il punto x, la funzione valutata per serie, l'errore tra questa e quella di libreria, la funzione valutata numericamente e l'errore tra questa e quella di libreria. Variando l'ordine della somma parziale ed il numero di punti di suddivisione dell'intervallo per applicare la regola dei trapezi si possono valutare le velocità di convergenza (ad una x fissata) di entrambi i metodi. Con i dati sopra specificati, l'accordo tra le funzioni calcolate e quella di libreria è ottimo.

2.11 Calcolo degli integrali ellittici completi

Nel seguente programma, scritto in Fortran, vengono confrontati due differenti approssimazioni degli integrali ellittici di seconda (2.76) e prima (2.77) specie: quella ottenuta troncando le serie (2.83) e (2.84) e quella ottenuta valutando gli integrali con la regola dei trapezi. Alla fine di ogni riga è scriito un numero, al fine di poter commentare poi il programma. Ovviamente, tali numeri non devono essere digitati.

```
      double precision bino, eps, pi, alpha, beta, kmi, kma, dk,          1
     &                 k, k2, k2m, ek, fk, term,                          2
     &                 phimi, phima, dphi, phi, fi, inteek, intefk        3
      integer m, i, nk, np                                               4

      nk = 401                                                           5
      eps = 1.d-12                                                       6
      pi = dacos(-1.d0)                                                  7
      alpha = 0.5d0                                                      8
      beta = -alpha                                                     9
      kmi = 1.d-3                                                       10
      kma = 1.d0-kmi                                                    11
      dk = (kma-kmi)/dfloat(nk-1)                                       12
      open (10,file='risultati/ef',status='unknown')                   13
         do i = 1, nk                                                   14
           k = kmi+dk*dfloat(i-1)                                       15
           k2 = k*k                                                     16

           k2m = 1.d0                                                   17
           ek = 0.d0                                                    18
           do m = 0, 100000                                            19
              term = bino(alpha,m)**2*dfloat(1-2*m)*k2m                 20
              if (dabs(term).lt.eps) go to 10                          21
              ek = ek+term                                             22
              k2m = k2*k2m                                             23
           end do                                                      24
           write (6,*) 'numero di termini insufficiente e(k)'          25
 10        ek = ek*pi/2.d0                                             26

           k2m = 1.d0                                                   27
           fk = 0.d0                                                    28
           do m = 0, 100000                                            29
              term = bino(beta,m)*bino(alpha,m)*dfloat(1-2*m)*k2m       30
              if (dabs(term).lt.eps) go to 11                          31
              fk = fk+term                                             32
              k2m = k2*k2m                                             33
           end do                                                      34
           write (6,*) 'numero di termini insufficiente f(k)'          35
 11        fk = fk*pi/2.d0                                             36
```

```
      np = 1001                                              37
      phimi = 0.d0                                           38
      phima = pi/2.d0                                        39
      dphi = (phima-phimi)/dfloat(np-1)                      40
      phi = phimi                                            41
      fi = dsqrt(1.d0-k2*dsin(phi)**2)                       42
      inteek = fi/2.d0                                       43
      intefk = 1.d0/(2.d0*fi)                                44
      do m = 2, np-1                                         45
         phi = phimi+dphi*dfloat(m-1)                        46
         fi = dsqrt(1.d0-k2*dsin(phi)**2)                    47
         inteek = inteek+fi                                  48
         intefk = intefk+1.d0/fi                             49
      end do                                                 50
      phi = phima                                            51
      fi = dsqrt(1.d0-k2*dsin(phi)**2)                       52
      inteek = inteek+fi/2.d0                                53
      intefk = intefk+1.d0/(2.d0*fi)                         54
      inteek = inteek*dphi                                   55
      intefk = intefk*dphi                                   56

      write (10,20) k, ek, fk, dabs(ek-inteek), dabs(fk-intefk)   57
      end do                                                 58
      close (10)                                             59
20    format (3x,d15.9,6x,d15.9,3x,d15.9,6x,d10.4,3x,d10.4)  60
      stop                                                   61
      end                                                    62

      double precision function bino (alpha,m)               63
      double precision alpha, jr                             64
      integer m, j                                           65
      if (m.eq.0) then                                       66
         bino = 1.d0                                         67
         return                                              68
      end if                                                 69
      bino = 1.d0                                            70
      do j = 1, m                                            71
         jr = dfloat(j)                                      72
         bino = bino*(alpha-jr+1.d0)/jr                      73
      end do                                                 74
      return                                                 75
      end                                                    76
```

Il programma è strutturato nel modo seguente: vengono prima calcolate le approssimazioni per serie e poi viene applicata direttamente la definizione, integrando con la regola de trapezi. Un breve sottoprogramma (dalla riga 63 alla 76) calcola il coefficiente binomiale. Le righe dalla 1 alla 4 dichiarano le variabili doppia precisione ed intere. Nella riga 5 viene fissato il numero di valori di k in cui saranno valutati gli integrali, mentre nella successiva riga 6 è fissata la soglia sul modulo del singolo termine delle serie, al di sotto della quale non si sommano più termini. L'intervallo di valori di k è fissato nelle righe da 10 a 12, avendo cura di escludere il valore 0 (dove gli integrali ellittici sono noti, essendo $E(0) = F(0) = \pi/2$) ed il valore 1. Il file dove saranno scritti i valori degli integrali è aperto alla linea 13 e verrà chiuso al termine del calcolo alla linea 59. Le linee dalla 14 alla 16 definiscono il ciclo in k, il valore corrente di quest'ultimo ed il suo quadrato, mentre alla riga 17 inizia il calcolo di $E(k)$ per serie, che termina alla riga 26. Analogamente, alla linea 27 inizia il calcolo per serie di $F(k)$, che termina alla linea 36. Alla linea 37 è fissato il numero di punti da collocare nell'itervallo $(0, \pi/2)$ per effettuare il calcolo con la regola dei trapezi, che inizia alla linea 41 e termina alla 56. Il calcolo è effettuato parallelamente per i due integrali, al fine di diminiure i tempi di calcolo complessivi. Infine, alla linea 57 i risultati vengono scritti sul file.

3

Funzioni nello spazio a più dimensioni

In questo capitolo il concetto di funzione e gli strumenti dell'analisi, già sviluppati nel caso di una funzione scalare di una sola variabile, saranno estesi, ambientandoli nello spazio a più dimensioni. L'interesse di una tale estensione è rilevante: raramente, infatti, un problema reale può essere trattato in una sola dimensione, sia perché spesso le variabili in gioco sono molte più di una sola, sia perché normalmente si considerano simultaneamente più funzioni.

Si comincia con l'analizzare alcune proprietà delle funzioni vettoriali di una variabile scalare §3.1, ovvero delle rappresentazioni cartesiane di curve nello spazio. In questa sede si pone una attenzione particolare alla definizione delle proprietà differenziali fondamentali di tali curve, della terna intrinseca e di come questa varia lungo la curva. Si introducono i concetti di curvatura e torsione per una curva nello spazio $\mathbb{R}^3$ e si ricavano, vedi l'appendice 3.6, le espressioni di tali quantità con una parametrizzazione arbitraria della curva. Si passa poi, nel §3.2, alle funzioni scalari di più variabili, introducendo le nozioni di continuità, di derivata direzionale e parziale ed, infine, di differenziale. In questo ambito, una particolare attenzione è posta al concetto di gradiente, per la sua rilevanza applicativa. Infine, nel §3.3, si considerano le funzioni vettoriali di più variabili scalari e gli operatori di divergenza, rotore e gradiente.

3.1 Funzioni vettoriali di una variabile scalare

Consideriamo un punto materiale che si muove in uno spazio a 3 dimensioni. La posizione occupata da tale punto al variare del tempo t è definita dalle 3 funzioni che specificano le sue coordinate: $x(t)$, $y(t)$ e $z(t)$. Definiti i versori degli assi coordinati $\boldsymbol{e}_x$, $\boldsymbol{e}_y$ ed $\boldsymbol{e}_z$, la posizione del punto materiale al variare del tempo è data allora dalla *funzione vettoriale di una variabile scalare* (il tempo t):

$$\boldsymbol{x}(t) = x(t)\,\boldsymbol{e}_x + y(t)\,\boldsymbol{e}_y + z(t)\,\boldsymbol{e}_z\,, \tag{3.1}$$

che spesso viene indicata simbolicamente nel modo seguente:

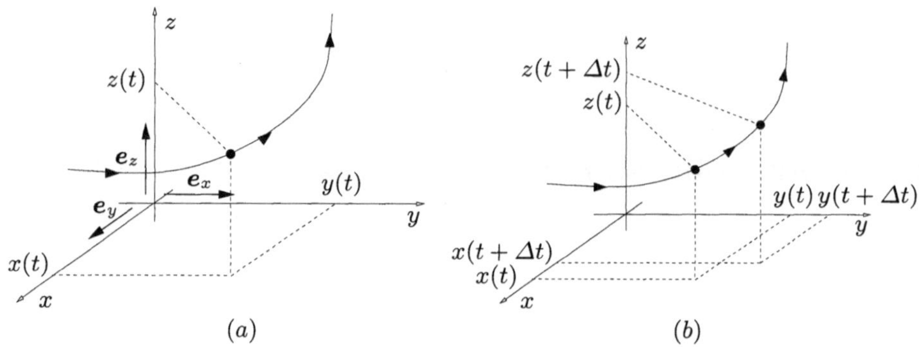

Figura 3.1. Traiettoria (a) di un punto materiale nello spazio $\mathbb{R}^3$ e posizioni nell'istante t e $t + \Delta t$ (b), necessarie per costruire il rapporto incrementale con il quale è calcolata la velocità (3.2)

$$x : \mathbb{R} \to \mathbb{R}^3$$
$$t \mapsto x(t) \ .$$

Questa scrittura significa che la funzione x ha insieme di definizione in $\mathbb{R}$ ed assume valori in $\mathbb{R}^3$, associando ai tempi $t \in \mathbb{R}$ le corrispondenti posizioni $x(t) \in \mathbb{R}$, come mostrato in Fig. 3.1-(a).

Osserviamo che la funzione (3.1) definisce, per t appartente ad un dato intervallo, il luogo dei punti geometrici occupati dal punto materiale. Questo luogo è una *curva orientata* nello spazio $\mathbb{R}^3$, parametrizzata in t, chiamata *traiettoria* del punto materiale. Ricordiamo che una *curva* è un insieme di punti di $\mathbb{R}^n$ (per $n \geq 2$) che può essere messo in corrispondenza biunivoca con un intervallo dell'asse reale. Tale corrispondenza può essere realizzata in infiniti modi, ciascuno dei quali definisce un diverso *parametro* sulla curva. Una *curva orientata* è una curva dotata di un verso di percorrenza, quindi la medesima curva definisce due curve orientate distinte.

La velocità del punto materiale sarà nota, una volta note le sue 3 componenti $u(t)$, $v(t)$ e $w(t)$ lungo gli assi x, y e z, legate alle coordinate dalle relazioni: $u = \dot{x}$, $v = \dot{y}$ e $w = \dot{z}$, ovvero una volta nota la funzione vettoriale:

$$u(t) = u(t) \, e_x + v(t) \, e_y + w(t) \, e_z$$
$$= \dot{x}(t) \, e_x + \dot{y}(t) \, e_y + \dot{z}(t) \, e_z$$
$$= \frac{d}{dt} \left[\, x(t) \, e_x + y(t) \, e_y + z(t) \, e_z \, \right] = \dot{x}(t) \ . \tag{3.2}$$

Il rapporto incrementale di cui la (3.2) fornisce il limite per $\Delta t \to 0$ è costruito valutando la differenza tra le due posizioni al tempo $t + \Delta t$ ed al tempo t, come in Fig. 3.1-(b), e dividendo questa differenza per Δt. La relazione (3.2) mostra che la derivata di una funzione vettoriale di una variabile scalare è ancora una funzione vettoriale e si ottiene derivando componente per componente.

$\diamond$ **Esercizio:** Calcolare la velocità sulle seguenti traiettorie (t è il tempo adimensionale):

$$\boldsymbol{x}(t) = \begin{pmatrix} t^2/2 \\ -t \\ t^3/3 \end{pmatrix} \ , \quad \boldsymbol{x}(t) = \begin{pmatrix} t^4/4 \\ t^2/2 \\ 2t^2 + t \end{pmatrix} \ ,$$

$$\boldsymbol{x}(t) = \begin{pmatrix} \cos 2t \\ -\sin t \\ 0 \end{pmatrix} \ , \quad \boldsymbol{x}(t) = \begin{pmatrix} t(\log t - 1) \\ -t \\ t^2(2\log t - 1)/4 \end{pmatrix} \ . \tag{3.3}$$

Confrontare con l'esercizio (3.5).

All'inverso, conoscendo la velocità (3.2) si può dedurre la posizione al tempo t, una volta fissata la posizione al tempo 0, integrando nel tempo:

$$\boldsymbol{x}(t) = \boldsymbol{x}(0) + \int_0^t \boldsymbol{u}(\tau)\, d\tau$$

$$= \boldsymbol{x}(0) + \boldsymbol{e}_x \int_0^t u(\tau)\, d\tau + \boldsymbol{e}_y \int_0^t v(\tau)\, d\tau + \boldsymbol{e}_z \int_0^t w(\tau)\, d\tau \ . \tag{3.4}$$

Come chiarisce la (3.4), l'integrale di una funzione vettoriale di una variabile scalare è ancora una funzione vettoriale di una variabile scalare e si calcola integrando componente per componente.

$\diamond$ **Esercizio:** Per un punto materiale che parte dall'origine al tempo 0, $\boldsymbol{x}(0) = \boldsymbol{0}$, calcolare le traiettorie sulla base delle seguenti velocità (t è il tempo adimensionale):

$$\boldsymbol{u}(t) = \begin{pmatrix} t \\ -1 \\ t^2 \end{pmatrix} \ , \quad \boldsymbol{u}(t) = \begin{pmatrix} t^3 \\ t \\ 4t + 1 \end{pmatrix} \ , \tag{3.5}$$

$$\boldsymbol{u}(t) = \begin{pmatrix} \sin 2t/2 \\ \cos t \\ 0 \end{pmatrix} \ , \quad \boldsymbol{u}(t) = \begin{pmatrix} \log t \\ -1 \\ t\log t \end{pmatrix} \ .$$

Confrontare con l'esercizio (3.3).

3.1.1 Limiti e continuità

Precisiamo meglio questi concetti, partendo da una generica funzione vettoriale $\boldsymbol{F}$ della variabile scalare σ:

$$\begin{aligned} \boldsymbol{F} : \ \mathbb{R} &\to \ \mathbb{R}^n \\ \sigma &\mapsto \boldsymbol{F}(\sigma) \end{aligned} \tag{3.6}$$

avente n componenti $F_k(\sigma)$ $(k = 1, \ldots, n)$: al variare del parametro σ in un dato intervallo di $\mathbb{R}$, la funzione $\boldsymbol{x} = \boldsymbol{F}(\sigma)$ descrive una curva nello spazio ad n dimensioni. Premettiamo che, nelle considerazioni seguenti, utilizzeremo la distanza tra due punti $\boldsymbol{x}, \boldsymbol{y} \in \mathbb{R}^n$, definita come:

$$|\boldsymbol{x} - \boldsymbol{y}| = \sqrt{\sum_{k=1}^{n} (x_k - y_k)^2} \, , \tag{3.7}$$

in cui x_k ed y_k sono le componenti dei vettori $\boldsymbol{x}$ e $\boldsymbol{y}$ nella direzione k-esima. Ovviamente, il modulo di un vettore $\boldsymbol{x} \in \mathbb{R}^n$ si definisce come distanza di $\boldsymbol{x}$ dall'origine 0 di $\mathbb{R}^n$:

$$|\boldsymbol{x}| = \sqrt{\sum_{k=1}^{n} x_k^2} \; .$$

Il limite della funzione $\boldsymbol{F}(\sigma)$ in $\sigma = \sigma_0$ si scrive:

$$\lim_{\sigma \to \sigma_0} \boldsymbol{F}(\sigma) = \boldsymbol{L} \, , \tag{3.8}$$

dove $\boldsymbol{L} \in \mathbb{R}^n$, di componenti L_k per $k = 1, \ldots, n$. Questa scrittura significa che, comunque piccolo sia scelto un numero $\varepsilon > 0$, esiste un numero $\delta_\varepsilon > 0$, dipendente da ε, tale che per ogni σ appartenente all'intervallo $(\sigma_0 - \delta_\varepsilon, \sigma_0 + \delta_\varepsilon)$, escluso al più il valore σ_0, si ha: $|\boldsymbol{F}(\sigma) - \boldsymbol{L}| < \varepsilon$, con la definizione (3.7) di distanza in $\mathbb{R}^n$. Si dice che il limite (3.8) è finito, quando il vettore $\boldsymbol{L}$ ha tutte le componenti finite.

$\diamond$ **Esercizio:**   Verificare che l'esistenza del limite (3.8) equivale alla esistenza degli n limiti per le componenti di $\boldsymbol{F}$:

$$\lim_{\sigma \to \sigma_0} F_k(\sigma) = L_k \, ,$$

per $k = 1, \ldots, n$.

$\diamond$ **Esercizio:**   Verificare, in base alla definizione di limite, i seguenti risultati:

$$\lim_{\sigma \to 0} \begin{pmatrix} 1 + \sigma^2 \\ \sigma \\ 1 - \sigma^2 \end{pmatrix} = \begin{pmatrix} 1 \\ 0 \\ 1 \end{pmatrix} \, ,$$

$$\lim_{\sigma \to 1} \begin{pmatrix} \sigma \\ \sigma^2 - 1 \\ -\sigma \end{pmatrix} = \begin{pmatrix} 1 \\ 0 \\ -1 \end{pmatrix} \, ,$$

$$\lim_{\sigma \to 0} \begin{pmatrix} (\sigma + 1)/(\sigma - 1) \\ 1/(\sigma + 1) \\ (\sigma - 1)/(\sigma + 1) \end{pmatrix} = \begin{pmatrix} -1 \\ 1 \\ -1 \end{pmatrix} \, .$$

La funzione $\boldsymbol{F}$ si dice *continua di σ* in $\sigma = \sigma_0$ quando è verificata la relazione seguente:

$$\lim_{\sigma \to \sigma_0} \boldsymbol{F}(\sigma) = \boldsymbol{F}(\sigma_0) \ . \tag{3.9}$$

Ovviamente, la continuità di $\boldsymbol{F}$ in $\sigma = \sigma_0$ equivale alla continuità nel medesimo punto di tutte le sue componenti F_k.

3.1.2 Derivata, vettore tangente

La funzione $\boldsymbol{F}(\sigma)$ si dice derivabile in $\sigma = \sigma_0$ quando esiste finito il limite:

$$\lim_{\Delta\sigma \to 0} \frac{\boldsymbol{F}(\sigma_0 + \Delta\sigma) - \boldsymbol{F}(\sigma_0)}{\Delta\sigma} \ . \tag{3.10}$$

Al solito, la richiesta di derivabilità di $\boldsymbol{F}$ in σ_0 equivale alla medesima richiesta per tutte le sue componenti F_k. Il limite (3.10) si chiama *derivata* della funzione $\boldsymbol{F}(\sigma)$ in σ_0 e si indica con $\boldsymbol{F}'(\sigma_0)$. Ovviamente, la derivata di una funzione vettoriale di variabile scalare si calcola costruendo un vettore che ha per componenti le derivate delle componenti della funzione. Se la derivata (3.10) esiste in tutti i punti σ di un dato intervallo di $\mathbb{R}$, essa definisce una nuova funzione vettoriale $\boldsymbol{F}'(\sigma)$ della medesima variabile scalare σ, sull'intervallo specificato di $\mathbb{R}$.

Analogamente a quanto avviene nelle funzioni scalari di una variabile reale, se una funzione $\boldsymbol{F}(\sigma)$ è derivabile in un punto σ_0, allora è anche continua in questo punto. Infatti, esistendo finito il limite (3.10) (ovvero, $|\boldsymbol{F}'(\sigma_0)| = d < +\infty$), comunque piccolo si scelga un numero $\varepsilon > 0$, esiste un numero $\delta_\varepsilon > 0$, dipendente da ε, tale che

$$\left| \frac{\boldsymbol{F}(\sigma_0 + \Delta\sigma) - \boldsymbol{F}(\sigma_0)}{\Delta\sigma} - \boldsymbol{F}'(\sigma_0) \ \right| < \varepsilon \ ,$$

per ogni $\Delta\sigma$ tale che $|\Delta\sigma| < \delta_\varepsilon$. Poiché, dati due qualunque vettori $\boldsymbol{x}$ ed $\boldsymbol{y}$, si ha: $||\boldsymbol{x}| - |\boldsymbol{y}|| \leq |\boldsymbol{x} - \boldsymbol{y}|$, dalla diseguaglianza precedente segue:

$$\left| \ |\boldsymbol{F}(\sigma_0 + \Delta\sigma) - \boldsymbol{F}(\sigma_0)| - |\Delta\sigma| \, d \ \right| < |\Delta\sigma| \, \varepsilon$$

e quindi:

$$|\boldsymbol{F}(\sigma_0 + \Delta\sigma) - \boldsymbol{F}(\sigma_0)| < |\Delta\sigma| \, (d + \varepsilon) \ .$$

Questa relazione implica che la differenza $|\boldsymbol{F}(\sigma_0 + \Delta\sigma) - \boldsymbol{F}(\sigma_0)|$ può essere resa arbitrariamente piccola e, quindi, che la funzione $\boldsymbol{F}(\sigma)$ è continua in σ_0.

Analizziamo il significato geometrico di derivata. Dalla definizione (3.10) di derivata segue che $\boldsymbol{F}'(\sigma_0)$ risulta tangente alla curva $\boldsymbol{x} = \boldsymbol{F}(\sigma)$ nel suo punto $\boldsymbol{x}_0 = \boldsymbol{F}(\sigma_0)$. Se la derivata $\boldsymbol{F}'(\sigma)$ esiste su tutta la curva, allora definisce *un* vettore tangente alla curva in ogni suo punto $\boldsymbol{x} = \boldsymbol{F}(\sigma)$. Nell'esempio precedente, questo implica che la velocità di un punto materiale è ad ogni istante tangente alla sua traiettoria, come è ben noto dalla cinematica del punto materiale.

◇ **Esercizio:**   Calcolare il vettore tangente alla curva in $\mathbb{R}^3$:

$$\boldsymbol{F}(\sigma) = \begin{pmatrix} 1 - \sigma^2 \\ \sigma^2 \\ \sigma(1 - \sigma) \end{pmatrix} \qquad \text{per } \sigma \in [0, 1]. \qquad (3.11)$$

In quali punti il modulo di tale vettore è unitario?

Osserviamo che se si fosse scelto un diverso parametro $\tilde{\sigma}$, funzione *crescente* e derivabile di σ ($d\tilde{\sigma}/d\sigma > 0$) in modo da conservare l'orientamento della curva, si sarebbe ottenuto un vettore tangente avente la stessa direzione e lo stesso verso di quello precedente, ma modulo differente. Considerato che il legame $\tilde{\sigma} = \tilde{\sigma}(\sigma)$ è, per definizione, tale che $\tilde{\boldsymbol{F}}[\tilde{\sigma}(\sigma)] \equiv \boldsymbol{F}(\sigma)$ ed utilizzando il teorema di derivazione delle funzioni composte, si ha:

$$\underbrace{\frac{d\boldsymbol{F}}{d\sigma}(\sigma)}_{\substack{\text{vettore tangente} \\ \text{con il parametro } \sigma}} = \frac{d}{d\sigma}\, \tilde{\boldsymbol{F}}[\tilde{\sigma}(\sigma)] = \underbrace{\frac{d\tilde{\boldsymbol{F}}}{d\tilde{\sigma}}(\tilde{\sigma})}_{\substack{\text{vettore tangente} \\ \text{con il parametro } \tilde{\sigma}}} \Big|_{\tilde{\sigma} = \tilde{\sigma}(\sigma)} \frac{d\tilde{\sigma}}{d\sigma}(\sigma)\,, \qquad (3.12)$$

la quale mostra come la direzione ed il verso del vettore non dipendano dal parametro scelto, mentre il modulo cambia a seconda della parametrizzazione.

3.1.3 Ascissa curvilinea

Se chiamiamo con $m(\sigma)$ il modulo del vettore tangente quando la curva è parametrizzata in σ e con $\tilde{m}(\tilde{\sigma})$ il modulo di tale vettore quando la curva è parametrizzata in $\tilde{\sigma}$, prendendo i moduli di entrambi i membri la relazione (3.12) implica:

$$m = \tilde{m}\, \frac{d\tilde{\sigma}}{d\sigma}\,, \qquad (3.13)$$

avendo, per ipotesi, $d\tilde{\sigma}/d\sigma > 0$. L'uguaglianza (3.13) consente di definire una parametrizzazione particolare della curva, in cui il vettore tangente ha sempre modulo unitario. Infatti, definiamo il nuovo parametro $\tilde{\sigma}$ in modo che $\tilde{m} \equiv 1$. Dalla (3.13) segue allora che il legame tra il nuovo ($\tilde{\sigma}$) ed il vecchio parametro (σ) si riduce a $d\tilde{\sigma}/d\sigma = m$, ovvero integrando in σ e scegliendo $\tilde{\sigma}(0) = 0$:

$$\tilde{\sigma}(\sigma) = \int_0^\sigma m(\sigma')\, d\sigma' = \int_0^\sigma \Big| \frac{d\boldsymbol{F}}{d\sigma'}(\sigma') \Big|\, d\sigma'\,, \qquad (3.14)$$

condizione che assicura $|d\tilde{\boldsymbol{F}}/d\tilde{\sigma}| \equiv 1$: il vettore tangente ottenuto in tal modo ha modulo unitario e per questo prende il nome di *versore* tangente. Il particolare parametro $\tilde{\sigma}$ si chiama *ascissa curvilinea*, o *parametro naturale*, ed usualmente si indica con s. Il parametro naturale è legato ad un qualunque altro parametro σ dalla relazione (3.14).

3.1.4 Differenziale e lunghezza di un arco di curva

Una curva si dice *differenziabile* (questo aggettivo viene usato in Matematica come sinonimo di *linearizzabile*) in σ, se esiste un vettore $v(\sigma)$ tale che l'incremento

$$\Delta F(\sigma; \Delta\sigma) = F(\sigma + \Delta\sigma) - F(\sigma)$$

può essere scritto come:

$$\Delta F(\sigma; \Delta\sigma) = \underbrace{v(\sigma)\,\Delta\sigma}_{dF(\sigma;\Delta\sigma)} + o(\Delta\sigma)\,, \tag{3.15}$$

in cui il simbolo $o(\Delta\sigma)$ indica un termine infinitesimo rispetto a $\Delta\sigma$ di ordine superiore a $\Delta\sigma$, vedi Fig. 3.2. Nella relazione (3.15), si chiama *differenziale di F*, nel punto σ e corrispondente all'incremento $\Delta\sigma$, e si indica con dF, la *parte principale* [*proporzionale a $\Delta\sigma$*] dell'incremento ΔF di F nel passare da σ a $\sigma + \Delta\sigma$.

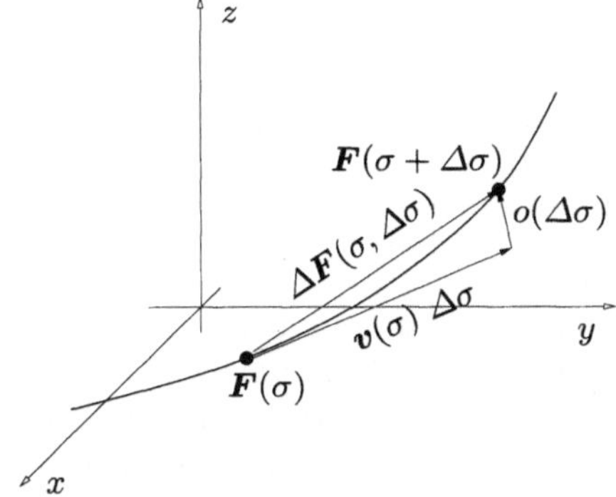

Figura 3.2. Incremento della posizione $F(\sigma)$ lungo la curva corrispondente ad un incremento $\Delta\sigma$ del parametro e decomposizione dell'incremento nella somma di un vettore di modulo proporzionale a $\Delta\sigma$ ed uno avente modulo infinitesimo di ordine superiore rispetto a $\Delta\sigma$, vedi equazione (3.15)

L'incremento $\Delta\sigma$ della variabile indipendente σ può essere sostituito dal relativo differenziale $d\sigma$, in quanto incremento e differenziale coincidono per la variabile indipendente. Il differenziale dF esiste in ogni σ in cui la curva ammette vettore tangente ed è dato da:

$$dF(\sigma; d\sigma) = v(\sigma)\,d\sigma = F'(\sigma)\,d\sigma\,, \tag{3.16}$$

risultando a sua volta tangente alla curva. La (3.16) è dimostrata una volta che è stata stabilita l'uguaglianza $v = F'$: a tal fine si dividono entrambi i

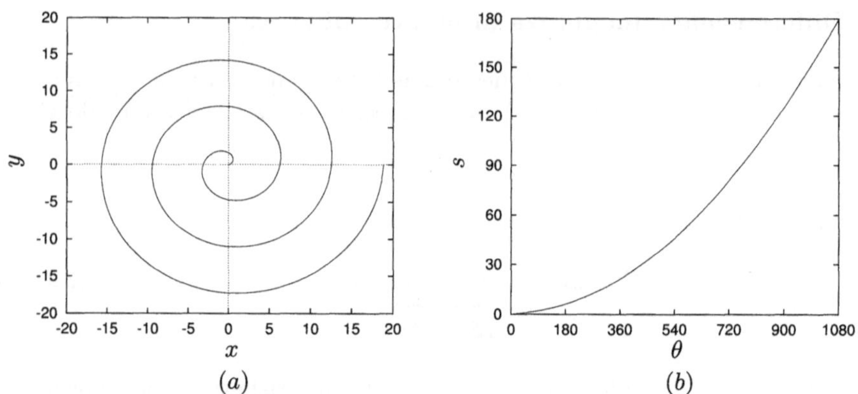

Figura 3.3. Spirale di Archimede (a) ed ascissa curvilinea (b) su tale curva, parametrizzata con l'angolo θ (in gradi sessagesimali)

membri della (3.15) per $\Delta\sigma$ e si effettua poi il limite per $\Delta\sigma \to 0$. Osserviamo che dalla relazione (3.16) segue anche:

$$\int_{\sigma_1}^{\sigma_2} d\boldsymbol{F} = \int_{\sigma_1}^{\sigma_2} \frac{d\boldsymbol{F}}{d\sigma}\, d\sigma = \boldsymbol{F}(\sigma_2) - \boldsymbol{F}(\sigma_1)\,,$$

ovvero l'integrale del differenziale di $\boldsymbol{F}$ non è altro che la differenza dei valori di $\boldsymbol{F}$ agli estremi di integrazione.

Il modulo dell'incremento $|\Delta\boldsymbol{F}|$ approssima, a meno di termini infinitesimi con $\Delta\sigma$ e di ordine superiore a $\Delta\sigma$, la lunghezza del tratto di curva tra σ e $\sigma + \Delta\sigma$. Considerata la relazione (3.15) tra incremento e differenziale, la lunghezza del medesimo tratto di curva è data, a meno di $o(\Delta\sigma)$, anche da $|d\boldsymbol{F}|$, e quindi, sulla base della relazione (3.16) e per incrementi positivi della variabile indipendente σ, anche da $|\boldsymbol{F}'|\, d\sigma$. Ricordando che nella costruzione dell'integrale definito nella variabile indipendente σ i termini $o(\Delta\sigma)$ non danno contributo, se ne deduce che la lunghezza del tratto di curva corrispondente all'intervallo $(0,\sigma)$ è data da:

$$\int_{0}^{\sigma} \left| \frac{d\boldsymbol{F}}{d\sigma'}(\sigma') \right|\, d\sigma' = s(\sigma)\,,$$

cioè è proprio pari all'ascissa curvilinea associata al valore σ. Questo spiega il nome di ascissa curvilinea dato al particolare parametro $s(\sigma)$ (3.14): è la lunghezza del segmento che si otterrebbe rettificando il tratto di curva corrispondente all'intervallo $(0,\sigma)$ dei valori del parametro σ'.

◇   **Esercizio:**   Calcolare la lunghezza L della curva dell'esercizio (3.11). Risp. $L = [\sqrt{3}\,\log(2 + \sqrt{3}) + 12]/9 \simeq$ 1.443405

Discutiamo il calcolo dell'ascissa curvilinea (3.14) per alcune curve in $\mathbb{R}^2$ e di $\mathbb{R}^3$. Analoghi calcoli per altri esempi di curve sono illustrati in §3.4.1. Iniziamo col considerare la *spirale di Archimede* ([5], pag. 22), definita in coordinate polari (ρ, θ) con $\theta \in [0, +\infty)$ dall'equazione $\rho(\theta) = \theta$, vedi Fig. 3.3-*a*. Il vettore posizione su tale curva, scegliendo come parametro $\sigma = \theta$, è dato da:

$$\boldsymbol{F}(\theta) = \begin{pmatrix} \theta \cos\theta \\ \theta \sin\theta \end{pmatrix} = \theta\,\boldsymbol{\Theta}(\theta) \quad \text{con} \quad \boldsymbol{\Theta}(\theta) = \begin{pmatrix} \cos\theta \\ \sin\theta \end{pmatrix}, \qquad (3.17)$$

e l'ascissa curvilinea si calcola osservando che:

$$\frac{d\boldsymbol{F}}{d\theta} = \boldsymbol{\Theta}(\theta) + \theta\frac{d\boldsymbol{\Theta}}{d\theta} \quad \text{con} \quad \left| \frac{d\boldsymbol{F}}{d\theta} \right| = \sqrt{\theta^2 + 1}\,,$$

da cui, integrando nel parametro angolare θ, segue:

$$\begin{aligned} s(\theta) &= \int_0^\theta \sqrt{\rho^2(\sigma) + \rho'^2(\sigma)}\,d\sigma \\ &= \int_0^\theta \sqrt{\sigma^2 + 1}\,d\sigma \\ &= \frac{1}{2}\left[\theta\,\sqrt{\theta^2+1} + \log\left(\theta + \sqrt{\theta^2+1}\right)\right]. \end{aligned} \qquad (3.18)$$

Il grafico della funzione $s = s(\theta)$ è disegnato in Fig. 3.3-*b*.

Calcoliamo poi la lunghezza di un arco di sinusoide $y = \sin x$ con $x \in [0, \pi/2)$ (la lunghezza di archi differenti segue dalla conoscenza di questa, a causa delle simmetrie di cui gode tale curva). Descriviamo la curva scegliendo direttamente x come parametro:

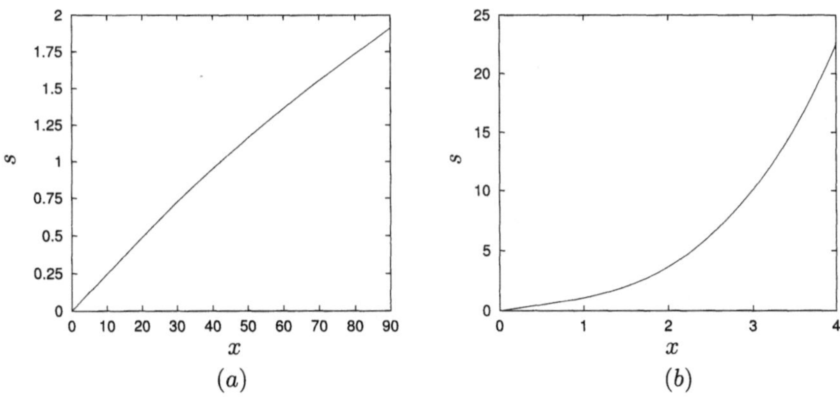

Figura 3.4. Ascisse curvilinee $s(x)$ lungo le curve $y = \sin x$ (*a*, x espresso in gradi sessagesimali), vedi equazione (3.19) ed $y = x^3/3$ (*b*), vedi equazioni (3.22, 3.23)

$$\boldsymbol{F}(x) = \begin{pmatrix} x \\ \sin x \end{pmatrix}$$

ed otteniamo, assumendo $s(0) = 0$, la funzione seguente:

$$s(x) = \int_0^x \sqrt{1 + \cos^2 \xi}\, d\xi$$

$$= \sqrt{2} \int_0^x \sqrt{1 - (\sqrt{2}/2)^2 \sin^2 \xi}\, d\xi = \sqrt{2}\, E\left(x; \frac{\sqrt{2}}{2} \right) , \qquad (3.19)$$

avendo ricordato la definizione dell'integrale ellittico di seconda specie E (2.85). Ad esempio, la lunghezza dell'arco per $0 \leq x \leq \pi/2$ è data da $s(\pi/2) = \sqrt{2}\, E(\sqrt{2}/2) \simeq 1.91010$.

Infine, un esempio non banale di calcolo dell'ascissa curvilinea (3.14) è quello lungo la cubica:

$$y(x) = x^3/3 , \qquad (3.20)$$

scegliendo proprio $\sigma = x$. Anche in tal caso, la curva (3.20) è pensata come funzione vettoriale della variabile scalare x:

$$\boldsymbol{F}(x) = \begin{pmatrix} x \\ x^3/3 \end{pmatrix} .$$

Il modulo della derivata in x della funzione $\boldsymbol{F}(x)$ si scrive $|\boldsymbol{F}'(x)| = \sqrt{1 + x^4}$. Assumendo $s(0) = 0$, l'ascissa curvilinea nel punto della curva (3.20) identificato dal valore x del parametro si scrive allora:

$$s(x) = \int_0^x \sqrt{1 + \xi^4}\, d\xi , \qquad (3.21)$$

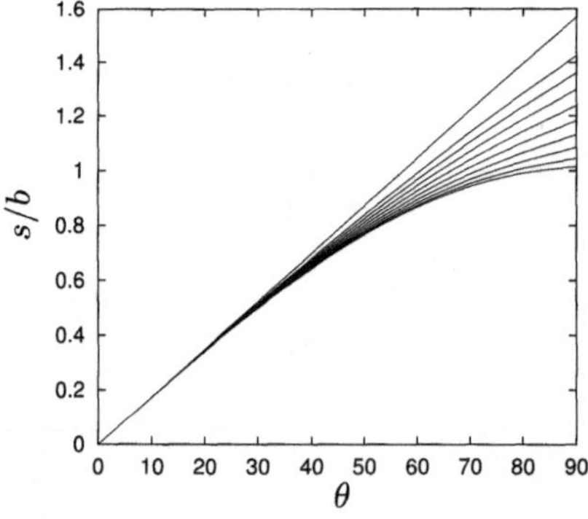

Figura 3.5. Ascisse curvilinee $s(\theta)/b$ lungo una ellisse di semiassi a e b (con $\lambda = a/b < 1$) normalizzate rispetto al semiasse maggiore b ed in funzione dell'angolo θ in gradi sessagesimali (cfr. Esercizio 3.26). Sono riportate le curve per $\lambda = 0.1$, $0.2, \ldots, 1$ (dal basso all'alto)

integrale che è esprimibile per il tramite dell'integrale ellittico di prima specie $F(\alpha; k)$ (2.86). Infatti, integrando per parti:

$$s(x) = \frac{1}{3}\, x\, \sqrt{1 + x^4} + \frac{2}{3} \int_0^x \frac{d\xi}{\sqrt{1 + \xi^4}} \, , \qquad (3.22)$$

in cui l'ultimo integrale si può valutare come:

$$\int_0^x \frac{d\xi}{\sqrt{1 + \xi^4}} = F\left(\frac{\sqrt{2}}{2}\right) - \frac{1}{2}\, F\left[\alpha(x); \frac{\sqrt{2}}{2}\right] \, , \qquad (3.23)$$

essendo $\alpha(x) = \arccos[(x^2 - 1)/(x^2 + 1)]$. [1]

◇ **Esercizio:**   Calcolare l'ascissa curvilinea $s(x)$ per le seguenti curve di $\mathbb{R}^2$:

parabola: $y = x^2/2$.

Risp. $s(x) = [x\, \sqrt{x^2 + 1} + \log(x + \sqrt{x^2 + 1})]/2$

$$(3.26)$$

ellisse di semiassi a e b ($\lambda = a/b < 1$):

$$\begin{cases} x(\theta) = a\cos\theta \\ y(\theta) = b\sin\theta \end{cases} \text{con } 0 \le \theta \le \pi/2.$$

Risp. $s(\theta) = b\, E(\theta, \sqrt{1 - \lambda^2})$ vedi Fig. 3.5.

---

[1] Per effettuare questo integrale occorre innanzitutto far vedere che:

$$\int_x^{+\infty} \frac{d\xi}{\sqrt{1 + \xi^4}} = \frac{1}{2}\, F\left[\alpha(x); \frac{\sqrt{2}}{2}\right] \, ; \qquad (3.24)$$

questa relazione si verifica effettuando la sostistuzione:

$$\cos\varphi = \frac{\xi^2 - 1}{\xi^2 + 1} \, , \quad \xi^2 = \frac{1 + \cos\varphi}{1 - \cos\varphi} \, , \quad d\xi = -\frac{d\varphi}{1 - \cos\varphi} \qquad (3.25)$$

nell'integrale (3.24), che diviene:

$$\int_x^{+\infty} \frac{d\xi}{\sqrt{1 + \xi^4}} = \frac{1}{2} \int_0^{\alpha(x)} \frac{d\varphi}{\sqrt{1 - (\sqrt{2}/2)^2 \sin^2\varphi}} \, ,$$

da cui, ricordando la definizione di integrale ellittico di prima specie (2.86), segue la (3.24). Quest'ultima fornisce per $x = 0$, ovvero $\alpha(x) = \pi$, il valore seguente dell'integrale:

$$\int_0^{+\infty} \frac{d\xi}{\sqrt{1 + \xi^4}} = \frac{1}{2}\, F\left(\pi; \frac{\sqrt{2}}{2}\right) = F\left(\frac{\sqrt{2}}{2}\right) \, ,$$

da cui si ricava, pensando l'integrale di $1/\sqrt{1 + \xi^4}$ tra 0 ed x come differenza dell'integrale appena calcolato e di quello valutato nell'equazione (3.24), la stima (3.23).

Un primo esempio di curva nello spazio tridimensionale è l'elica a passo costante:

$$\boldsymbol{F}(\sigma) = \begin{pmatrix} \cos\sigma \\ \sin\sigma \\ \alpha\,\sigma \end{pmatrix} \ , \tag{3.27}$$

in cui α è il passo dell'elica h diviso per 2π, vedi Fig. 3.6-a. Derivando in σ la rappresentazione parametrica (3.27) e calcolando il modulo del vettore derivata si ottiene l'ascissa curvilinea s in funzione del parametro angolare σ:

$$s(\sigma) = \sqrt{1 + \alpha^2}\,\sigma \ . \tag{3.28}$$

Un secondo esempio di curva tridimensionale è il seguente:

$$\boldsymbol{x} = \boldsymbol{F}(\sigma) = \begin{pmatrix} \sigma \\ \sigma^2/2 \\ \sigma^3/3 \end{pmatrix} \ , \tag{3.29}$$

un arco della quale è disegnato in Fig. 3.6-b. Assumendo $s(0) = 0$, l'ascissa curvilinea $s(\sigma)$ è data dall'integrale seguente:

$$s(\sigma) = \int_0^\sigma \sqrt{1 + \xi^2 + \xi^4}\,d\xi \ . \tag{3.30}$$

Dopo aver integrato per parti, al fine di avere a denominatore la radice, effettuiamo la sostituzione (3.25), in tal modo otteniamo:

$$s(\sigma) = \ \frac{\sigma}{3}\,\sqrt{1 + \sigma^2 + \sigma^4} + \frac{1}{6}\,\{F(\pi; 1/2) - F[\alpha(\sigma); 1/2]\} +$$

$$+ \frac{1}{3}\int_{\alpha(\sigma)}^{\pi} \frac{d\varphi}{(1 - \cos\varphi)\sqrt{1 - (\sin^2\varphi)/4}} \ ,$$

in cui l'integrale a secondo membro si calcola per serie:

$$\int \frac{d\varphi}{(1 - \cos\varphi)\sqrt{1 - (\sin^2\varphi)/4}} = \sum_{m=0}^{\infty} \frac{(-1)^m}{2^{2m}} \begin{pmatrix} -1/2 \\ m \end{pmatrix} I_m(\varphi) \ ,$$

a meno di costanti additive. La quantità I_m a secondo membro per $m \geq 3$ si calcola in base alla relazione seguente:

$$I_m(\varphi) = \int \frac{\sin^{2m}\varphi}{1 - \cos\varphi}\,d\varphi$$

$$= \ \frac{\sin^{2m-1}\varphi}{2m - 1} + \frac{[2(m-1)]!}{2^{2(m-1)}[(m-1)!]^2}\,\varphi - \frac{1}{4}\,\sin 2\varphi\left[\frac{\sin^{2(m-2)}\varphi}{m-1} + \right.$$

$$\left. + \frac{1}{2^{2(m-1)}}\sum_{q=1}^{m-2} \frac{2^{2q}}{q}\,\frac{(2m-2)(2m-3)\cdot\ldots\cdot(2q+1)}{[(m-1)(m-2)\cdot\ldots\cdot(q+1)]^2}\,\sin^{2(q-1)}\varphi\right] \ ,$$

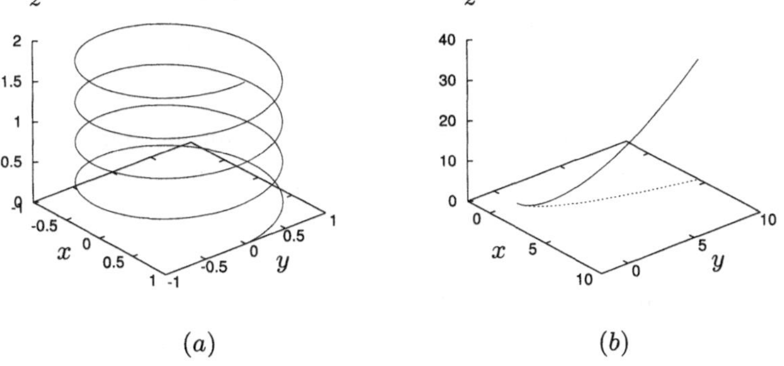

(a)   (b)

Figura 3.6. Arco dell'elica (3.27, a) con passo $h = 0.5$ e curva (3.29, b). In (b) è anche disegnata, con linea tratteggiata, la proiezione sul piano (x, y) della medesima curva

mentre $I_0 = -1/\tan(\varphi/2)$, $I_1 = \log(1 - \cos\varphi)$ ed $I_2 = \varphi + \sin\varphi$.

Altri esempi di calcolo della ascissa curvilinea su curve del piano e dello spazio sono forniti nel §3.4.1.

3.1.5 Curve nel piano e nello spazio tridimensionale

Restringiamo ora la nostra attenzione ai casi $n = 2$ ed $n = 3$, in cui la curva descritta dalla funzione vettoriale $\boldsymbol{x} = \boldsymbol{F}(\sigma)$ della variabile scalare σ appartiene al piano (x, y), oppure all'ordinario spazio a tre dimensioni (x, y, z).

L'introduzione del parametro naturale s consente di ottenere il versore tangente $\boldsymbol{\tau}(s)$ alla curva $\boldsymbol{x} = \boldsymbol{F}(s)$ semplicemente effettuando una derivata:

$$\boldsymbol{\tau} = \frac{d\boldsymbol{F}}{ds} \ . \tag{3.31}$$

Al fine di calcolare il versore tangente alla curva $\boldsymbol{x} = \boldsymbol{F}(\sigma)$ non è necessario disporre della ascissa curvilinea $s = s(\sigma)$, potendo utilizzare il teorema di derivazione delle funzioni composte, a partire dalla definizioni (3.31) del versore $\boldsymbol{\tau}$ e (3.14) dell'ascissa curvilinea s:

$$\boldsymbol{\tau} = \frac{d\boldsymbol{F}}{d\sigma}\frac{d\sigma}{ds} = \frac{\boldsymbol{F}'}{|\boldsymbol{F}'|} \ ,$$

in cui $\boldsymbol{F}' = d\boldsymbol{F}/d\sigma$. Peraltro, la relazione precedente conferma che, parametrizzando la curva con l'ascissa curvilinea s, il vettore tangente $d\boldsymbol{F}/ds$ ha modulo unitario. Ad esempio, per la spirale di Archimede (3.17) si ottiene:

$$\boldsymbol{\tau}(\theta) = \frac{1}{\sqrt{1 + \theta^2}}\left[\boldsymbol{\Theta}(\theta) + \theta\boldsymbol{\Theta}'(\theta)\right] , \tag{3.32}$$

per la sinusoide si ha:

$$\tau(x) = \frac{1}{\sqrt{1 + \cos^2 x}} \begin{pmatrix} 1 \\ \cos x \end{pmatrix} , \qquad (3.33)$$

mentre il versore tangente alla cubica (3.20) si calcola come:

$$\tau(x) = \frac{1}{\sqrt{1 + x^4}} \begin{pmatrix} 1 \\ x^2 \end{pmatrix} . \qquad (3.34)$$

Per l'elica a passo costante, notato che $s'(\sigma) \equiv \sqrt{1 + \alpha^2}$, il versore tangente si scrive:

$$\tau(\sigma) = \frac{1}{\sqrt{1 + \alpha^2}} \begin{pmatrix} -\sin\sigma \\ \cos\sigma \\ \alpha \end{pmatrix} \qquad (3.35)$$

ed infine, per la curva (3.29), il versore tangente è dato da:

$$\tau(\sigma) = \frac{1}{\sqrt{\sigma^4 + \sigma^2 + 1}} \begin{pmatrix} 1 \\ \sigma \\ \sigma^2 \end{pmatrix} . \qquad (3.36)$$

Se la curva possiede una derivata seconda continua, ci si può chiedere come $\tau(s)$ varia lungo la curva $x = F(s)$. A tale scopo, ricordando che il modulo di τ è unitario e quindi $\tau \cdot \tau \equiv 1$, si può scrivere la seguente identità:

$$0 \equiv \frac{d}{ds}\, \tau \cdot \tau = 2\, \tau \cdot \frac{d\tau}{ds} ,$$

da cui segue che la derivata di τ è ortogonale a τ, come accade per qualunque versore. In generale, tale derivata non ha modulo unitario, ovvero la derivata di un versore non è un versore. Il versore normale ν alla curva nel suo punto $x = F(s)$ viene definito utilizzando proprio l'ortogonalità tra τ e la sua derivata, con la relazione seguente:

$$\frac{d\tau}{ds} = k\,\nu \qquad (3.37)$$

in cui il coefficiente di proporzionalità k viene scelto sempre positivo e prende il nome di *curvatura assoluta*: esso fornisce una misura di quanto varia localmente l'orientazione del versore tangente. Inoltre, si può verificare che k *non dipende dal sistema di riferimento adottato*. Poiché τ è adimensionale ed s ha le dimensioni di una lunghezza, k ha le dimensioni dell'inverso di una lunghezza: la quantità $\rho = 1/k$ prende il nome di *raggio di curvatura*. Il significato di ρ è il seguente: è il raggio di un cerchio che appartiene ad un particolare piano tangente, tale che il contatto tra cerchio e curva sia di ordine 2, cioè gli sviluppi di Taylor per la curva e per il cerchio, parametrizzati con i rispettivi parametri naturali, coincidano fino alle derivate seconde.

Facciamo degli esempi per il calcolo della curvatura e del versore normale. Partendo dalla forma (3.32) del versore tangente per la spirale di Archimede e derivando nuovamente nel parametro θ:

$$\frac{d\boldsymbol{\tau}}{ds} = \frac{d\boldsymbol{\tau}}{d\theta}\frac{d\theta}{ds} = \frac{\theta^2 + 2}{(1 + \theta^2)^2}\,(\boldsymbol{\Theta}' - \theta\boldsymbol{\Theta})\ .$$

che è un vettore dalla normalizzazione del quale, utilizzando la relazione (3.37), si ottiene il versore normale $\boldsymbol{\nu}$ e la curvatura k. Il vettore $\boldsymbol{\Theta}' - \theta\boldsymbol{\Theta}$ ha modulo $\sqrt{1 + \theta^2}$, quindi il versore normale si scrive:

$$\boldsymbol{\nu}(\theta) = \frac{\boldsymbol{\Theta}'(\theta) - \theta\boldsymbol{\Theta}(\theta)}{\sqrt{1 + \theta^2}}\ , \tag{3.38}$$

conseguentemente la curvatura segue come:

$$k(\theta) = \frac{\theta^2 + 2}{(\theta^2 + 1)^{3/2}}\ , \tag{3.39}$$

che ha massimo pari a 2 nell'origine e poi decade monotonamente verso il valore 1 per $\theta \to \infty$. Analoghe considerazioni consentono di calcolare versore normale e curvatura per la sinusoide:

$$\boldsymbol{\nu}(x) = \frac{1}{\sqrt{1 + \cos^2 x}}\begin{pmatrix} \cos x \\ -1 \end{pmatrix}\ , \quad k(x) = \frac{\sin x}{(1 + \cos^2 x)^{3/2}} \tag{3.40}$$

(valida per x tali che $\sin x > 0$, altrimenti occorre cambiare il segno di $\boldsymbol{\nu}$ e k) e per la cubica (3.20):

$$\boldsymbol{\nu}(x) = \frac{1}{\sqrt{1 + x^4}}\begin{pmatrix} -x^2 \\ 1 \end{pmatrix}\ , \quad k(x) = \frac{2x}{(1 + x^4)^{3/2}} \tag{3.41}$$

(valida per $x > 0$, altrimenti occorre cambiare il segno di $\boldsymbol{\nu}$ e k). L'elica in $\mathbb{R}^3$ ha versore normale e curvatura dati da:

$$\boldsymbol{\nu}(\sigma) = -\begin{pmatrix} \cos\sigma \\ \sin\sigma \\ 0 \end{pmatrix}\ , \quad k(\sigma) \equiv \frac{1}{1 + \alpha^2}\ , \tag{3.42}$$

mentre calcoli analoghi per la curva (3.29) forniscono il versore normale:

$$\boldsymbol{\nu}(\sigma) = \frac{1}{\sqrt{\sigma^4 + \sigma^2 + 1}\sqrt{\sigma^4 + 4\sigma^2 + 1}}\begin{pmatrix} -\sigma\,(2\sigma^2 + 1) \\ -\sigma^4 + 1 \\ \sigma\,(\sigma^2 + 2) \end{pmatrix} \tag{3.43}$$

e la curvatura:

$$k(\sigma) = \sqrt{\frac{\sigma^4 + 4\sigma^2 + 1}{(\sigma^4 + \sigma^2 + 1)^3}}\ . \tag{3.44}$$

Per completare la costruzione di un riferimento intrinseco alla curva, occorre specificare un terzo versore. Si sceglie il versore *binormale*, definito dalla:

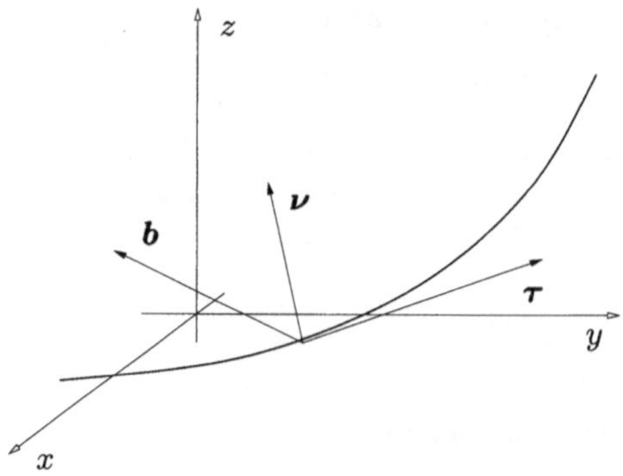

Figura 3.7. Terna intrinseca alla curva descritta dalla funzione vettoriale $\boldsymbol{x} = \boldsymbol{F}(\sigma)$

$$\boldsymbol{b} = \boldsymbol{\tau} \times \boldsymbol{\nu} , \tag{3.45}$$

il quale è, per definizione, ortogonale a $\boldsymbol{\tau}$ ed a $\boldsymbol{\nu}$ ed è tale che $(\boldsymbol{\tau}, \boldsymbol{\nu}, \boldsymbol{b})$ forma una terna cartesiana destra ortonormale, come mostrato in Fig. 3.7. Ovviamente, quando la curva è piana $(n = 2)$ sia il versore tangente che quello normale sono paralleli al medesimo piano della curva e quindi il vesore binormale $\boldsymbol{b}$ risulta ortogonale al piano su cui giace la curva.

Se la curva possiede una derivata terza continua, ha senso calcolare la derivata in s del versore binormale:

$$\frac{d\boldsymbol{b}}{ds} = \frac{d\boldsymbol{\tau}}{ds} \times \boldsymbol{\nu} + \boldsymbol{\tau} \times \frac{d\boldsymbol{\nu}}{ds} , \tag{3.46}$$

in cui il primo addendo da un contributo nullo, in base alla (3.37), mentre, essendo $d\boldsymbol{\nu}/ds$ ortogonale a $\boldsymbol{\nu}$, esisteranno due scalari μ e χ tali che:

$$\frac{d\boldsymbol{\nu}}{ds} = -\mu\boldsymbol{\tau} - \chi\boldsymbol{b} , \tag{3.47}$$

che, sostituita nella (3.46), fornisce:

$$\frac{d\boldsymbol{b}}{ds} = \boldsymbol{\tau} \times (-\mu\boldsymbol{\tau} - \chi\boldsymbol{b}) = \chi\boldsymbol{\nu} . \tag{3.48}$$

Lo scalare χ prende il nome di *torsione*, perché fornisce una misura di quanto la curva si discosti localmente da una curva piana, per la quale evidentemente si ha $\chi \equiv 0$. Anche la torsione non dipende dal sistema di riferimento adottato ed ha le dimensioni dell'inverso di una lunghezza. Il valore assoluto del suo reciproco si chiama *raggio di torsione*. Infine, moltiplicando scalarmente per $\boldsymbol{\tau}$ primo e secondo membro dell'equazione (3.47), utilizzando il fatto che $\boldsymbol{\tau} \cdot d\boldsymbol{\nu}/ds = -\boldsymbol{\nu} \cdot d\boldsymbol{\tau}/ds$ e la relazione (3.37) si ottiene $\mu = k$.

Per l'elica a passo costante (3.27), il versore binormale si scrive:

$$b = \tau \times \nu = \frac{1}{\sqrt{1+\alpha^2}} \begin{pmatrix} \alpha \, \sin\sigma \\ -\alpha \, \cos\sigma \\ 1 \end{pmatrix}, \qquad (3.49)$$

in cui occorre notare che tale versore si riduce a quello dell'asse z qualora il passo h (e quindi α) vada a 0, cioè l'elica si riduca ad un cerchio nel piano (x, y). Calcolando la derivata in s del precedente versore, al solito sulla base del teorema di derivazione delle funzioni composte, si ha:

$$\frac{db}{ds} = \frac{db}{d\sigma} \frac{d\sigma}{ds} = -\frac{\alpha}{1+\alpha^2} \, \nu \, ,$$

da cui segue la torsione χ della curva:

$$\chi(\sigma) \equiv -\frac{\alpha}{1+\alpha^2} \, , \qquad (3.50)$$

anch'essa identicamente costante lungo la curva, come la curvatura. Per la curva (3.29), a partire dalle espressioni (3.36) per τ e (3.43) per ν si ottiene il versore binormale:

$$b(\sigma) = \frac{1}{\sqrt{\sigma^4 + 4\sigma^2 + 1}} \begin{pmatrix} \sigma^2 \\ -2\sigma \\ 1 \end{pmatrix} \qquad (3.51)$$

e, derivando in s, la torsione:

$$\chi(\sigma) = -\frac{2}{\sigma^4 + 4\sigma^2 + 1} \, . \qquad (3.52)$$

Riassumendo, nell'ipotesi che la curva ammetta derivata terza continua, abbiamo scritto le equazioni per le derivate nell'ascissa curvilinea di tutti e tre i versori della terna intrinseca:

$$\begin{cases} \dfrac{d\tau}{ds} = k \, \nu \\[2ex] \dfrac{d\nu}{ds} = -k \, \tau - \chi \, b \\[2ex] \dfrac{db}{ds} = \chi \, \nu \, . \end{cases} \qquad (3.53)$$

Le relazioni elencate in (3.53) prendono il nome di *equazioni di Frenet*. La deduzione di curvatura, torsione e terna intrinseca per una parametrizzazione arbitraria della curva $x = F(\sigma)$ è brevemente discussa nella Appendice 3.6.

◇   **Esercizio:**   Verificare la seconda equazione di Frenet per la spirale di Archimede (3.17) (utilizzare le espressioni
(3.18) di s, (3.38) di $\boldsymbol{\nu}$, (3.39) di k) e (3.32) di $\boldsymbol{\tau}$),
per la curva $\sin x$ (utilizzare le espressioni (3.19)
di s, (3.40) di $\boldsymbol{\nu}$ e k, (3.33) di $\boldsymbol{\tau}$), per la cubica
(3.20) (3.21, 3.41, 3.34), per l'elica a passo costan-
te, (utilizzare le espressioni (3.28) di s, (3.42) di $\boldsymbol{\nu}$
e k, (3.50) di χ, (3.35) di $\boldsymbol{\tau}$ e (3.49) di $\boldsymbol{b}$), ed infine
per la curva (3.29) (utilizzare le espressioni (3.30)
di s, (3.43) di $\boldsymbol{\nu}$, (3.44) di k, (3.36) di $\boldsymbol{\tau}$, (3.52) di
χ e (3.51) di $\boldsymbol{b}$).

3.2 Funzioni scalari di più variabili scalari

Nel precedente paragrafo abbiamo studiato le proprietà di una funzione vetto-
riale di una variabile scalare $\boldsymbol{F} : \mathbb{R} \to \mathbb{R}^n$ ed abbiamo introdotto la nozione
di curva. In questo paragrafo ci occuperemo, invece, delle proprietà di una
funzione scalare f delle n variabili $x_1, \ldots, x_n$, indicata con $f(x_1, \ldots, x_n)$. A
questo riguardo, introdurremo la nozione di *superficie* in $\mathbb{R}^n$, come luogo dei
punti che verificano una equazione della forma $f(x_1, \ldots, x_n) = $ costante, vedi
Fig. 3.8. Ovviamente, lo studio di una superficie, ad esempio nello spazio a tre
dimensioni, è un problema di grande interesse ingegneristico: pensiamo alla
rappresentazione analitica delle superfici di pezzi meccanici, necessaria per
lavorarle con macchine a controllo numerico, od all'analisi delle prestazioni
aerodinamiche di un veivolo, decise dalla forma delle sue superfici esterne.

Per illustrare meglio il problema, immaginiamo di dover descrivere la superficie di una sfera di raggio unitario nello spazio $\mathbb{R}^3$. Esistono tre classi

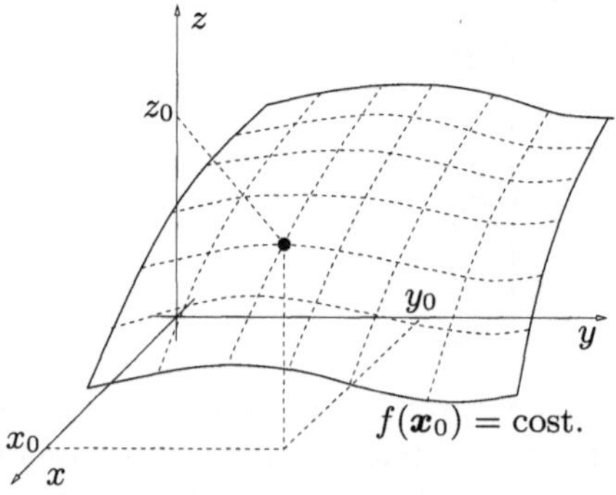

Figura 3.8. Superficie nello spazio $\mathbb{R}^3$ (x, y, z), come luogo dei punti che soddisfano l'equazione $f(\boldsymbol{x}) = $ costante. Esistendo questo vincolo tra le coordinate
x, y e z, solo due coordinate possono essere assegnate ad arbitrio e quindi tale
luogo risulta essere bidimensionale

di rappresentazioni possibili. Abbiamo già introdotto l'*implicita*, per la quale le coordinate di un generico punto $\boldsymbol{x} = (x, y, z)$ della superficie verificano la relazione $f(x, y, z) = x^2 + y^2 + z^2 = 1$. Questa rappresentazione non è unica, poiché, ponendo $r = \sqrt{x^2 + y^2 + z^2}$, una qualunque equazione del tipo $g(r) = 0$, che ammetta la sola radice reale $r = 1$, può descrivere la medesima superficie. C'è poi la rappresentazione *esplicita*, per la quale una coordinata del punto sulla superficie è assegnata in funzione delle altre due: ad esempio $z = +\sqrt{1 - (x^2 + y^2)}$, per la calotta superiore, e $z = -\sqrt{1 - (x^2 + y^2)}$, per l'inferiore, con $x^2 + y^2 \leq 1$. Anche questa rappresentazione non è unica, perché si può specificare x in funzione di y e z, o y in funzione di x e z. Infine, una superficie può essere descritta anche da tre funzioni $x = x(u, v)$, $y = y(u, v)$ e $z = z(u, v)$ delle due variabili reali u e v: questa rappresentazione si chiama *parametrica* ed u e v si dicono parametri. Nel nostro esempio, la superficie può essere descritta con i due parametri $u \in [0, 2\pi)$ (longitudine) e $v \in [0, \pi]$ (latitudine):

$$\begin{cases} x(u, v) = \cos u \sin v \\ y(u, v) = \sin u \sin v \\ z(u, v) = \cos v \; ; \end{cases} \tag{3.54}$$

tale rappresentazione si chiama *polare* (vedi Fig. 3.9), ed, ovviamente, non è l'unica rappresentazione parametrica possibile. Poiché in ciascuno dei tre casi abbiamo a che fare con funzioni scalari di più variabili scalari, studiamone le principali proprietà.

Impostiamo il problema da un punto di vista generale, lavorando direttamente su uno spazio n-dimensionale. Sappiamo calcolare la distanza tra due

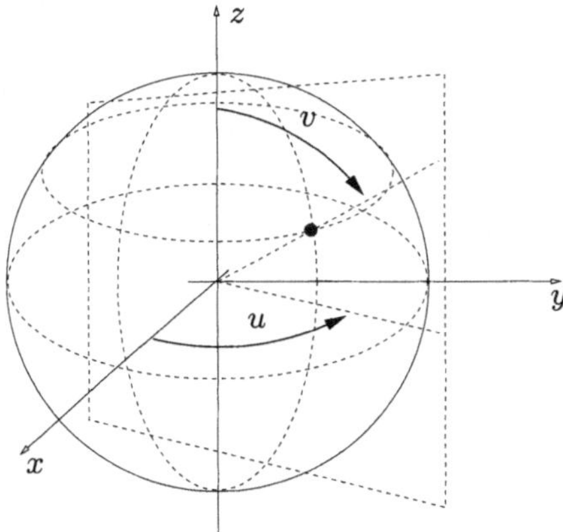

Figura 3.9. Rappresentazione esplicita polare della superficie di una sfera: la posizione di un generico punto sulla superficie è specificata dai due angoli u (longitudine) e v (latitudine). Il primo è l'angolo formato dal piano passante per l'asse z ed il punto con il piano (x, z), mentre il secondo è l'angolo formato tra l'asse z ed il raggio passante per il punto

punti in $\mathbb{R}^n$, vedi (3.7), ed in base a questa definizione possiamo estendere tutte le operazioni dell'Analisi Matematica ad una funzione di n variabili, con n qualunque. Inoltre, per comodità di notazione, pensiamo le n variabili reali come elementi di un vettore n-dimensionale $x \in \mathbb{R}^n$. In questo paragrafo, considereremo una funzione scalare f del vettore x, ovvero:

$$
\begin{aligned}
f : \quad &\mathbb{R}^n \to \mathbb{R} \\
&x \mapsto f(x)
\end{aligned}
\tag{3.55}
$$

che associa alle n variabili reali $(x_1, x_2, \ldots x_n) = x$ il numero reale $f(x)$.

Premettiamo alcune definizioni sugli insiemi di punti nello spazio $\mathbb{R}^n$. Dato un insieme $E \subseteq \mathbb{R}^n$, i punti di $\mathbb{R}^n$ si distinguono in punti *interni, esterni* e *di frontiera*, rispetto all'assegnato insieme E. Un esempio in $\mathbb{R}^2$ è mostrato in Fig. 3.10. Se esiste una sfera centrata nel punto e tutta contenuta in E, il punto si dice interno, mentre se ne esiste una tutta contenuta nel complementare di E (denotato con E'), allora il punto si dice esterno. Infine il punto si dice di frontiera se, comunque si scelga una sfera di centro in questo punto, la sfera ha una parte in E ed un'altra in E'. L'insieme di tali punti si chiama *frontiera* di E. Se tutti i punti di E sono interni, allora E si chiama *aperto*, mentre E si definisce *chiuso* se è formato dall'unione di un aperto e della rispettiva frontiera. Infine, esistono insiemi che non sono né aperti, né chiusi.

3.2.1 Insieme di esistenza

Si chiama *insieme di esistenza* della funzione f il sottoinsieme di $\mathbb{R}^n$ su cui ha senso considerare la funzione $f(x)$. Ad esempio, la funzione da $\mathbb{R}^2$ a $\mathbb{R}$ definita da $f(x,y) = \sqrt{1 - (x^2 + y^2)}$ ha come insieme di esistenza il chiuso costituito dal cerchio di raggio 1 e centro nell'origine, la funzione $f(x,y) = \sqrt{xy}$ ha insieme di esistenza dato dal chiuso unione del I e del III quadrante oppure,

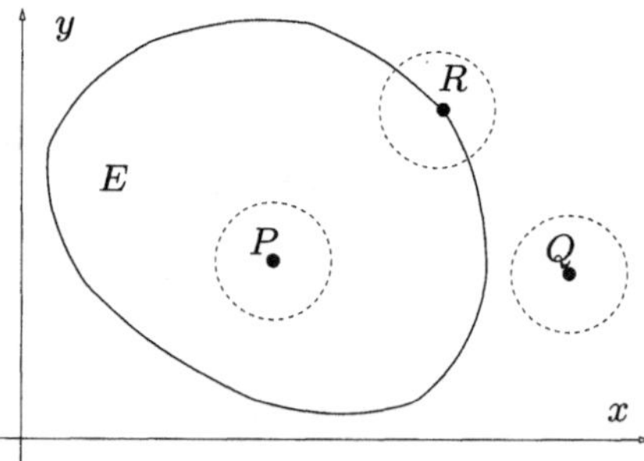

Figura 3.10. Esempi, per un dato insieme E del piano ($n = 2$), di un punto esterno (Q: esiste un suo intorno sferico non intersecante E), interno (P: esiste un suo intorno non intersecante il complementare E' di E) e di frontiera (R: ogni intorno sferico di tale punto interseca sia E che E')

infine, la funzione $f(x,y) = \sqrt{\sin(\pi \sqrt{x^2 + y^2})}$ ha un insieme di esistenza dato dall'unione del cerchio chiuso di raggio unitario e centro nell'origine con infinite corone circolari chiuse, sempre di centro nell'origine, di raggio interno $2k$ ed esterno $2k + 1$ per k naturale.

3.2.2 Limiti e continuità

Scelto un punto $x_0 \in \mathbb{R}^n$, interno all'insieme di esistenza di una funzione (3.55), il limite di f in x_0 si rappresenta con la scrittura simbolica:

$$\lim_{x \to x_0} f(x) = l \,, \tag{3.56}$$

convenendo che, se l è finito, la scrittura (3.56) equivale a richiedere che, comunque si fissi il numero $\varepsilon > 0$, esiste un numero $\delta_\varepsilon > 0$, dipendente da ε, tale che, per ogni punto x diverso da x_0 e che dista da x_0 meno di δ_ε, sia verificata la diseguaglianza:

$$|f(x) - l| < \varepsilon \,. \tag{3.57}$$

Ad esempio, proviamo che la funzione da $\mathbb{R}^2$ ad $\mathbb{R}$:

$$f(x,y) = \frac{x^2 y}{x^2 + y^2}$$

ha limite 0 nell'origine. Scegliamo un numero $\varepsilon > 0$ piccolo a piacere. In corrispondenza a questo esiste un numero $0 < \delta_\varepsilon < \varepsilon$ tale che, per ogni $x = \rho(\cos\theta, \sin\theta)$ con $0 < \rho < \delta_\varepsilon$ e $\theta \in [0, 2\pi)$, si ha:

$$|f(x,y) - 0| = \rho|\cos^2\theta \sin\theta| < \varepsilon \,.$$

Oppure, proviamo che la funzione da $\mathbb{R}^3$ a $\mathbb{R}$:

$$f(x,y,z) = e^{(x^2 + y^2)z} \tag{3.58}$$

ha limite 1 nell'origine. Scelto un numero $\varepsilon > 0$ piccolo a piacere, esiste un numero δ_ε con $0 < \delta_\varepsilon < \sqrt[3]{2\log(1+\varepsilon)}$ tale che, per ogni $x = \rho(\cos\theta\sin\varphi, \sin\theta\sin\varphi, \cos\varphi)$ con $0 < \rho < \delta_\varepsilon$, $\theta \in [0, 2\pi)$ e $\varphi \in [0, \pi]$, si ha:

$$|f(x,y,z) - 1| = |e^{\rho^3 \sin^2\varphi \cos\varphi} - 1| < \varepsilon \,.$$

Infatti, se $\varphi \in [0, \pi/2)$:

$$|e^{\rho^3 \sin^2\varphi \cos\varphi} - 1| = e^{\rho^3 \sin^2\varphi \cos\varphi} - 1 \leq e^{+2\sqrt{3}/9\,\rho^3} - 1 < e^{\rho^3/2} - 1 < \varepsilon \,,$$

mentre, poiché per $p \geq 0$ vale la $1 - e^{-p} \leq e^p - 1$, se $\varphi \in [\pi/2, \pi]$:

$$|e^{\rho^3 \sin^2\varphi \cos\varphi} - 1| = 1 - e^{\rho^3 \sin^2\varphi \cos\varphi} \leq 1 - e^{-2\sqrt{3}/9\,\rho^3} \leq e^{\rho^3/2} - 1 < \varepsilon \,.$$

Se $l = +\infty$, la scrittura (3.56) significa che, comunque grande si scelga $M > 0$, esiste un numero $\delta_M > 0$, dipendente da M, tale che per ogni $\boldsymbol{x}$ diverso da $\boldsymbol{x}_0$ e che dista da $\boldsymbol{x}_0$ meno di δ_M, sia verificata la diseguaglianza:

$$f(\boldsymbol{x}) > M \ . \tag{3.59}$$

Ad esempio, proviamo che la funzione da $\mathrm{I\!R}^2$ a $\mathrm{I\!R}$:

$$f(x,y) = \frac{1}{\sqrt{x^2 + y^2}}$$

ha limite $+\infty$ nell'origine. Scegliamo un numero $M > 0$ grande a piacere. In corrispondenza a questo esiste un numero $0 < \delta_M < 1/M$ tale che, per ogni $\boldsymbol{x} = \rho(\cos\theta, \sin\theta)$ con $0 < \rho < \delta_M$ e $\theta \in [0, 2\pi)$, si ha:

$$|f(x,y) - 0| = \frac{1}{\rho} > M \ .$$

Analogamente se $l = -\infty$, con l'unica accortezza di sostiture alla diseguaglianza (3.59) la $f(\boldsymbol{x}) < -M$. Una breve descrizione del concetto di limite all'infinito è riportata nella Appendice 3.7.

Si può erroneamente pensare di ridurre il calcolo del limite in più dimensioni a quello di un ordinario limite monodimensionale, vincolando il punto $\boldsymbol{x}$ a percorrere un arco di curva, per raggiungere $\boldsymbol{x}_0$. In tal caso, la definizione precedente implica che $f(\boldsymbol{x}) \to l$ *indipendentemente dalla curva scelta*: se, scelte due curve, i risultati dei due limiti monodimensionali sono differenti, allora la funzione non ammette limite in $\boldsymbol{x}_0$. Ad esempio, se $\boldsymbol{x} = (x, y)$ la funzione

$$f(x,y) = \frac{xy}{x^2 + y^2} \tag{3.60}$$

non ammette limite per $\boldsymbol{x} \to \boldsymbol{0}$, poiché se si raggiunge l'origine lungo uno degli assi coordinati si trova il limite monodimensionale 0, mentre se la si raggiunge sulla bisettrice $x = y$ si trova $1/2$. Di fatto, l'idea di ridurre il calcolo del limite in più dimensioni al calcolo di limiti monodimensionali è utilizzata sempre per dimostrare che un certo limite non esiste e mai costruttivamente. Ciò a causa dell'arbitrarietà nella scelta della curva su cui tendere ad $\boldsymbol{x}_0$.

Precisato il concetto di limite per una funzione di n variabili, possiamo introdurre la nozione di funzione continua: la funzione $f(\boldsymbol{x})$ è continua nel punto $\boldsymbol{x}_0$ interno al suo insieme di esistenza quando

$$\lim_{\boldsymbol{x} \to \boldsymbol{x}_0} f(\boldsymbol{x}) = f(\boldsymbol{x}_0) \ , \tag{3.61}$$

ovvero quando il limite della funzione nel punto esiste ed inoltre coincide col valore che assume la funzione nel medesimo punto. Ad esempio, la funzione (3.58) è continua in $\boldsymbol{x} = \boldsymbol{0}$, mentre la funzione (3.60), non ammettendo limite per $\boldsymbol{x} \to \boldsymbol{0}$, è discontinua nell'origine.

3.2.3 Derivate direzionali, parziali e differenziale

Data una funzione $f(x)$ di n variabili ed un punto x, interno al suo insieme di esistenza, ci si può chiedere quale sia la velocità di variazione di questa funzione se ci si sposta da x lungo una direzione individuata dal versore p. Scegliamo un numero reale σ e spostiamoci dal punto x al punto $x + \sigma p$. L'incremento che la funzione subisce nel passare dal punto x al punto $x + \sigma p$ si scrive $\Delta f(x; \sigma p) = f(x + \sigma p) - f(x)$ e la velocità di variazione di f in direzione p è misurata dal limite:

$$\lim_{\sigma \to 0} \frac{f(x + \sigma p) - f(x)}{\sigma} = \frac{\partial f}{\partial p}(x) \,, \tag{3.62}$$

qualora questo limite esista (cfr. Fig. 3.11). Il limite (3.62) prende il nome di *derivata nella direzione* p di f in x ed il simbolo "∂" è utilizzato essendo la lettera "*d*" nell'alfabeto cirillico. La derivata nella direzione p (3.62) si indica spesso con la notazione più compatta $\partial_p f(x)$.

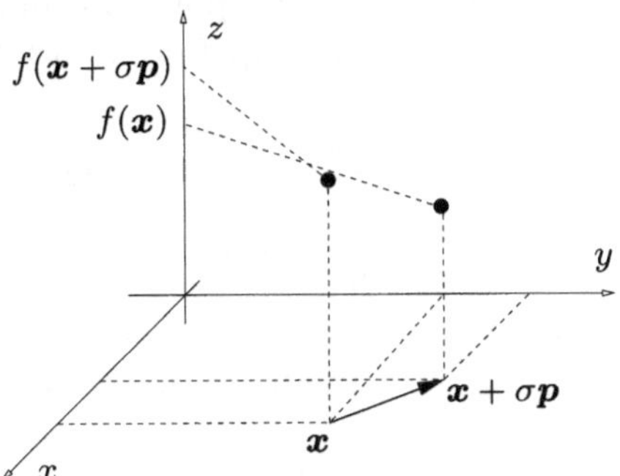

Figura 3.11. Procedura per la costruzione del rapporto incrementale a primo membro della (3.62), nel caso di una funzione $f : \mathbb{R}^2 \to \mathbb{R}$

Nel caso in cui il versore p sia il versore dell'asse k (ovvero $p = e_k$), la derivata (3.62) si indica pure con

$$\lim_{\sigma \to 0} \frac{f(x + \sigma e_k) - f(x)}{\sigma} = \frac{\partial f}{\partial x_k}(x) \tag{3.63}$$

ed assume il significato dell'ordinaria derivata nella variabile x_k, quando si tengano fisse le rimanenti $n - 1$ variabili $x_1, \ldots, x_{k-1}, x_{k+1}, \ldots, x_n$. Tale derivata si chiama *derivata parziale* della funzione f nella variabile x_k e si abbrevia spesso con $\partial_{x_k} f(x)$.

◇   **Esercizio:**   Calcolare le derivate parziali rispetto ad x e rispetto ad y delle funzioni seguenti:

$$
\begin{array}{lll}
1)\ xy & 2)\ \sin(x^2 y) & 3)\ y\arctan x \\[2mm]
4)\ e^{x^2+y^3} & 5)\ \dfrac{x+y}{x^2+y^2} & 6)\ \dfrac{y}{x^2+y} \\[3mm]
7)\ \log(x-y) & 8)\ \log(1+e^{xy}) & 9)\ x^3\log y \\[2mm]
10)\ \sinh(x+y) & 11)\ \tanh(xy^2) & 12)\ \dfrac{x\sin y}{x^2+y^2}
\end{array}
\tag{3.64}
$$

Una funzione $f : \mathbb{R}^n \to \mathbb{R}$ si dice *differenziabile* in un punto x, interno al suo insieme di esistenza, se, considerato un incremento Δx del vettore x, esistono n numeri $a_1,\ldots,a_n$ tali che il corrispondente incremento di f nel passare da x a $x + \Delta x$:

$$
\Delta f(x;\Delta x) = f(x+\Delta x) - f(x)
$$

può essere scritto come la somma di una parte lineare in Δx, chiamata *differenziale* della funzione f nel punto x e corrispondente all'incremento Δx di x, e di una quantitá infinitesima di ordine superiore a Δx, indicata con $o(\Delta x)$. Si ha quindi

$$
\Delta f(x;\Delta x) = \underbrace{\sum_{k=1}^{n} a_k\,\Delta x_k}_{\text{differenziale}} +o(\Delta x) \, .
\tag{3.65}
$$

Notiamo che, se una superficie è rappresentata dall'equazione $f(x) = $ costante con f differenziabile, allora la linearizzabilitá di f in x significa che esiste in x il piano tangente.

Dalla relazione (3.65) segue pure che una funzione differenziabile in x è continua nello stesso punto, dove esistono tutte le sue derivate parziali, avendosi $a_k = \partial_{x_k} f(x)$ per $k = 1,\ldots,n$. Il viceversa non è vero, in generale. Cioè, dal fatto che una funzione $f(x)$ sia continua in un punto x ed esistano in un intorno del medesimo punto tutte le sue derivate parziali, non segue che la funzione sia differenziabile nel punto. Una ipotesi sufficiente perché la funzione risulti differenziabile è che tali derivate parziali risultino anche *continue* nel medesimo punto, come è brevemente illustrato nell'esempio della Appendice 3.8.

Ricordando che incrementi Δx_k e differenziali dx_k coincidono per le variabili indipendenti $x_1,\ldots,x_n$, la relazione (3.65) consente di definire il differenziale della funzione f nel punto x associato all'incremento dx:

$$
df(x) = \sum_{k=1}^{n} \partial_{x_k} f(x)\, dx_k \, ,
\tag{3.66}
$$

che, coinvolgendo tutte le derivate parziali di f, prende il nome di *differenziale totale*.

3.2.4 Gradiente

Data una funzione $f(\boldsymbol{x})$ ed un punto $\boldsymbol{x}_0$, interno al suo insieme di esistenza, in cui esistono le derivate parziali di f rispetto a tutte le variabili x_1, ..., x_n, si può costruire un vettore di $\mathbb{R}^n$ che ha per componenti le derivate parziali, ovvero:

$$\boldsymbol{\nabla} f(\boldsymbol{x}_0) = \begin{pmatrix} \partial_{x_1} f \\ \partial_{x_2} f \\ \vdots \\ \partial_{x_n} f \end{pmatrix} (\boldsymbol{x}_0) \tag{3.67}$$

e si chiama *gradiente* della funzione f nel punto $\boldsymbol{x}_0$.

Il significato geometrico del vettore gradiente (3.67) viene chiarito dalla osservazione che segue. Supponiamo di avere una superficie descritta implicitamente dall'equazione $f(\boldsymbol{x}) = $ costante e consideriamone il punto $\boldsymbol{x}_0$, interno al campo di esistenza di f. Fissiamo una tra le infinite curve giacenti sulla superficie e passanti per il punto $\boldsymbol{x}_0$, ad esempio quella descritta dall'equazione $\boldsymbol{x} = \boldsymbol{F}(\sigma)$, con $\boldsymbol{F}(\sigma_0) = \boldsymbol{x}_0$. Il vettore tangente alla curva scelta in $\boldsymbol{x}_0$:

$$\boldsymbol{v}_0 = \frac{d\boldsymbol{F}}{d\sigma}(\sigma_0)$$

è anche uno degli infiniti vettori tangenti alla superficie nel suo punto $\boldsymbol{x}_0$. Poiché la curva $\boldsymbol{x} = \boldsymbol{F}(\sigma)$ giace sulla superficie $f(\boldsymbol{x}) = $ costante, si ha identicamente in σ:

$$f[F_1(\sigma), F_2(\sigma), F_3(\sigma), \ldots, F_n(\sigma)] \equiv \text{costante} ,$$

ne segue, derivando in σ entrambi i membri della relazione precedente, che:

$$\sum_{k=1}^{n} \partial_{x_k} f[\boldsymbol{F}(\sigma)] \, \frac{dF_k}{d\sigma}(\sigma) = \boldsymbol{\nabla} f[\boldsymbol{F}(\sigma)] \cdot \frac{d\boldsymbol{F}}{d\sigma}(\sigma) = 0 , \tag{3.68}$$

avendo utilizzato il prodotto scalare tra due vettori $\boldsymbol{a} = (a_1, \ldots, a_n)$ e $\boldsymbol{b} = (b_1, \ldots, b_n)$ di $\mathbb{R}^n$, definito come $\boldsymbol{a} \cdot \boldsymbol{b} = a_1 b_1 + \ldots + a_n b_n$. Calcolando la relazione precedente in σ_0 otteniamo:

$$\boldsymbol{\nabla} f(\boldsymbol{x}_0) \cdot \boldsymbol{v}_0 = 0 ,$$

valida comunque si scelga la curva $\boldsymbol{x} = \boldsymbol{F}(\sigma)$, purché giacente sulla superficie e passante per $\boldsymbol{x}_0$, ovvero valida per qualunque vettore $\boldsymbol{v}_0$, purché sia tangente alla superficie nel punto $\boldsymbol{x}_0$. Ne segue che il gradiente $\boldsymbol{\nabla} f(\boldsymbol{x}_0)$ è ortogonale alla superficie $f(\boldsymbol{x}) = $ costante nel punto $\boldsymbol{x}_0$, cosa che consente di definire il versore $\boldsymbol{\nu}$ normale alla superficie, nel suo punto $\boldsymbol{x}_0$, in base alla relazione seguente:

$$\boldsymbol{\nu}(\boldsymbol{x}_0) = \frac{\boldsymbol{\nabla} f(\boldsymbol{x}_0)}{|\boldsymbol{\nabla} f(\boldsymbol{x}_0)|} . \tag{3.69}$$

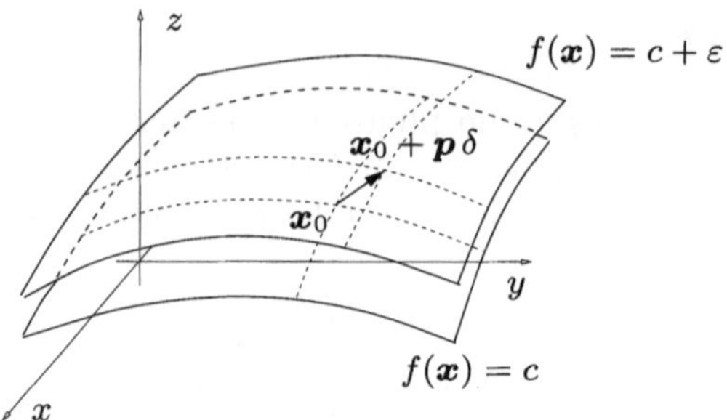

Figura 3.12. Esempio, per una funzione $f : \mathbb{R}^2 \to \mathbb{R}$, della costruzione del vettore $\boldsymbol{x} = \boldsymbol{x}_0 + \boldsymbol{p}\delta$, necessaria per valutare la direzione $\boldsymbol{p}$ in cui la funzione $f(\boldsymbol{x})$ cresce più velocemente, in un intorno del punto $\boldsymbol{x}_0$

La relazione (3.69) suggerisce un modo per individuare la direzione in cui una funzione scalare f delle n variabili reali $\boldsymbol{x} = (x_1, \ldots, x_n)$ cresce più velocemente, in un punto $\boldsymbol{x}_0$ del suo insieme di esistenza. A tale scopo, chiamiamo con c il valore di f nel punto $\boldsymbol{x}_0$ e consideriamo la superficie $f(\boldsymbol{x}) = c$. Incrementiamo c di una piccola quantitá positiva ε e consideriamo anche la superficie $f(\boldsymbol{x}) = c + \varepsilon$. Poniamoci il problema di valutare la distanza dal punto $\boldsymbol{x}_0$ dei punti della superficie $f(\boldsymbol{x}) = c + \varepsilon$ appartenenti ad un piccolo intorno di $\boldsymbol{x}_0$. L'individuazione del punto della superficie $f(\boldsymbol{x}) = c + \varepsilon$ a distanza minima da $\boldsymbol{x}_0$ consentirá di definire la direzione di più rapida variazione della funzione $f(\boldsymbol{x})$, sempre in un intorno di $\boldsymbol{x}_0$. Il generico punto della superficie $f(\boldsymbol{x}) = c + \varepsilon$ si può scrivere nella forma $\boldsymbol{x} = \boldsymbol{x}_0 + \boldsymbol{p}\,\delta$, in cui $\boldsymbol{p}$ è un versore e δ è la distanza del punto $\boldsymbol{x}$ da $\boldsymbol{x}_0$, come mostrato in Fig. 3.12. Sviluppando in serie di Taylor la funzione scalare $f(\boldsymbol{x}_0 + \boldsymbol{p}\,\delta)$ della variabile scalare δ ed arrestandosi al primo ordine si ha:

$$f(\boldsymbol{x}_0 + \boldsymbol{p}\,\delta) = \underbrace{f(\boldsymbol{x}_0)}_{=\,c} + \boldsymbol{\nabla} f(\boldsymbol{x}_0) \cdot \boldsymbol{p}\,\delta + o(\delta) = c + \varepsilon \,,$$

in cui i termini infinitesimi di ordine superiore a δ sono stati indicati con $o(\delta)$. Scegliendo il versore $\boldsymbol{p}$ in modo che $\boldsymbol{\nabla} f(\boldsymbol{x}_0) \cdot \boldsymbol{p}$ sia differente da 0, ovvero $\boldsymbol{p}$ non sia tangente alla superficie $f(\boldsymbol{x}) =$ costante nel punto $\boldsymbol{x}_0$, la relazione precedente consente di ricavare la distanza δ tra il punto sulla superficie $f(\boldsymbol{x}) = c + \varepsilon$ ed il punto $\boldsymbol{x}_0$, a meno di termini di ordine superiore a δ stesso, come:

$$\delta \simeq \frac{\varepsilon}{\boldsymbol{\nabla} f(\boldsymbol{x}_0) \cdot \boldsymbol{p}} \,. \tag{3.70}$$

Il prodotto scalare $\boldsymbol{\nabla} f(\boldsymbol{x}_0) \cdot \boldsymbol{p}$, che figura a denominatore nell'espressione (3.70) della distanza, assume il suo valore *massimo*, e quindi la distanza δ, per ε fissato, assume il suo valore *minimo*, quando $\boldsymbol{p}$ è parallelo al vettore $\boldsymbol{\nabla} f(\boldsymbol{x}_0)$. Considerato che il vettore $\boldsymbol{\nabla} f(\boldsymbol{x}_0)$ è normale alla superficie $f(\boldsymbol{x}) = c$

nel punto x_0, se ne deduce che la distanza δ è minima quando p è anch'esso normale alla superficie in x_0. In altri termini, $\nabla f(x_0)$ individua la direzione in cui la funzione $f(x)$ aumenta più rapidamente, in un intorno di x_0. Questa proprietá è importante perché è alla base di alcuni metodi di ottimizzazione di grande interesse ingegneristico.

$\diamond$ **Esercizio:**   Determinare in quali punti le superfici seguenti hanno normale parallela all'asse delle z:

$$1) \quad x^2 + y^2 + z^2 = 1$$
$$\text{Risp.} \quad (0, 0, +1), \ (0, 0, -1)$$

$$2) \quad xy + yz + xz = -1$$
$$\text{Risp.} \quad (-1, -1, +1), \ (+1, +1, -1)$$

$$3) \quad x^2 + xz + y^2 = -4$$
$$\text{Risp.} \quad (+2, 0, -4), \ (-2, 0, +4)$$

$$4) \quad z \, e^{x^2 + y^2} = 1$$
$$\text{Risp.} \quad (0, 0, +1)$$

$\diamond$ **Esercizio:**   Fornire una regola per determinare l'equazione del piano tangente ad una superficie $f(x, y, z) =$ costante in un suo punto (x_0, y_0, z_0).

Una applicazione utile della nozione di gradiente consente di esplicitare la derivata lungo una direzione p. Infatti, sulla base del ragionamento precedente, considerata la curva $F(\sigma) = x + \sigma p$ (retta passante per il punto x in $\sigma_0 = 0$, parallela al versore p), per la quale vale la seguente relazione:

$$\frac{dF}{d\sigma}(\sigma) \equiv p \, ,$$

in base all'equazione (3.68) ed alla definizione di derivata lungo la direzione p, data nella (3.62), si ha:

$$\partial_p f(x) = \nabla f(x) \cdot p = (p_1 \partial_1 + p_2 \partial_2 + \ldots + p_n \partial_n) f(x) \, , \qquad (3.71)$$

relazione che consente il calcolo operativo della derivata direzionale. Anche il differenziale totale, introdotto nella relazione (3.66), può essere agevolmente riscritto in termini vettoriali, introducendo il differenziale dx della variabile vettoriale x:

$$dx = \begin{pmatrix} dx_1 \\ dx_2 \\ \vdots \\ dx_n \end{pmatrix}$$

ed utilizzando la nozione di prodotto scalare in $\mathbb{R}^n$, nel modo seguente:

$$df(x) = \nabla f(x) \cdot dx = (dx_1 \partial_1 + dx_2 \partial_2 + \ldots + dx_n \partial_n) f(x) \, . \qquad (3.72)$$

3.2.5 Derivate parziali successive

Consideriamo una funzione f scalare di n variabili scalari $x = (x_1, \ldots, x_n)$, cioè $f : \mathrm{I\!R}^n \to \mathrm{I\!R}$, per la quale esista la derivata parziale nella variabile j-esima:

$$\partial_{x_j} f(x) = g_j(x) \; . \tag{3.73}$$

Tale derivata parziale definisce una nuova funzione $g_j(x)$, come specificato nella (3.73), per la quale può a sua volta esistere la derivata parziale nella variabile i-esima $\partial_{x_i} g_j(x)$, ovvero la derivata parziale seconda della funzione f nelle variabili x_i ed x_j:

$$\frac{\partial^2 f}{\partial x_i \partial x_j} = \frac{\partial}{\partial x_i} \frac{\partial f}{\partial x_j} \; , \tag{3.74}$$

spesso indicata anche con $\partial^2_{x_i x_j} f$. L'ordine in cui le due derivate (in x_j e poi in x_i) vengono fatte non ha importanza, nel caso in cui la funzione f, le sue due derivate prime $\partial_{x_i} f$ e $\partial_{x_j} f$ e le due derivate seconde $\partial^2_{x_i x_j} f$ e $\partial^2_{x_j x_i} f$ siano continue (teorema di Schwarz, cfr. Appendice 3.9).

$\diamond$ **Esercizio:**   Verificare l'uguaglianza delle derivate seconde miste per le funzioni dell'esercizio (3.64).

È poi particolarmente importante considerare la combinazione seguente delle derivate seconde di una funzione f:

$$\sum_{k=1}^{n} \partial^2_{x_k x_k} f = \sum_{k=1}^{n} \partial_{x_k}(\partial_{x_k} f) = \boldsymbol{\nabla} \cdot \boldsymbol{\nabla} f = \nabla^2 f \; , \tag{3.75}$$

che prende il nome di *Laplaciano* di f.

$\diamond$ **Esercizio:**   Calcolare il Laplaciano delle funzioni dell'esercizio (3.64).

3.2.6 Punti estremali

Restringiamo la nostra attenzione al caso in cui la dimensione dello spazio sia 3. Abbiamo già introdotto le tre rappresentazioni possibili per una superficie $\mathcal{S}$:

esplicita $a)\, z = \varphi_z(x, y)$, oppure: $b)\, y = \varphi_y(x, z)$, oppure: $c)\, x = \varphi_x(y, z)$

implicita $f(x, y, z) = 0$

parametrica $\begin{cases} x = x(u, v) \\ y = y(u, v) \\ z = z(u, v), \end{cases}$

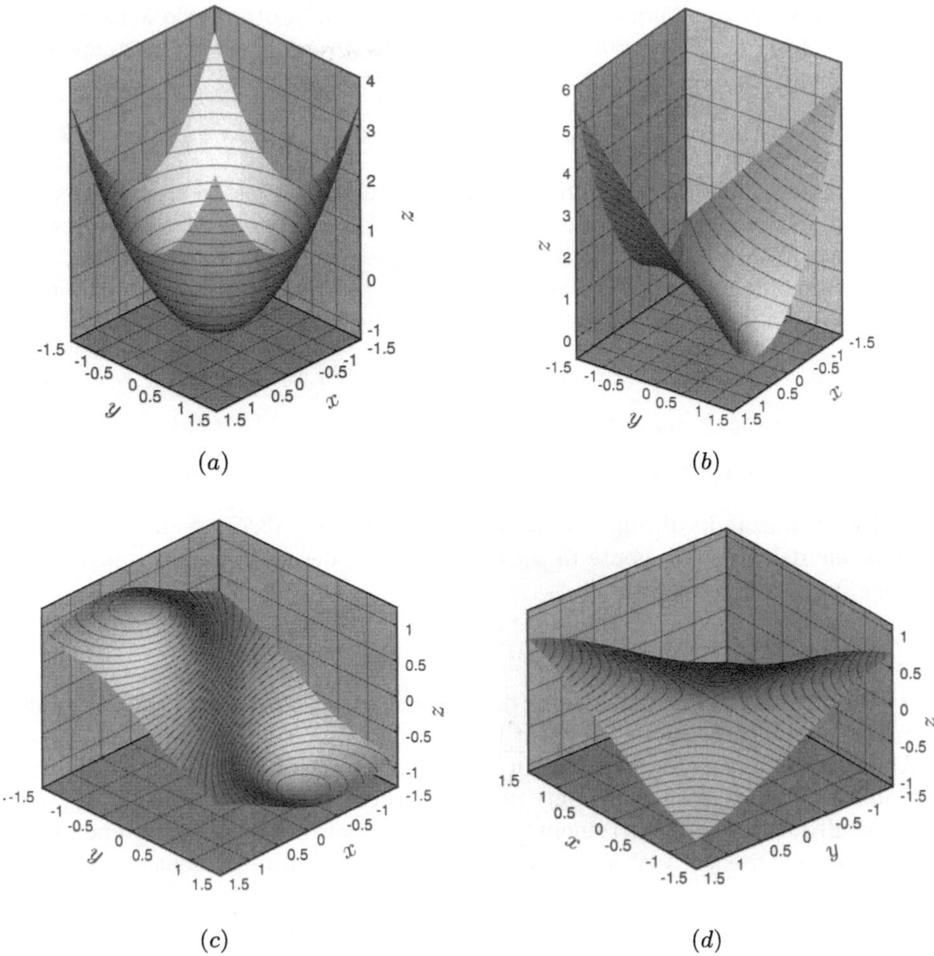

$$(a) \qquad\qquad (b)$$

$$(c) \qquad\qquad (d)$$

Figura 3.13. Superfici $z = z(x,y)$ nell'esercizio 3.83: $z = x^2 + y^2 - 1$ (a), $z = x^2 - xy + 1$ (b), $z = (x - 2y)/(1 + x^2 + y^2)$ (c) e $z = xy/(1 + \sqrt{x^2 + y^2})$ (d)

in corrispondenza a ciascuna delle quali vogliamo ora determinare l'espressione del versore normale in un punto $\boldsymbol{x}_0$ della superficie, indicato con $\boldsymbol{\nu}(\boldsymbol{x}_0)$. Per la rappresentazione implicita, l'espressione del versore normale è data nella (3.69). In base a questa espressione, utilizzando il fatto che una descrizione esplicita $z = z(x,y)$ può essere vista come una implicita ponendo $f(x,y,z) = \varphi_z(x,y) - z$ ed analoghe per le altre rappresentazioni, e che i gradienti di queste funzioni f sono dati da

$$a) \ \ \boldsymbol{\nabla} f = \begin{pmatrix} \partial_x \varphi_z \\ \partial_y \varphi_z \\ -1 \end{pmatrix}, \quad b) \ \ \boldsymbol{\nabla} f = \begin{pmatrix} \partial_x \varphi_y \\ -1 \\ \partial_z \varphi_y \end{pmatrix}, \quad c) \ \ \boldsymbol{\nabla} f = \begin{pmatrix} -1 \\ \partial_y \varphi_x \\ \partial_z \varphi_x \end{pmatrix}, \quad (3.76)$$

in corrispondenza alle quali si può applicare la (3.69), ottenendo le espressioni dei versori tangenti. Poiché un generico punto x del piano tangente alla superficie in x_0 deve soddisfare la relazione seguente:

$$(x - x_0) \cdot \nu(x_0) = 0 \, , \tag{3.77}$$

che esprime la condizione geometrica di ortogonalità del vettore $x - x_0$ (giacente nel piano tangente) al versore normale alla superficie nel punto x_0 (notare che nella (3.77) il *versore* normale può essere sostituito da un *vettore* normale di modulo qualunque), dalle espressioni (3.76) si ricavano le seguenti forme dell'equazione del piano tangente:

$$a) \quad z - z_0 = \partial_x \varphi_z(x_0, y_0) \, (x - x_0) + \partial_y \varphi_z(x_0, y_0) \, (y - y_0)$$

$$b) \quad y - y_0 = \partial_x \varphi_y(x_0, z_0) \, (x - x_0) + \partial_z \varphi_y(x_0, z_0) \, (z - z_0) \tag{3.78}$$

$$c) \quad x - x_0 = \partial_y \varphi_x(y_0, z_0) \, (y - y_0) + \partial_z \varphi_x(y_0, z_0) \, (z - z_0) \, .$$

Inoltre, utilizzando di nuovo la (3.69), dall'equazione (3.77) segue subito l'equazione del piano tangente in x_0 alla superficie descritta dalla rappresentazione implicita $f(x, y, z) = 0$:

$$\partial_x f(x_0) \, (x - x_0) + \partial_y f(x_0) \, (y - y_0) + \partial_z f(x_0) \, (z - z_0) = 0 \, . \tag{3.79}$$

Più interessante è la deduzione dell'equazione per il piano tangente nel caso in cui la superficie sia descritta utilizzando la rappresentazione parametrica. Al punto x_0 corrisponderanno, in tal caso, i valori u_0 e v_0 dei parametri. Consideriamo allora i due punti della superficie $x(u_0, v_0)$ e $x(u_0 + \Delta u, v_0)$, quest'ultimo ottenuto incrementando di Δu il parametro u e mantenendo il parametro v fisso. Il vettore ottenuto calcolando il limite seguente:

$$\lim_{\Delta u \to 0} \frac{x(u_0 + \Delta u, v_0) - x(u_0, v_0)}{\Delta u} = \partial_u x(u_0, v_0) \, , \tag{3.80}$$

ovvero effettuando la derivata in u della funzione vettoriale $x(u, v)$ nel punto (u_0, v_0), è per definizione tangente alla superficie nel punto x_0. Occorre notare che la (3.80) è un primo esempio di derivata di una funzione vettoriale di variabile vettoriale. Analogamente la derivata $\partial_v x(u_0, v_0)$ fornisce un secondo vettore tangente alla superficie in x_0. Si dimostra che questi due vettori non possono essere paralleli. Ne segue che il loro prodotto vettoriale definisce un vettore normale alla superficie nel punto x_0. Indicando la dipendenza da (u_0, v_0) col pedice $_0$, si ha:

$$\partial_u x_0 \times \partial_v x_0 = \begin{vmatrix} e_x & e_y & e_z \\ \partial_u x_0 & \partial_u y_0 & \partial_u z_0 \\ \partial_v x_0 & \partial_v y_0 & \partial_v z_0 \end{vmatrix} = \begin{pmatrix} \partial_u y_0 \, \partial_v z_0 - \partial_v y_0 \, \partial_u z_0 \\ \partial_v x_0 \, \partial_u z_0 - \partial_u x_0 \, \partial_v z_0 \\ \partial_u x_0 \, \partial_v y_0 - \partial_v x_0 \, \partial_u y_0 \end{pmatrix} \, ,$$

dalla quale segue, applicando la (3.77), l'equazione del piano tangente per la rappresentazione parametrica:

$$(\partial_u y_0\,\partial_v z_0 - \partial_v y_0\,\partial_u z_0)\,(x - x_0) + (\partial_v x_0\,\partial_u z_0 - \partial_u x_0\,\partial_v z_0)\,(y - y_0)+$$

$$+(\partial_u x_0\,\partial_v y_0 - \partial_v x_0\,\partial_u y_0)\,(z - z_0) = 0\;.$$

$$(3.81)$$

Un punto $\boldsymbol{x}_0$ della superficie, rappresentata parametricamente nella forma esplicita ad esempio rispetto all'asse z, cioè $z = \varphi_z(x,y)$, si chiama *estremale* se il piano tangente alla superficie in tale punto è ortogonale all'asse z. In tal caso la superficie ha in $\boldsymbol{x}_0$ un massimo od un minimo relativi, oppure un punto di sella. I punti estremali della superficie $z = \varphi_z(x,y)$ si deducono dalla soluzione del sistema:

$$\begin{cases} \partial_x\varphi_z(x,y) = 0 \\[2mm] \partial_y\varphi_z(x,y) = 0\;, \end{cases}$$

$$(3.82)$$

ottenuto imponendo che l'equazione del piano tangente (3.78)-a si riduca alla $z = z_0$, che descrive un piano ortogonale all'asse z e passante per il punto $\boldsymbol{x}_0$. Il sistema (3.82) fornisce x_0 ed y_0, mentre z_0 viene ottenuto utilizzando la rappresentazione $z = \varphi_z(x,y)$.

$\diamond$ **Esercizio:**   Calcolare i punti estremali delle superfici rappresentate in forma esplicita dalle seguenti equazioni (cfr. Fig. 3.13):

$$z = x^2 + y^2 - 1 \qquad \text{Risp.} : \quad (0,0,-1)$$

$$z = x^2 - xy + 1 \qquad \text{Risp.} : \quad (0,0,1) \qquad\qquad (3.83)$$

$$z = \frac{x - 2y}{1 + x^2 + y^2} \qquad \text{Risp.} : \quad \pm(\sqrt{5}/5, -2\sqrt{5}/5, \sqrt{5}/2)$$

$$z = \frac{xy}{1 + \sqrt{x^2 + y^2}} \qquad \text{Risp.} : \quad (0,0,0)$$

In genere è molto interessante analizzare il comportamento della funzione $z = \varphi_z(x,y)$ in un intorno di un suo punto estremale (x_0, y_0). A tale scopo, occorre procurarsi una estensione alle funzioni di due variabili dello sviluppo in serie di Taylor ([10], cap. 6 §8.II e [22], cap. 5 §16), già presentato nel §2.3 per funzioni di una sola variabile. Senza entrare nel dettaglio rigoroso della questione, occorre sapere in questa sede solo che la funzione $\varphi_z(x,y)$ può essere approssimata in un piccolo intorno del punto (x_0, y_0) dal polinomio quadratico:

$$\varphi_z(x,y) \simeq \varphi_z(x_0,y_0) + \partial_x\varphi_z(x_0,y_0)(x - x_0) + \partial_y\varphi_z(x_0,y_0)(y - y_0)+$$

$$+\frac{1}{2}\left[\; \partial^2_{xx}\varphi_z(x_0,y_0)(x - x_0)^2 + 2\partial^2_{xy}\varphi_z(x_0,y_0)(x - x_0)(y - y_0)+\right.$$

$$\left. +\partial^2_{yy}\varphi_z(x_0,y_0)(y - y_0)^2 \;\right]$$

$$(3.84)$$

Ma, ricordando la definizione di punto estremale (3.82), il polinomio di Taylor (3.84) si semplifica, poiché le derivate parziali prime sono nulle in (x_0, y_0). Introdotta la matrice delle derivate parziali seconde:

$$H(x,y) = \begin{pmatrix} \partial^2_{xx}\varphi_z(x,y) & \partial^2_{xy}\varphi_z(x,y) \\ \partial^2_{yx}\varphi_z(x,y) & \partial^2_{yy}\varphi_z(x,y) \end{pmatrix} , \tag{3.85}$$

nota come *matrice hessiana* associata alla funzione $\varphi_z(x,y)$, il polinomio (3.84) si riscrive:

$$\varphi(x,y)_z \simeq \varphi_z(x_0,y_0) + \frac{1}{2}\,(\boldsymbol{x}-\boldsymbol{x}_0) \cdot [H(x_0,y_0) \cdot (\boldsymbol{x}-\boldsymbol{x}_0)] . \tag{3.86}$$

Questa forma della approssimazione della funzione $z = \varphi_z(x,y)$ in un intorno del suo punto estremale (x_0,y_0) è particolarmente significativa per i motivi seguenti. Se la matrice H, definita nella (3.85), nel punto (x_0,y_0) è tale che $\boldsymbol{y} \cdot (H \cdot \boldsymbol{y}) > 0$ per ogni vettore $\boldsymbol{y}$ non nullo nel piano, cioè se è una matrice *definita positiva*, allora il punto estremale (x_0,y_0) è un punto di minimo relativo, come il punto $(0,0)$ $(z = -1)$ in Fig. 3.13-*a* od il punto $(-\sqrt{5}/5, 2\sqrt{5}/5)$ $(z = -\sqrt{5}/2)$ in Fig. 3.13-*c*. Infatti, la (3.86) mostra che, in tali condizioni, si ha sempre $\varphi_z(x,y) \geq \varphi_z(x_0,y_0)$ per (x,y) appartenente ad un intorno di (x_0,y_0). Al contrario, se la matrice H è tale che $\boldsymbol{y} \cdot (H \cdot \boldsymbol{y}) < 0$ per ogni vettore $\boldsymbol{y}$ non nullo nel piano, cioè se è una matrice *definita negativa*, allora il punto estremale (x_0,y_0) è un punto di massimo relativo, essendo $\varphi_z(x,y) \leq \varphi_z(x_0,y_0)$, in un intorno di tale punto. Un punto di questo tipo è il punto $(\sqrt{5}/5, -2\sqrt{5}/5)$ $(z = \sqrt{5}/2)$ in Fig. 3.13-*c*. Infine, se la matrice H non verifica nessuna di queste due condizioni nel punto (x_0,y_0), pur essendo diversa dalla matrice nulla, allora il punto estremale (x_0,y_0) risulta essere di sella, come il punto $(0,0)$ $(z = 1)$ in Fig. 3.13-*b* ed il punto $(0,0)$ $(z = 0)$ in Fig. 3.13-*d*.

3.3 Funzioni vettoriali di più variabili scalari

Una ulteriore generalizzazione, rispetto a quanto visto nei paragrafi 3.1 e 3.2, si ottiene considerando il caso di una funzione F che associa ad un vettore $\boldsymbol{x}$ di n numeri reali $x_1,\ldots,x_n$ un vettore $F(\boldsymbol{x})$ di m numeri reali $F_1(\boldsymbol{x}),\ldots,F_m(\boldsymbol{x})$. Quanto visto nel §3.1 si riottiene considerando il caso $n = 1$ e quanto visto nel §3.2 si ha nel caso particolare $m = 1$. Nelle applicazioni si utilizzano normalmente funzioni con $n = 3$ ed $m = 3$. É sufficiente, infatti, occuparsi della meccanica del corpo rigido per incontrare funzioni che associano ad un vettore posizione $\boldsymbol{x}$ uno spostamento, una velocità, oppure una accelerazione.

I concetti di limite e di continuità risultano immediatamente estendibili alla classe di funzioni in esame, utilizzando la nozione di distanza tra punti in $\mathbb{R}^n$ ed in $\mathbb{R}^m$, richiamata nella equazione (3.7). Lo stesso vale per il concetto di derivata parziale o di derivata lungo una direzione $\boldsymbol{p} = (p_1,\ldots,p_n)$, per la quale vale ancora una formula del tipo (3.71):

$$\partial_{\boldsymbol{p}} F(\boldsymbol{x}) = \boldsymbol{p} \cdot \boldsymbol{\nabla} F(\boldsymbol{x}) = (p_1\partial_1 + \ldots + p_n\partial_n)F(\boldsymbol{x}) . \tag{3.87}$$

Una funzione vettoriale $\boldsymbol{F}(\boldsymbol{x})$ infinitamente derivabile (cioè per la quale esistano tutte le derivate di qualunque ordine) si chiama *campo vettoriale*. Consideriamo un campo vettoriale con $n = m = 3$. Su tale campo si possono definire le operazioni di *divergenza*

$$\text{div}\boldsymbol{F} = \boldsymbol{\nabla} \cdot \boldsymbol{F} = \partial_x F_x + \partial_y F_y + \partial_z F_z \, , \tag{3.88}$$

che fornisce una funzione scalare della variabile vettoriale $\boldsymbol{x}$, e di *rotore*:

$$\text{rot}\boldsymbol{F} = \boldsymbol{\nabla} \times \boldsymbol{F} = \begin{vmatrix} \boldsymbol{e}_x & \boldsymbol{e}_y & \boldsymbol{e}_z \\ \partial_x & \partial_y & \partial_z \\ F_x & F_y & F_z \end{vmatrix} = \begin{pmatrix} \partial_y F_z - \partial_z F_y \\ \partial_z F_x - \partial_x F_z \\ \partial_x F_y - \partial_y F_x \end{pmatrix} \tag{3.89}$$

che definisce una funzione vettoriale della variabile vettoriale $\boldsymbol{x}$. I campi vettoriali per i quali la divergenza è identicamente nulla si dicono *solenoidali*, mentre quelli per cui il rotore è identicamente nullo si chiamano *irrotazionali*. Una terza operazione su una funzione vettoriale $\boldsymbol{F}$ è quella di *gradiente*, per la quale si ha:

$$\text{grad}\boldsymbol{F} = \begin{pmatrix} \partial_x F_x & \partial_y F_x & \partial_z F_x \\ \partial_x F_y & \partial_y F_y & \partial_z F_y \\ \partial_x F_z & \partial_y F_z & \partial_z F_z \end{pmatrix} \, , \tag{3.90}$$

che associa alla funzione vettoriale $\boldsymbol{F}(\boldsymbol{x})$ una matrice 3×3.

3.3.1 Funzioni implicite

Data una funzione $\boldsymbol{F}$ infinitamente derivabile da $\mathbb{R}^n \times \mathbb{R}^n$ ad $\mathbb{R}^n$:

$$\boldsymbol{F}(\boldsymbol{x}, \boldsymbol{y}) = 0 \, , \tag{3.91}$$

si può osservare che la relazione (3.91) definisce *implicitamente* la funzione $\boldsymbol{x} = \boldsymbol{x}(\boldsymbol{y})$, oppure la $\boldsymbol{y} = \boldsymbol{y}(\boldsymbol{x})$. Entrambe queste funzioni risultano essere infinitamente derivabili, a condizione che un certo determinate jacobiano (cfr. equazione (3.92), nel seguito) risulti non nullo.

Spesso, nelle applicazioni, accade che la scrittura in forma esplicita della funzione $\boldsymbol{y} = \boldsymbol{y}(\boldsymbol{x})$ è impossibile, a causa della presenza di funzioni trascendenti in $\boldsymbol{F}$. Poniamoci allora il problema di approssimare tale funzione con uno sviluppo in serie di Taylor. In tal caso occorre valutare le derivate della funzione (non nota in forma esplicita) $\boldsymbol{y} = \boldsymbol{y}(\boldsymbol{x})$, partendo dalla identità:

$$\boldsymbol{F}[\boldsymbol{x}, \boldsymbol{y}(\boldsymbol{x})] \equiv 0 \, ,$$

che, utilizzando una notazione indiciale (cfr. Appendice 3.4.3), possiamo tradurre nelle n equazioni scalari:

$$F_i[\boldsymbol{x}, \boldsymbol{y}(\boldsymbol{x})] \equiv 0 \, ,$$

per $i = 1, 2, \ldots, n$. Derivando entrambi i membri in x_k otteniamo:

$$\partial_{x_k} F_i + \partial_{y_m} F_i \partial_{x_k} y_m = 0 \, ,$$

ovvero il sistema lineare nelle incognite $\partial_{x_k} y_m$ per k fissato:

$$\begin{pmatrix} \partial_{y_1} F_1 & \partial_{y_2} F_1 & \cdots & \partial_{y_n} F_1 \\ \partial_{y_1} F_2 & \partial_{y_2} F_2 & \cdots & \partial_{y_n} F_2 \\ \vdots & \vdots & & \vdots \\ \partial_{y_1} F_n & \partial_{y_2} F_n & \cdots & \partial_{y_n} F_n \end{pmatrix} \begin{pmatrix} \partial_{x_k} y_1 \\ \partial_{x_k} y_2 \\ \vdots \\ \partial_{x_k} y_n \end{pmatrix} = - \begin{pmatrix} \partial_{x_k} F_1 \\ \partial_{x_k} F_2 \\ \vdots \\ \partial_{x_k} F_n \end{pmatrix}$$

Questo sistema si risolve col metodo di Cramer, nelle ipotesi in cui il determinante della matrice dei coefficienti:

$$\frac{\partial(F_1, F_2, \ldots, F_n)}{\partial(y_1, y_2, \ldots, y_n)} = \begin{vmatrix} \partial_{y_1} F_1 & \partial_{y_2} F_1 & \cdots & \partial_{y_n} F_1 \\ \partial_{y_1} F_2 & \partial_{y_2} F_2 & \cdots & \partial_{y_n} F_2 \\ \vdots & \vdots & & \vdots \\ \partial_{y_1} F_n & \partial_{y_2} F_n & \cdots & \partial_{y_n} F_n \end{vmatrix} \tag{3.92}$$

sia non nullo. In tal modo la derivata in x_k delle componenti della funzione $\boldsymbol{y}(\boldsymbol{x})$ si scrive come:

$$\partial_{x_k} y_i = - \frac{\dfrac{\partial(F_1, F_2, \ldots, F_{i-1}, F_i, F_{i+1}, \ldots, F_n)}{\partial(y_1, y_2, \ldots, y_{i-1}, x_k, y_{i+1}, \ldots, y_n)}}{\dfrac{\partial(F_1, F_2, \ldots, F_n)}{\partial(y_1, y_2, \ldots, y_n)}} \tag{3.93}$$

per $k = 1, 2, \ldots, n$. Il risultato precedente è parte del *teorema del Dini* ([10] pp. 456-461), che stabilisce anche le proprietà di regolarità della funzione implicita così definita. Ottenute con la formula precedente le derivate prime in x_k della funzione $\boldsymbol{y}(\boldsymbol{x})$, queste possono essere utilizzate per valutare tutte le derivate successive.

Facciamo un esempio per $n = 2$. Supponiamo di avere la funzione (3.91) nella forma:

$$\begin{pmatrix} F_1 \\ F_2 \end{pmatrix} = \begin{pmatrix} x_1 - x_2 + y_1 + y_2 \\ x_1 y_1 + x_2 y_2 \end{pmatrix} = \begin{pmatrix} 0 \\ 0 \end{pmatrix} \tag{3.94}$$

con $x_1 \neq x_2$, affinché le due condizioni (3.94) risultino indipendenti. Abbiamo scelto le funzioni scalari in (3.94) sufficientemente semplici da consentire, in questo caso particolare, il calcolo esplicito della funzione $\boldsymbol{y}(\boldsymbol{x})$:

$$\begin{pmatrix} y_1 \\ y_2 \end{pmatrix} = \begin{pmatrix} x_2 \\ -x_1 \end{pmatrix} \, , \tag{3.95}$$

che consente di valutare esplicitamente le derivate:

$$\begin{array}{ll} \partial_{x_1} y_1 = 0 & \partial_{x_2} y_1 = 1 \\ \partial_{x_1} y_2 = -1 & \partial_{x_2} y_2 = 0 \, . \end{array} \tag{3.96}$$

Sulla base della relazione (3.93) si ottengono, invece, le seguenti stime delle medesime derivate:

$$\partial_{x_1} y_1 = -\frac{\begin{vmatrix} 1 & 1 \\ y_1 & x_2 \end{vmatrix}}{\begin{vmatrix} 1 & 1 \\ x_1 & x_2 \end{vmatrix}} = \frac{y_1 - x_2}{x_2 - x_1} \qquad \partial_{x_2} y_1 = -\frac{\begin{vmatrix} -1 & 1 \\ y_2 & x_2 \end{vmatrix}}{\begin{vmatrix} 1 & 1 \\ x_1 & x_2 \end{vmatrix}} = \frac{y_2 + x_2}{x_2 - x_1}$$

$$\partial_{x_1} y_2 = -\frac{\begin{vmatrix} 1 & 1 \\ x_1 & y_1 \end{vmatrix}}{\begin{vmatrix} 1 & 1 \\ x_1 & x_2 \end{vmatrix}} = \frac{-y_1 + x_1}{x_2 - x_1} \qquad \partial_{x_2} y_2 = -\frac{\begin{vmatrix} 1 & -1 \\ x_1 & y_2 \end{vmatrix}}{\begin{vmatrix} 1 & 1 \\ x_1 & x_2 \end{vmatrix}} = \frac{-y_2 - x_1}{x_2 - x_1} \; ,$$

sostituendo le relazioni (3.95) nelle precedenti espressioni delle derivate si riottengono le derivate (3.96), calcolate prima in base alla forma esplicita della relazione $y(x)$.

3.4 Esercizi

In questo paragrafo sarà illustrata la risoluzione di alcuni esercizi sul calcolo delle proprietà differenziali delle curve, §3.4.1, sulle funzioni scalari di più variabili (insieme di esistenza, limiti, derivate parziali, punti estremali per funzioni di due variabili), §3.4.2, ed infine sulle funzioni vettoriali di più variabili (calcolo della divergenza, del rotore e del gradiente), 3.4.3.

3.4.1 Proprietà differenziali delle curve

Presentiamo alcuni esempi del calcolo delle proprietà differenziali (terna intrinseca, curvatura e torsione) di curve nel piano e nello spazio tridimensionale.

Cominciamo dalle curve nel piano. Esaminiamo innanzitutto la *parabola* $y = x^2/2$, che, parametrizzata nella ascissa x, si scrive nella forma vettoriale seguente:

$$\boldsymbol{F}(x) = \begin{pmatrix} x \\ x^2/2 \end{pmatrix} , \tag{3.97}$$

la cui derivata in x ha modulo $|\boldsymbol{F}'| = ds/dx = \sqrt{1 + x^2}$. Il versore tangente segue dalla relazione:

$$\boldsymbol{\tau} = \frac{d\boldsymbol{F}}{dx} \frac{dx}{ds} = \frac{1}{\sqrt{1 + x^2}} \begin{pmatrix} 1 \\ x \end{pmatrix} , \tag{3.98}$$

mentre derivando ancora in s si ottengono la curvatura k ed il versore normale $\boldsymbol{\nu}$:

$$\frac{d\boldsymbol{\tau}}{ds} = \frac{d\boldsymbol{\tau}}{dx} \frac{dx}{ds} = \underbrace{\frac{1}{(1 + x^2)^{3/2}}}_{k} \; \underbrace{\frac{1}{\sqrt{1 + x^2}} \begin{pmatrix} -x \\ 1 \end{pmatrix}}_{\boldsymbol{\nu}} . \tag{3.99}$$

In modo completamente analogo si ricavano i versori tangente e normale e la curvatura del *ramo di iperbole* $y = 1/x$, considerando per semplicità le sole $x > 0$. Parametrizzando in x, la forma vettoriale di tale curva è la seguente:

$$\boldsymbol{F}(x) = \begin{pmatrix} x \\ 1/x \end{pmatrix} ,$$

la cui derivata ha modulo $|\boldsymbol{F}'| = ds/dx = \sqrt{1 + x^4}/x^2$. Il versore tangente si scrive allora come $\boldsymbol{F}'/|\boldsymbol{F}'|$:

$$\boldsymbol{\tau} = \frac{1}{\sqrt{1 + x^4}} \begin{pmatrix} x^2 \\ -1 \end{pmatrix} . \tag{3.100}$$

Derivando in s questo versore si ottengono la curvatura k ed il versore normale $\boldsymbol{\nu}$:

$$\frac{d\boldsymbol{\tau}}{ds} = \frac{d\boldsymbol{\tau}}{dx} \frac{dx}{ds} = \underbrace{\frac{2x^3}{(1 + x^4)^{3/2}}}_{k} \underbrace{\frac{1}{\sqrt{1 + x^4}} \begin{pmatrix} 1 \\ x^2 \end{pmatrix}}_{\boldsymbol{\nu}} . \tag{3.101}$$

Più in generale, quando la curva nel piano è assegnata attraverso la definizione esplicita di una coordinata in funzione dell'altra, ad esempio $y = f(x)$, la rappresentazione vettoriale è:

$$\boldsymbol{F}(x) = \begin{pmatrix} x \\ f(x) \end{pmatrix} ,$$

ne segue che $ds/dx = \sqrt{1 + f'^2}$ ed il versore tangente si scrive:

$$\boldsymbol{\tau} = \frac{1}{\sqrt{1 + f'^2}} \begin{pmatrix} 1 \\ f' \end{pmatrix} .$$

Derivando in s tale versore tangente si ottengono le espressioni della curvatura k e del versore normale $\boldsymbol{\nu}$:

$$\frac{d\boldsymbol{\tau}}{ds} = \frac{d\boldsymbol{\tau}}{dx} \frac{dx}{ds} = \underbrace{\frac{f''}{(1 + f'^2)^{3/2}}}_{k} \underbrace{\frac{1}{\sqrt{1 + f'^2}} \begin{pmatrix} -f' \\ 1 \end{pmatrix}}_{\boldsymbol{\nu}} . \tag{3.102}$$

Queste espressioni per la curvatura ed i versori tangente e normale comprendono le due precedenti, rispettivamente per $y(x) = x^2/2$ ed $y(x) = 1/x$.

Consideriamo ora l'ellisse di semiassi a e b disposti lungo gli assi x ed y. Utilizzando il parametro angolare $\varphi \in [0, 2\pi)$, la forma vetoriale per tale curva si scrive come:

$$\boldsymbol{F}(\varphi) = \begin{pmatrix} a\cos\varphi \\ b\sin\varphi \end{pmatrix} .$$

A riguardo di tale parametrizzazione dell'ellisse, occorre sottolineare che l'angolo φ non rappresenta la fase θ del corrispondente punto $\boldsymbol{x} = \boldsymbol{F}(\varphi)$ sull'ellisse, poiché $y/x = \tan\theta$ differisce da $\tan\varphi$ per la presenza del fattore b/a:

$$\tan\theta = \frac{b}{a} \tan\varphi .$$

I due angoli coincidono solo quando $b = a$, ovvero l'ellisse è una circonferenza. Precisato questo importante dettaglio, il modulo della derivata $\boldsymbol{F}'$ si calcola subito come $ds/d\varphi = \sqrt{a^2 \sin^2 \varphi + b^2 \cos^2 \varphi}$, ne segue il versore tangente:

$$\boldsymbol{\tau} = \frac{1}{\sqrt{a^2 \sin^2 \varphi + b^2 \cos^2 \varphi}} \begin{pmatrix} -a \sin \varphi \\ b \cos \varphi \end{pmatrix} , \qquad (3.103)$$

mentre, derivando ancora in s questo versore, si ottengono la curvatura k ed il versore normale $\boldsymbol{\nu}$:

$$\frac{d\boldsymbol{\tau}}{ds} = \frac{d\boldsymbol{\tau}}{d\varphi} \frac{d\varphi}{ds} = \underbrace{\frac{ab}{(a^2 \sin^2 \varphi + b^2 \cos^2 \varphi)^{3/2}}}_{k} \underbrace{\frac{-1}{\sqrt{a^2 \sin^2 \varphi + b^2 \cos^2 \varphi}} \begin{pmatrix} b \cos \varphi \\ a \sin \varphi \end{pmatrix}}_{\boldsymbol{\nu}} .$$
$$(3.104)$$

Il calcolo della curvatura e dei versori tangente e normale per una curva piana assegnata in coordinate polari:

$$\boldsymbol{x} = \boldsymbol{F}(\theta) = \rho(\theta) \, \boldsymbol{\Theta}(\theta) , \qquad (3.105)$$

in cui è stata usata la notazione (3.17), si può effettuare nel modo seguente. Innanzitutto, la curva (3.105) è parametrizzata in modo naturale con l'angolo θ, effettuando la derivata nel parametro:

$$\frac{d\boldsymbol{F}}{d\theta} = \rho' \boldsymbol{\Theta} + \rho \boldsymbol{\Theta}' ,$$

in cui i due vettori a secondo membro ($\boldsymbol{\Theta}$ e $\boldsymbol{\Theta}'$) sono ortogonali. Calcolando il modulo si ottiene facilmente:

$$\frac{ds}{d\theta} = \sqrt{\rho^2 + \rho'^2} , \qquad (3.106)$$

ne segue che il versore tangente si scrive:

$$\boldsymbol{\tau} = \frac{\rho' \boldsymbol{\Theta} + \rho \boldsymbol{\Theta}'}{\sqrt{\rho^2 + \rho'^2}} . \qquad (3.107)$$

La derivata in s del versore tangente $\boldsymbol{\tau}$ fornisce allora la curvatura k ed il versore normale $\boldsymbol{\nu}$:

$$\frac{d\boldsymbol{\tau}}{ds} = \underbrace{\frac{\rho^2 + 2\rho'^2 - \rho\rho''}{(\rho^2 + \rho'^2)^{3/2}}}_{k} \underbrace{\frac{-\rho\boldsymbol{\Theta} + \rho'\boldsymbol{\Theta}'}{\sqrt{\rho^2 + \rho'^2}}}_{\boldsymbol{\nu}} , \qquad (3.108)$$

in cui occorre cambiare il segno del versore normale se $\rho^2 + 2\rho'^2 - \rho\rho'' < 0$, al fine di mantenere positiva la curvatura k. Ad esempio, consideriamo la curva ottenuta per

$$\rho(\theta) = 1 + \cos\theta , \qquad (3.109)$$

detta *cardioide* ([5] pp. 109-110) e disegnata in Fig. 3.14. Per questa curva i versori tangente e normale e la curvatura assumono la forma:

$$\boldsymbol{\tau} = \frac{\sqrt{2}}{2}\frac{1}{\rho^{1/2}}\begin{pmatrix} -\sin\theta - \sin 2\theta \\ \cos\theta + \cos 2\theta \end{pmatrix}$$

$$\boldsymbol{\nu} = -\frac{\sqrt{2}}{2}\frac{1}{\rho^{1/2}}\begin{pmatrix} \cos\theta + \cos 2\theta \\ \sin\theta + \sin 2\theta \end{pmatrix}$$

$$k = \frac{3\sqrt{2}}{4}\frac{1}{\rho^{1/2}}\ .$$

In questo caso $\rho \to 0$ per $\theta \to \pi$, ne segue che che $k \to +\infty$ per $\theta \to \pi$, infatti la curva presenta una cuspide in $\boldsymbol{x} = 0$, come si vede dalla Fig. 3.14 Ovviamente, $\boldsymbol{\tau}$ e $\boldsymbol{\nu}$ sono discontinui in tale punto. Un secondo esempio di calcolo della curvatura in coordinate polari è illustrato in Fig. 3.15.

Supponiamo di dover calcolare la curvatura, la torsione e la terna intrinseca lungo la curva dello spazio $\mathbb{R}^3$:

$$\boldsymbol{F}(\sigma) = \begin{pmatrix} \sqrt{2}\,\sigma \\ -\sigma^2/2 \\ \log\sigma \end{pmatrix}\ , \tag{3.110}$$

in cui il parametro σ appartiene all'intervallo illimitato $[1, +\infty)$, vedi Fig. 3.16-a. Effettuando la derivata in σ della funzione vettoriale (3.110) si ottiene:

$$\frac{ds}{d\sigma} = \left|\frac{d\boldsymbol{x}}{d\sigma}\right| = \frac{\sigma^2 + 1}{\sigma}\ , \tag{3.111}$$

che consente di ricavare l'ascissa in funzione di σ:

$$s(\sigma) = \int_1^\sigma d\sigma'\left(\sigma' + \frac{1}{\sigma'}\right) = \frac{1}{2}(\sigma^2 - 1) + \log\sigma\ . \tag{3.112}$$

Il versore tangente si calcola, sulla base della relazione (3.111), come:

$$\boldsymbol{\tau} = \frac{d\boldsymbol{F}}{d\sigma}\frac{d\sigma}{ds} = \frac{\sigma}{1+\sigma^2}\begin{pmatrix} \sqrt{2} \\ -\sigma \\ 1/\sigma \end{pmatrix}\ , \tag{3.113}$$

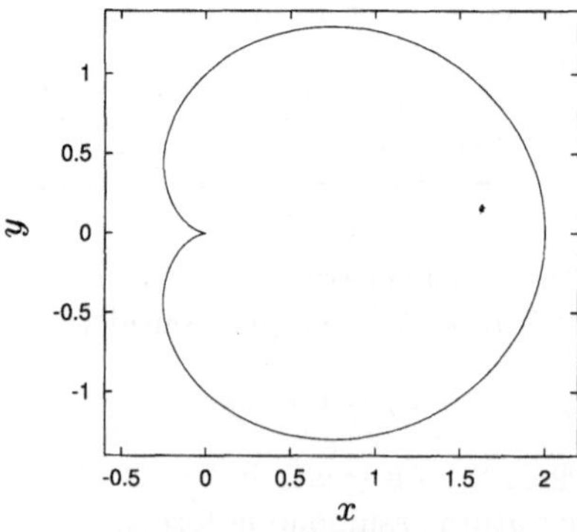

Figura 3.14. Cardioide, ottenuta con l'andamento (3.109) della distanza $\rho(\theta)$ del punto dall'origine

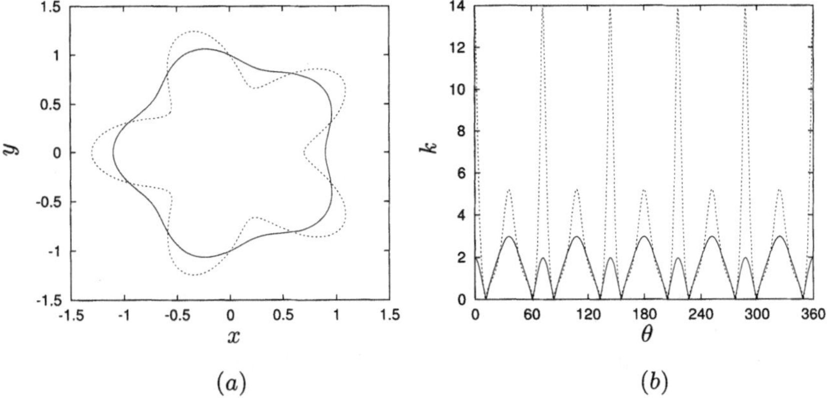

Figura 3.15. In (a) sono disegnate due curve (3.105) per $\rho(\theta) = 1 - \varepsilon \cos 5\theta$ e $\varepsilon = 0.1$ (linea continua) e $\varepsilon = 0.3$ (linea tratteggiata), mentre la curvatura k (3.108) di queste due curve è riportata in (b) in funzione dell'angolo θ, espresso in gradi sessagesimali

derivando ancora in s ed utilizzando la prima equazione di Frenet:

$$\frac{d\boldsymbol{\tau}}{ds} = \frac{d\boldsymbol{\tau}}{d\sigma}\frac{d\sigma}{ds} = \underbrace{\frac{\sqrt{2}\,\sigma}{(1+\sigma^2)^2}}_{k}\ \underbrace{\frac{1}{1+\sigma^2}\begin{pmatrix} 1-\sigma^2 \\ -\sqrt{2}\,\sigma \\ -\sqrt{2}\,\sigma \end{pmatrix}}_{\boldsymbol{\nu}}, \qquad (3.114)$$

in cui è facile identificare la curvatura k ed il versore normale $\boldsymbol{\nu}$, come indicato. Il versore binormale si calcola subito a partire dalla definizione di $\boldsymbol{\tau}$ (3.113) e da quella, implicita, di $\boldsymbol{\nu}$ (3.114):

$$\boldsymbol{b} = \boldsymbol{\tau} \times \boldsymbol{\nu} = \frac{\sigma}{1+\sigma^2}\begin{pmatrix} \sqrt{2} \\ 1/\sigma \\ -\sigma \end{pmatrix}, \qquad (3.115)$$

mentre, derivando ancora una volta in s ed utilizzando la terza equazione di Frenet, si ottiene:

$$\frac{d\boldsymbol{b}}{ds} = \frac{d\boldsymbol{b}}{d\sigma}\frac{d\sigma}{ds} = \underbrace{\frac{\sqrt{2}\,\sigma}{(1+\sigma^2)^2}}_{\chi}\ \underbrace{\frac{1}{1+\sigma^2}\begin{pmatrix} 1-\sigma^2 \\ -\sqrt{2}\,\sigma \\ -\sqrt{2}\,\sigma \end{pmatrix}}_{\boldsymbol{\nu}} \qquad (3.116)$$

Notare che la curvatura k risulta essere uguale alla torsione χ.

$\diamond$ **Esercizio:**   Verificare la seconda equazione di Frenet, a partire dalle espressioni (3.113, 3.114, 3.115) e (3.116) di $\boldsymbol{\tau},\,k,\,\boldsymbol{\nu},\,\boldsymbol{b}$ e χ.

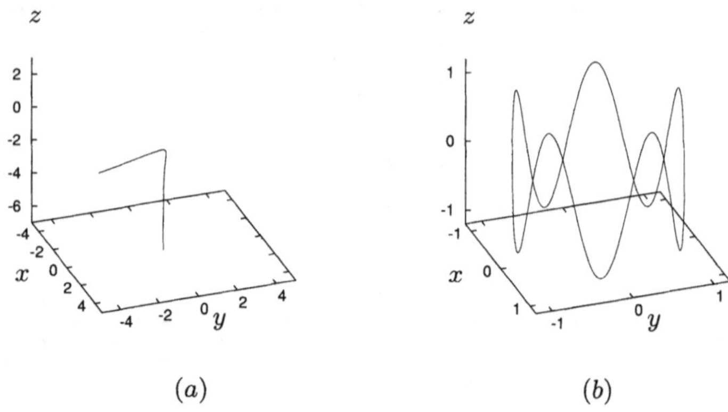

Figura 3.16. Curve (3.110), in (a), e (3.117), in (b), per $m = 5$

Calcoliamo ora le proprietà differenziali della curva di $\mathrm{I\!R}^3$:

$$\boldsymbol{x} = \boldsymbol{F}(\theta) = \begin{pmatrix} \cos\theta \\ \sin\theta \\ \sin m\theta \end{pmatrix} , \tag{3.117}$$

in cui $\theta \in [0, 2\pi)$ ed m è un numero naturale non nullo, vedi Fig. 3.16-b. Introducendo i versori:

$$\boldsymbol{\Theta}(\theta) = \begin{pmatrix} \cos\theta \\ \sin\theta \\ 0 \end{pmatrix} , \quad \boldsymbol{e}_z = \begin{pmatrix} 0 \\ 0 \\ 1 \end{pmatrix} ,$$

la curva (3.117) si riscrive come $\boldsymbol{F}(\theta) = \boldsymbol{\Theta}(\theta) + \sin m\theta \, \boldsymbol{e}_z$, la cui derivata in θ si ottiene facilmente:

$$\boldsymbol{F}'(\theta) = \boldsymbol{\Theta}'(\theta) + m\cos m\theta \, \boldsymbol{e}_z \ .$$

Il calcolo del modulo del vettore precedente è facilitato dal fatto che i due vettori $\boldsymbol{\Theta}'$ ed $\boldsymbol{e}_z$ sono ortonormali (ed, anzi, i tre vettori $\boldsymbol{\Theta}$, $\boldsymbol{\Theta}'$ ed $\boldsymbol{e}_z$ lo sono), si ha allora:

$$\frac{ds}{d\theta} = |\boldsymbol{F}'| = \sqrt{1 + m^2 \cos^2 m\theta} \ , \tag{3.118}$$

ne segue il versore tangente:

$$\boldsymbol{\tau}(\theta) = \frac{\boldsymbol{\Theta}'(\theta) + m\cos m\theta \, \boldsymbol{e}_z}{\sqrt{1 + m^2 \cos^2 m\theta}} \ . \tag{3.119}$$

La derivata in s del versore tangente si scrive, utilizzando il teorema di derivazione delle funzioni composte e l'espressione (3.118) del $ds/d\theta$, nel modo seguente:

$$\frac{d\boldsymbol{\tau}}{ds} = \frac{d\theta}{ds}\frac{d\boldsymbol{\tau}}{d\theta} = \frac{-(1 + m^2 \cos^2 m\theta)\,\boldsymbol{\Theta} + m^3 \cos m\theta \sin m\theta \, \boldsymbol{\Theta}' - m^2 \sin m\theta \, \boldsymbol{e}_z}{(1 + m^2 \cos^2 m\theta)^2} \ . \tag{3.120}$$

Il modulo del vettore a numeratore della frazione all'ultimo membro della relazione precedente si calcola, sempre utilizzando l'ortonormalità dei tre vettori $\boldsymbol{\Theta}$, $\boldsymbol{\Theta}'$ ed $\boldsymbol{e}_z$, come:

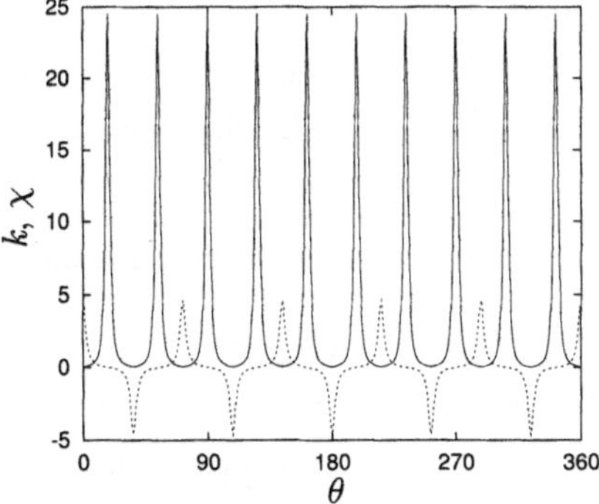

Figura 3.17. Curvatura k (linea continua) e torsione χ (linea a tratti) per la curva (3.117) con $m = 5$, in funzione dell'angolo θ (in gradi sessagesimali)

$$\left| - (1 + m^2 \cos^2 m\theta)\, \boldsymbol{\Theta} + m^3 \cos m\theta \sin m\theta\, \boldsymbol{\Theta}' - m^2 \sin m\theta\, \boldsymbol{e}_z \right| =$$

$$= \sqrt{1 + m^2 \cos^2 m\theta}\, \sqrt{1 + m^4 - m^2(m^2 - 1)\cos^2 m\theta}\ ,$$

consentendo di identificare nella (3.119) il versore normale:

$$\boldsymbol{\nu}(\theta) = \frac{-(1 + m^2 \cos^2 m\theta)\boldsymbol{\Theta}(\theta) + m^3 \cos m\theta \sin m\theta\, \boldsymbol{\Theta}'(\theta) - m^2 \sin m\theta\, \boldsymbol{e}_z}{\sqrt{1 + m^2 \cos^2 m\theta}\, \sqrt{1 + m^4 - m^2(m^2 - 1)\cos^2 m\theta}} \tag{3.121}$$

e la curvatura:

$$k(\theta) = \frac{[1 + m^4 - m^2(m^2 - 1)\cos^2 m\theta]^{1/2}}{(1 + m^2 \cos^2 m\theta)^{3/2}}\ . \tag{3.122}$$

Calcolando il prodotto vettoriale $\boldsymbol{\tau} \times \boldsymbol{\nu}$ si ottiene il versore binormale:

$$\boldsymbol{b}(\theta) = \frac{-m^2 \sin m\theta\, \boldsymbol{\Theta}(\theta) - m \cos m\theta\, \boldsymbol{\Theta}'(\theta) + \boldsymbol{e}_z}{\sqrt{1 + m^4 - m^2(m^2 - 1)\cos^2 m\theta}} \tag{3.123}$$

e, valutando la derivata in s di questo versore, si otterrà la torsione χ. Utilizzando di nuovo il teorema di derivazione delle funzioni composte e l'espressione (3.118) del $ds/d\theta$ possiamo scrivere:

$$\frac{d\boldsymbol{b}}{ds} = \frac{d\theta}{ds}\frac{d\boldsymbol{b}}{d\theta} = \frac{m(m^2 - 1)\cos m\theta}{1 + m^4 - m^2(m^2 - 1)\cos^2 m\theta}\, \boldsymbol{\nu}(\theta)\ .$$

da cui segue la torsione:

$$\chi(\theta) = \frac{m(m^2 - 1)\cos m\theta}{1 + m^4 - m^2(m^2 - 1)\cos^2 m\theta}\ . \tag{3.124}$$

La curvatura (3.122) e la torsione (3.124) sono rappresentate in Fig. 3.17, nel caso di Fig. 3.16-b, ovvero per $m = 5$.

$\diamond$ **Esercizio:**   Verificare la seconda equazione di Frenet, a partire dalle espressioni (3.119, 3.122, 3.121, 3.123) e (3.124) di $\boldsymbol{\tau}$, k, $\boldsymbol{\nu}$, $\boldsymbol{b}$ e χ.

3.4.2 Funzioni scalari di più variabili scalari

La determinazione dell'insieme di punti di $\mathbb{R}^n$ sui quali è definita una funzione $f : \mathbb{R}^n \to \mathbb{R}$ è una operazione indispensabile, che deve essere condotta prima di svolgere qualunque altra considerazione sulla funzione f in esame.

Spesso è possibile considerare la funzione f come composta da più funzioni elementari. Ad esempio, analizziamo l'insieme di esistenza della funzione da $\mathbb{R}^2$ ad $\mathbb{R}$:

$$f(x,y) = \log(y - x) \ . \tag{3.125}$$

Conviene considerare la funzione (3.125) come una funzione composta: $f = g \circ h$, in cui:

$$g : \mathbb{R} \to \mathbb{R} \qquad\qquad h : \mathbb{R}^2 \to \mathbb{R}$$
$$\xi \mapsto \log \xi \qquad\qquad (\xi, \eta) \mapsto \eta - \xi$$

Poiché la funzione h esiste su tutto $\mathbb{R}^2$, mentre g esiste solo sul semiasse reale positivo, affinché la funzione (3.125) abbia senso deve essere $y - x > 0$, ovvero il vettore $\boldsymbol{x} = (x,y)$ deve appartenere al semipiano al di sopra della bisettrice del primo e terzo quadrante. Analogamente, se consideriamo la funzione:

$$f(x,y) = \sqrt{y^2 - x^2} \ , \tag{3.126}$$

questa può ancora essere vista come la composizione di $g(\xi) = \sqrt{\xi}$ ed $h(\xi, \eta) = \eta^2 - \xi^2$. Ne segue che la funzione (3.126) esiste quando $y^2 - x^2 = (y - x)(y + x) \geq 0$, ovvero quando sono simultaneamente soddisfatte le diseguaglianze: $y \geq x$, $y \geq -x$ oppure $y \leq x$, $y \leq -x$. L'insieme di esistenza di questa funzione è illustrato in Fig. 3.18-a. L'insieme di esistenza della funzione:

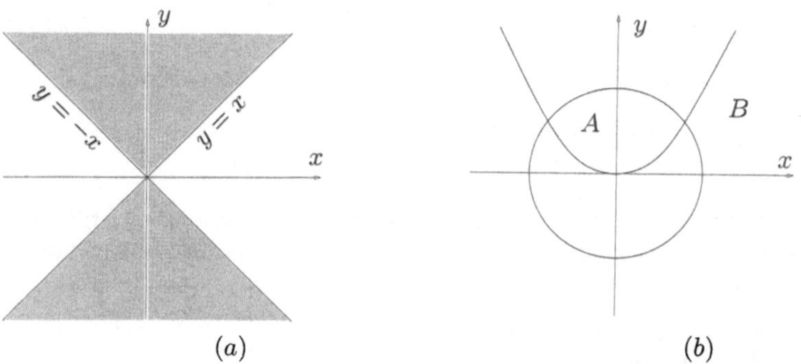

Figura 3.18. Insiemi di esistenza della funzione (3.126) (a) e della funzione (3.128) (b). In quest'ultimo caso la regione individuata dalla lettera A è formata dai punti $\boldsymbol{x} = (x,y)$ che verificano simultaneamente le due disequazioni: $y \geq x^2$ e $x^2 + y^2 < 1$, mentre nella regione B i punti verificano le due disequazioni: $y \leq x^2$ e $x^2 + y^2 > 1$. L'insieme di esistenza è dato dall'unione $A \cup B$. Notare che i punti della circonferenza non fanno mai parte dell'insieme di esistenza, mentre quelli della parabola, a meno delle intersezioni $(\pm\sqrt{(\sqrt{5} - 1)/2}, (\sqrt{5} - 1)/2)$ tra le due curve, ne fanno sempre parte

$$f(x,y) = \frac{\sqrt{x^2 + y^2}}{1 - xy} \tag{3.127}$$

è il piano privato dell'iperbole $y = 1/x$, sulla quale il denominatore della frazione si annulla. Per la funzione da $\mathbb{R}^2$ ad $\mathbb{R}$:

$$f(x,y) = \sqrt{\frac{y - x^2}{1 - x^2 - y^2}} \tag{3.128}$$

l'insieme di esistenza è rappresentato in Fig. 3.18-b. Infine, l'insieme di esistenza della funzione da $\mathbb{R}^3$ a $\mathbb{R}$:

$$f(x,y,z) = \log(z - x^2 - y^2) \tag{3.129}$$

è formato dal semispazio al di sopra del paraboloide $z = x^2 + y^2$.

Per chiarire la procedura di calcolo per i limiti di funzioni di più variabili, consideriamo il limite per $\boldsymbol{x} \to (0,1)$ della funzione (3.126). Il calcolo della $f(0,1)$ suggerisce di provare che tale limite vale 1. Fissato un numero positivo ε piccolo a piacere, consideriamo un piccolo intorno sferico del punto $(0,1)$ di raggio δ_ε, ($< \sqrt{2}/2$ perché tale intorno sia interno al campo di esistenza della funzione f) i cui punti sono dati da:

$$\boldsymbol{x} = \begin{pmatrix} 0 \\ 1 \end{pmatrix} + \rho \begin{pmatrix} \cos\theta \\ \sin\theta \end{pmatrix} \,,$$

in cui $\rho < \delta_\varepsilon$. Valutiamo allora la differenza tra la funzione nell'intorno del punto $(0,1)$ ed il valore 1:

$$\left| \sqrt{1 + 2\rho\sin\theta - \rho^2\cos 2\theta} - 1 \right| \equiv \frac{\rho|2\sin\theta - \rho\cos 2\theta|}{1 + \sqrt{1 + 2\rho\sin\theta - \rho^2\cos 2\theta}} < \rho(2 + \rho) \,,$$

da cui si ricava facilmente che basta scegliere $\delta_\varepsilon = \sqrt{1 + \varepsilon^2} - 1$ per poter garantire che la precedente quantità è minore di ε, per ogni $\rho < \delta_\varepsilon$ e per ogni θ. Ne segue che la funzione f (3.126) è continua nel punto $(0,1)$.

Analizziamo il limite per $\boldsymbol{x} \to \boldsymbol{0}$ per la funzione (3.127). Di nuovo, il calcolo diretto della funzione (3.127) suggerisce il valore 0. Scegliamo un numero positivo ε piccolo a piacere e facciamo vedere che esiste un intorno dell'origine di ampiezza δ_ε ($< \sqrt{2}$ perché tale intorno sia interno al campo di esistenza della funzione f) tale che per ogni punto $\boldsymbol{x} = (x,y)$ appartenente a tale intorno:

$$\boldsymbol{x} = \rho \begin{pmatrix} \cos\theta \\ \sin\theta \end{pmatrix} \,,$$

con $\rho \in (0, \delta_\varepsilon)$ la quantità $|f(x,y) - 0|$ può essere resa minore di ε:

$$\frac{2\rho}{2 - \rho^2\sin 2\theta} < \frac{2\rho}{2 - \rho^2} \,,$$

da cui segue che basta scegliere $\delta_\varepsilon < 2\varepsilon/(1 + \sqrt{1 + 2\varepsilon^2})$ per ottenere il risultato voluto. Ne segue che la funzione f (3.127) è continua nel punto $\boldsymbol{0}$.

Consideriamo il limite della funzione (3.128) al tendere di $\boldsymbol{x}$ al punto $(0, 1/2)$, interno alla regione di esistenza A in Fig. 3.18-b. Il calolo del valore assunto dalla funzione in tale punto suggerisce il valore $\sqrt{2/3}$ per tale limite. Fissiamo un numero positivo ε piccolo a piacere e facciamo vedere che, in corrispondenza a questo può essere determinato un intorno (sferico) del punto $(0, 1/2)$ di raggio δ_ε ($< 1/2$, perché questo intorno sia tutto interno al campo di esistenza della funzione f) tale che la quantità $|f(x, y) - \sqrt{2/3}|$ risulti minore di ε per ogni punto $\boldsymbol{x} = (x, y)$:

$$\boldsymbol{x} = \begin{pmatrix} 0 \\ 1/2 \end{pmatrix} + \rho \begin{pmatrix} \cos\theta \\ \sin\theta \end{pmatrix}$$

appartenente a tale intorno (e quindi avente $\rho < \delta_\varepsilon$). La condizione precedente si esplicita come:

$$\left| \sqrt{\frac{1 - \rho^2 + 2\rho\sin\theta - \rho^2\cos 2\theta}{3 - 4\rho^2 - 4\rho\sin\theta}} - \frac{1}{\sqrt{3}} \right| < \frac{\varepsilon}{\sqrt{2}} \,.$$

Moltiplicando numeratore e denominatore del primo membro per la somma dei due addendi si ottiene:

$$\frac{\left| \dfrac{1 - \rho^2 + 2\rho\sin\theta - \rho^2\cos 2\theta}{3 - 4\rho^2 - 4\rho\sin\theta} - \dfrac{1}{3} \right|}{\sqrt{\dfrac{1 - \rho^2 + 2\rho\sin\theta - \rho^2\cos 2\theta}{3 - 4\rho^2 - 4\rho\sin\theta}} + \dfrac{1}{\sqrt{3}}} < \frac{2(2\rho^2 + 5\rho)}{3 - 4\rho - 4\rho^2} < \frac{\varepsilon}{2} \,,$$

sempre verificata, non appena si scelga $\delta_\varepsilon \leq [\sqrt{25 + 16\varepsilon + 4\varepsilon^2} - (5 + \varepsilon)]/[2(2 + \varepsilon)]$. ne segue che la funzione (3.128) è continua nel punto $(0, 1/2)$.

Consideriamo ora il calcolo del limite della funzione (3.129) al tendere di $\boldsymbol{x}$ al punto $(0, 0, 2)$. Poiché $f(0, 0, 2) = \log 2$, fissiamo un numero positivo ε piccolo a piacere e determiniamo un intorno sferico del punto $(0, 0, 2)$ tale che per ogni punto $\boldsymbol{x}$:

$$\boldsymbol{x} = \begin{pmatrix} 0 \\ 0 \\ 1 \end{pmatrix} + \rho \begin{pmatrix} \sin\varphi\cos\theta \\ \sin\varphi\sin\theta \\ \cos\varphi \end{pmatrix}$$

(al solito, $\varphi \in [0, \pi]$ è la latitudine e $\theta \in [0, 2\pi)$ è la longitudine) appartenente a tale intorno sia verificata la diseguaglianza:

$$|\log(z - x^2 - y^2) - \log 2| < \varepsilon \,.$$

Chiamato con δ_ε il raggio dell'intorno del punto $(0, 0, 2)$, assunto per semplicità minore di $1/2$, la diseguaglianza precedente si può essere riscritta come:

$$\left| \log\left[1 + \frac{\rho}{4}\left(2\cos\varphi + \rho\cos 2\varphi - \rho \right) \right] \right| < \varepsilon \,,$$

in cui la quantità in parentesi tonde è al più compresa tra -3 e $+3$. Considerando che, se $|\xi| < 1/2$, vale la:

$$|\log(1 + \xi)| < 2\,|\xi| \,,$$

ne segue che:

$$|\log(z - x^2 - y^2) - \log 2| < \frac{3}{2}\rho \,,$$

per cui basta scegliere $\delta_\varepsilon < 2\varepsilon/3$ per verificare la richiesta precedente per tutti i punti dell'intorno sferico del punto $(0, 0, 2)$. Ne segue che anche la funzione (3.129) è continua nel punto considerato.

Esaminiamo ora il comportamento del gradiente della funzione (3.125):

$$\boldsymbol{\nabla} f(x,y) = \frac{1}{y-x} \begin{pmatrix} -1 \\ +1 \end{pmatrix} , \tag{3.130}$$

che è un vettore diretto lungo la bisettrice del II e IV quadrante, nel verso delle y cresenti (ricordare che $y-x$ è positivo nel campo di esistenza di tale funzione). Osservare che le linee di livello di f sono parallele alla bisettrice del I e III quadrante, vedi Fig. 3.19-a, e quindi il vettore (3.130) è ortogonale a tali linee, individuando la direzione in cui la f varia più velocemente.

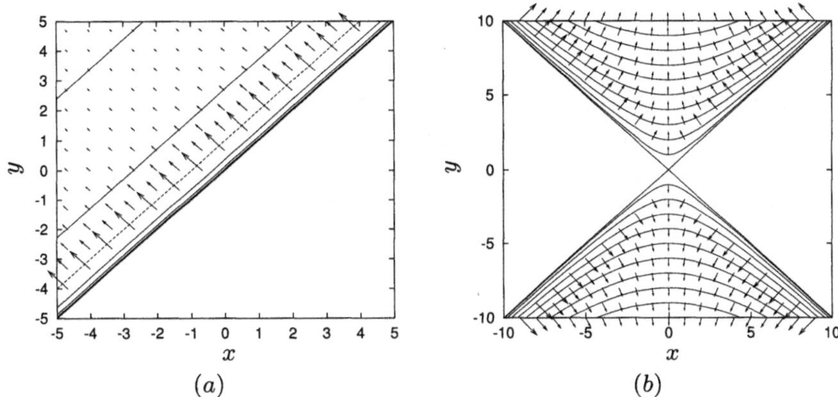

(a)   (b)

Figura 3.19. In (a) sono rappresentate le linee di livello per la funzione (3.125): $\log(y-x) = c$, per c intero relativo. Per $c = -\infty$ la linea di livello coincide con la bisettrice del primo e terzo quadrante, mentre per $c = 0$ la linea coincide con la retta $y = x + 1$, tratteggiata in figura. Sono anche rappresentati vettori proporzionali (fattore di scala 0.4) ai vettori gradiente (3.130). In (b) sono disegnate le linee di livello per la funzione (3.126): $\sqrt{y^2 - x^2} = c$ per c naturale, inoltre sono rappresentati i vettori gradiente (3.131) (con fattore di scala 0.5)

Analizziamo ora il gradiente della funzione (3.126):

$$\boldsymbol{\nabla} f(x,y) = \frac{1}{\sqrt{y^2 - x^2}} \begin{pmatrix} -x \\ y \end{pmatrix} , \tag{3.131}$$

mostrato in Fig. 3.19-b insieme alle linee di livello per tale funzione. Anche in questo caso si può verificare che il vettore $\boldsymbol{\nabla} f$ identifica la direzione sotto cui la funzione cresce più rapidamente. Un esempio ancora più complesso è dato dal gradiente della funzione (3.127):

$$\boldsymbol{\nabla} f(x,y) = \frac{1}{\sqrt{x^2 + y^2}\,(1 - xy)^2} \begin{pmatrix} x + y^3 \\ x^3 + y \end{pmatrix} , \tag{3.132}$$

mostrato in Fig. 3.20-a insieme alle linee di livello di f: $f(x,y) = c$. La regione compresa tra i due rami dell'iperbole $y = 1/x$ corrisponde ai valori positivi di c,

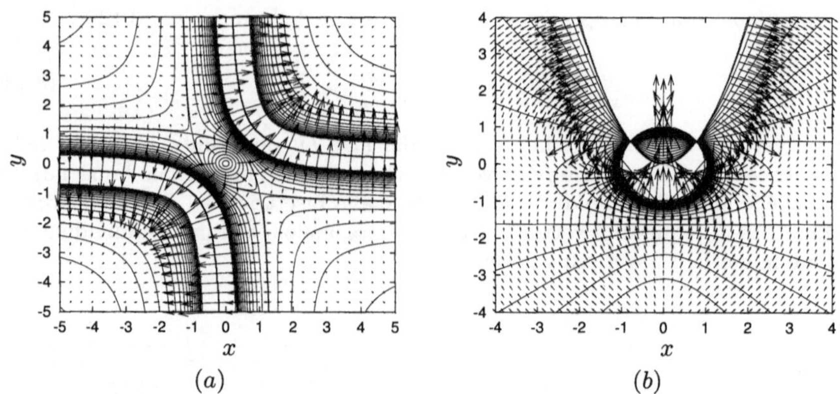

(a)   (b)

Figura 3.20. In (a) sono disegnate le linee di livello per la funzione (3.127): $f(x,y) = \sqrt{x^2 + y^2}/(1 - xy) = c$ con $c = -2, -1.9, -1.8, \ldots, +2$ e la linea passante per i due punti estremali $(-1,1)$, $(1,-1)$ con $c = \sqrt{2}/2$. Sulla medesima figura sono disegnati i vettori ∇f (3.132), con un fattore di scala 0.5 ed escludendo quelli di modulo superiore a 2. In (b) sono disegnate le linee di livello per la funzione (3.128): $f = \sqrt{(y - x^2)/(1 - x^2 - y^2)} = c$ con $c = 0, 0.1, \ldots, +4$. Sulla medesima figura sono disegnati i vettori ∇f (3.133), con le stesse modalità di (a)

mentre la regione per $x > 0$ ed $y > 1/x$ e per $x < 0$ ed $y < 1/x$, esterna ai rami dell'iperbole, corrisponde ai valori negativi di c. Il vettore gradiente si annulla nei tre punti estremali $\mathbf{0}$, $(-1,1)$ e $(1,-1)$. Analogamente, per la funzione (3.128) il vettore gradiente si scrive:

$$\nabla f(x,y) = \frac{1}{2\sqrt{(y - x^2)(1 - x^2 - y^2)}} \begin{pmatrix} 2x(y^2 + y - 1) \\ y^2 - (1 + 2y)x^2 + 1 \end{pmatrix} , \qquad (3.133)$$

mostrato, insieme alle linee di livello, in Fig. 3.20-b. Infine, il gradiente della funzione da $\mathbb{R}^3$ ad $\mathbb{R}$ (3.129) si scrive come:

$$\nabla f(x,y,z) = \frac{1}{z - x^2 - y^2} \begin{pmatrix} -2x \\ -2y \\ 1 \end{pmatrix} .$$

3.4.3 Funzioni vettoriali di più variabili scalari

Iniziamo col dimostrare alcune identità che coinvolgono le operazioni di rotore e di divergenza di una funzione $\mathbf{F}$ di classe 2, ovvero continua, con derivate prime e seconde continue. Innanzitutto, utilizzando la possibilità di invertire l'ordine di derivazione delle derivate seconde senza alterarne il valore (vedi Appendice 3.9), facciamo vedere che:

$$\nabla \cdot \nabla \times \mathbf{F} =$$

$$= \partial_x(\partial_y F_z - \partial_z F_y) + \partial_y(\partial_z F_x - \partial_x F_z) + \partial_z(\partial_x F_y - \partial_y F_x)$$

$$= (\partial^2_{xy} F_z - \partial^2_{yx} F_z) + (\partial^2_{zx} F_y - \partial^2_{xz} F_y) + (\partial^2_{yz} F_x - \partial^2_{zy} F_x) \ , \qquad (3.134)$$

poiché il campo $\boldsymbol{F}$ ha derivate seconde continue, le derivate seconde miste risultano essere indipendenti dall'ordine di derivazione, ne segue che il termine sotto l'integrale di volume, calcolato in (3.134), è identicamente nullo.

Osserviamo che il risultato precedente può essere ottenuto utilizzando un formalismo che consente di semplificare grandemente il calcolo differenziale su quantità vettoriali generiche. Chiamando con $\boldsymbol{e}_1$, $\boldsymbol{e}_2$, $\boldsymbol{e}_3$ i versori degli assi delle x, delle y e delle z ed, in corrispondenza, con F_1, F_2 ed F_3 le componenti lungo tali assi del vettore $\boldsymbol{F}$, quest'ultimo si scrive come:

$$\boldsymbol{F} = \sum_{i=1}^{3} F_i \boldsymbol{e}_i \ ,$$

oppure, facendo la convenzione di sottointendere la somma rispetto ad ogni coppia di indici uguali [2] il medesimo vettore si indica più semplicemente con:

$$\boldsymbol{F} = F_i \boldsymbol{e}_i \ .$$

Ovviamente, il vettore risultante *non* dipende da come viene chiamato l'indice di somma, a cui per questo motivo ci si riferisce indicandolo come indice *muto*. Ne segue, ad esempio, che la divergenza di $\boldsymbol{F}$ si scrive, ponendo per semplicità $\partial_i = \partial_{x_i}$, nel modo seguente:

$$\boldsymbol{\nabla} \cdot \boldsymbol{F} = \partial_i F_i \ . \qquad (3.135)$$

Ad esempio, calcoliamo la divergenza della funzione da $\mathbb{R}^3$ ad $\mathbb{R}^3$ $\boldsymbol{F}(\boldsymbol{x}) = \boldsymbol{x}$:

$$\boldsymbol{\nabla} \cdot \boldsymbol{x} = \partial_i x_i \equiv 3 \ ,$$

oppure, la divergenza delle funzione $\boldsymbol{F}(\boldsymbol{x}) = |\boldsymbol{x}|\boldsymbol{x}$:

$$\boldsymbol{\nabla} \cdot \boldsymbol{F} = x_i \partial_i |\boldsymbol{x}| + |\boldsymbol{x}| \partial_i x_i = x_i \, \frac{x_i}{|\boldsymbol{x}|} + 3|\boldsymbol{x}| = 4|\boldsymbol{x}| \ .$$

Più in generale, la divergenza di una funzione $\boldsymbol{F}(\boldsymbol{x}) = f(|\boldsymbol{x}|)\boldsymbol{x}$, con $f : \mathbb{R} \to \mathbb{R}$ derivabile, si scrive, applicando il teorema di derivazione delle funzioni composte, al modo seguente:

$$\boldsymbol{\nabla} \cdot \boldsymbol{F} = x_i \partial_i f(|\boldsymbol{x}|) + f(|\boldsymbol{x}|)\partial_i x_i = f'(|\boldsymbol{x}|)|\boldsymbol{x}| + 3f(|\boldsymbol{x}|) \ ,$$

di cui la formula precedente è un caso particolare, con $f(\xi) = \xi$.

Lievemente più laboriosa risulta essere la scrittura del rotore, per la quale è necessario premettere una considerazione riguardo al prodotto vettoriale tra due vettori $\boldsymbol{a}$ e $\boldsymbol{b}$. Introdotto il *simbolo di permutazione*:

$$\varepsilon_{ijk} = \begin{cases} +1 & \text{se } (i,j,k) \text{ è una permutazione pari di } (1,2,3) \\ -1 & \text{se } (i,j,k) \text{ è una permutazione dispari di } (1,2,3) \\ 0 & \text{se due indici sono uguali,} \end{cases} \qquad (3.136)$$

---

[2] Questa convenzione viene spesso chiamata "*convenzione di Einstein*".

il prodotto vettoriale $\boldsymbol{a} \times \boldsymbol{b}$ si scrive come:

$$\boldsymbol{a} \times \boldsymbol{b} = \sum_{i,j,k=1}^{3} \boldsymbol{e}_i \, \varepsilon_{ijk} a_j b_k = \boldsymbol{e}_i \varepsilon_{ijk} a_j b_k \ ,$$

come si verifica facilmente con un calcolo diretto.

$\diamond$ **Esercizio:**   Mostrare che $\varepsilon_{ijk} = \varepsilon_{kij} = \varepsilon_{jki}$ e che $\varepsilon_{ijk} = -\varepsilon_{ikj} = -\varepsilon_{jik} = -\varepsilon_{kji}$.

Ne segue che il rotore di $\boldsymbol{F}$ si scrive come:

$$\boldsymbol{\nabla} \times \boldsymbol{F} = \boldsymbol{e}_i \varepsilon_{ijk} \partial_j F_k \ , \tag{3.137}$$

considerando che ∂_j è la componente j del vettore $\boldsymbol{\nabla}$. La divergenza (3.135) del rotore si scrive allora immediatamente come:

$$\boldsymbol{\nabla} \cdot \boldsymbol{\nabla} \times \boldsymbol{F} = \partial_i \varepsilon_{ijk} \partial_j F_k = \varepsilon_{ijk} \partial_{ij}^2 F_k = \varepsilon_{kij} \partial_{ij}^2 F_k = \frac{1}{2}(\varepsilon_{kij} \partial_{ij}^2 F_k + \varepsilon_{kji} \partial_{ji}^2 F_k) \ ,$$

ma, poiché vale il teorema di Schwarz $\partial_{ij}^2 F_k = \partial_{ji}^2 F_k$ e quindi:

$$\boldsymbol{\nabla} \cdot \boldsymbol{\nabla} \times \boldsymbol{F} = \frac{1}{2}(\varepsilon_{kij} + \varepsilon_{kji}) \, \partial_{ij}^2 F_k = 0 \ .$$

Con questo nuovo strumento, calcoliamo il rotore del rotore di $\boldsymbol{F}$:

$$\boldsymbol{\nabla} \times \boldsymbol{\nabla} \times \boldsymbol{F} = \boldsymbol{e}_i \varepsilon_{ijk} \partial_j (\varepsilon_{klm} \partial_l F_m) = \boldsymbol{e}_i \varepsilon_{kij} \varepsilon_{klm} \partial_{jl}^2 F_m \ . \tag{3.138}$$

Introdotto il nuovo simbolo:

$$\delta_{ij} = \begin{cases} 1 & \text{se } i = j \\ 0 & \text{se } i \neq j, \end{cases} \tag{3.139}$$

chiamato *simbolo di sostituzione* o, più semplicemente, kronecher, si può dimostrare, con un calcolo diretto, che vale la seguente relazione:

$$\varepsilon_{kij} \varepsilon_{klm} = \delta_{il} \delta_{jm} - \delta_{im} \delta_{jl} \ , \tag{3.140}$$

che si ricorda facilmente essendo la differenza del prodotto tra i kronecher degli indici corrispondenti (i ed l sono entrambi al secondo posto nei simboli di permutazione, così pure j ed m sono entrambi al terzo posto) ed il prodotto dei kronecher degli indici incrociati (i al secondo ed m al terzo, j al terzo ed m al secondo). Applicando la relazione (3.140) alla (3.138) otteniamo:

$$\begin{aligned}
\boldsymbol{\nabla} \times \boldsymbol{\nabla} \times \boldsymbol{F} &= \boldsymbol{e}_i \, (\delta_{il} \delta_{jm} - \delta_{im} \delta_{jl}) \, \partial_{jl}^2 F_m \\
&= \boldsymbol{e}_i \, (\partial_i \partial_m F_m - \partial_{jj}^2 F_i) \\
&= \boldsymbol{\nabla} \boldsymbol{\nabla} \cdot \boldsymbol{F} - \nabla^2 \boldsymbol{F} \ .
\end{aligned} \tag{3.141}$$

Calcoliamo ad esempio il rotore del rotore di:

$$\boldsymbol{F}(\boldsymbol{x}) = \begin{pmatrix} -x_3^2/2 \\ x_1 x_2 x_3 \\ -x_1^2/2 \end{pmatrix}$$

utilizzando la relazione (3.141). La divergenza di $\boldsymbol{F}$ vale: $\boldsymbol{\nabla F} = x_1 x_3$, quindi il gradiente della divergenza si scrive come $(x_3, 0, x_1)$. Il Laplaciano di $\boldsymbol{F}$ vale invece $\nabla^2 \boldsymbol{F} = (-1, 0, -1)$, ne segue che:

$$\boldsymbol{\nabla} \times \boldsymbol{\nabla} \times \boldsymbol{F} = \begin{pmatrix} 1 + x_3 \\ 0 \\ 1 + x_1 \end{pmatrix} ,$$

come si verifica anche con un calcolo diretto.

3.5 Curiosando in biblioteca

Presentiamo un sintetico percorso bibliografico sugli argomenti trattati in questo capitolo, utile per approfondire ed ampliare la conoscenza sulle funzioni in spazi a più dimensioni.

Cenni sulle proprietà differenziali di curve si trovano nel capitolo 8 del testo di Analisi Matematica [4], nei §45.1-45.9, mentre una rigorosa definizione di curva e di ascissa curvilinea si trova nel cap. 6, ai nn. 60-62. Le proprietà differenziali delle curve nel piano e nello spazio tridimensionale sono poi trattate nei §64, 66 e 67.

Una ampia trattazione delle proprietà differenziali delle curve si può trovare nel testo [10], al cap. 7. Particolarmente interessante risulta la discussione di alcune proprietà delle curve piane (§11), come la costruzione delle curve evoluta ed evolvente associate ad una curva assegnata. Anche in [23] si trova una trattazione delle proprietà differenziali delle curve, al cap. V, §12 Particolare enfasi viene posta sul concetto di evolvente di una curva piana (n. 134) e su quello di evoluta (p. 419).

Le proprietà differenziali delle curve sono poi trattate nel cap. 1, §1 di [19], affiancando ad una teoria rigorosa esercizi spesso di soluzione non meramente applicativa.

Una trattazione molto sintetica dei medesimi argomenti si può trovare in [27] cap. 2°, numeri I, II e III. Alle proprietà differenziali delle curve è anche dedicato il cap. III di [6], dove è reperibile una collezione di esercizi ed esempi classici per curve nel piano. Un approccio tensoriale alle proprietà differenziali delle curve è infine discusso in [9] cap. I, §5.

Le funzioni scalari di variabile vettoriale vengono introdotte nel cap. 3 del testo di Analisi Matematica [25], insieme alle operazioni di limite, derivata parziale e differenziale totale. In particolare, lo sviluppo in serie di Taylor pluridimensionale, soltanto accennato nel presente capitolo per funzioni da $\mathbb{R}^2$ ad $\mathbb{R}$, viene discusso nel §35 e la classificazione dei punti estremali (punti *critici* o *stazionari*) è fatta nel §37. L'estensione a funzioni vettoriali di variabile vettoriale è poi presentata nel §38.

Il cap. 3 del testo di Analisi Matematica [4] è dedicato alle funzioni scalari di più variabili, in cui tutti i concetti brevemente esposti nel presente capitolo vengono approfonditi, anche con l'ausilio di una interessante collezione di esercizi proposti. Risultano particolarmente utili il §21, sull'estensione pluridimensionale dello sviluppo in serie di Taylor, ed il §23, sulle funzioni implicite. Nel cap. 4, §25 e 26, sono trattate le funzioni vettoriali di variabile vettoriale, seguendo un approccio rigoroso e, nel contempo, proponendo un buon numero di esercizi.

Una trattazione esauriente delle funzioni di più variabili si trova anche nel testo di Analisi Matematica [10], ai capp. 5, 6. Nel cap. 5 si discutono i concetti fondamentali di limite e continuità, mentre nel cap. 6 si introduce il calcolo differenziale per tali funzioni. In particolare, nel §8 si introduce l'espansione in serie di Taylor per funzioni di più variabili, con particolare riferimento allo studio dei punti estremali di funzioni da $\mathbb{R}^2$ ad $\mathbb{R}^1$ e, successivamente, di funzioni da $\mathbb{R}^n$ ad $\mathbb{R}^1$ per $n \geq 3$.

Le funzioni di due variabili sono introdotte al §6 del cap. *II* del testo di Matematica Superiore [22], definendo l'operazione di derivazione parziale ed il concetto di differenziale totale. L'estensione ad un numero maggiore di 2 di variabili indipendenti è poi fatta nel successivo cap. 5, dove vengono introdotti i concetti di funzione omogenea ed implicita di più variabili. Infine, una ampia e rigorosa trattazione delle proprietà differenziali delle funzioni di più variabili si può trovare al cap. *IV* di [6], nn. 1-18.

Le proprietà differenziali delle superfici sono discusse nel cap. 10 di [25], nei §94, 95 e 96, mentre la questione della orientabilità è presentata nel successivo §98. In [10], cap. 9 si può trovare una introduzione sulle proprietà differenziali delle superfici, mentre una trattazione approfondita di tale argomento è fornita in [23], cap. 5 §13, con particolare riguardo al calcolo delle curvature principali. Una analoga trattazione si trova anche in [27], nel n. *IV* del cap. 2°. Infine, un approccio tensoriale alle proprietà differenziali delle superfici è illustrato in [9], nel cap. *II* §7 e 8.

Una ricca collezione di esercizi sulle funzioni di più variabili si può trovare in [15], cap. 3, per quello che riguarda i campi di esistenza, i limiti, le derivate parziali, la differenziabilità e l'operatore di gradiente. Per quello che riguarda il calcolo e la conseguente classificazione dei punti estremali, molti esercizi si trovano in [16], cap. 1. Infine, una raccolta di esercizi sulle derivate di funzioni implicite si trova nel cap. 4 del medesimo volume. Approfondimenti ed esercizi sugli argomenti di questo capitolo si trovano anche nel testo di esercizi [12].

Approfondimenti

3.6 Espressioni per la curvatura, la torsione e la terna intrinseca

Sulla base delle equazioni (3.53), si possono ricavare curvatura e torsione quando la curva $x = F(s)$ è descritta da un parametro σ, differente, in generale, da quello naturale s. Indicando le derivate rispetto a σ con apici, introduciamo le quantità scalari:

$$\delta_1 = F' \cdot F'' \, , \quad \delta_2 = F'' \cdot F''' \, , \quad \delta_3 = F' \cdot F''' \, , \quad \mu_1 = |F'| \, , \quad \mu_2 = |F''| \, , \quad (3.142)$$

di alcune delle quali interesseranno anche le derivate in σ:

$$\delta_1' = \mu_2^2 + \delta_3 \, , \quad \mu_1' = \frac{\delta_1}{\mu_1} \, , \quad \mu_2' = \frac{\delta_2}{\mu_2} \, . \quad (3.143)$$

Tenendo conto che, in base alle (3.142), $s' = |F'| = \mu_1$, si ottiene il versore tangente:

$$\tau = \frac{F'}{\mu_1} \, , \quad (3.144)$$

e, derivando in s la definizione precedente e considerando le (3.143), si ottiene:

$$\frac{d\tau}{ds} = \frac{d\tau}{d\sigma} \frac{1}{\mu_1} = \frac{\mu_1^2 F'' - \delta_1 F'}{\mu_1^4} \, , \quad (3.145)$$

il cui modulo definisce la curvatura assoluta k:

$$k = \left| \frac{d\tau}{ds} \right| = \frac{\sqrt{\mu_1^2 \mu_2^2 - \delta_1^2}}{\mu_1^3} \, , \quad (3.146)$$

in cui sono state utilizzate le (3.142). Dividendo per il modulo (3.146) entrambi i membri della relazione (3.145), si ottiene pure il versore normale:

$$\nu = \frac{\mu_1^2 F'' - \delta_1 F'}{\mu_1 \sqrt{\mu_1^2 \mu_2^2 - \delta_1^2}} \, . \quad (3.147)$$

Il versore binormale si scrive tenendo conto delle espressioni (3.144) e (3.147) per τ e ν:

$$b = \frac{F' \times F''}{\sqrt{\mu_1^2 \mu_2^2 - \delta_1^2}} \, , \quad (3.148)$$

dovendo avere modulo unitario, da questa equazione segue pure che $|F' \times F''| = \sqrt{\mu_1^2 \mu_2^2 - \delta_1^2}$. Il versore binormale risulta allora essere dato da:

$$b = \frac{F' \times F''}{|F' \times F''|} \, , \quad (3.149)$$

dalla quale si può osservare che se la curva è piana, appartenendo sia F' che F'' al piano della curva, il versore b risulta normale a tale piano. Il versore normale alla curva, in base alla (3.147), si riscrive:

$$\boldsymbol{\nu} = \frac{|\boldsymbol{F}'|^2\boldsymbol{F}'' - \boldsymbol{F}' \cdot \boldsymbol{F}''\boldsymbol{F}'}{|\boldsymbol{F}'||\boldsymbol{F}' \times \boldsymbol{F}''|} \tag{3.150}$$

e la curvatura assoluta, utilizzando la (3.146), è data dalla relazione:

$$k = \frac{|\boldsymbol{F}' \times \boldsymbol{F}''|}{|\boldsymbol{F}'|^3} \; , \tag{3.151}$$

da cui segue subito, ad esempio, che la curvatura è nulla in ogni punto della curva in cui $\boldsymbol{F}'' = 0$, come accade in particolare su una retta. Derivando in s entrambi i membri della (3.148) e considerando le (3.143), si ha:

$$\frac{d\boldsymbol{b}}{ds} = \frac{d\boldsymbol{b}}{d\sigma}\frac{1}{\mu_1} = \frac{(\mu_1^2\mu_2^2 - \delta_1^2)\,\boldsymbol{F}' \times \boldsymbol{F}''' - (\mu_1^2\delta_2 - \delta_1\delta_3)\,\boldsymbol{F}' \times \boldsymbol{F}''}{\mu_1\,(\mu_1^2\mu_2^2 - \delta_1^2)^{3/2}} \; , \tag{3.152}$$

in cui il vettore $\boldsymbol{F}' \times \boldsymbol{F}''$ può essere calcolato ricavando $\boldsymbol{F}''$ dalla (3.147):

$$\boldsymbol{F}' \times \boldsymbol{F}'' = \mu_1^3\,k\,\boldsymbol{b} \; , \tag{3.153}$$

mentre, posto $\alpha = \boldsymbol{F}''' \cdot \boldsymbol{\nu}$ e $\beta = \boldsymbol{F}''' \cdot \boldsymbol{b}$, si ha $\boldsymbol{F}''' = \boldsymbol{F}''' \cdot \boldsymbol{\tau}\boldsymbol{\tau} + \alpha\boldsymbol{\nu} + \beta\boldsymbol{b}$, da cui segue il vettore $\boldsymbol{F}' \times \boldsymbol{F}'''$:

$$\boldsymbol{F}' \times \boldsymbol{F}''' = \mu_1\,(\alpha\boldsymbol{b} - \beta\boldsymbol{\nu}) \; . \tag{3.154}$$

Sostituendo le espressioni intrinseche (3.153) per $\boldsymbol{F}' \times \boldsymbol{F}''$ e (3.154) per $\boldsymbol{F}' \times \boldsymbol{F}'''$ nella derivata in s del versore binormale $\boldsymbol{b}$ (3.152), si ha:

$$\frac{d\boldsymbol{b}}{ds} = \frac{\alpha\mu_1^4 k - \mu_1^2\delta_2 + \delta_1\delta_3}{\mu_1^7 k^2}\,\boldsymbol{b} - \frac{\beta}{\mu_1^3 k}\,\boldsymbol{\nu} \; . \tag{3.155}$$

Ma, di nuovo sulla base della (3.147), si ha per δ_2:

$$\delta_2 = \left(\mu_1^2 k\,\boldsymbol{\nu} + \frac{\delta_1}{\mu_1}\,\boldsymbol{\tau}\right) \cdot \boldsymbol{F}''' = \mu_1^2 k\,\alpha + \frac{\delta_1\delta_3}{\mu_1^2} \; ,$$

da cui si ricava che il primo addendo nella (3.155) è nullo, essendo nullo il coefficiente di $\boldsymbol{b}$, in accordo con la (3.53). Dalle espressioni (3.148) per il versore binormale $\boldsymbol{b}$ e (3.146) per la curvatura assoluta k si ricava poi:

$$\beta = \boldsymbol{F}''' \cdot \boldsymbol{b} = \frac{\boldsymbol{F}' \times \boldsymbol{F}'' \cdot \boldsymbol{F}'''}{\mu_1^3\,k} = \frac{\boldsymbol{F}' \cdot \boldsymbol{F}'' \times \boldsymbol{F}'''}{\mu_1^3\,k} \; ,$$

la quale, sostituita nella (3.155) e confrontata con la (3.53), fornisce infine il valore della torsione χ:

$$\chi = -\frac{\boldsymbol{F}' \cdot \boldsymbol{F}'' \times \boldsymbol{F}'''}{|\boldsymbol{F}' \times \boldsymbol{F}''|^2} \; . \tag{3.156}$$

Si può osservare che, nel caso in cui la curva è piana e scegliendo il sistema di riferimento in modo che la curva appartenga ad uno dei piani coordinati, l'espressione a numeratore della (3.156), che è il determinante della matrice 3×3 le cui righe sono date dalle componenti dei vettori $\boldsymbol{F}'$, $\boldsymbol{F}''$ e $\boldsymbol{F}'''$, risulta essere identicamente nulla, poiché la matrice ha una colonna (quella relativa al piano coordinato cui appartiene la curva) formata da elementi nulli.

3.7 Limite all'infinito

Se $f(\boldsymbol{x})$ esiste per $|\boldsymbol{x}|$ arbitrariamente grande, allora si può definire il limite di $f(\boldsymbol{x})$ per $\boldsymbol{x} \to \infty$, rappresentato dal simbolo:

$$\lim_{\boldsymbol{x} \to \infty} f(\boldsymbol{x}) = l \, , \qquad (3.157)$$

convenendo che la scrittura (3.157) significa, per l finito, che, comunque piccolo si scelga il numero positivo ε, esiste un numero positivo Δ_ε, dipendente da ε, tale che per ogni $\boldsymbol{x}$ il cui modulo è più grande di Δ_ε valga la relazione (3.57).

◇ **Esempio:** Proviamo che la funzione da $\mathbb{R}^2$ a $\mathbb{R}$:

$$f(x,y) = \frac{1}{\sqrt{x^2 + y^2}}$$

ha limite 0 all'infinito. Scegliamo un numero $\varepsilon > 0$ piccolo a piacere. In corrispondenza a questo esiste un numero $\Delta_\varepsilon > 1/\varepsilon$ tale che, per ogni $\boldsymbol{x} = \rho(\cos\theta, \sin\theta)$ con $\rho > \Delta_\varepsilon$ e $\theta \in [0, 2\pi)$, si ha: $\qquad (3.158)$

$$|f(x,y) - 0| = \frac{1}{\rho} < \frac{1}{\Delta_\varepsilon} < \varepsilon \, .$$

Analogamente, se l è $+\infty$ la scrittura (3.157) significa che, comunque grande si scelga il numero positivo M, esiste un numero positivo Δ_M, dipendente da M, tale che, per ogni $\boldsymbol{x}$ il cui modulo è più grande di Δ_M valga la relazione (3.59).

◇ **Esempio:** Proviamo che la funzione da $\mathbb{R}^2$ a $\mathbb{R}$:

$$f(x,y) = \log(x^2 + y^2)$$

ha limite $+\infty$ all'infinito. Scegliamo un numero $M > 0$, grande a piacere. In corrispondenza a questo esiste un numero $\Delta_M > e^{M/2}$ tale che, per ogni $\boldsymbol{x} = \rho(\cos\theta, \sin\theta)$ con $\rho > \Delta_M$ e $\theta \in [0, 2\pi)$, si ha: $\qquad (3.159)$

$$f(x,y) = \log \rho^2 > \log \Delta_M^2 > M \, .$$

Se $l = -\infty$, vale la stessa definizione, con l'unica accortezza di sostituire alla diseguaglianza (3.59) la $f(\boldsymbol{x}) < -M$.

3.8 Differenziale totale

Supponiamo di avere una funzione $f : \mathbb{R}^2 \to \mathbb{R}$ delle due variabili x ed y e consideriamone l'incremento nel passare da un punto (x,y) ad un punto $(x + \Delta x, y + \Delta y)$:

$$\Delta f(x,y; \Delta x, \Delta y) = f(x + \Delta x, y + \Delta y) - f(x,y) \, , \qquad (3.160)$$

cerchiamo di capire sotto quali condizioni questo incremento è linearizzabile. Innanzitutto, riscriviamo l'incremento (3.160) in modo da far comparire i rapporti incrementali per le derivate parziali in x ed in y:

$$\frac{f(x' + \Delta x, y') - f(x', y')}{\Delta x} = \partial_x f(x', y') + O(\Delta x)$$
$$\frac{f(x'', y'' + \Delta y) - f(x'', y'')}{\Delta y} = \partial_y f(x'', y'') + O(\Delta y) \tag{3.161}$$

in due punti opportuni (x', y') e (x'', y''). Nelle relazioni (3.161) sono stati indicati con $O(\Delta x)$ e con $O(\Delta y)$ termini infinitesimi con Δx e con Δy, rispettivamente. Supponendo che Δx e Δy siano entrambi diversi da 0 e di ordine Δ, l'incremento (3.160) è dato ad esempio anche da:

$$\Delta f(x, y; \Delta x, \Delta y) \equiv [f(x + \Delta x, y + \Delta y) - f(x + \Delta x, y)] + [f(x + \Delta x, y) - f(x, y)]$$

$$\equiv \Delta y \left[\frac{f(x + \Delta x, y + \Delta y) - f(x + \Delta x, y)}{\Delta y} - \partial_y f(x + \Delta x, y) \right] +$$

$$+ \Delta x \left[\frac{f(x + \Delta x, y) - f(x, y)}{\Delta x} - \partial_x f(x, y) \right] +$$

$$+ \Delta x\, \partial_x f(x, y) + \Delta y\, \partial_y f(x + \Delta x, y)$$

$$= \Delta x\, \partial_x f(x, y) + \Delta y\, \partial_y f(x, y) +$$

$$+ \Delta y[\partial_y f(x + \Delta x, y) - \partial_y f(x, y)] + O(\Delta^2) . \tag{3.162}$$

Come mostra la (3.162), se la $\partial_y f$ è continua in (x, y) l'incremento $\Delta f(x, y; \Delta x, \Delta y)$ differisce dal differenziale $\Delta x\, \partial_x f(x, y) + \Delta y\, \partial_y f(x, y)$ per termini di ordine superiore a Δ. Identico risultato si ottiene utilizzando la decomposizione dell'incremento alternativa alla (3.162)

$$\Delta f(x, y; \Delta x, \Delta y) \equiv [f(x + \Delta x, y + \Delta y) - f(x, y + \Delta y)] + [f(x, y + \Delta y) - f(x, y)]$$

ed ipotizzando continua in (x, y) la $\partial_x f$.

Si può generalizzare questo ragionamento al caso di n qualunque e concludere che la continuità di tutte le derivate parziali è una condizione sufficiente per la differenziabilità di una funzione.

3.9 Inversione dell'ordine di derivazione

Supponiamo di avere una funzione $f : \mathbb{R}^2 \to \mathbb{R}$ delle due variabili x ed y, per la quale esistano le derivate parziali seconde $\partial_{xy}^2 f$ e $\partial_{yx}^2 f$. Poniamoci il problema di determinare quali siano le condizioni in cui, in un certo punto $\boldsymbol{x} = (x, y)$ del piano, valga la seguente relazione:

$$\partial_{xy}^2 f(\boldsymbol{x}) = \partial_{yx}^2 f(\boldsymbol{x}) . \tag{3.163}$$

A questo scopo consideriamo gli incrementi Δx e Δy, ovvero l'incremento vettoriale $\Delta \boldsymbol{x} = (\Delta x, \Delta y)$, scelti così piccoli da far risultare il punto $\boldsymbol{x} + \Delta \boldsymbol{x}$ ancora interno all'insieme di esistenza di f. Definiamo allora come *doppio incremento di* f la quantità:

$$\Delta f(x, y; \Delta x, \Delta y) = f(x + \Delta x, y + \Delta y) - [f(x, y + \Delta y) + f(x + \Delta x, y)] + f(x, y)$$

$$\equiv [f(x + \Delta x, y + \Delta y) - f(x, y + \Delta y)] - [f(x + \Delta x, y) - f(x, y)]$$

$$\equiv [f(x + \Delta x, y + \Delta y) - f(x + \Delta x, y)] - [f(x, y + \Delta y) - f(x, y)] \ .$$
$$(3.164)$$

Il doppio incremento di f, definito nella prima riga della relazione (3.164), può essere visto come incremento della funzione di y data da $f(x + \Delta x, y) - f(x, y)$ nel passare da y ad $y + \Delta y$, come è scritto nella seconda riga della relazione (3.164), oppure come incremento della funzione di x data da $f(x, y + \Delta y) - f(x, y)$ nel passare da x ad $x + \Delta x$, come è scritto nella terza riga della relazione (3.164). Nel primo caso, se assumiamo $\partial_y f$ continua in un intorno di $\boldsymbol{x}$, esiste un punto y' compreso tra y ed $y + \Delta y$ tale che:

$$\Delta f(x, y; \Delta x, \Delta y) = \left[\partial_y f(x + \Delta x, y') - \partial_y f(x, y') \right] \Delta y \ , \qquad (3.165)$$

mentre nel secondo caso, se assumiamo $\partial_x f$ continua in un intorno di $\boldsymbol{x}$, esiste un punto x'' compreso tra x ed $x + \Delta x$ tale che:

$$\Delta f(x, y; \Delta x, \Delta y) = \left[\partial_x f(x'', y + \Delta y) - \partial_x f(x'', y) \right] \Delta x \ . \qquad (3.166)$$

Ma allora, richiedendo che anche $\partial^2_{xy} f$ sia continua in un intorno di $\boldsymbol{x}$, dalla (3.165) segue che esiste un punto x' compreso tra x ed $x + \Delta x$ tale che:

$$\Delta f(x, y; \Delta x, \Delta y) = \partial^2_{xy} f(x', y') \, \Delta y \, \Delta x \ , \qquad (3.167)$$

mentre, ipotizzando continua anche la derivata $\partial^2_{yx} f$, dalla (3.166) segue che esiste un punto y'' compreso tra y ed $y + \Delta y$ tale che:

$$\Delta f(x, y; \Delta x, \Delta y) = \partial^2_{yx} f(x'', y'') \, \Delta x \, \Delta y \ . \qquad (3.168)$$

Confrontando le (3.167) e (3.168) se ne deduce che esistono due punti $\boldsymbol{x}' = (x', y')$ ed $\boldsymbol{x}'' = (x'', y'')$, convergenti ad $\boldsymbol{x} = (x, y)$ per Δx e Δy che vanno a 0, tali che:

$$\partial^2_{xy} f(x', y') = \partial^2_{yx} f(x'', y'') \ . \qquad (3.169)$$

Per la continuità delle due derivate seconde $\partial^2_{xy} f$ e $\partial^2_{yx} f$, mandando Δx e Δy a 0 dalla (3.169) si ottiene l'uguaglianza delle derivate seconde miste nel punto $\boldsymbol{x}$.

4

Complementi sull'integrazione

In questo capitolo saranno discusse alcune estensioni dell'integrazione mono-dimensionale: nel §4.1 viene illustrata una relazione che consente di calcolare la derivata di un integrale definito tra estremi di integrazione variabili, mentre nel §4.2 la nozione di integrale viene estesa, definendo l'integrale curvilineo. La relazione discussa nel §4.1 fornisce una estensione del teorema di Torricelli-Barrow, per il calcolo delle primitive di una assegnata funzione continua. Il concetto di integrale curvilineo (§4.2.1) invece, è tra gli strumenti più importanti della Fisica, consentendo, ad esempio, di esprimere il lavoro fatto da un campo di forze continuo su un qualunque punto materiale. La nozione di forma differenziale lineare segue naturalmente da queste considerazioni (§4.2.2) e si arriva facilmente ad introdurre il concetto di campo conservativo.

Come naturale estensione dell'integrale tra estremi variabili, nel §4.3 si introduce il concetto di integrale doppio, discutendo brevemente la costruzione delle somme integrali in questo caso. Utilizzando questo nuovo strumento, viene calcolato l'elemento di area su una superficie di $\mathbb{R}^3$ (§4.3.1) e quindi l'area di una superficie assegnata in forma parametrica. Si introduce poi la nozione di integrale superficiale, procedendo in totale analogia con l'integrale curvilineo. Una prima applicazione di questa nuova forma di integrale consente di definire la nozione di flusso di un campo di vettori attraverso una superficie, brevemente illustrata nel §4.3.2.

4.1 Derivata di un integrale definito con estremi variabili

Data una funzione di due variabili $F(x, y)$, consideriamone l'integrale rispetto alla variabile y tra due estremi $\alpha(x)$ e $\beta(x)$, funzioni di x:

$$\Phi(x) = \int_{\alpha(x)}^{\beta(x)} F(x, y)\, dy \tag{4.1}$$

e poniamoci il problema di valutare la derivata in x della funzione Φ appena definita. Questo problema appare spesso nelle applicazioni, in particolare quando si sviluppano metodologie numeriche di integrazione approssimata di equazioni che contengono derivate od integrali di funzioni di più variabili.

Supponiamo la funzione F continua con derivata prima $\partial_x F$ continua e le funzioni α e β derivabili. Per valutare la derivata della funzione $\Phi(x)$ definita dalla (4.1), se ne scrive il rapporto incrementale nel passare da x ad $x + \Delta x$ utilizzando l'additività dell'integrale definito rispetto agli estremi di integrazione:

$$
\frac{\Phi(x + \Delta x) - \Phi(x)}{\Delta x} =
$$

$$
= \frac{1}{\Delta x} \left[\int_{\alpha(x+\Delta x)}^{\beta(x+\Delta x)} F(x + \Delta x, y)\, dy - \int_{\alpha(x)}^{\beta(x)} F(x, y)\, dy \right]
$$

$$
= \frac{1}{\Delta x} \left\{ \left[\int_{\alpha(x+\Delta x)}^{\alpha(x)} + \int_{\alpha(x)}^{\beta(x)} + \int_{\beta(x)}^{\beta(x+\Delta x)} \right] F(x + \Delta x, y)\, dy - \int_{\alpha(x)}^{\beta(x)} F(x, y)\, dy \right\}
$$

$$
= \int_{\alpha(x)}^{\beta(x)} \frac{F(x + \Delta x, y) - F(x, y)}{\Delta x}\, dy +
$$

$$
+ \frac{1}{\Delta x} \int_{\beta(x)}^{\beta(x+\Delta x)} F(x + \Delta x, y)\, dy - \frac{1}{\Delta x} \int_{\alpha(x)}^{\alpha(x+\Delta x)} F(x + \Delta x, y)\, dy \ . \tag{4.2}
$$

Poiché la derivata $\partial_x F$ esiste ed è continua, il primo addendo nell'ultimo membro della relazione (4.2) ammette limite per $\Delta x \to 0$ dato da:

$$
\int_{\alpha(x)}^{\beta(x)} \partial_x F(x, y)\, dy \ , \tag{4.3}
$$

mentre per il secondo ed il terzo occorre fare ulteriori considerazioni. Prendiamo ad esempio il secondo addendo (il terzo si tratta in modo identico) e consideriamo che, per il teorema della media, esiste un punto η, compreso tra $\beta(x)$ e $\beta(x + \Delta x)$, tale che:

$$
\frac{1}{\Delta x} \int_{\beta(x)}^{\beta(x+\Delta x)} F(x + \Delta x, y)\, dy = \frac{\beta(x + \Delta x) - \beta(x)}{\Delta x} F(x + \Delta x, \eta) \ ,
$$

per cui il limite per $\Delta x \to 0$ del secondo addendo si scrive:

$$
\beta'(x)\, F(x, \beta(x)) \ , \tag{4.4}
$$

dove β' è la derivata di β. Utilizzando i risultati (4.3, 4.4) ed il fatto che il limite per $\Delta x \to 0$ del terzo addendo nell'ultimo membro della relazione (4.2) vale $-\alpha'(x)\, F(x, \alpha(x))$, si ottiene, infine, la derivata prima della funzione $\Phi(x)$:

$$
\Phi'(x) = \int_{\alpha(x)}^{\beta(x)} \partial_x F(x, y)\, dy + \beta'(x)\, F(x, \beta(x)) - \alpha'(x)\, F(x, \alpha(x)) \ . \tag{4.5}
$$

La relazione (4.5) si può ricordare facilmente se si nota che a secondo membro c'è l'integrale della derivata a cui si somma la funzione integranda calcolata nell'estremo superiore di integrazione e moltiplicata per la derivata di tale estremo e si sottrae la funzione integranda calcolata nell'estremo inferiore e moltiplicata per la derivata di quest'ultimo.

$\diamond$ **Esercizio:**   Calcolare le derivate dei seguenti integrali definiti

1) $\displaystyle\int_{x^2}^{x+1} \frac{y}{x+y}\, dy$

Risp. $-\log\dfrac{2x+1}{x(x+1)} - \dfrac{4x^3 + 2x^2 - 3x - 2}{(x+1)(2x+1)}$

2) $\displaystyle\int_{x^2}^{x^3} \log(x^2 + y^2)\, dy$

Risp. $2(\arctan x^2 - \arctan x) + 2x(3x - 2)\log x +$

$+ 3x^2 \log(1 + x^4) - 2x\log(1 + x^2)$

3) $\displaystyle\int_{\log x}^{3\log x} \log(e^x + e^y)\, dy$

Risp. $\log\left(x^2\, \dfrac{e^x + x}{e^x + x^3} \right) + \dfrac{1}{x}\, \log\left[\dfrac{(e^x + x^3)^3}{e^x + x} \right]$

4.2 Integrali curvilinei

In questo paragrafo sarà introdotta una estensione dell'integrale monodimensionale che consente di definire l'operazione di integrazione su curve nello spazio $\mathbb{R}^n$. Questa generalizzazione va sotto il nome di *integrale curvilineo* (§4.2.1) e conduce naturalmente al concetto, estremamente importante in Matematica, di *forma differenziale lineare*. La questione della *integrabilità* di una forma lineare sarà brevemente discussa nel sottoparagrafo 4.2.2. Infine, come importante esempio di integrale curvilineo, viene definita la *circuitazione* (§4.2.3) di un campo di vettori su una curva chiusa.

4.2.1 Integrale lungo una curva

Data una funzione scalare g di una variabile vettoriale x ($g : \mathbb{R}^n \to \mathbb{R}$), le cui proprietà differenziali sono state discusse nel §3.2, consideriamone i valori assunti su una curva $\mathcal{C}$ nello spazio $\mathbb{R}^n$ (cfr. §3.1), descritta dalla funzione vettoriale F (3.6) della variabile scalare σ ($F : \mathbb{R} \to \mathbb{R}^n$), quando quest'ultima è compresa tra 0 e Σ. Convenzionalmente, indicheremo con $\mathcal{C}_\sigma$ la restrizione della curva $\mathcal{C}$ ai valori del parametro compresi tra 0 e σ, cosicché sarà pure $\mathcal{C}_\Sigma = \mathcal{C}$.

Componendo le due funzioni g ed $\boldsymbol{F}$ si ottiene la nuova funzione f della variabile scalare σ:

$$f(\sigma) = g(\boldsymbol{F}(\sigma)) \, , \tag{4.6}$$

che specifica i valori assunti dalla funzione g sulla curva $\boldsymbol{x} = \boldsymbol{F}(\sigma)$.

Proviamo a riscrivere in un modo differente la funzione f, ovvero la restrizione di g alla curva $\mathcal{C}$, allo scopo di introdurre alcuni concetti importanti. La funzione g sulla curva $\mathcal{C}$ assume valori dipendenti da σ, dati da:

$$f(\sigma) = g[F_1(\sigma), F_2(\sigma), \ldots, F_n(\sigma)] \, , \tag{4.7}$$

ne segue che la derivata di f in σ si scrive subito applicando il teorema di derivazione delle funzioni composte alla funzione (4.7):

$$\frac{df}{d\sigma}(\sigma) = \sum_{k=1}^{n} \frac{\partial g}{\partial x_k}[\boldsymbol{F}(\sigma)] \, \frac{dF_k}{d\sigma}(\sigma) = \underbrace{\boldsymbol{\nabla}g[\boldsymbol{F}(\sigma)]}_{\boldsymbol{G}(\sigma)} \cdot \frac{d\boldsymbol{F}}{d\sigma}(\sigma) \, . \tag{4.8}$$

Poiché vale la relazione:

$$f(\sigma) = f(0) + \int_0^{\sigma} \frac{df}{d\sigma'}(\sigma') \, d\sigma' \, , \tag{4.9}$$

allora la funzione f in un punto σ appartenente all'intervallo $(0, \Sigma)$ si scrive, sostituendo la (4.8) nella (4.9) e chiamando con $\boldsymbol{G}(\sigma')$ la funzione $\boldsymbol{\nabla}g[\boldsymbol{F}(\sigma')]$, nel modo seguente:

$$f(\sigma) = f(0) + \int_0^{\sigma} \boldsymbol{G}(\sigma') \cdot \frac{d\boldsymbol{F}}{d\sigma'}(\sigma') \, d\sigma' \, . \tag{4.10}$$

L'integrale a secondo membro della (4.10) si scrive spesso con una notazione particolare, facendo riferimento direttamente alla curva $\mathcal{C}$ ed al differenziale $d\boldsymbol{F}$ della funzione vettoriale $\boldsymbol{F}$ (introdotto nella relazione (3.16) del §3.1):

$$\int_0^{\sigma} \boldsymbol{G}(\sigma') \cdot \frac{d\boldsymbol{F}}{d\sigma'}(\sigma') \, d\sigma' = \int_{\mathcal{C}_\sigma} \boldsymbol{G}(\sigma') \cdot d\boldsymbol{F}(\sigma') \, , \tag{4.11}$$

l'integrale a secondo membro della (4.11) prende il nome di *integrale curvilineo* ed il differenziale $d\boldsymbol{F}$ si chiama in questo contesto *elemento di curva*. Il nuovo nome si giustifica osservando che $d\boldsymbol{F} = \boldsymbol{F}'d\sigma$ è indipendente dalla parametrizzazione scelta per la curva $\mathcal{C}$.

$\diamond$ **Esercizio:**   Mostrare che, se σ_1 e σ_2 sono due valori di due differenti parametri sulla medesima curva $\mathcal{C}$, tali che $\boldsymbol{F}(\sigma_1) = \boldsymbol{F}(\sigma_2)$, i due vettori:

$$\frac{d\boldsymbol{F}}{d\sigma_1}(\sigma_1) \, d\sigma_1 \quad e \quad \frac{d\boldsymbol{F}}{d\sigma_2}(\sigma_2) \, d\sigma_2$$

coincidono nello stesso vettore $d\boldsymbol{F}$.

Le nozioni precedenti riguardano un caso particolare di integrale curvilineo. In generale, data una curva $\boldsymbol{x} = \boldsymbol{F}(\sigma)$ in IR^n, l'integrale curvilineo della funzione $h : \mathrm{IR}^n \to \mathrm{IR}$ continua di $\boldsymbol{x}$ si scrive nella forma:

$$\int_C h(\boldsymbol{x}) \, d\boldsymbol{x} \, , \tag{4.12}$$

in cui $\boldsymbol{x}$ si intende vincolato ad appartenere alla curva C. Nel caso in cui la funzione h sia a valori vettoriali, ovvero $\boldsymbol{h} : \mathrm{IR}^n \to \mathrm{IR}^n$, l'integrando ha senso, dal punto di vista elementare, solo se tra $\boldsymbol{h}$ e l'elemento di curva $d\boldsymbol{x}$ c'è una operazione di prodotto vettoriale o scalare. Se si utilizza il prodotto scalare e la curva C è chiusa, si parla allora di *circuitazione*, a cui è brevemente accennato nel §4.2.3.

Facciamo qualche esempio. Considerata la curva (3.11) per $\sigma \in [0, 1]$, calcoliamo l'integrale su questo arco di curva della funzione $h(\boldsymbol{x}) = \sqrt{x + y + z}$, la quale sulla curva, ovvero per $\boldsymbol{x} = \boldsymbol{F}(\sigma)$, assume la forma: $h[\boldsymbol{x}(\sigma)] = \sqrt{1 + \sigma - \sigma^2}$. Ne segue:

$$\int_C h(\boldsymbol{x}) \, d\boldsymbol{x} = \int_0^1 \sqrt{1 + \sigma - \sigma^2} \begin{pmatrix} -2\sigma \\ 2\sigma \\ 1 - 2\sigma \end{pmatrix} d\sigma \, ,$$

da cui, effettuando la sostituzione $\sigma = (\sqrt{5}\xi + 1)/2$, si ottiene:

$$\int_C h(\boldsymbol{x}) \, d\boldsymbol{x} = \frac{5}{4} \left[\sqrt{5} \begin{pmatrix} -1 \\ +1 \\ -1 \end{pmatrix} \int_{-\sqrt{5}/5}^{+\sqrt{5}/5} \xi \sqrt{1 - \xi^2} \, d\xi + 2 \begin{pmatrix} -1 \\ +1 \\ 0 \end{pmatrix} \int_0^{+\sqrt{5}/5} \sqrt{1 - \xi^2} \, d\xi \right]$$

$$= \frac{1}{4} \left(2 + 5 \arcsin \frac{\sqrt{5}}{5} \right) \begin{pmatrix} -1 \\ +1 \\ 0 \end{pmatrix} \simeq 1.07956 \begin{pmatrix} -1 \\ +1 \\ 0 \end{pmatrix} .$$

Sulla medesima curva proviamo poi a valutare l'integrale del prodotto vettoriale tra la funzione $\boldsymbol{h}(\boldsymbol{x}) = \boldsymbol{x}$ e l'elemento di curva:

$$\int_C \boldsymbol{x} \times d\boldsymbol{x} = \int_0^1 \begin{pmatrix} -\sigma^2 \\ -(1 - \sigma)^2 \\ 2\sigma \end{pmatrix} d\sigma = \frac{1}{3} \begin{pmatrix} -1 \\ -1 \\ 3 \end{pmatrix} ,$$

oppure l'integrale del prodotto scalare:

$$\int_C \boldsymbol{x} \cdot d\boldsymbol{x} = \int_0^1 (6\sigma^3 - 3\sigma^2 - \sigma) \, d\sigma = 0 \, .$$

Supponiamo ora di dover calcolare l'integrale curvilineo della funzione $h(\boldsymbol{x}) = z\sqrt{x^2 + y^2}$ sull'arco per $\sigma \in [0, \theta]$, con $\theta > 0$, dell'elica a passo costante (3.27). Su tale curva, $h[\boldsymbol{x}(\sigma)] = \alpha\sigma$ e l'integrale nella (4.12) diviene:

$$\int_C h(\boldsymbol{x})\, d\boldsymbol{x} = \alpha \int_0^\theta \sigma \begin{pmatrix} -\sin\sigma \\ \cos\sigma \\ \alpha \end{pmatrix} d\sigma = \alpha \begin{pmatrix} \theta\cos\theta - \sin\theta \\ \theta\sin\theta + \cos\theta - 1 \\ \alpha\,\theta^2/2 \end{pmatrix} .$$

Se invece sullo stesso arco di curva si vuole calcolare l'integrale:

$$\int_C 3z^2\, \boldsymbol{e}_z \cdot \boldsymbol{x} \times d\boldsymbol{x} \, ,$$

in cui $\boldsymbol{e}_z$ è il versore dell'asse z, si deve effettuare prima il prodotto vettoriale $\boldsymbol{x} \times d\boldsymbol{x}$ per $\boldsymbol{x} \in C$ e $d\boldsymbol{x}$ elemento della medesima curva:

$$\boldsymbol{x} \times d\boldsymbol{x} = \begin{pmatrix} \alpha(\sin\sigma - \sigma\cos\sigma) \\ -\alpha(\sigma\sin\sigma + \cos\sigma) \\ 1 \end{pmatrix}$$

e quindi calcolare il prodotto scalare e l'integrale:

$$\int_C 3z^2\, \boldsymbol{e}_z \cdot \boldsymbol{x} \times d\boldsymbol{x} = 3\alpha^2 \int_0^\theta \sigma^2\, d\sigma = \alpha^2\theta^3 \, .$$

Infine, supponiamo di voler calcolare l'integrale sulmedesimo arco di curva del prodotto scalare tra la funzione vettoriale $\boldsymbol{h}(\boldsymbol{x}) = \sqrt{x^2 + y^2 + z^2}\, \boldsymbol{x}$ e l'elemento di curva:

$$\int_C \boldsymbol{h}(\boldsymbol{x}) \cdot d\boldsymbol{x} = \int_0^\theta \sqrt{1 + \alpha^2\sigma^2} \begin{pmatrix} \cos\sigma \\ \sin\sigma \\ \alpha\,\sigma \end{pmatrix} \cdot \begin{pmatrix} -\sin\sigma \\ \cos\sigma \\ \alpha \end{pmatrix} d\sigma$$
$$= \frac{1}{3} \left[(1 + \alpha^2\theta^2)^{3/2} - 1 \right] \, .$$

4.2.2 Forme differenziali lineari

L'espressione sotto il segno di integrale (in cui tralasciamo, per semplicità, di indicare la dipendenza da σ') nella definizione (4.11):

$$\boldsymbol{G} \cdot d\boldsymbol{F} = G_1 dF_1 + G_2 dF_2 + \ldots + G_n dF_n \tag{4.13}$$

prende il nome di *forma differenziale lineare*, scritta sulla curva C. Per questo motivo, si dice che la quantità a secondo membro della (4.11) è l'integrale sulla curva C_σ della forma:

$$\boldsymbol{G} \cdot d\boldsymbol{x} = G_1 dx_1 + G_2 dx_2 + \ldots + G_n dx_n \, , \tag{4.14}$$

considerando che sulla curva, descritta dall'equazione $\boldsymbol{x} = \boldsymbol{F}(\sigma)$, si ha $d\boldsymbol{x} = d\boldsymbol{F}$.

Occorre a questo punto notare che, chiamati con $\boldsymbol{\xi}$ ed $\boldsymbol{\eta}$ gli estremi $\boldsymbol{F}(0)$ e $\boldsymbol{F}(\Sigma)$ della curva C, la differenza tra i valori assunti da g nei due punti $\boldsymbol{\eta}$ ed $\boldsymbol{\xi}$, cioè $f(\Sigma) - f(0)$, non può dipendere dalla particolare curva $\mathcal{C}$ che congiunge questi due punti. Ne segue che l'integrale (4.11) calcolato in $\sigma = \Sigma$:

$$\int_{\mathcal{C}_\Sigma} \boldsymbol{G}(\sigma') \cdot d\boldsymbol{F}(\sigma') = f(\Sigma) - f(0)$$

deve in realtà risultare indipendente da $\mathcal{C}$. Per una generica forma differenziale, tale condizione è assolutamente particolare: se si scelgono ad arbitrio n funzioni scalari di $\boldsymbol{x}$, che continueremo a chiamare con G_1, G_2, ..., G_n, e si costruisce la forma differenziale (4.14) questa condizione non è, in generale, verificata, a meno che non esista una funzione $g(\boldsymbol{x})$ tale che $\boldsymbol{G} = \boldsymbol{\nabla} g$. In tal caso vale la:

$$\boldsymbol{G} \cdot d\boldsymbol{x} = \boldsymbol{\nabla} g \cdot d\boldsymbol{x} = dg \ , \tag{4.15}$$

ovvero la forma è il differenziale totale della funzione g. In tal caso si dice che la forma differenziale (4.14) è un *differenziale esatto* e la funzione g prende il nome di *primitiva* della forma (notare che tale funzione non è unica). Consideriamo, ad esempio, la forma differenziale lineare in $\mathbb{R}^3$:

$$x dx + y dy + z dz$$

ed osserviamo che la funzione scalare $g(\boldsymbol{x}) = |\boldsymbol{x}|^2/2$ è una primitiva della forma, infatti:

$$\boldsymbol{\nabla} \frac{|\boldsymbol{x}|^2}{2} = \boldsymbol{x} \ .$$

Ovviamente, qualunque altra funzione, ottenuta sommando a g una costante, continua ad essere una primitiva della medesima forma differenziale.

In generale, la ricerca di una primitiva di una forma non è semplice e ci si può chiedere se si riesce preliminarmente a stabilire se una data forma è o no un differenziale esatto. La risposta è senz'altro positiva, ma non verrà fornita in modo rigoroso ed esauriente in questo testo. Ci limiteremo a svolgere alcune considerazioni, ad esempio su una forma definita nel dominio $D \subseteq \mathbb{R}^2$:

$$u(x,y) \, dx + v(x,y) \, dy \ , \tag{4.16}$$

costruita con funzioni u e v derivabili con derivate continue in D. Se la forma (4.16) è un differenziale esatto e g è una funzione primitiva, allora la funzione u deve essere la derivata in x di g e la funzione v deve essere la derivata in y della medesima funzione g. Ne segue che g è derivabile due volte con derivate seconde continue: quindi le sue derivate seconde miste risultano uguali. Ma allora:

$$\partial_y u = \partial^2_{yx} g = \partial^2_{xy} g = \partial_x v \ . \tag{4.17}$$

Come mostra la (4.17), l'uguaglianza delle derivate incrociate ($\partial_y u = \partial_x v$) è una condizione necessaria affinché la forma (4.16) risulti un differenziale esatto. Inoltre, si può mostrare che in queste ipotesi tale condizione risulta anche sufficiente, se D è tale che, scegliendo una qualunque curva $\mathcal{C}$ *semplice* [*due differenti valori del parametro* $\sigma \in [0, \Sigma)$ *corrispondono a due punti distinti sulla curva, ad eccezione di* $\sigma = 0$ *e di* $\sigma = \Sigma$, *estremi della curva*] e chiusa in D, accade che l'interno di $\mathcal{C}$ è ancora contenuto in D. Se D verifica queste richieste si definisce *semplicemente connesso*. Al contrario, se questa condizione su D non è soddisfatta (D presenta dei "buchi", chiamati *lacune*), non si può più concludere nulla circa la natura della forma differenziale (4.16).

Ad esempio, consideriamo la forma:

$$\underbrace{\frac{y}{(x+y)^2}}_{u(x,y)} \, dx \; - \underbrace{\frac{x}{(x+y)^2}}_{v(x,y)} \, dy \ ,$$

definita in tutto $\mathbb{R}^2$, privato della bisettrice del *II* e *IV* quadrante (formalmente, $D = \{(x,y) \in \mathbb{R}^2 \,|\, x \neq -y\}$), quindi in un insieme D privo di lacune. Si verifica facilmente che:

$$\partial_y u = \frac{x-y}{(x+y)^3} = \partial_x v$$

e quindi la forma è un differenziale esatto. Una sua primitiva è $g(x,y) = x/(x+y)$. Mostriamo ora cosa accade se il dominio D di definizione della forma contiene una lacuna. Consideriamo dapprima la forma:

$$-\underbrace{\frac{y}{x^2+y^2}}_{u(x,y)} \, dx + \underbrace{\frac{x}{x^2+y^2}}_{v(x,y)} \, dy \ ,$$

per la quale $D = \mathbb{R}^2 - \{\mathbf{0}\}$, ovvero il piano privato dell'origine $\mathbf{0}$, che in tal caso è la lacuna. La condizione sulle derivate incrociate ($\partial_y u = \partial_x v$) è verificata, ma proviamo ad integrare tale forma lungo una curva semplice e chiusa che contorna la lacuna, ad esempio il cerchio di raggio unitario e centrato nell'origine $x = \cos\theta$, $y = \sin\theta$ (fissiamo arbitrariamente l'origine del parametro θ sul semiasse delle x positive), indicato con ∂B_1. [1] Troviamo in tal modo:

$$\int_{\partial B_1} \left(-\frac{y}{x^2+y^2} \, dx + \frac{x}{x^2+y^2} \, dy \right) =$$
$$= \int_0^{2\pi} \left[(-\sin\theta)(-\sin\theta \, d\theta) + \cos\theta (\cos\theta \, d\theta) \right] = 2\pi \ .$$

Quindi, se esistesse una primitiva g della forma, dovrebbe aversi $g(1, 0^-) = g(1, 0^+) + 2\pi$, ovvero questa dovrebbe essere discontinua attraverso il semiasse delle x positive. Ma una funzione siffatta non è più derivabile (in particolare,

---

[1] L'integrale su una qualunque altra curva semplice e chiusa che contiene la lacuna differisce da quello che stiamo calcolando per un integrale fatto su una curva che non contiene al suo interno la lacuna e, pertanto, è nullo.

non esiste la derivata in y nei punti del semiasse reale positivo) e quindi non
può essere una primitiva. Se ne conclude che la forma non è un differenziale
esatto. [2] Incidentalmente, notiamo che una siffatta funzione g (tale che $\partial_x g =$
u e $\partial_y g = v$) esiste ed è nota come *argomento principale* del vettore $\boldsymbol{x} = (x, y)$.
Tale funzione è definita nel modo seguente:

$$\arg_0 \boldsymbol{x} = \begin{cases} \arctan(y/x) & \text{per } x \geq 0 \text{ ed } y \geq 0 \\ \arctan(y/x) + \pi & \text{per } x < 0 \\ \arctan(y/x) + 2\pi & \text{per } x \geq 0 \text{ ed } y < 0 \end{cases}$$

e presenta la richiesta discontinuità a salto lungo il semiasse reale positivo.
Consideriamo invece la forma:

$$\underbrace{\frac{x}{(x^2 + y^2)^{3/2}}}_{u(x,y)} \, dx + \underbrace{\frac{y}{(x^2 + y^2)^{3/2}}}_{v(x,y)} \, dy \, ,$$

anche per la quale $D = \mathrm{I\!R}^2 - \{\boldsymbol{0}\}$. La condizione sulle derivate incrociate
$(\partial_y u = \partial_x v)$ è verificata, ma il risultato di una analoga integrazione sul cerchio
unitario centrato nell'origine fornisce un risultato nullo. In tal caso diviene
possibile definire una primitiva, ad esempio come $g(x, y) = -1/\sqrt{x^2 + y^2}$, e
la forma viene quindi considerata come un differenziale esatto.

La condizione di esistenza di una primitiva per una forma differenziale
svolge un ruolo di fondamentale importanza nelle applicazioni. Ad esempio,
consideriamo un campo di forze $\boldsymbol{G}(\boldsymbol{x})$, dipendenti dalla sola posizione, ed il
lavoro elementare da questo compiuto su un punto materiale che si sposta da
$\boldsymbol{x}$ ad $\boldsymbol{x} + d\boldsymbol{x}$: questo è dato, a meno di infinitesimi di ordine superiore, proprio
dalla forma differenziale $\boldsymbol{G}(\boldsymbol{x}) \cdot d\boldsymbol{x}$. Ebbene, se tale forma risulta essere un differenziale esatto, allora esiste una funzione scalare g della variabile vettoriale
$\boldsymbol{x}$, il cui differenziale totale dg è il lavoro elementare ed inoltre $\nabla g = \boldsymbol{G}$. La
funzione g prende il nome di *potenziale* associato al campo di forze $\boldsymbol{G}$, che si
chiama in tal caso *conservativo*. Se ne conclude che, se un punto materiale si
sposta da un punto $\boldsymbol{x}_1$ ad un punto $\boldsymbol{x}_2$, sotto l'azione di un campo conservativo di potenziale g, il lavoro fatto dal campo di forze sul punto non dipende dal
percorso seguito, ma soltanto dalle posizioni iniziale $\boldsymbol{x}_1$ e finale $\boldsymbol{x}_2$, essendo
dato dalla differenza di potenziale $g(\boldsymbol{x}_2) - g(\boldsymbol{x}_1)$.

4.2.3 Circuitazione

Supponiamo che la curva $\mathcal{C}$ sia *chiusa* [*in cui il punto iniziale coincide con
quello finale*. La circuitazione $\Gamma_{\mathcal{C}}$ di un campo vettoriale $\boldsymbol{G}(\boldsymbol{x})$ su $\mathcal{C}$ viene

---

[2] Ampliando la definizione di funzione alle *funzioni polidrome*, per le quali ad ogni
valore della $\boldsymbol{x}$ corrispondono una infinità numerabile di valori della funzione (o
determinazioni) ognuno dei quali differisce dall'altro per un multiplo di una fissata
costante (in questo caso, 2π), si supererà questa limitazione e la forma in esame
sarà "riabilitata" come differenziale esatto.

definita col seguente integrale curvilineo:

$$\Gamma_{\mathcal{C}} = \int_{\mathcal{C}} \boldsymbol{G}(\boldsymbol{x}) \cdot d\boldsymbol{x} \ , \tag{4.18}$$

da cui risulta che la circuitazione $\Gamma_{\mathcal{C}}$ del campo $\boldsymbol{G}$ sulla curva $\mathcal{C}$ è una quantità scalare.

$\diamond$ **Esercizio:**   Mostrare che la circuitazione su una qualunque curva chiusa è nulla, se la forma differenziale $\boldsymbol{G}(\boldsymbol{x}) \cdot d\boldsymbol{x}$ è esatta.

Questo concetto è estremamente importante quando si trattano forme differenziali $\boldsymbol{G}(\boldsymbol{x}) \cdot d\boldsymbol{x}$ "esatte" con primitive polidrome, in domini aventi una o più lacune. In tali casi, ciascuna determinazione differisce da una qualunque altra per una combinazione lineare delle circuitazioni attorno alle lacune.

Facciamo alcuni esempi, calcolando la circuitazione del campo di vettori $\boldsymbol{G}(\boldsymbol{x}) = xy\boldsymbol{x}$ su curve differenti. Iniziamo considerando l'ellisse $\mathcal{C}$ nel piano (x, y), di semiassi a lungo x e b lungo y, in tal caso la circuitazione si scrive:

$$\begin{aligned}
\Gamma_{\mathcal{C}} &= \int_{\mathcal{C}} xy\boldsymbol{x} \cdot d\boldsymbol{x} \\
&= \int_0^{2\pi} a\cos\theta\, b\sin\theta \begin{pmatrix} a\cos\theta \\ b\sin\theta \end{pmatrix} \cdot \begin{pmatrix} -a\sin\theta \\ b\cos\theta \end{pmatrix} d\theta \\
&= \frac{1}{4}\, ab(b^2 - a^2) \int_0^{2\pi} \sin^2 2\theta\, d\theta = \frac{\pi}{4}\, ab\, (b^2 - a^2) \ .
\end{aligned}$$

Effettuiamo lo stesso calcolo scegliendo come curva $\mathcal{C}$ la cardioide (3.109):

$$\begin{aligned}
\Gamma_{\mathcal{C}} &= \int_0^{2\pi} \rho^3 \sin\theta \cos\theta\, \boldsymbol{\Theta}(\theta) \cdot [\rho'(\theta)\boldsymbol{\Theta}(\theta) + \rho(\theta)\boldsymbol{\Theta}'(\theta)]\, d\theta \\
&= -\frac{1}{4}\int_0^{2\pi} \rho^4 \cos 2\theta\, d\theta = -\frac{7\pi}{8} \ ,
\end{aligned}$$

ricordando che i versori $\boldsymbol{\Theta}(\theta)$ e $\boldsymbol{\Theta}'(\theta)$ sono ortogonali. Infine, interpretando $\boldsymbol{x}$ come vettore di $\mathbb{R}^3$, calcoliamo la circuitazione del medesimo campo vettoriale, ovvero $\boldsymbol{G}(\boldsymbol{x}) = xy\boldsymbol{x}$, sulla curva (3.117):

$$\begin{aligned}
\Gamma_{\mathcal{C}} &= \int_0^{2\pi} \sin\theta\cos\theta \begin{pmatrix} \cos\theta \\ \sin\theta \\ \sin m\theta \end{pmatrix} \cdot \begin{pmatrix} -\sin\theta \\ \cos\theta \\ m\cos m\theta \end{pmatrix} d\theta \\
&= m\int_0^{2\pi} \sin\theta \cos\theta \sin m\theta \cos m\theta\, d\theta = \frac{\pi}{4}\, \delta_{m1} \ ,
\end{aligned}$$

in cui si è utilizzata la riscrittura dell'integrando in termini del coseno degli archi multipli:

$$\sin\theta \cos\theta \sin m\theta \cos m\theta = \frac{1}{8}\, [\cos 2(m-1)\theta - \cos 2(m+1)\theta] \ .$$

4.3 Integrali doppi

La naturale estensione del concetto di integrale lungo una curva necessita della definizione dell'integrale effettuato su un dominio bidimensionale, come una superficie nello spazio $\mathbb{R}^3$. Le proprietà dell'integrale fatto in un numero qualunque di dimensioni saranno poi discusse nel capitolo seguente.

Riprendiamo in esame l'integrale effettuato tra due estremi variabili, introdotto nella (4.1). Si è già visto che, in tal modo, è possibile definire una nuova funzione $\Phi(x)$ di cui, nel §4.1 è stata calcolata la derivata. Ci si pone ora il problema di definirne l'integrale. Premettiamo alcune considerazioni sugli estremi di integrazione. Supponiamo ora che le due funzioni $\alpha(x)$ e $\beta(x)$, estremi di integrazione nella definizione (4.1), siano tali che per ogni x appartenente all'intervallo (a, b) risulti $\alpha(x) < \beta(x)$. Tracciando le due curve

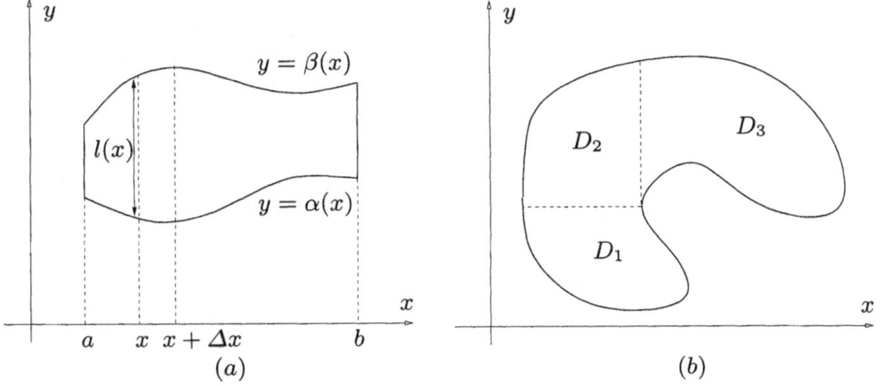

Figura 4.1. In (a) è disegnato un dominio normale rispetto all'asse x, per $a \leq x \leq b$, mentre in (b) c'è un esempio di suddivisione di un dominio generico nell'unione di domini normali rispetto ad uno dei due assi coordinati (D_1 è normale rispetto ad y, D_2 rispetto ad entrambi gli assi e D_3 è normale rispetto ad x)

$y = \alpha(x)$ ed $y = \beta(x)$ nel piano cartesiano (x, y), per $x \in (a, b)$, e considerando, oltre alle curve medesime, i segmenti paralleli all'asse y, uno di estremi $\alpha(a)$ e $\beta(a)$ e l'altro di estremi $\alpha(b)$ e $\beta(b)$, si ottiene una curva semplice e chiusa (cfr. Fig. 4.1-a), che è frontiera di un insieme limitato D nel piano (x, y). Tale insieme si chiama *dominio normale rispetto all'asse x*.

Per ogni x, l'integrale:

$$\int_{\alpha(x)}^{\beta(x)} dy = \beta(x) - \alpha(x) = l(x) \tag{4.19}$$

fornisce il valore della lunghezza $l(x)$ del segmento ottenuto intersecando la parallela all'asse y per x col dominio D. Considerando il punto $x + \Delta x$, si vede che l'area $\Delta A(x)$ del rettangoloide compreso tra le due parallele all'asse y per x e per $x + \Delta x$ ed il dominio D si scrive:

$$\Delta A(x) = l(x)\,\Delta x + o(\Delta x)\,, \tag{4.20}$$

in cui, al solito, indichiamo con $o(\Delta x)$ termini infinitesimi di ordine superiore a Δx. Ricordando che termini infinitesimi di ordine superiore a Δx danno un contributo nullo nel calcolo dell'integrale in x, dalla espressione (4.20) dell'area del rettangoloide si ricava subito la relazione che consente di calcolare l'area A del dominio D (spesso indicata con $|D|$):

$$A = \int_a^b l(x)\,dx = \int_a^b dx \int_{\alpha(x)}^{\beta(x)} dy\,, \tag{4.21}$$

avendo considerato l'espressione (4.19) per $l(x)$. Per calcolare l'area (4.21) è quindi necessario effettuare un primo integrale in y ed un secondo in x, ovvero valutare un integrale *doppio*. Osserviamo, infine, che la relazione (4.21) può essere reinterpretata utilizzando il significato dell'ordinario integrale mono-dimensionale come area (con segno) sottesa dalla curva corrispondente alla funzione integranda. Infatti, ricordando la (4.19), A risulta essere pari alla differenza tra l'area sottesa dalla curva $y = \beta(x)$ e quella sottesa dalla curva $y = \alpha(x)$, per $x \in (a, b)$. Inoltre, ci si convince facilmente, come illustrato nell'esempio in Fig. 4.1-*b*, che un generico dominio D, purché limitato, può essere sempre decomposto (peraltro, in infiniti modi!) nell'unione di domini normali rispetto ad uno dei due assi. Ne segue che l'area di un qualunque doninio piano D limitato è data dall'espressione simbolica seguente:

$$A = \int_D dxdy\,, \tag{4.22}$$

che si calcola decomponendo D in domini normali e sommando gli integrali ottenuti su ciascuno di tali domini, in base alla relazione (4.21).

Il medesimo risultato si può ottenere con una procedura del tutto simile rispetto a quella già utilizzata per le funzioni di una sola variabile. Definiamo, innanzitutto, due decomposizioni coordinate del dominio limitato D nel piano (x, y), una ($\mathcal{D}_{int}$) contenuta nel dominio D ed un'altra ($\mathcal{D}_{est}$) contenente D. Osserviamo che, essendo D limitato, esiste un rettangolo $(a, b) \times (c, d)$, con a, b, c e d finiti, che lo contiene. Decomponiamo (a, b) in un numero N molto grande di intervalli, scegliendo $N + 1$ punti $a = \xi_0 < \xi_1 < \cdots < \xi_{N-1} < \xi_N = b$ in tale intervallo. Facciamo la stessa cosa con l'intervallo (c, d), scegliendo $M + 1$ punti $c = \eta_0 < \eta_1 < \cdots < \eta_{M-1} < \eta_M = d$. Poi tracciamo le parallele all'asse y per i punti ξ_p per $p = 0, 1, \ldots, N$ e le parallele all'asse x per i punti η_q per $q = 0, 1, \ldots, M$. In tal modo abbiamo ottenuto $N \times M$ rettangolini. Selezionando i soli rettangolini aventi punti in comune con D, otteniamo la decomposizione $\mathcal{D}_{est} = \{R_\alpha\}$, contenente D, mentre, selezionando i soli rettangolini interni a D, otteniamo la decomposizione $\mathcal{D}_{int} = \{r_\beta\}$, contenuta nel dominio D.

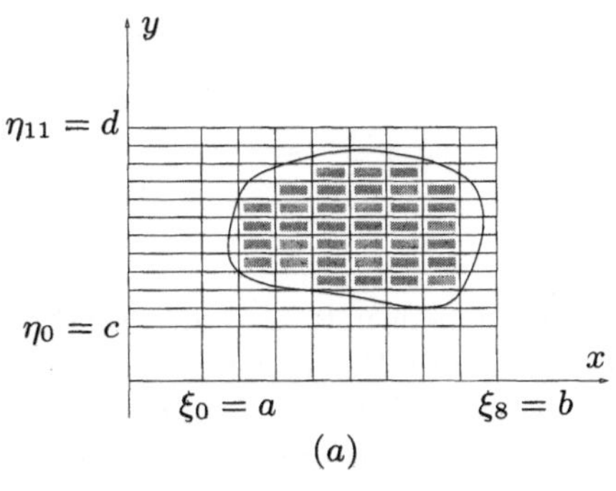
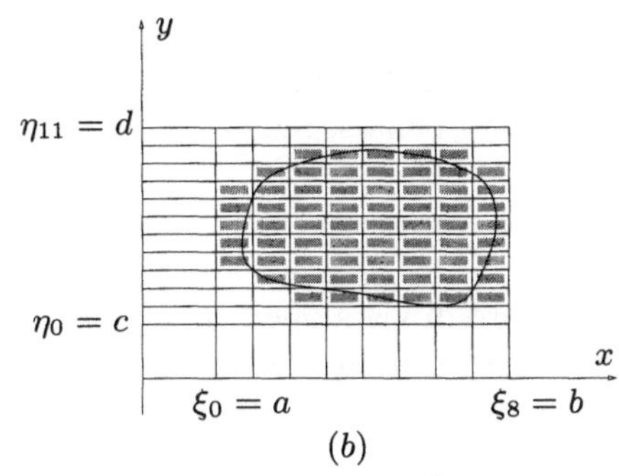

Figura 4.2. Decomposizioni coordinate $\mathcal{D}_{int}$, contenuta, (a) e $\mathcal{D}_{est}$, contenente, (b) per un donimio assegnato dominio. Sono stati scelti $N = 8$ ed $M = 10$, per semplicità di rappresentazione

Chiamiamo *norma* δ_{est} della decomposione $\mathcal{D}_{est}$ la misura della diagonale più lunga, tra tutte quelle dei rettangolini di $\mathcal{D}_{est}$. Analogamente definiamo δ_{int} come misura della diagonale più lunga tra tutte quelle dei rettangolini di $\mathcal{D}_{int}$. Ovviamente, poiché $\mathcal{D}_{int} \subseteq \mathcal{D}_{est}$, risulta pure $\delta_{int} \geq \delta_{est}$. Definiamo, poi, le somme integrali relative alle decomposizioni $\mathcal{D}_{est}$ e $\mathcal{D}_{int}$ nel modo seguente:

$$\sum_{\alpha} |R_\alpha| \, , \quad \sum_{\beta} |r_\beta| \, .$$

Si può dimostrare che, al diminuire delle norme δ_{est} e δ_{int}, e quindi al crescere di N ed M, le due somme integrali precedenti convergono allo stesso limite, indicato simbolicamente nella (4.22).

$\diamond$ **Esercizio:**   Calcolare l'area A di una ellisse di semiassi a e b.

Risp. $A = \pi \, ab$.

Questo secondo approccio consente anche di definire l'integrale doppio di una funzione continua di due variabili $f(x,y)$ ($\equiv 1$ nella discussione precedente). Infatti, scegliendo in modo arbitrario un punto $(X^{(\alpha)}, Y^{(\alpha)})$ in ciascun rettangolo R_α e un punto $(x^{(\beta)}, y^{(\beta)})$ in ciascun rettangolo r_β, si possono ridefinire le somme integrali relative alle decomposizioni coordinate $\mathcal{D}_{est}$ e $\mathcal{D}_{int}$:

$$\sum_{\alpha} |R_\alpha| f(X^{(\alpha)}, Y^{(\alpha)}) \, , \quad \sum_{\beta} |r_\beta| f(x^{(\beta)}, y^{(\beta)}) \, . \tag{4.23}$$

Di nuovo, si può dimostrare che, al diminuire delle norme δ_{est} e δ_{int}, le due somme integrali (4.23) convergono allo stesso limite, indicato simbolicamente con:

$$\int_D f(x,y) \, dxdy \, . \tag{4.24}$$

Occorre notare che, spesso, per sottolineare il fatto che l'integrale (4.24) è esteso ad un dominio bidimensionale D, la notazione simbolica (4.24) viene modificata nella seguente:

$$\int\!\!\int_D f(x,y)\,dxdy\ .$$

Dal punto di vista operativo, l'integrale precedente viene calcolato integrando prima rispetto ad y e poi rispetto ad x, se il dominio D è normale rispetto all'asse x, o viceversa, se il dominio è normale rispetto all'asse y. Se il dominio D non è normale né rispetto ad x, né rispetto ad y, occorre preventivamente suddividerlo nell'unione di domini normali.

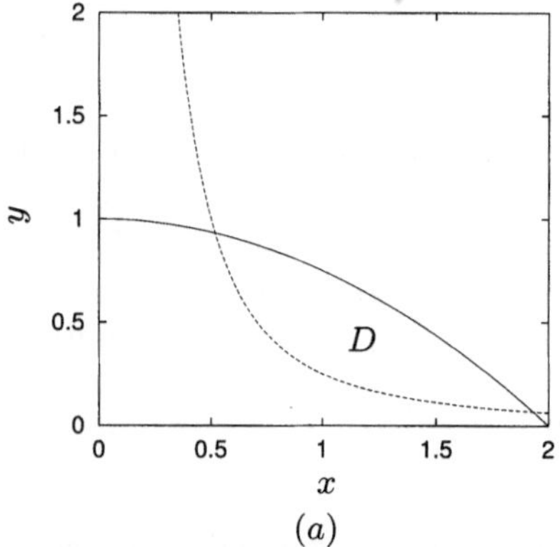
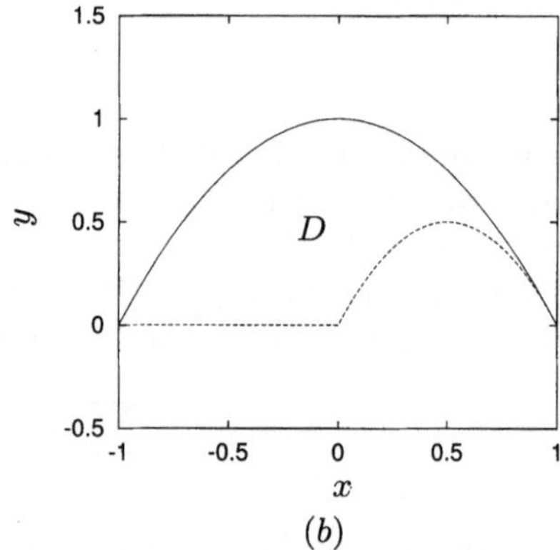

(a)   (b)

Figura 4.3. Domini in cui sono calcolati gli integrali (4.25, 4.26). Le curve in (a) sono $y = 1 - x^2/4$ (linea continua) ed $y = 1/(4x^2)$ (a tratti), mentre le curve in (b) sono $y = 1 - x^2$ (continua) $y = 0$ per $x \in [-1, 0]$, $y = 2x(1 - x)$ per $x \in (0, 1]$ (a tratti)

Facciamo alcuni esempi. Calcoliamo l'integrale esteso alla regione D del piano (x, y) ad $x > 0$ e compresa tra le due curve $y_1(x) = 1 - x^2/4$ ed $y_2(x) = 1/(4x^2)$, vedi Fig. 4.3-a, della funzione $f(x, y) = x/y$, che esiste su tutto $\mathbb{R}^2$, con l'eccezione dell'asse reale. Le due curve si intersecano nei due punti: [3]

$$P_1 = \left(\frac{\sqrt{3} - 1}{\sqrt{2}}, \frac{2 + \sqrt{3}}{4}\right) \quad \text{e} \quad P_2 = \left(\frac{\sqrt{3} + 1}{\sqrt{2}}, \frac{2 - \sqrt{3}}{4}\right)$$

---

[3] Utilizzare la formula di riduzione per i radicali doppi:

$$\sqrt{a \pm \sqrt{b}} = \sqrt{\frac{a + \sqrt{a^2 - b}}{2}} \pm \sqrt{\frac{a - \sqrt{a^2 - b}}{2}}\ ,$$

per dedurre l'espressione delle ascisse dei due punti di intersezione.

e, come si vede dalla Fig. 4.3-a, il dominio D è in tal caso normale sia rispetto all'asse x che rispetto all'asse y. Considerando D normale rispetto all'asse x, l'integrale può essere calcolato al modo seguente:

$$\int_D \frac{x}{y}\,dxdy = \int_{(\sqrt{3}-1)/\sqrt{2}}^{(\sqrt{3}+1)/\sqrt{2}} x\,dx \int_{1/(4x^2)}^{1-x^2/4} \frac{dy}{y} = 2\left[\log(7+4\sqrt{3})-\sqrt{3}\right] \simeq 1.80373 \ .$$

$$(4.25)$$

Viceversa, considerando D normale rispetto all'asse y abbiamo anche:

$$\int_D \frac{x}{y}\,dxdy = \int_{(2-\sqrt{3})/4}^{(2+\sqrt{3})/4} \frac{dy}{y} \int_{1/(2\sqrt{y})}^{2\sqrt{1-y}} x\,dx \ ,$$

che fornisce, peraltro con calcoli molto più semplici, lo stesso risultato. Calcoliamo ora l'integrale doppio nella ragione compresa tra le due curve in Fig. 4.3-b della funzione $f(x,y) = \log(x^2 + y)$. Questo dominio non è normale rispetto all'asse y, mentre lo è rispetto ad x, quindi integriamo collocando l'integrale in x all'esterno e quello in y all'interno:

$$\int_{-1}^{0} dx \int_{0}^{1-x^2} \log(x^2 + y)\,dy + \int_{0}^{1} dx \int_{2x(1-x)}^{1-x^2} \log(x^2 + y)\,dy \ =$$

$$= -\frac{1}{3}\left(1 + 4\log 2\right) \simeq -1.25753 \ .$$

$$(4.26)$$

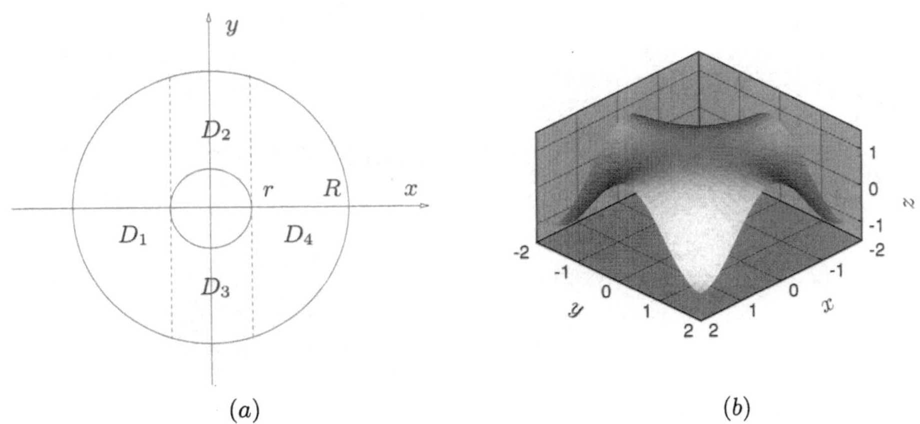

(a)   (b)

Figura 4.4. In (a) è disegnato il dominio D in cui è calcolato l'integrale (4.27), con la decomposizione $D = D_1 \cup D_2 \cup D_3 \cup D_4$ in domini normali rispetto all'asse x, utilizzata per ridurre l'integrale doppio. In (b) è disegnato il tratto di superficie $z = \cos(xy)$, con $(x,y) \in (-\sqrt{\pi}, +\sqrt{\pi}) \times (-\sqrt{\pi}, +\sqrt{\pi})$, del quale si calcola il volume (4.31) sotteso rispetto al piano (x,y)

Consideriamo ora l'integrale fatto sulla corona circolare in Fig. 4.4-a della funzione $f(x, y) = x^2/(1 + y^2)$. Questo dominio non è normale né rispetto all'asse x, né rispetto all'asse y, decomponiamolo nell'unione dei quatto domini mostrati in figura, tutti normali rispetto all'asse x. Integrando nell'ordine in D_1, D_2, D_3 e D_4 otteniamo:

$$\int_D \frac{x^2}{1 + y^2}\, dxdy \ =$$

$$\left[\int_{-R}^{-r} dx \int_{-\sqrt{R^2-x^2}}^{+\sqrt{R^2-x^2}} dy + \int_{-r}^{+r} dx \int_{+\sqrt{r^2-x^2}}^{+\sqrt{R^2-x^2}} dy + \right.$$

$$\left. + \int_{-R}^{-r} dx \int_{-\sqrt{R^2-x^2}}^{-\sqrt{r^2-x^2}} dy + \int_{+r}^{+R} dx \int_{-\sqrt{R^2-x^2}}^{+\sqrt{R^2-x^2}} dy \right] \frac{1}{1 + x^2 y^2} \ =$$

$$= 4 \left[\int_0^R x^2 \arctan \sqrt{R^2 - x^2}\, dx - \int_0^r x^2 \arctan \sqrt{r^2 - x^2}\, dx \right] . \quad (4.27)$$

Gli integrali a secondo membro della (4.27) possono essere valutati per parti. Considerato, infatti, il generico integrale del tipo:

$$I(x; \alpha) = \int x^2 \arctan \sqrt{\alpha^2 - x^2}\, dx \qquad (4.28)$$

per $x \in [0, \alpha]$, assumendo come fattore differenziale $x^2 dx = dx^3/3$ ed integrando per parti, otteniamo:

$$I(x; \alpha) = \frac{x^3}{3} \arctan \sqrt{\alpha^2 - x^2} + \frac{1}{3} \left[\int \frac{dx}{\sqrt{\alpha^2 - x^2}} (1 + \alpha^2 - x^2) + \right.$$

$$\left. -2 (1 + \alpha^2) \int \frac{dx}{\sqrt{\alpha^2 - x^2}} + (1 + \alpha^2)^2 \int \frac{dx}{\sqrt{\alpha^2 - x^2}} \frac{1}{1 + \alpha^2 - x^2} \right] ,$$

in cui i tre integrali a secondo membro sono agevolmente valutati con le sostituzioni $x = \alpha \sin \theta$ e $t = \tan \theta$. In tal modo si ottiene la stima seguente dell'integrale (4.28):

$$I(x; \alpha) = \frac{1}{3} \left[\ x^3 \arctan \sqrt{\alpha^2 - x^2} - \left(1 + \frac{3}{2} \alpha^2 \right) \arcsin \frac{x}{\alpha} + \right.$$

$$\left. + (1 + \alpha^2)^{3/2} \arctan \left(\frac{1}{\sqrt{1 + \alpha^2}} \frac{x}{\sqrt{\alpha^2 - x^2}} \right) \right] ,$$

che, sostituita nella (4.27), fornisce:

$$\int_D \frac{x^2}{1 + y^2}\, dxdy \ = \frac{2\pi}{3} \left[(1 + R^2)^{3/2} - (1 + r^2)^{3/2} \right] - \pi (R^2 - r^2) . \quad (4.29)$$

Sull'integrale (4.29) torneremo nel prossimo capitolo, mostrando che, sulla base della simmetria del dominio di integrazione, si può effettuare un cambiamento di coordinate (dalle coordinate cartesiane (x, y) a coordinate polari

(ρ, θ), per $r \le \rho \le R$ e $0 \le \theta < 2\pi$) che semplifica grandemente la valutazione di questo integrale.

In parallelo a quanto accade per l'integrale di una funzione $f(x)$ della sola variabile x, che assume il significato geometrico di area (con segno) sottesa dalla curva $y = f(x)$, l'integrale doppio (4.24) ha il significato geometrico di volume (con segno) sotteso dalla superficie $z = f(x, y)$. Infatti, le somme integrali (4.23) forniscono in tal caso il volume di un solido contenente e di uno contenuto nel cilindro sotteso alla superficie $z = f(x, y)$.

$\diamond$ **Esercizio:**   Calcolare il volume V sotteso alla superficie $z = 1/2 - (x^2 + y^2)$, quando il punto (x, y) appartiene al quadrato $[-1/2, +1/2] \times [-1/2, +1/2]$. Questo tratto di superficie è disegnato in Fig. 4.5-a.   (4.30)
Risp. $V = 1/3$.

Facciamo alcuni esempi. In Fig. 4.4-b è rappresentato il tratto di superficie $f(x, y) = \cos(xy)$, per $(x, y) \in (-\sqrt{\pi}, +\sqrt{\pi}) \times (-\sqrt{\pi}, +\sqrt{\pi}) = D$. Poniamoci il problema di valutare il volume sotteso da questo tratto di superficie, ovvero l'integrale doppio:

$$V = \int_D \cos(xy)\, dxdy$$

$$= \int_{-\sqrt{\pi}}^{\sqrt{\pi}} dy \int_{-\sqrt{\pi}}^{\sqrt{\pi}} \cos(xy)\, dx$$

$$= 4 \int_0^1 \frac{\sin \xi}{\xi}\, d\xi = 4\,\mathrm{Si}(1) \simeq 3.78433 . \tag{4.31}$$

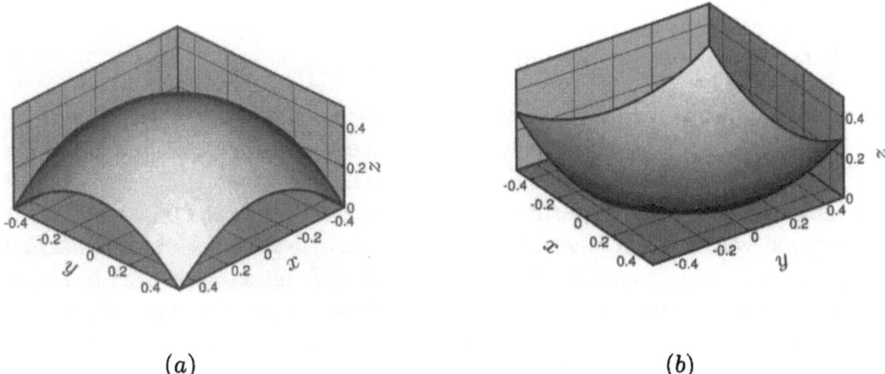

(a)   (b)

Figura 4.5. In (a) è disegnato il tratto di superficie di cui all'esercizio (4.30), mentre in (b) è rapresentato il tratto di superficie sferica del quale nella (4.33) si calcola il volume sotteso rispetto al piano (x, y)

Calcoliamo ora il volume V sotteso tra la superficie $z = (x+y)/(1+x^2y^2)$ ed il piano (x,y), per (x,y) appartenente all'insieme compreso tra l'iperbole $y = 1/x$ e l'asse delle x, quando quest'ultima coordinata varia tra 1 ed un numero $a > 1$ fissato. Questo tratto di superficie è rappresentato in Fig. 4.6-a, per $a = 3$. Il volume V si scrive allora:

$$V = \int_1^a dx \int_0^{1/x} \frac{x+y}{1+x^2y^2}\, dy = (a-1)\left(\frac{\pi}{4} + \frac{\log 2}{2a}\right). \qquad (4.32)$$

Infine, consideriamo il tratto di superficie sferica $z = 1 - \sqrt{1 - (x^2 + y^2)}$ per $(x,y) \in (-a, +a) \times (-b, +b) = D$, disegnato in Fig. 4.5-$b$ per $a = b = 1/2$, e calcoliamo il volume V sotteso tra questa superficie ed il piano (x,y):

$$\begin{aligned}
V(a,b) &= \int_D [1 - \sqrt{1 - (x^2 + y^2)}]\, dx dy \\[2mm]
&= 4ab - 4\int_0^a \sqrt{1-x^2}\, dx \int_0^b \sqrt{1 - \frac{y^2}{1-x^2}}\, dy \\[2mm]
&= 4ab - 2\left[\int_0^a (1-x^2)\, \arcsin \frac{b}{\sqrt{1-x^2}}\, dx + \int_0^a \sqrt{1 - b^2 - x^2}\, dx\right] \\[2mm]
&= \frac{4}{3}\left[3 - \sqrt{1 - (a^2 + b^2)}\right] ab + \frac{2}{3}\left[2\arcsin \frac{ab}{\sqrt{1-b^2}\sqrt{1-a^2}} + \right.\\[2mm]
&\quad \left. -(3-a^2)\, a \arcsin \frac{b}{\sqrt{1-a^2}} - (3-b^2)\, b \arcsin \frac{a}{\sqrt{1-b^2}}\right], \qquad (4.33)
\end{aligned}$$

in cui l'integrale in x si valuta effettuando le sostituzioni $y = \sqrt{1 - b^2}\, \sin\theta$ e $t = \tan\theta$. Le linee di livello per $V(a,b)$ nel dominio dei parametri a e b sono disegnate in Fig. 4.6-b. Il valore massimo del volume si raggiunge per $a = b = \sqrt{2}/2$ e vale $2 - \pi(5\sqrt{2} - 4)/6 \simeq 0.39199$.

4.3.1 Area di una superficie

La relazione (4.22) fornisce uno strumento per calcolare l'area di un dominio nel *piano* (x,y), ci si può chiedere come si può estenderlo al caso in cui il dominio D appartenga ad una *superficie* (in generale, non piana) S. Supponiamo, per semplicità, che tale superficie sia rappresentata in forma parametrica con l'equazione vettoriale $\boldsymbol{x} = \boldsymbol{x}(\boldsymbol{u})$, in cui $\boldsymbol{u} = (u, v)$ è il vettore bidimensionale dei parametri, appartenente all'aperto limitato U, ed $\boldsymbol{x} = (x, y, z)$ è il corrispondente punto sulla superficie. Anche in tal caso si può ragionare ripartendo dall'elemento di area, ma questo non avrà più la forma semplice (4.20).

Supponiamo di essere nel punto $\boldsymbol{u} = \boldsymbol{u}_1$ dello spazio dei parametri e consideriamo un incremento di questi $\Delta\boldsymbol{u} = (\Delta u, \Delta v)$, con Δu e Δv entrambi positivi, spostandoci dal punto $\boldsymbol{u}_1$ al nuovo punto $\boldsymbol{u}_1 + \Delta\boldsymbol{u}$. Ovviamente, scegliamo gli incrementi Δu e Δv dei parametri in modo che i tre nuovi punti

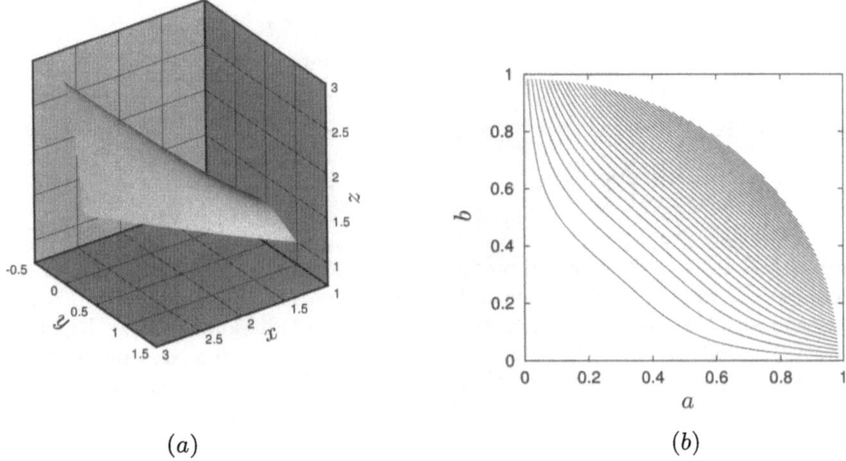

(a)   (b)

Figura 4.6. In (a) è disegnato il tratto di superficie che sottende il volume V (4.32), mentre in (b) sono disegnate le linee di livello del volume (4.33) ai valori $V = 0.01, 0.02, \ldots, 0.39$ al variare dei parametri a e b nel loro dominio ammissibile (quarto di circonferenza di raggio unitario e centro nell'origine nel I quadrante)

$u_2 = (u + \Delta u, v)$, $u_3 = (u + \Delta u, v + \Delta v)$ ed $u_4 = (u, v + \Delta v)$, vedi Fig. 4.7-a, siano ancora interni ad U, come è sempre possibile, essendo U aperto. In tal modo abbiamo individuato un rettangolino nello spazio dei parametri con vertici nei punti u_1, u_2, u_3 ed u_4 ed, inoltre, di area pari al prodotto degli incrementi $\Delta u \Delta v$. A questo rettangolino corrisponderà sulla superficie un "quadrilatero" (non piano) individuato dai punti $x_k = x(u_k)$, per $k = 1$, $\ldots$, 4, vedi Fig. 4.7-b. Più precisamente, al vettore $u_2 - u_1$, sul piano dei parametri, corrisponde il vettore $l_u = x_2 - x_1$ (ottenuto incrementando il solo parametro u) in $\mathbb{R}^3$, mentre al vettore $u_4 - u_1$ corrisponde il vettore $l_v = x_4 - x_1$ (ottenuto incrementando il solo parametro v).

I due vettori l_u ed l_v possono essere stimati, sulla base delle definizioni delle derivate parziali in u ed in v della funzione $x(u)$, ottenendo le relazioni:

$$l_u = \partial_u x \, \Delta u + o(\Delta u) \,, \quad l_v = \partial_v x \, \Delta v + o(\Delta v) \,, \tag{4.34}$$

che forniscono gli infinitesimi principali dei due vettori. Come si vede dalla (4.34), i vettori l_u ed l_v hanno moduli dell'ordine di Δu e di Δv, rispettivamente. Inoltre tali moduli differiscono per termini infinitesimi di ordine superiore a Δu e Δv, rispettivamente, dalle lunghezze dei corrispondenti lati del "quadrilatero" giacente sulla superficie. Ne segue che l'area del parallelogramma avente per lati i due vettori l_u ed l_v differisce per infinitesimi di

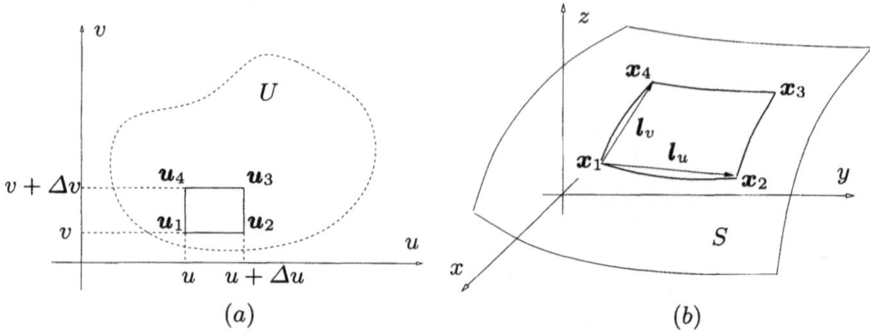

Figura 4.7. In (a) è disegnato il piano dei parametri (u, v) con l'aperto U, a cui corrisponde il tratto S di superficie, ed il rettangolo di vertici $\boldsymbol{u}_k$, per $k = 1, \ldots,$ 4, interno ad U. L'immagine su S di tale rettangolo è disegnata in (b). Risulta essere un "quadrilatero" a lati curvilinei, di vertici nei punti $\boldsymbol{x}(\boldsymbol{u}_k)$ per $k = 1,$ $\ldots,$ 4. Sono anche tracciati i vettori $\boldsymbol{l}_u = \boldsymbol{x}_2 - \boldsymbol{x}_1$ ed $\boldsymbol{l}_v = \boldsymbol{x}_4 - \boldsymbol{x}_1$, stimati al primo ordine negli incrementi Δu e Δv nelle relazioni (4.34)

ordine superiore a $\Delta u \Delta v$ dall'area $\Delta A(\boldsymbol{u})$ di tale "quadrilatero". Ma, a sua volta, l'area del parallelogramma avente per lati i due vettori $\boldsymbol{l}_u$ ed $\boldsymbol{l}_v$ differisce per infinitesimi di ordine superiore a $\Delta u \Delta v$ dall'area del parallelogramma avente per lati i vettori $\partial_u \boldsymbol{x} \Delta u$ e $\partial_v \boldsymbol{x} \Delta v$, in base alle (4.34). Introdotte allora le tre quantità:

$$E(\boldsymbol{u}) = |\partial_u \boldsymbol{x}(\boldsymbol{u})|^2 \ , \quad G(\boldsymbol{u}) = |\partial_v \boldsymbol{x}(\boldsymbol{u})|^2 \ , \quad F(\boldsymbol{u}) = \partial_u \boldsymbol{x}(\boldsymbol{u}) \cdot \partial_v \boldsymbol{x}(\boldsymbol{u}) \ , \quad (4.35)$$

il coseno dell'angolo ϕ compreso tra i vettori $\partial_u \boldsymbol{x} \Delta u$ e $\partial_v \boldsymbol{x} \Delta v$ è dato da $\cos \phi = F/\sqrt{EG}$, quindi l'altezza h del parallelogramma si scrive $h = \sqrt{G} \sin \phi \, \Delta v$. Infine, l'area del parallelogramma formato dai vettori $\partial_u \boldsymbol{x} \Delta u$ e $\partial_v \boldsymbol{x} \Delta v$ si ottiene moltiplicando l'altezza per la lunghezza b del lato di base $\boldsymbol{l}_u$, che è data da $b = \sqrt{E} \, \Delta u$. Ne segue per l'area del quadrilatero sulla superficie:

$$\Delta A = \underbrace{\sqrt{G} \sqrt{1 - \left(\frac{F}{\sqrt{EG}} \right)^2} \, \Delta v}_{h} \ \underbrace{\sqrt{E} \, \Delta u}_{b} + o(\Delta u \Delta v)$$

$$= \sqrt{EG - F^2} \, \Delta u \Delta v + o(\Delta u \Delta v) \ . \qquad (4.36)$$

È molto importante osservare che il modulo del prodotto vettoriale $\partial_u \boldsymbol{x} \times \partial_v \boldsymbol{x} \, \Delta u \Delta v$ vale proprio:

$$|\partial_u \boldsymbol{x} \times \partial_v \boldsymbol{x}| = \sqrt{EG - F^2} \ ,$$

quindi il versore $\boldsymbol{\nu}$ normale alla superficie (orientato in modo che la terna $(\partial_u \boldsymbol{x}, \partial_v \boldsymbol{x}, \boldsymbol{\nu})$ sia una terna levogira) nel punto $\boldsymbol{x}(\boldsymbol{u})$ si scrive:

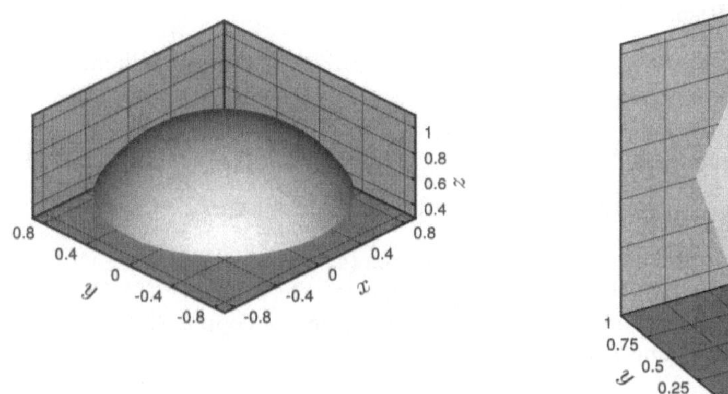

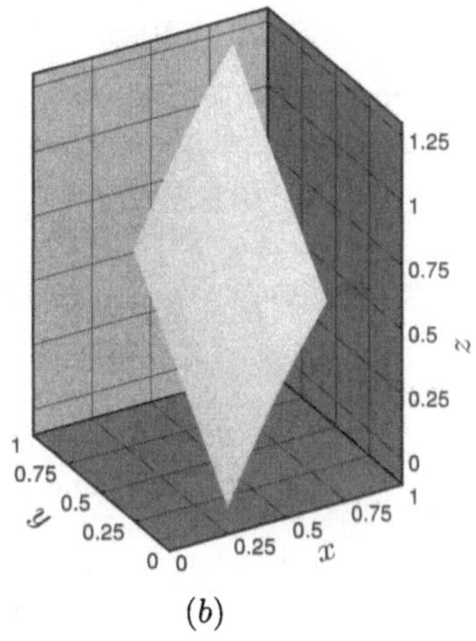

(a)   (b)

Figura 4.8. In (a) è disegnata una calotta sferica ad una base di raggio unitario, avente la latitudine della base Φ pari a $\pi/3$, vedi esercizio (4.40). In (b) è disegnato il tratto di superficie descritto dalle equazioni parametriche (4.45), quando i parametri appartengono al quadrato $[1,2] \times [1,2]$

$$\boldsymbol{\nu} = \frac{\partial_u \boldsymbol{x} \times \partial_v \boldsymbol{x}}{\sqrt{EG - F^2}} \; . \tag{4.37}$$

Dalla (4.36) segue anche che il rapporto $\rho(\boldsymbol{u})$ tra l'area del quadrilatero sulla superficie e l'area del rettangolo nello spazio dei parametri è dato da:

$$\rho = \sqrt{EG - F^2} + o(1) \; , \tag{4.38}$$

dove sono stati indicati con $o(1)$ termini infinitesimi. La relazione (4.38) fornisce il significato geometrico del termine $\sqrt{EG - F^2}$, come fattore di incremento (o di riduzione) dell'area di un quadrilatero, passando dal piano dei parametri alla superficie.

Finalmente, l'area A del tratto di superficie S, corrispondente all'aperto limitato U nel piano dei parametri, si ottiene considerando le somme integrali della funzione $\rho(\boldsymbol{u})$ costruite con le decomposizioni contenuta e contenente il dominio U e calcolandone i limiti per le norme che vanno a zero. Poiché in tale limite i termini infinitesimi nella (4.36) forniscono un contributo nullo, l'area A del tratto S di superficie si scrive con l'integrale doppio seguente:

$$A = \int_U \sqrt{E(\boldsymbol{u})G(\boldsymbol{u}) - F^2(\boldsymbol{u})} \, du \, dv \; . \tag{4.39}$$

◇   **Esercizio:**   Calcolare l'area $A(\Phi)$ della calotta sferica di raggio
unitario e latitudine della base $\Phi \in [0, \pi]$, come in
Fig. 4.8-a.   (4.40)
Risp. $A = 4\pi \sin^2(\Phi/2)$.

Occorre sottolineare che spesso la scrittura (4.39) viene semplificata con
l'introduzione dell'*elemento di area*:

$$dA(\boldsymbol{u}) = \sqrt{E(\boldsymbol{u})G(\boldsymbol{u}) - F^2(\boldsymbol{u})}\, du\, dv \;, \qquad (4.41)$$

congruentemente con la forma (4.36) assunta dall'incremento ΔA.

◇   **Esercizio:**   Mostrare che l'elemento di area (4.41) *non* dipende
dalla scelta dei parametri (u, v).
Suggerimento: considerare una nuova coppia di
parametri (u', v') con:

$$\boldsymbol{J} = \frac{\partial(u', v')}{\partial(u, v)} = \begin{pmatrix} \partial_u u' & \partial_v u' \\ \partial_u v' & \partial_v v' \end{pmatrix} = \begin{pmatrix} \alpha & \beta \\ \gamma & \delta \end{pmatrix} \;,$$

avente determinante $J = |\boldsymbol{J}| \neq 0$. Mostrare quindi
che:

$$\begin{aligned} E &= \alpha^2 E' + \gamma^2 G' + 2\alpha\gamma F' \\ G &= \beta^2 E' + \delta^2 G' + 2\beta\delta F' \\ F &= \alpha\beta E' + \gamma\delta G' + (\alpha\delta + \beta\gamma)F' \;, \end{aligned}$$

in cui E', G' ed F' sono le quantità (4.35),
calcolate rispetto ai nuovi parametri. Ne segue
$\sqrt{EG - F^2} = |J|\sqrt{E'G' - F'^2}$ ed, utilizzando il
cambiamento di variabili sotto l'integrale doppio
(5.12), ...

Essendo dA indipendente dalla scelta dei parametri sulla superficie S, spesso si sottointende la parametrizzazione $\boldsymbol{x} = \boldsymbol{x}(\boldsymbol{u})$, indicando semplicemente il tratto S a pedice dell'integrale, cosicché l'integrale nella relazione (4.39) si scrive più semplicemente come:

$$\int_S dA \;.$$

Infine, per indicare che l'elemento di area è preso in un certo punto $\boldsymbol{x}$ della superficie, spesso si scrive $dA(\boldsymbol{x})$.

Facciamo qualche esempio. Iniziamo col considerare il problema del calcolo dell'area di una superficie di rivoluzione, generata dalla rotazione, ad esempio attorno all'asse z, di un arco di curva rappresentato parametricamente (con parametro u) dalle equazioni $\rho = \rho(u)$, $\zeta = \zeta(u)$ nel piano di simmetria (ρ, ζ). Su tale piano, ζ è l'asse di rotazione e ρ è la distanza da quest'ultimo. Alla precedente parametrizzazione della curva, sezione della superficie con un piano di simmetria, corrisponde la seguente descrizione parametrica della superficie:

$$\boldsymbol{x}(u,\theta) = \begin{pmatrix} \rho(u)\cos\theta \\ \rho(u)\sin\theta \\ \zeta(u) \end{pmatrix} ,$$

in cui $\theta \in [0, 2\pi)$ è l'angolo formato tra il piano di simmetria ed il piano (x, z). Le tre quantità (4.35) assumono i valori indipendenti da θ:

$$E = \rho'^2 + \zeta'^2 , \quad G = \rho^2 , \quad F = 0 .$$

Ricordando che la quantità differenziale $\sqrt{\rho'^2 + \zeta'^2}\,du$ è il differenziale della ascissa curvilinea ds sulla curva sezione col piano di simmetria e chiamando con l la lunghezza di tale curva, otteniamo la seguente realzione per l'area A di tale superficie:

$$A = 2\pi\, d\, l , \tag{4.42}$$

in cui d è la distanza del centro di figura della curva dall'asse di rotazione, ovvero:

$$d = \frac{1}{l} \int_0^l \rho(s)\, ds . \tag{4.43}$$

Il risultato precedente è noto come *teorema di Guldino* per il calcolo delle superfici. Applichiamolo al calcolo della superficie generata dalla rotazione dell'arco di parabola $\zeta = 4(\rho - 1)^2$ per $1/2 \le \rho \le 3/2$. Essendo tale curva simmetrica rispetto alla retta $\rho = 1$, la distanza del suo centro di figura dall'asse di rotazione è $d = 1$, mentre la lunghezza della curva vale:

$$l = \int_{1/2}^{3/2} \sqrt{1 + \zeta'^2(\rho)}\, d\rho = \frac{1}{4} \int_0^4 \sqrt{1 + \xi^2}\, d\xi = \frac{1}{8} \left[\log(4 + \sqrt{17}) + 4\sqrt{17} \right] .$$

Sulla base della relazione (4.42) otteniamo allora l'area della superficie generata dalla rotazione di tale parabola:

$$A = \pi \left[\frac{1}{4} \log(4 + \sqrt{17}) + \sqrt{17} \right] \simeq 14.59830 .$$

Un semplice esempio con una superficie che non sia di rivoluzione riguarda il calcolo dell'area del tratto di superficie descritto dalla forma parametrica:

$$\boldsymbol{x}(\boldsymbol{u}) = \begin{pmatrix} (u^2 + v^2)/2 \\ (u^2 - v^2)/2 \\ uv \end{pmatrix} \tag{4.44}$$

corrispondente al dominio nello spazio dei parametri disegnato in Fig. 4.9-*a*. Questo tratto di superficie è disegnato in Fig. 4.9-*b*. Le tre quantità (4.35) sono date da:

$$E = 2u^2 + v^2 , \quad G = u^2 + 2v^2 , \quad F = uv ,$$

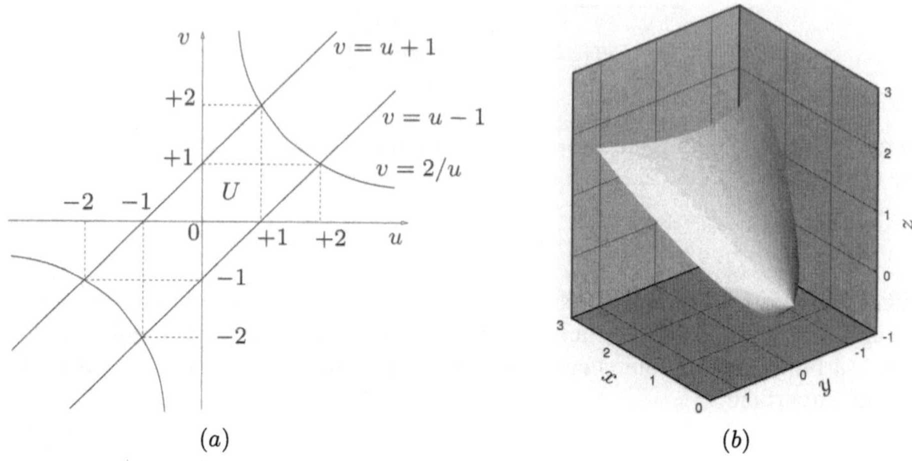

$$(a) \qquad\qquad (b)$$

Figura 4.9. In (a) è disegnato l'insieme U nel piano dei parametri su cui si considera il tratto di superficie (4.44), disegnato in (b). L'insieme U è compreso tra le due rette $v = u \pm 1$ ed i due rami dell'iperbole $v = 2/u$

ne segue l'area del tratto di superficie:

$$A = \sqrt{2}\,\left[\int_{-2}^{-1} dv \int_{2/v}^{v+1} (u^2 + v^2)\, du + \int_{-1}^{+1} dv \int_{v-1}^{v+1} (u^2 + v^2)\, du + \right.$$

$$\left. + \int_{+1}^{+2} dv \int_{v-1}^{2/v} (u^2 + v^2)\, du \;\right] = 9\sqrt{2} \simeq 12.72792 \ .$$

Calcoliamo ora l'area del tratto di una superficie descritta in forma parametrica dalle relazioni seguenti:

$$\boldsymbol{x}(\boldsymbol{u}) = \begin{pmatrix} (u + \log u)/4 \\ \log v \\ \log u + \log v \end{pmatrix} \ , \tag{4.45}$$

quando i parametri $\boldsymbol{u} = (u, v)$ appartengono al quadrato $[1,2] \times [1,2]$. Questo tratto di superficie è disegnato in Fig. 4.8-b. Le tre quantità (4.35) assumono in tal caso i valori:

$$E = \frac{u^2 + 2u + 17}{16u^2} \ , \quad G = \frac{2}{v^2} \ , \quad F = \frac{1}{uv} \ ,$$

l'elemento di area si scrive:

$$dA(\boldsymbol{u}) = \frac{\sqrt{2}}{4}\, \frac{\sqrt{u^2 + 2u + 9}}{uv}\, du\, dv \tag{4.46}$$

e quindi l'area è data dall'integrale doppio seguente:

$$A = \frac{\sqrt{2}}{4} \int_1^2 \frac{\sqrt{u^2 + 2u + 9}}{u} \, du \int_1^2 \frac{dv}{v}$$

$$= \frac{\sqrt{2}}{4} \, \log 2 \left[\; 3 \left(\log \frac{\sqrt{17} - 1}{\sqrt{17} + 5} - \log \frac{\sqrt{3} - \sqrt{2}}{\sqrt{3} + 2\sqrt{2}} \right) + \right.$$

$$\left. + \log \frac{3 + \sqrt{17}}{2 + \sqrt{6}} + \sqrt{17} - 2\sqrt{3} \; \right] \simeq 1.44699 \, ,$$

in cui l'integrale in u si effettua mediante le sostituzioni successive $u = 2\sqrt{2}\,\eta - 1$, $\eta = \sinh t$ ed infine $\xi = e^t$.

Un altro esempio interessante è il calcolo dell'area del tratto di superficie descritto in forma parametrica dalle equazioni:

$$\boldsymbol{x}(\boldsymbol{u}) = \begin{pmatrix} v \cos u \\ v \sin u \\ uv \end{pmatrix} , \qquad (4.47)$$

per i parametri $\boldsymbol{u} = (u, v)$ appartenenti all'insieme in Fig. 4.10-a. Il tratto di superficie corrispondente è rappresentato in Fig. 4.10-b. Le tre quantità (4.35) assumono in tal caso i valori:

$$E = 2v^2 \, , \quad G = u^2 + 1 \, , \quad F = uv \, ,$$

ne segue l'elemento d'area:

$$dA(\boldsymbol{u}) = v\sqrt{u^2 + 2} \, du \, dv \qquad (4.48)$$

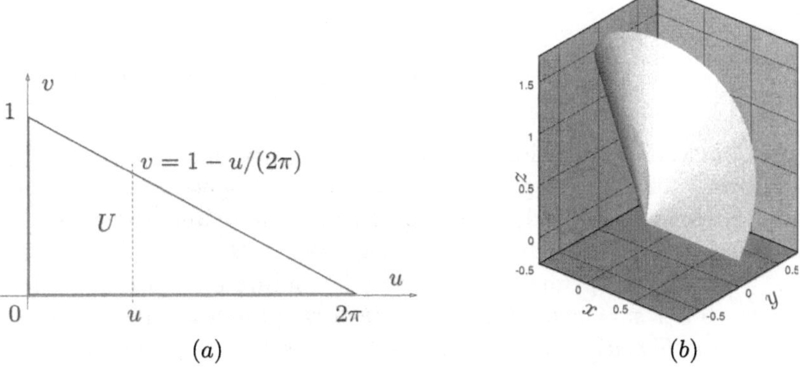

Figura 4.10. In (a) è disegnato il dominio U nello spazio dei parametri (u, v) a cui corrisponde, per il tramite della rappresentazione parametrica (4.47) il tratto di superficie disegnato in (b). Nel disegno in (a) sono utilizzate due differenti scale di lunghezza per gli assi u e v

e quindi per calcolare l'area della superficie occorre valutare l'integrale doppio:

$$A = \int_0^{2\pi} \sqrt{u^2 + 2}\, du \int_0^{1-u/(2\pi)} v\, dv$$

$$= \int_0^{\pi\sqrt{2}} \sqrt{\eta^2 + 1}\, d\eta - \frac{\sqrt{2}}{\pi} \int_0^{\pi\sqrt{2}} \eta\, \sqrt{\eta^2 + 1}\, d\eta + \frac{1}{2\pi^2} \int_0^{\pi\sqrt{2}} \eta^2\, \sqrt{\eta^2 + 1}\, d\eta$$

$$= \frac{8\pi^2 - 1}{16\pi^2} \log\left(\pi\sqrt{2} + \sqrt{1 + 2\pi^2}\,\right) + \frac{\sqrt{2}}{48\pi} \sqrt{1 + 2\pi^2}\, (4\pi^2 - 13) + \frac{\sqrt{2}}{3\pi}$$

$$\simeq 2.36545\,,$$

in cui il dominio U è trattato come un dominio normale rispetto all'asse u ed i tre integrali in η sono calcolati mediante la sostituzione $\eta = \sinh t$.

In totale analogia con quanto visto per gli integrali curvilinei, sulla base della nozione (4.41) di elemento di area dA si può definire l'*integrale superficiale* di una funzione $h : \mathbb{R}^3 \to \mathbb{R}$ come:

$$\int_S h(\boldsymbol{x})\, dA(\boldsymbol{x}) = \int_U h[\boldsymbol{x}(\boldsymbol{u})]\, \sqrt{E(\boldsymbol{u})G(\boldsymbol{u}) - F^2(\boldsymbol{u})}\, dudv\,, \qquad (4.49)$$

definizione che continua ad essere valida anche nel caso in cui h è una funzione vettoriale della posizione $\boldsymbol{x}$.

Ad esempio, calcoliamo l'integrale di superficie sul tratto descritto dalla forma parametrica (4.45) con $\boldsymbol{u} \in [1,2] \times [1,2]$ della funzione $h : \mathbb{R}^3 \to \mathbb{R}$ data da $h(\boldsymbol{x}) = e^z$. Tale funzione assume il valore $h[\boldsymbol{x}(\boldsymbol{u})] = uv$ sulla superficie, ricordando l'espressione dell'elemento d'area (4.46) ne segue l'integrale superficiale:

$$\int_S h(\boldsymbol{x})\, dA(\boldsymbol{x}) = \frac{\sqrt{2}}{4} \int_1^2 \sqrt{u^2 + 2u + 9}\, du \int_1^2 dv$$

$$= \sqrt{2}\left(\frac{3\sqrt{17} - 4\sqrt{3}}{8} + \log\frac{3 + \sqrt{17}}{2 + \sqrt{6}}\,\right) \simeq 1.62733\,,$$

valutato mediante le sostituzioni $u = 2\sqrt{2}\eta - 1$ e $\eta = \sinh t$. Oppure supponiamo di dover valutare l'integrale esteso al tratto di superficie rappresentata nella forma parametrica (4.47), quando i parametri (u, v) appartengono al dominio U disegnato in Fig. 4.10-a, della funzione $h : \mathbb{R}^3 \to \mathbb{R}$ definita come $h(\boldsymbol{x}) = z/\sqrt{x^2 + y^2}$. La prima cosa da fare è di valutare tale funzione sulla superficie, ovvero per $\boldsymbol{x} = \boldsymbol{x}(\boldsymbol{u})$. Sulla base della rappresentazione parametrica (4.47) otteniamo $h[\boldsymbol{x}(\boldsymbol{u})] = u$ e quindi il suo integrale superficiale vale:

$$\int_S h(\boldsymbol{x})\, dA(\boldsymbol{x}) =$$

$$= \int_0^{2\pi} u\, \sqrt{u^2 + 2}\, du \int_0^{1-u/(2\pi)} v\, dv$$

$$= \frac{1}{4\pi}\,\log(\pi\sqrt{2}+\sqrt{1+2\pi^2}) + \frac{\sqrt{2}}{4}\,\sqrt{1+2\pi^2} - \frac{\sqrt{2}}{6\pi^2}\,(1+\pi^2)\,(1+2\pi^2)^{3/2} +$$

$$+ \frac{\sqrt{2}}{10\pi^2}\,(1+2\pi^2)^{5/2} - \frac{\sqrt{2}}{15\pi^2}\,(5\pi^2-1) \simeq 4.87312\,,$$

avendo considerato l'elemento di area (4.48) ed effettuato la stessa sostituzione
utilizzata nel calcolo dell'area.

4.3.2 Flusso

La nozione di integrale superficiale (4.49) consente di introdurre un concetto
di grande interesse applicativo: il *flusso* Q_S di un campo di vettori $\boldsymbol{G}(\boldsymbol{x})$
attraverso una superficie S.

Ad esempio, nello studio del moto di un fluido di densità costante accade
spesso di dover valutare la portata volumetrica che attraversa una fissata
superficie S, cioè il volume di fluido che transita attraverso S nell'unità di
tempo. In tal caso, il campo di vettori $\boldsymbol{G}$ è proprio il campo di velocità del
fluido. La portata volumetrica è data dall'integrale su tutta la superficie della
portata volumetrica ΔQ_S sul singolo elemento di superficie, di area ΔA e
collocato nel punto $\boldsymbol{x}$ della superficie S:

$$\Delta Q_S = \boldsymbol{G}(\boldsymbol{x}) \cdot \boldsymbol{\nu}(\boldsymbol{x})\,\Delta A\,, \tag{4.50}$$

in cui $\boldsymbol{G}(\boldsymbol{x}) \cdot \boldsymbol{\nu}(\boldsymbol{x})$ è la componente normale all'elemento di superficie della
velocità. Per giustificare la scrittura (4.50), osserviamo che, moltiplicando
la componente normale di velocità per un piccolo intervallo di tempo Δt,
si ottiene lo spostamento in direzione normale all'elemento di superficie di
un qualunque punto del fluido. Infine, moltiplicando questo spostamento per
l'area dell'elemento di superficie considerato, si ottiene il volume di fluido
che lo attraversa nell'intervallo di tempo Δt. Integrando la (4.50) su tutta la
superficie si ottiene il flusso di $\boldsymbol{G}$ attraverso S:

$$Q_S = \int_S \boldsymbol{G}(\boldsymbol{x}) \cdot \boldsymbol{\nu}(\boldsymbol{x})\,dA(\boldsymbol{x}) = \int_U \boldsymbol{G}[\boldsymbol{x}(\boldsymbol{u})] \cdot \partial_u \boldsymbol{x}(\boldsymbol{u}) \times \partial_v \boldsymbol{x}(\boldsymbol{u})\,dudv\,, \tag{4.51}$$

in cui si è anche utilizzata la forma (4.37) del versore normale $\boldsymbol{\nu}$. Si noti come
per calcolare il flusso Q_S (così come per calcolare qualunque altro integrale
in $\boldsymbol{\nu}\,dA$) non sia in realtà necessario valutare le tre quantità (4.35).

Facciamo alcuni esempi. Consideriamo il problema di valutare il flusso
attraverso il semiellissoide S, avente semiassi di lunghezza a (allineato lungo x)
b (lungo y) e c (lungo z) e disposto nel semispazio delle z positive. Orientiamo
tale superficie, in modo assolutamente arbitrario, considerando positiva la
faccia rivolta verso le z maggiori di c. Sappiamo che l'equazione che descrive
in forma implicita tale superficie è $x^2/a^2 + y^2/b^2 + z^2/c^2 = 1$, ne segue che
possiamo scrivere S nella forma parametrica:

$$x(\theta, \varphi) = a \cos \theta \sin \varphi$$
$$y(\theta, \varphi) = b \sin \theta \sin \varphi$$
$$z(\theta, \varphi) = c \cos \varphi \, ,$$

utilizzando i parametri angolari $\theta \in [0, 2\pi)$ e $\varphi \in [0, \pi/2]$. A causa dell'orientazione assunta per la superficie, il versore normale $\boldsymbol{\nu}$ è parallelo al vettore $\boldsymbol{x}_\varphi \times \boldsymbol{x}_\theta$, che è dato da:

$$\boldsymbol{x}_\varphi \times \boldsymbol{x}_\theta = \begin{pmatrix} a \cos \theta \cos \varphi \\ b \sin \theta \cos \varphi \\ -c \sin \varphi \end{pmatrix} \times \begin{pmatrix} -a \sin \theta \sin \varphi \\ b \cos \theta \sin \varphi \\ 0 \end{pmatrix} = \sin \varphi \begin{pmatrix} bc \cos \theta \sin \varphi \\ ac \sin \theta \sin \varphi \\ ab \cos \varphi \end{pmatrix} .$$

Osserviamo che il modulo del vettore $\boldsymbol{x}_\varphi \times \boldsymbol{x}_\theta$ è proporzionale a $\sin \varphi$ e questo spiega perché, nonostante l'annullarsi di tale vettore per $\varphi = 0$, il versore normale $\boldsymbol{\nu}$ risulta sempre definito. Supponiamo allora di dover calcolare il flusso attraverso S del campo vettoriale:

$$\boldsymbol{G}(\boldsymbol{x}) = \begin{pmatrix} y - z \\ x - y \\ y - x \end{pmatrix} ,$$

sulla base della rappresentazione parametrica precedente il flusso di tale campo attraverso S si scrive:

$$\int_S \boldsymbol{G}(\boldsymbol{x}) \cdot \boldsymbol{\nu}(\boldsymbol{x}) \, dA(\boldsymbol{x}) \; =$$

$$= \int_0^{\pi/2} \sin \varphi \, d\varphi \int_0^{2\pi} \begin{pmatrix} b \sin \theta \sin \varphi - c \cos \varphi \\ a \cos \theta \sin \varphi - b \sin \theta \sin \varphi \\ b \sin \theta \sin \varphi - a \cos \theta \sin \varphi \end{pmatrix} \cdot \begin{pmatrix} bc \cos \theta \sin \varphi \\ ac \sin \theta \sin \varphi \\ ab \cos \varphi \end{pmatrix} d\theta$$

$$= -\frac{2}{3} \, \pi \, abc \, .$$

4.4 Esercizi

In questo paragrafo sarà discusso lo svolgimento di alcuni esercizi sulla derivata di un integrale definito tra estremi variabili (§4.4.1), sugli integrali curvilinei (§4.4.2) e sul calcolo degli integrali di superficie (§4.4.3).

4.4.1 Derivata di un integrale definito con estremi variabili

Iniziamo facendo dei confronti, in casi molto semplici, tra l'uso della regola di derivazione (4.5) di un integrale ed il calcolo diretto dell'integrale e quindi della sua derivata. Consideriamo il seguente integrale definito:

$$\Phi(x) = \int_x^{x^2} \frac{dy}{1 + xy} \, , \tag{4.52}$$

che vale:

$$\Phi(x) = \frac{1}{x} \, \log \frac{x^3 + 1}{x^2 + 1} \, ,$$

la cui derivata si scrive:

$$\Phi'(x) = -\frac{\Phi(x)}{x} + \frac{x^3 + 3x - 2}{(x^2 + 1)(x^3 + 1)} \, . \tag{4.53}$$

Applichiamo ora la regola di derivazione di un integrale definito con estremi variabili (4.5):

$$\Phi'(x) = -\int_x^{x^2} \frac{y}{(1 + xy)^2} \, dy + \frac{1}{1 + xy} \bigg|_{y=x^2} 2x - \frac{1}{1 + xy} \bigg|_{y=x} 1 \, ,$$

la quale, considerando che l'integrale vale:

$$\int_x^{x^2} \frac{y}{(1 + xy)^2} \, dy = \frac{\Phi(x)}{x} + \frac{1 - x}{(x^2 + 1)(x^3 + 1)} \, ,$$

fornisce ancora la (4.53). Consideriamo poi, per $x \in [0, \pi]$, l'integrale seguente:

$$\Phi(x) = \int_{\sin x}^{\sqrt{\sin x}} \frac{y}{x^2 + y^2} \, dy \, , \tag{4.54}$$

per il quale il calcolo diretto fornisce:

$$\Phi(x) = \frac{1}{2} \, \log \frac{x^2 + \sin x}{x^2 + \sin^2 x} \, ,$$

la cui derivata si scrive:

$$\Phi'(x) = \frac{x^2 \cos x(1 - 2\sin x) + 2x \sin x(\sin x - 1) - \sin^2 x \cos x}{2(x^2 + \sin x)(x^2 + \sin^2 x)} \, . \tag{4.55}$$

Procedendo invece con la regola di derivazione di un integrale definito con estremi variabili (4.5) si ottiene:

$$\Phi'(x) = -2x \int_{\sin x}^{\sqrt{\sin x}} \frac{y}{(x^2 + y^2)^2} \, dy +$$

$$+ \frac{y}{x^2 + y^2} \bigg|_{y=\sqrt{\sin x}} \frac{\cos x}{2\sqrt{\sin x}} - \frac{y}{x^2 + y^2} \bigg|_{y=\sin x} \cos x \, ,$$

che fornisce ancora la (4.55).

Esaminiamo ora un caso più interessante. È facile provare con la regola di derivazione (4.5) che, comunque si scelgano le costanti reali α e β, la seguente funzione di x:

$$\Phi(x) = \int_{\alpha/x}^{\beta/x} \frac{e^{xy}}{y} \, dy \tag{4.56}$$

è identicamente costante in x; infatti:

$$\Phi'(x) = \int_{\alpha/x}^{\beta/x} e^{xy} \, dy + \frac{e^{xy}}{y} \bigg|_{y=\beta/x} \left(-\frac{\beta}{x^2} \right) - \frac{e^{xy}}{y} \bigg|_{y=\alpha/x} \left(-\frac{\alpha}{x^2} \right) \equiv 0 \, .$$

Ovviamente il valore della costante (4.56) dipende dalla scelta di α e di β e può essere facilmente valutato per serie, ad esempio calcolando $\Phi(1)$.

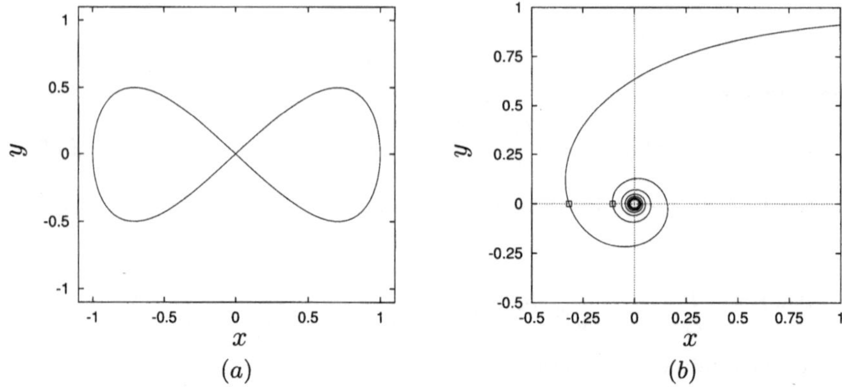

Figura 4.11. Curva lemniscata di Gerono (4.57) (*a*) e curva spirale inversa (4.59) (*b*), sulla quale i punti con $\theta = \pi$ e $\theta = 3\pi$ sono indicati con quadratini

4.4.2 Integrali curvilinei

Consideriamo la curva $\mathcal{C}$ nel piano definita dalle equazioni parametriche:

$$\begin{cases} x(\theta) = \cos\theta \\ y(\theta) = \sin\theta\cos\theta \, , \end{cases} \tag{4.57}$$

in cui il parametro θ appartiene all'intervallo $(0, 2\pi)$ dell'asse reale. La curva (4.57) è disegnata in Fig. 4.11-*a* e si chiama *lemniscata di Gerono* ([5], pag. 81). Calcoliamo l'integrale sulla curva $\mathcal{C}$ (4.57) della funzione $g : \mathbb{R}^2 \to \mathbb{R}$:

$$\int_{\mathcal{C}} g(\boldsymbol{x})\, d\boldsymbol{x} \, , \tag{4.58}$$

specificando differenti funzioni g. In ogni caso, essendo l'elemento di curva:

$$d\boldsymbol{x} = \begin{pmatrix} x' \\ y' \end{pmatrix} d\theta$$

un vettore del piano, l'integrale (4.58) risulta anch'esso essere un vettore del piano. Scegliendo la funzione $g(x, y) = xy$, che si specifica nella funzione di θ: $\tilde{g}(\theta) = g[x(\theta), y(\theta)] = \cos\theta\sin 2\theta/2$ lungo la curva (4.57), l'integrale (4.58) diviene:

$$\int_{\mathcal{C}} g(\boldsymbol{x})\, d\boldsymbol{x} = \frac{1}{2} \int_0^{2\pi} \begin{pmatrix} -\sin\theta \\ \cos 2\theta \end{pmatrix} \cos\theta\sin 2\theta \, d\theta = \begin{pmatrix} -\pi/4 \\ 0 \end{pmatrix} .$$

Il calcolo dell'integrale precedente è agevolato dall'uso delle seguenti relazioni trigonometriche:

$$\sin\theta\cos\theta\sin 2\theta = \frac{1}{2}\sin^2 2\theta = \frac{1}{4}(1 - \cos 4\theta)$$

$$\cos 2\theta\sin 2\theta\cos\theta = \frac{1}{2}\sin 4\theta\cos\theta = \frac{1}{4}(\sin 5\theta + \sin 3\theta) \, .$$

Se si sceglie $g(x, y) = x^2 + y$, che si specifica nella funzione di θ: $\tilde{g}(\theta) = g[x(\theta), y(\theta)] = (1 + \cos 2\theta + \sin 2\theta)/2$ lungo la curva (4.57), l'integrale (4.58) diviene:

$$\int_{\mathcal{C}} g(\boldsymbol{x}) \, d\boldsymbol{x} = \frac{1}{2} \int_0^{2\pi} \left(\begin{matrix} -\sin\theta \\ \cos 2\theta \end{matrix} \right) (1 + \cos 2\theta + \sin 2\theta) \, d\theta = \left(\begin{matrix} 0 \\ \pi/2 \end{matrix} \right) .$$

Il calcolo dell'integrale precedente è agevolato dall'uso delle seguenti relazioni trigonometriche:

$$\sin\theta \, (1 + \cos 2\theta + \sin 2\theta) = \frac{1}{2} \, (\sin\theta + \cos\theta + \sin 3\theta - \cos 3\theta)$$

$$\cos 2\theta \, (1 + \cos 2\theta + \sin 2\theta) = \frac{1}{2} \, (1 + 2\cos 2\theta + \cos 4\theta + \sin 4\theta) .$$

Supponiamo ora di voler calcolare la circuitazione sulla curva $\mathcal{C}$ (4.57) del campo vettoriale $\boldsymbol{g}(\boldsymbol{x}) = (y/x, 1)$, che sulla curva si specifica nel campo vettoriale $\tilde{\boldsymbol{g}}(\theta) = \boldsymbol{g}[x(\theta), y(\theta)] = (\sin\theta, 1)$. Il prodotto scalare $d\boldsymbol{x}(\theta) \cdot \tilde{\boldsymbol{g}}(\theta)$ si calcola quindi come:

$$d\boldsymbol{x}(\theta) \cdot \tilde{\boldsymbol{g}}(\theta) = \left(\begin{matrix} -\sin\theta \\ \cos 2\theta \end{matrix} \right) d\theta \cdot \left(\begin{matrix} \sin\theta \\ 1 \end{matrix} \right) = 1 - 3\sin^2\theta ,$$

ne segue che la circuitazione del campo $\boldsymbol{g}(\boldsymbol{x}) = (y/x, 1)$ sulla curva (4.57) vale:

$$\int_{\mathcal{C}} d\boldsymbol{x} \cdot \boldsymbol{g}(\boldsymbol{x}) = \int_0^{2\pi} (1 - 3\sin^2\theta) \, d\theta = -\pi .$$

Consideriamo ora una seconda curva, la *spirale inversa* (vedi [5], pag. 102):

$$\begin{cases} x(\theta) = \dfrac{\cos\theta}{\theta} \\[2mm] y(\theta) = \dfrac{\sin\theta}{\theta} \end{cases} \tag{4.59}$$

rappresentata in Fig. 4.11-*b* per $0 < \theta \leq 16\pi$. Osserviamo che per $\theta \to 0^+$ la coordinata x del punto sulla curva (4.59) tende a $+\infty$, mentre la coordinata y tende ad 1: la curva si schiaccia sull'asintoto orizzontale $y = 1$. Calcoliamo l'integrale sull'arco di curva $\mathcal{C}$ per $\pi \leq \theta \leq 3\pi$ della funzione $g(x, y) = \sqrt{x^2 + y^2}$, ovvero della distanza del punto $\boldsymbol{x}$ dall'origine del riferimento. Sulla curva tale funzione si specifica nella $\tilde{g}(\theta) = g[(x(\theta), y(\theta)] = 1/\theta$, ne segue che l'integrale proposto può essere valutato come:

$$\int_{\mathcal{C}} g(\boldsymbol{x}) \, d\boldsymbol{x} = \int_\pi^{3\pi} \frac{1}{\theta} \left[\frac{1}{\theta} \left(\begin{matrix} -\sin\theta \\ \cos\theta \end{matrix} \right) - \frac{1}{\theta^2} \left(\begin{matrix} \cos\theta \\ \sin\theta \end{matrix} \right) \right] d\theta , \tag{4.60}$$

gli integrali nella quale possono essere svolti per parti, riducendosi ai seguenti:

$$-\int \frac{\sin\theta}{\theta^2} \, d\theta - \int \frac{\cos\theta}{\theta^3} \, d\theta = \frac{1}{2} \frac{\sin\theta}{\theta} + \frac{1}{2} \frac{\cos\theta}{\theta^2} - \frac{1}{2} \int \frac{\cos\theta}{\theta} \, d\theta$$

$$\int \frac{\cos\theta}{\theta^2} \, d\theta - \int \frac{\sin\theta}{\theta^3} \, d\theta = -\frac{1}{2} \frac{\cos\theta}{\theta} + \frac{1}{2} \frac{\sin\theta}{\theta^2} - \frac{1}{2} \int \frac{\sin\theta}{\theta} \, d\theta . \tag{4.61}$$

In tal modo si giunge a due espressioni contenenti gli integrali (2.87), non appena si isoli nell'integrale a secondo membro della prima relazione (4.61) il contributo divergente per $\theta \to 0$:

$$\int \frac{\cos\theta}{\theta}\, d\theta = \int \frac{\cos\theta - 1}{\theta}\, d\theta + \int \frac{d\theta}{\theta} = -2 \int \frac{\sin^2\theta'}{\theta'}\, d\theta' \,\bigg|_{\theta'=\theta/2} + \log\theta \ .$$

Utilizzando questa decomposizione e le due funzioni (2.87), l'integrale sulla curva diviene:

$$\int_C g(\boldsymbol{x})\, d\boldsymbol{x} = \begin{pmatrix} \frac{4}{9\pi^2} - \frac{1}{2}\, \log 3 + S_2(3\pi/2) - S_2(\pi/2) \\[2mm] -\frac{1}{3\pi} + \frac{1}{2}\, [S_1(\pi) - S_1(3\pi)] \end{pmatrix} , \tag{4.62}$$

facilmente valutabile utilizzando gli sviluppi in serie (2.88) e (2.89).

Valutiamo sul medesimo arco di spirale la circuitazione del campo vettoriale $\boldsymbol{g}(\boldsymbol{x}) = \boldsymbol{x}$:

$$\int_C \boldsymbol{g}(\boldsymbol{x}) \cdot d\boldsymbol{x} = \int_\pi^{3\pi} \frac{1}{\theta} \begin{pmatrix} \cos\theta \\ \sin\theta \end{pmatrix} \cdot \frac{1}{\theta} \left[\frac{1}{\theta} \begin{pmatrix} -\sin\theta \\ \cos\theta \end{pmatrix} - \frac{1}{\theta^2} \begin{pmatrix} \cos\theta \\ \sin\theta \end{pmatrix} \right.$$

$$= -\int_\pi^{3\pi} \frac{d\theta}{\theta^3} = -\frac{4}{9\pi^2} \ . \tag{4.63}$$

Passiamo ora ad un esempio tridimensionale. Calcoliamo l'integrale esteso alla curva $\mathcal{C}$ (3.117) della funzione $g(x, y, z) = z\sqrt{x^2 + y^2}$, che sulla curva in esame si riduce alla funzione del parametro angolare θ: $\tilde{g}(\theta) = g[x(\theta), y(\theta), z(\theta)] = \sin m\theta$, essendo m un numero naturale non nullo. Si ha allora:

$$\int_C g(\boldsymbol{x}) d\boldsymbol{x} = \int_0^{2\pi} \sin m\theta \begin{pmatrix} -\sin\theta \\ \cos\theta \\ m\cos m\theta \end{pmatrix} d\theta \ . \tag{4.64}$$

L'integrale precedente si calcola agevolmente considerando che $\sin m\theta \sin\theta = [\cos(m-1)\theta - \cos(m+1)\theta]/2$, $\sin m\theta \cos\theta = [\sin(m+1)\theta + \sin(m-1)\theta]/2$ e $\sin m\theta \cos m\theta = (\sin 2m\theta)/2$, ne segue:

$$\int_C g(\boldsymbol{x})\, d\boldsymbol{x} = -\pi\delta_{m1} \begin{pmatrix} 1 \\ 0 \\ 0 \end{pmatrix} ,$$

avendo usato il simbolo di sostituzione (3.139). Calcoliamo poi sulla medesima curva la circuitazione del campo vettoriale $\boldsymbol{g}(\boldsymbol{x}) = (-y, x, x^2 - y^2)$, ovvero l'integrale:

$$\int_C \boldsymbol{g}(\boldsymbol{x}) \cdot d\boldsymbol{x} = \int_0^{2\pi} \begin{pmatrix} -\sin\theta \\ \cos\theta \\ \cos 2\theta \end{pmatrix} \cdot \begin{pmatrix} -\sin\theta \\ \cos\theta \\ m\cos m\theta \end{pmatrix} d\theta$$

$$= \int_0^{2\pi} (1 + m\cos 2\theta \cos m\theta) d\theta = 2\pi\, (1 + \delta_{m2}) \ ,$$

essendo $\cos 2\theta \cos m\theta = [\cos(m+2)\theta + \cos(m-2)\theta]/2$.

4.4.3 Integrali doppi

Mostriamo alcune applicazioni degli integrali doppi, in particolare al calcolo di volumi e di aree di superfici.

Calcolo di volumi

Si vuole calcolare il volume V sotteso dalla superficie:

$$z = x^2 + y^2 \, , \tag{4.65}$$

quando il punto (x, y) appartiene al rettangolo in Fig. 4.12-a. Innanzitutto occorre scrivere le equazioni delle quattro rette che delimitano il dominio D, che risultano essere:

$$\begin{aligned}
\text{lato } da{:} \quad & y = 1 - x \\
\text{lato } ab{:} \quad & y = x - 1 \\
\text{lato } bc{:} \quad & y = 5 - x \\
\text{lato } cd{:} \quad & y = x + 1 \, .
\end{aligned}$$

Si decompone quindi il dominio D nell'unione dei tre domini A, B e C assunti normali rispetto all'asse x, ottendo la seguente formula di riduzione per il calcolo del volume V:

$$\begin{aligned}
V &= \int_0^1 dx \int_{1-x}^{x+1} dy \, (x^2 + y^2) + \int_1^2 dx \int_{x-1}^{x+1} dy \, (x^2 + y^2) + \int_2^3 dx \int_{x-1}^{5-x} dy \, (x^2 + y^2) \\
&= \frac{2}{3} \left[\int_0^1 dx \, (3x + 4x^3) + \int_1^2 dx \, (1 + 6x^2) + \int_2^3 dx \, (63 - 39x + 18x^2 - 4x^3) \right] \\
&= \frac{64}{3} \, .
\end{aligned}$$

Il secondo esempio riguarda il calcolo del volume orientato V sotteso dalla superficie:

$$z = \frac{xy}{x^2 + y^2 + 1} \, , \tag{4.66}$$

quando il punto (x, y) appartiene al dominio D in Fig. 4.12-b, intersezione tra la striscia compresa tra le rette $y = x - 19/10$ ed $y = x + 19/10$ e la porzione di piano compresa tra i due rami dell'iperbole $y = 1/(5x)$. Considerando la decomposizione del dominio D nell'unione dei tre domini A, B e C, normali rispetto all'asse x, il volume richiesto si scrive come:

$$\begin{aligned}
V = {} & \int_{-2}^{-1/10} dx \int_{1/(5x)}^{x+19/10} dy \, \frac{xy}{x^2 + y^2 + 1} + \int_{-1/10}^{+1/10} dx \int_{x-19/10}^{x+19/10} dy \, \frac{xy}{x^2 + y^2 + 1} + \\
& + \int_{1/10}^{2} dx \int_{x-19/10}^{1/(5x)} dy \, \frac{xy}{x^2 + y^2 + 1} \\
= {} & -2 \log 5 \int_{1/10}^{2} x \, dx - 2 \int_{1/10}^{2} x \log x \, dx + \underbrace{\int_{1/10}^{2} x \, \log(25x^4 + 25x^2 + 1) \, dx}_{I_1} + \\
& - \underbrace{\int_{-1/10}^{2} x \, \log \left(2x^2 - \frac{19}{5} x + \frac{461}{100} \right) dx}_{I_2} \, . \tag{4.67}
\end{aligned}$$

Gli integrali I_1 ed I_2 si calcolano integrando per parti e sostituendo $x^2 = (\sqrt{21}\xi - 5)/10$ nel primo ed $x = (\sqrt{561}\xi + 19)/20$ nel secondo. In tal modo otteniamo:

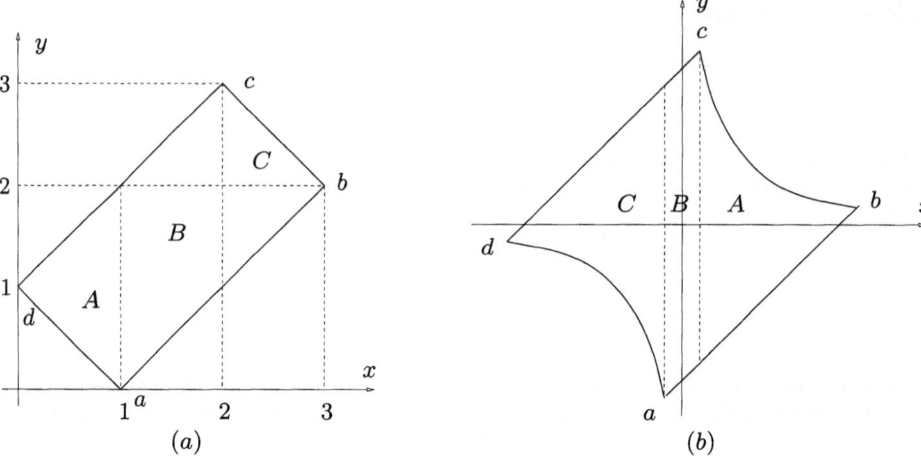

(a)   (b)

Figura 4.12. Rettangolo (a) in cui varia il punto (x, y) per il tratto di superficie (4.65), $D = A \cup B \cup C$ con A, B e C normali rispetto all'asse x. Dominio (b) in cui varia il punto (x, y) per il tratto di superficie (4.66): le curve bc e da sono due archi dell'iperbole $y = 1/(5x)$, mentre le coordinate dei punti a, b, c e d sono $(-1/10, -2)$, $(2, 1/10)$, $(1/10, 2)$ e $(-2, -1/10)$. D è decomposto nell'unione dei tre dominii A, B e C normali rispetto all'asse x. Osservare che ad ogni punto $(x, y) \in A$ corrisponde il punto $(-x, -y) \in C$

$$I_1 = \frac{399}{200}\log 501 - \frac{399}{100} + \frac{\log 20}{100} +$$

$$+\frac{5 - \sqrt{21}}{20}\log\frac{695 + 133\sqrt{21}}{695 - 133\sqrt{21}} + \frac{1}{2}\log\frac{450 + 10\sqrt{21}}{51 + 10\sqrt{21}} \; ,$$

$$I_2 = \frac{399}{200}\log\frac{501}{100} - \frac{399}{100} + \frac{19\sqrt{561}}{100}\arctan\frac{21}{\sqrt{561}} \; ,$$

che, sostituiti nella (4.67), forniscono:

$$V = \frac{399}{200} + \frac{5 - \sqrt{21}}{20}\log\frac{695 + 133\sqrt{21}}{695 - 133\sqrt{21}} + \frac{1}{2}\log\frac{450 + 10\sqrt{21}}{51 + 10\sqrt{21}} +$$

$$-\frac{19\sqrt{561}}{100}\arctan\frac{21}{\sqrt{561}} \simeq -0.39583 \; .$$

Il terzo esempio di calcolo riguarda il volume sotteso dalla superficie:

$$z = \sqrt{xy} \; ,$$

per (x, y) appartenente al triangolo rettangolo di vertici $(1, 0)$, $(0, 1/4)$ e $(0, 0)$. Considerando il dominio di integrazione normale rispetto all'asse x si ha:

$$V = \int_0^1 dx \int_0^{(1-x)/4} dy \, \sqrt{xy}$$

$$= \int_0^1 dx \, \sqrt{x} \int_0^{(1-x)/4} dy \, \sqrt{y}$$

$$= \frac{1}{12} \int_0^1 x^{1/2} (1-x)^{3/2} \, dx \; . \tag{4.68}$$

Effettuando la sostituzione $x = \sin^2 \theta$ nella forma (4.68) del volume V si ottiene: [4]

$$V = \frac{1}{6} \left(\int_0^{\pi/2} \cos^4 \theta \, d\theta - \int_0^{\pi/2} \cos^6 \theta \, d\theta \right) = \frac{\pi}{192} \simeq 0.016362 \; . \tag{4.69}$$

Infine, calcoliamo il volume sotteso dal paraboloide $z = 4 - (x^2 + y^2)$ quando (x, y) appartengono all'ellisse nel piano (x, y) centrata nell'origine ed avente semiassi di lunghezza 2 (allineato lungo x) ed 1 (lungo y). Pensando tale ellisse come un dominio normale rispetto all'asse x, possiamo subito scrivere:

$$V = \int_{-2}^{+2} dx \int_{-\sqrt{4-x^2}/2}^{+\sqrt{4-x^2}/2} (4 - x^2 - y^2) \, dy$$

$$= 4 \int_{-2}^{+2} \sqrt{4 - x^2} \, dx - \int_{-2}^{+2} x^2 \sqrt{4 - x^2} \, dx - \frac{1}{12} \int_{-2}^{+2} (4 - x^2)^{3/2} \, dx$$

$$= \frac{11}{2} \, \pi \simeq 17.27876 \; ,$$

ottenuto effettuando la sostituzione $x = 2 \sin t$ in tutti gli integrali a terzo membro.

Calcolo di aree per superfici in $\mathbb{R}^3$

Cominciamo col calcolare l'area della superficie descritta in modo esplicito dalla relazione seguente:

$$z(x, y) = (x^2 + y^2)^{3/2} \tag{4.70}$$

per $0 \leq z \leq h$, con $h > 0$ assegnato. Utilizzeremo come parametri $(u, v) = \boldsymbol{u}$ le coordinate polari di un punto del piano (x, y), cioè $\rho = \sqrt{x^2 + y^2} \in [0, h^{1/3}]$,

---

[4] Il risultato (4.69) si calcola facilmente introducendo l'integrale:

$$I_n = \int_0^{\pi/2} \cos^n \theta \, d\theta = \int_0^{\pi/2} \sin^n \theta \, d\theta \; ,$$

in cui $I_0 = \pi/2$ ed $I_1 = 1$. Con una integrazione per parti si ottiene per $n > 0$ la seguente formula di ricorrenza:

$$I_n = \frac{n-1}{n} \, I_{n-2} \; .$$

Applicando la formula precedente per $n = 2l$ e per $n = 2l + 1$ si ottiene:

$$I_{2l} = \frac{(2l)!}{2^{2l}(l!)^2} \, \frac{\pi}{2} \; , \quad I_{2l+1} = \frac{2^{2l}(l!)^2}{(2l+1)!} \; .$$

distanza dall'origine, e $\theta \in [0, 2\pi)$, angolo formato dal vettore $\boldsymbol{y} = (x, y)$ e l'asse x. Con questa parametrizzazione il generico punto della superficie si scrive:

$$\boldsymbol{x}(\rho, \theta) = \begin{pmatrix} \rho \cos \theta \\ \rho \sin \theta \\ \rho^3 \end{pmatrix}$$

e le tre quantità E, G ed F assumono la forma seguente:

$$E = \partial_\rho \boldsymbol{x} \cdot \partial_\rho \boldsymbol{x} = 1 + 9\rho^4$$
$$G = \partial_\theta \boldsymbol{x} \cdot \partial_\theta \boldsymbol{x} = \rho^2$$
$$F = \partial_\rho \boldsymbol{x} \cdot \partial_\theta \boldsymbol{x} = 0 \, ,$$

da cui segue che l'area richiesta è data dall'integrale:

$$A(h) = \int_0^{2\pi} d\theta \int_0^{h^{1/3}} d\rho \, \rho \, \sqrt{1 + 9\rho^4} \, . \tag{4.71}$$

Effettuando la sostituzione $t = 3\rho^2$ nell'integrale in ρ (4.71) otteniamo:

$$A(h) = \frac{\pi}{3} \int_0^{3h^{2/3}} dt \, \sqrt{1 + t^2}$$
$$= \frac{\pi}{6} \left[\log \left(3h^{2/3} + \sqrt{1 + 9h^{4/3}} \right) + 3h^{2/3} \sqrt{1 + 9h^{4/3}} \right] \, . \tag{4.72}$$

La funzione $A(h)$ è mostrata in Fig. 4.13.

Calcoliamo ora l'area della superficie descritta nella forma esplicita dalla relazione:

$$z = \frac{x^2 - y^2}{2} \, , \tag{4.73}$$

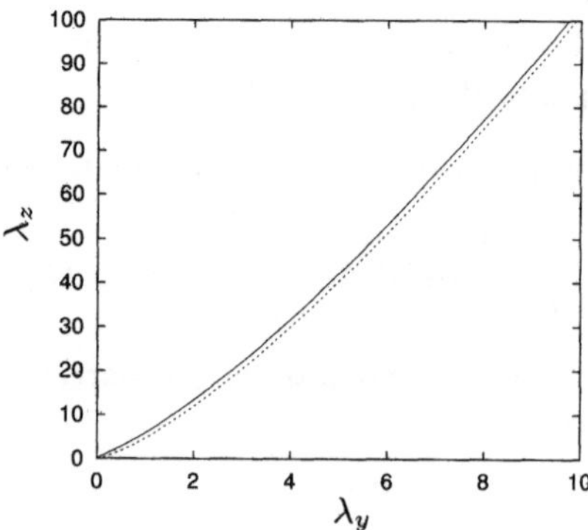

Figura 4.13. Con linea continua è disegnata l'area $A(h)$ della porzione di superficie (4.70) compresa tra il piano (x, y) ed il piano $z = h$, in funzione di h. Con linea a tratti è disegnata la funzione $3\pi h^{4/3}/2$, che approssima l'andamento di $A(h)$ per h grandi rispetto ad 1

quando le coordinate (x, y) appartengono al quadrato $(0, 1) \times (0, 1)$. Pensando x ed y come parametri, il generico punto sulla superficie è dato da:

$$\boldsymbol{x}(x, y) = \begin{pmatrix} x \\ y \\ (x^2 - y^2)/2 \end{pmatrix}$$

e le tre quantità E, G ed F assumo la forma:

$$E = \partial_x \boldsymbol{x} \cdot \partial_x \boldsymbol{x} = x^2 + 1$$
$$G = \partial_y \boldsymbol{x} \cdot \partial_y \boldsymbol{x} = y^2 + 1$$
$$F = \partial_x \boldsymbol{x} \cdot \partial_y \boldsymbol{x} = -xy \ ,$$

e l'area richiesta si calcola col seguente integrale doppio:

$$
\begin{aligned}
A &= \int_0^1 dx \int_0^1 \sqrt{1 + x^2 + y^2} \ dy \\
&= \int_0^1 (x^2 + 1) \ dx \int_0^{1/\sqrt{x^2+1}} \sqrt{\eta^2 + 1} \ d\eta \\
&= \frac{1}{2} \int_0^1 \sqrt{x^2 + 2} \ dx + \frac{1}{2} \int_0^1 (x^2 + 1) \ \log(1 + \sqrt{x^2 + 2}) \ dx + \\
&\quad - \frac{1}{4} \int_0^1 (x^2 + 1) \ \log(x^2 + 1) \ dx \ .
\end{aligned}
$$

Effettuando nel primo e secondo integrale ad ultimo membro la sostituzione $x = \sqrt{2} \sinh t$ e quindi la sostituzione $\xi = e^t$ in uno degli integrali risultanti, otteniamo:

$$
\begin{aligned}
A &= \frac{2}{3} \log \frac{1 + \sqrt{3}}{\sqrt{2}} + \frac{7}{18} - \frac{\pi}{12} - \frac{\sqrt{2}}{3} \int_0^{\log[(1+\sqrt{3})/\sqrt{2}]} \cosh^3 t \ dt + \frac{4}{3} \int_0^{\log[(1+\sqrt{3})/\sqrt{2}]} \cosh^2 t \ dt + \\
&\quad + \frac{\sqrt{2}}{3} \int_1^{(1+\sqrt{3})/\sqrt{2}} \frac{d\xi}{\xi^2 + \sqrt{2}\xi + 1} \\
&= \frac{4}{3} \log \frac{1 + \sqrt{3}}{\sqrt{2}} + \frac{2}{3} \arctan \frac{1 + \sqrt{3} - \sqrt{2}}{2} + \frac{2}{3} - \frac{\pi}{12} \simeq 1.67125 \ , \quad (4.74)
\end{aligned}
$$

avendo effettuato l'ulteriore sostituzione $\xi = \sqrt{2}(\zeta - 1)/2$ nel terzo integrale a secondo membro.

Infine, calcoliamo l'area dell'ellissoide di semiassi a (per semplicità, lungo x), b (lungo y) e c (lungo z):

$$
\begin{cases}
x(u, v) = a \cos u \sin v \\
y(u, v) = b \sin u \sin v \\
z(u, v) = c \cos v \ ,
\end{cases}
\qquad (4.75)
$$

in cui i parametri $\boldsymbol{u} = (u, v)$ appartengono al rettangolo $[0, 2\pi) \times [0, \pi]$. Ricordiamo che l'equazione che descrive in forma implicita l'ellissoide si scrive:

$$\frac{x^2}{a^2} + \frac{y^2}{b^2} + \frac{z^2}{c^2} = 1 \ ,$$

ed osserviamo che la rappresentazione parametrica (4.75) si riduce a quella della sfera di raggio unitario (3.54) per $a = b = c = 1$. Scegliamo i tre semiassi ordinati nel modo seguente: $a \geq b \geq c$, eventualmente effettuando una rotazione del riferimento. In tal modo, introdotto $\chi(u) = (a^2 \sin^2 u + b^2 \cos^2 u)^{1/2} \leq a$, la quantità $a^2 b^2 - c^2 \chi^2(u)$ risulterà essere non negativa, per ogni valore del parametro angolare u. Il calcolo delle tre quantità E, G ed F si effettua facilmente:

$$E = \partial_u \boldsymbol{x} \cdot \partial_u \boldsymbol{x} = (a^2 \sin^2 u + b^2 \cos^2 u)\ \sin^2 v$$
$$G = \partial_v \boldsymbol{x} \cdot \partial_v \boldsymbol{x} = (a^2 \cos^2 u + b^2 \sin^2 u)\ \cos^2 v + c^2 \sin^2 v$$
$$F = \partial_u \boldsymbol{x} \cdot \partial_v \boldsymbol{x} = (b^2 - a^2)\ \sin u \cos u \sin v \cos v \ .$$

Utilizzando le tre quantità precedenti ed introducendo la nuova variabile:

$$\mu(u) = \frac{a^2 b^2 - c^2 \chi^2(u)}{a^2 b^2 + c^2 \chi^2(u)} \ , \tag{4.76}$$

sempre compresa tra i valori 0 ed 1, l'area della superficie dell'ellissoide si calcola, sulla base della relazione (4.39), come:

$$A = \frac{\sqrt{2}}{2} \int_0^{2\pi} [a^2 b^2 + c^2 \chi^2(u)]^{1/2} du \int_0^{\pi} \sin v \sqrt{1 + \mu(u) \cos 2v}\ dv \ . \tag{4.77}$$

Per valutare l'area (4.77) occorre quindi calcolare l'integrale:

$$I(u) = \int_0^{\pi} \sin v \sqrt{1 + \mu(u) \cos 2v}\ dv$$
$$= \underbrace{\int_0^{\pi/2} \sin v\ \sqrt{1 + \mu(u) \cos 2v}\ dv}_{I_1(u)} + \underbrace{\int_0^{\pi/2} \cos v\ \sqrt{1 - \mu(u) \cos 2v}\ dv}_{I_2(u)} \ , \tag{4.78}$$

i due integrali $I_{1,2}$ nella relazione precedente, funzioni anch'essi di u, sono uguali, come viene ora mostrato. Partiamo da I_1, in cui effettuiamo il cambiamento di variabile $t = \tan v$, ottenendo in termini di $\delta_1 = \sqrt{(1-\mu)/(1+\mu)} \in (0,1]$:

$$I_1 = \sqrt{1 + \mu} \int_0^{+\infty} \frac{t\ \sqrt{1 + \delta_1^2 t^2}}{(1 + t^2)^2}\ dt \ ,$$

effettuando il nuovo cambiamento di variabile $\delta_1 t = \sinh \xi$ otteniamo poi:

$$I_1 = \frac{\delta_1^2}{2}\ \sqrt{1 + \mu} \left[\frac{1}{\delta_1^2} + \int_0^{+\infty} \frac{\sinh \xi}{\delta_1^2 + \sinh^2 \xi}\ d\xi \right] \ ,$$

cambiando ancora variabile, in particolare ponendo $u = \cosh \xi$, otteniamo infine il valore di tale integrale:

$$I_1 = \frac{1}{2} \left[\sqrt{1 + \mu} - \frac{1 - \mu}{\sqrt{2\mu}}\ \log \left(\frac{\sqrt{1 + \mu} - \sqrt{2\mu}}{\sqrt{1 - \mu}} \right) \right] \ . \tag{4.79}$$

L'integrale I_2 nella (4.78) si calcola in modo analogo. La prima sostituzione fornisce, in termini di $\delta_2 = \sqrt{(1+\mu)/(1-\mu)} = 1/\delta_1 \in [1, +\infty)$, il risultato seguente:

$$I_2 = \sqrt{1-\mu} \int_0^{+\infty} \frac{\sqrt{1+\delta_2^2 t^2}}{(1+t^2)^2}\, dt \,,$$

mentre, ponendo $\delta_2 t = \sinh\xi$, otteniamo:

$$I_2 = \delta_2^2 \sqrt{1+\mu}\left[(1-\delta_2^2) \int_0^{+\infty} \frac{d\xi}{(\delta_2^2 + \sinh^2\xi)^2} + \int_0^{+\infty} \frac{d\xi}{\delta_2^2 + \sinh^2\xi} \right]\,, \qquad (4.80)$$

in cui i due integrali si calcolano mediante la sostituzione $u = \exp(2\xi)$, ottenendo in termini delle quantità:

$$u_{1,2} = -(2\delta_2^2 - 1) \pm 2\,\delta_2\,\sqrt{\delta_2^2 - 1}$$

(notare che $u_{1,2} < 1$), i risultati seguenti:

$$\int_0^{+\infty} \frac{d\xi}{(\delta_2^2 + \sinh^2\xi)^2} = 8 \int_1^{+\infty} \frac{u}{(u-u_1)^2(u-u_2)^2}\, du$$

$$\int_0^{+\infty} \frac{d\xi}{\delta_2^2 + \sinh^2\xi} = 2 \int_1^{+\infty} \frac{du}{(u-u_1)(u-u_2)}\,,$$

decomponendo in frazioni elementari (facendo attenzione alla sommabilità all'infinito!) si ottiene:

$$\int_0^{+\infty} \frac{d\xi}{(\delta_2^2 + \sinh^2\xi)^2} = \frac{2\delta_2^2 - 1}{4\delta_2^3(\delta_2^2 - 1)^{3/2}}\left[\log\left(\frac{\delta_2 + \sqrt{\delta_2^2 - 1}}{\delta_2 - \sqrt{\delta_2^2 - 1}} \right) - \frac{2\delta_2}{2\delta_2^2 - 1}\,\sqrt{\delta_2^2 - 1} \right]$$

$$\int_0^{+\infty} \frac{d\xi}{\delta_2^2 + \sinh^2\xi} = \frac{1}{2\delta_2(\delta_2^2 - 1)^{1/2}}\,\log\left(\frac{\delta_2 + \sqrt{\delta_2^2 - 1}}{\delta_2 - \sqrt{\delta_2^2 - 1}} \right)\,,$$

che, sostituite nella (4.80), forniscono $I_2(u) = I_1(u)$. Sostituendo la (4.78) nella (4.77), otteniamo il valore dell'area A:

$$A = \int_0^{2\pi} \left\{ ab - \frac{c^2\chi^2(u)}{\sqrt{a^2 b^2 - c^2\chi^2(u)}}\,\log\left[\frac{ab - \sqrt{a^2 b^2 - c^2\chi^2(u)}}{c\chi(u)} \right] \right\}\, du\,,$$

effettuando le sostituzioni $t = \tan u$, $\eta^2 = 1/(1+t^2)$ ed infine $\eta = \sin\theta$ (che consente di eliminare il fattore sommabile $1/\sqrt{1-\eta^2}$), otteniamo in funzione dei parametri $\lambda_y = b/a$ e $\lambda_z = c/a$ (rapporti degli assi della sezione col piano $z = 0$ e della sezione col piano $y = 0$), con $\lambda_z \leq \lambda_y \leq 1$, la seguente espressione adimensionale dell'area A dell'ellissoide:

$$\frac{A}{\pi a^2} = 2\lambda_y - \frac{2}{\pi}\lambda_z^2 \left\{ \int_0^{\pi/2} \frac{1 - (1-\lambda_y^2)\sin^2\theta}{[\lambda_z^2(1-\lambda_y^2)\sin^2\theta + (\lambda_y^2 - \lambda_z^2)]^{1/2}} \times \right.$$

$$\times \log \frac{\lambda_y - [\lambda_z^2(1-\lambda_y^2)\sin^2\theta + (\lambda_y^2 - \lambda_z^2)]^{1/2}}{\lambda_z[1 - (1-\lambda_y^2)\sin^2\theta]^{1/2}}\, d\theta +$$

$$+ \int_0^{\pi/2} \frac{\lambda_y^2 + (1-\lambda_y^2)\sin^2\theta}{[\lambda_y^2(1-\lambda_z^2) - \lambda_z^2(1-\lambda_y^2)\sin^2\theta]^{1/2}} \times$$

$$\left. \times \log \frac{\lambda_y - [\lambda_y^2(1-\lambda_z^2) - \lambda_z^2(1-\lambda_y^2)\sin^2\theta]^{1/2}}{\lambda_z[\lambda_y^2 + (1-\lambda_y^2)\sin^2\theta]^{1/2}}\, d\theta \right\}\,.$$

$$(4.81)$$

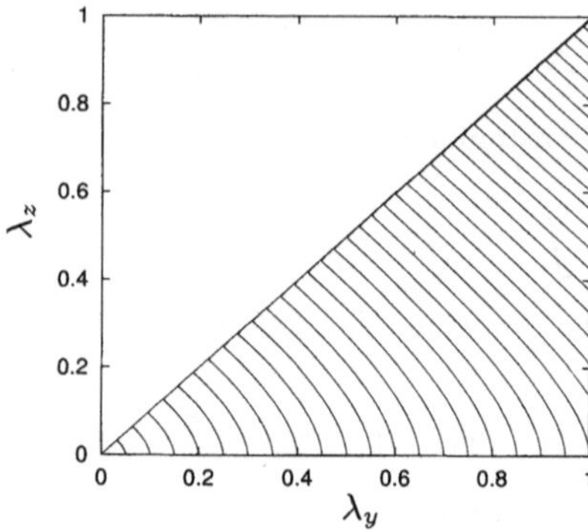

Figura 4.14. Isolinee dell'area adimensionale (4.81) della superficie dell'ellissoide nel piano (λ_y, λ_z), per $A/(\pi a^2) = 0.1, 0.2, \ldots, 3.9$. Per le isolinee che intersecano l'asse λ_y, il livello $A/(\pi a^2)$ può essere letto raddoppiando il λ_y dal quale la linea parte, essendo $A/(\pi a^2) \to 2\pi ab/(\pi a^2) = 2\lambda_y$ per $\lambda_z \to 0$. Il valore $A/(\pi a^2) = 4$ si raggiunge nel punto $\lambda_y = \lambda_z = 1$, che compete alla sfera di raggio a

Integrando numericamente col metodo dei trapezi i due integrali a secondo membro si ottengono i valori di $A/(\pi a^2)$ che consentono di tracciare le isolinee in Fig. 4.14.

4.5 Curiosando in biblioteca

Gli argomenti trattati nel presente capitolo possono essere approfonditi ed integrati su molti altri testi di Analisi Matematica. Un sintetico percorso bibliografico può essere il seguente.

Iniziamo dalla derivata di un integrale definito tra estremi variabili, la quale viene dedotta anche nel testo di Matematica Superiore [23], al cap. 3 §8 n. 83, oppure nei volumi di Analisi Matematica [4], cap. 5 §36, o [11], alle pp. 89 − 92. Una trattazione più ampia si può trovare in [10] cap. 6 §11.I pp. 334 − 345, con particolare riferimento alle proprietà di regolarità di un tale integrale definito.

Una rigorosa introduzione del concetto di integrale curvilineo si trova nel testo di Analisi Matematica [25], al §63 del cap. 6, mentre nel cap. 10 di [10] si affronta la questione delle condizioni di integrabilità per forme differenziali lineari in due o tre dimensioni. Nel testo di Matematica Superiore [23], cap. III §7 nn. 69-71, e nel §1.2 del primo capitolo del volume di Analisi Matematica [19] si trovano ulteriori trattazioni dell'integrale curvilineo. In particolare, la seconda è anche corredata da una interessante collezione di esercizi proposti.

Una ampia trattazione del concetto di integrale doppio, insieme ad alcune applicazioni per il calcolo di aree e volumi, si trova in [25], cap. 8, nei §74 e 75. Nel §97 del cap. 10 viene poi discusso il calcolo dell'area di una superficie, mentre agli integrali di superficie è dedicato il successivo §99. Nel testo di

Analisi Matematica [11], pp. 134 − 138, è illustrato il significato geometrico dell'integrale doppio. Gli integrali doppi sono anche trattati nel testo [10], al cap. 11 §3-7. L'applicazione al calcolo dell'area di una superficie in $\mathbb{R}^3$ è svolta al §12 del medesimo capitolo, mentre l'estensione del teorema di Guldino al calcolo dell'area di una superficie di rotazione ed il concetto di integrale superficiale sono argomenti svolti nei successivi §13 e 14. Una trattazione rigorosa del calcolo dell'area di una superficie è anche presentata nel testo di Analisi Matematica [11], alle pp. 170 − 181. Nel volume di Matematica Superiore [23], al cap. III §6 numeri 57-59, si trova una ampia introduzione al concetto di integrale doppio e applicazioni al calcolo di volumi. Il calcolo dell'area di una superficie è discusso nel n. 65 dello stesso paragrafo, mentre la formula di Guldino per il calcolo delle aree di superfici di rotazione è poi illustrata nel cap. 1 del testo della medesima collana [22], al §10 n. 107.

Il concetto di integrale doppio, corredato dall'estensione bidimensionale della misura di Peano-Jordan, è presentato in modo rigoroso nel cap. 5 del testo di Analisi Matematica [19], al §1 numeri 1-6. Nel cap. 6, paragrafi 1 e 2, di questo stesso volume si trova una interessante trattazione delle proprietà topologiche e differenziali delle superfici, corredata da una stimolante collezione di esercizi proposti. In particolare, il §2 di questo capitolo è dedicato all'analisi delle curvature su una superficie regolare. Nel cap. 8 §46 del volume di Analisi Matematica [4] è introdotta in modo rigoroso la nozione di superficie (nei numeri 1-6). Il calcolo dell'area di una superficie è affrontato nel successivo n. 7 e la nozione di integrale superficiale è discussa nei numeri 8 e 9. La formula di Guldino per il calcolo dell'area di una superficie di rotazione è infine fornita al n. 12.

Una raccolta di esercizi sugli integrali curvilinei si trova in [16] nel §5C, mentre una ricca collezione di esercizi sugli integrali doppi è collocata nel medesimo volume ai paragrafi 3A-3D. Esercizi sul calcolo delle aree di superfici si trovano nello stesso volume al §5D, mentre alcuni esercizi sugli integrali superficiali sono riportati nel §5E. Altri esercizi ed approfondimenti si trovano in [12].

5

Integrali multipli

In questo capitolo il concetto di integrale di una funzione continua di una sola variabile sarà esteso a funzioni di un numero qualunque di variabili, fornendo inoltre alcuni strumenti per valutare integrali di questo tipo. Nel §5.1 viene presentato brevemente il concetto di integrale di una funzione di n variabili in un dominio di $\mathbb{R}^n$ e l'idea che è alla base delle *formule di riduzione*. Queste ultime riducono il calcolo di un integrale n-dimensionale al calcolo successivo di n integrali monodimensionali. Successivamente, §5.2, viene esaminato il problema del cambiamento di variabili in un integrale n-dimensionale, trovando la legge di trasformazione di un *emenento di volume* corrispondente all'assegnato cambiamento di variabili. Occorre sottolineare la grande utilità del cambiamento di variabili, che spesso permette di ridurre ad una forma estremamente semplice un integrale n-dimensionale, complicato in un differente sistema di coordinate. Nel §5.3 verrà affrontato il problema di integrale funzioni illimitate, oppure di integrare su un dominio illimitato funzioni infinitesime, con l'obbiettivo di trovare un criterio che assicuri la finitezza di un siffatto *integrale improprio*. Infine, nel §5.4, sono presentate le *formule di Green*, unitamente a due loro conseguenze notevoli, note come *teoremi di Gauss* e *di Stokes*. L'importanza delle formule di Green è legata al fatto che il loro uso consente, sotto opportune condizioni sulla funzione integranda e sul dominio di integrazione, il passaggio da integrali di volume ad integrali di superficie.

5.1 Integrali multipli

Il ragionamento che è stato sviluppato nel §4.3 per l'integrale doppio, può essere esteso ad un numero n (finito), teoricamente qualunque, di dimensioni. Dato un dominio limitato $D \subset \mathbb{R}^n$ ed una funzione continua $f : \mathbb{R}^n \to \mathbb{R}$, possiamo definire le decomposizioni coordinate contenente $\mathcal{D}_{est} = \{R_\alpha\}$ e contenuta $\mathcal{D}_{int} = \{r_\beta\}$, in cui R_α e r_β sono piccoli parallelepipedi coordinati in $\mathbb{R}^n$, rispettivamente di norme δ_{est} e δ_{int} pari alle misure delle diagonali dei parallelepipedi più lunghe. Scegliendo ad arbitrio un punto $\boldsymbol{X}^{(\alpha)}$ in ciascuno dei parallelepipedi R_α ed un punto $\boldsymbol{x}^{(\beta)}$ in ciascuno degli r_β, possiamo introdurre le due somme integrali corrispondenti alle due decomposizioni:

$$\sum_\alpha |R_\alpha| f(\boldsymbol{X}^{(\alpha)})\,, \quad \sum_\beta |r_\beta| f(\boldsymbol{x}^{(\beta)})$$

che, quando le norme delle decomposizioni tendono a zero, si può mostrare che convergono ad un limite comune, indicato simbolicamente con:

$$\int_D f(x_1, x_2, \ldots, x_n)\, dx_1\, dx_2 \cdot \ldots \cdot dx_n = \int_D f(\boldsymbol{x})\, dV(\boldsymbol{x})\,, \qquad (5.1)$$

nella *notazione scalare* (a primo membro) o *vettoriale* (a secondo). Occorre notare che, spesso, per sottolineare il carattere n-dimensionale dell'integrale (5.1), la notazione utilizzata è la seguente:

$$\underbrace{\int\int \cdots \int}_{n \text{ volte}}{}_D f(x_1, x_2, \ldots, x_n)\, dx_1\, dx_2 \cdot \ldots \cdot dx_n\,.$$

Il prodotto dei differenziali $dx_1\, dx_2 \cdot \ldots \cdot dx_n$ prende il nome di *elemento di volume*, per questo, nella notazione vettoriale, viene indicato con $dV(\boldsymbol{x})$. È il volume di un parallelepipedo avente ciascun lato parallelo ad uno degli assi coordinati e di lunghezza pari al differenziale della corrispondente variabile. Per questo, se $f(\boldsymbol{x}) \equiv 1$ in D, l'integrale (5.1) fornisce il volume del dominio D in $\mathbb{R}^n$.

L'integrale definito nella (5.1) gode delle classiche proprietà dell'integrale monodimensionale: ad esempio, l'integrale della somma di due funzioni continue è uguale alla somma degli integrali e l'integrale del prodotto di una costante (finita) per una funzione continua è uguale al prodotto della medesima costante per l'integrale della funzione.

Allo scopo di chiarire il significato della definizione (5.1) di integrale multiplo, facciamo un esempio per $n = 3$, cioè nell'ordinario spazio tridimensionale $\mathbb{R}^3$. Supponiamo di dover calcolare il volume V del solido compreso tra la superficie $z = x^2 + y^2$ ed il piano $z = 1$, per $0 \leq z \leq 1$, come mostrato in Fig. 5.1. Per applicare la definizione (5.1), occorre, in generale, effettuare una decomposizione di D in domini semplici rispetto a due degli assi coordinati. In questo caso, il dominio D è già semplice rispetto agli assi x ed y, infatti possiamo scrivere le diseguaglianze seguenti per ogni $(x, y, z) \in D$:

$$x^2 + y^2 \leq z \leq 1$$
$$-\sqrt{1 - x^2} \leq y \leq +\sqrt{1 - x^2}$$
$$-1 \leq x \leq 1\,,$$

ne segue la formula di riduzione per il volume:

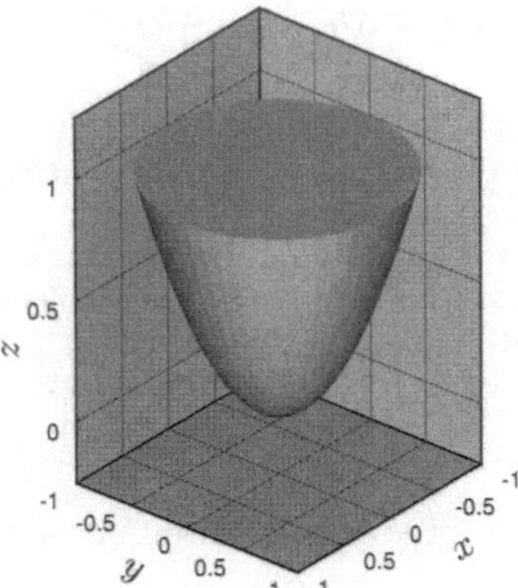

Figura 5.1. Solido di cui si vuole determinare il volume V, delimitato dalla superficie $z = x^2 + y^2$ ed il piano $z = 1$

$$V = \int_{-1}^{+1} dx \int_{-\sqrt{1-x^2}}^{+\sqrt{1-x^2}} dy \int_{x^2+y^2}^{1} dz = \frac{\pi}{2} \,. \tag{5.2}$$

Supponiamo ora di avere un serbatoio il cui interno sia dato dal dominio D e di collocare questo dominio in un campo gravitazionale, con l'accelerazione di gravità diretta lungo le z negative. Riempiamo il serbatoio di un fluido di densità variabile, che si dispone, una volta tornato in quiete, a strati paralleli al piano (x, y) con densità $\rho(z)$ decrescente al crescere di z. Si parla in tal caso di *fluido stratificato*, in una configurazione di equilibrio stabile. Assumiamo l'andamento $\rho(z) = \rho_0(1 - \alpha z)$, in cui α è un numero positivo minore di 1 e ρ_0 è il valore della densità sul fondo del serbatoio. Vogliamo ora calcolare quanto vale la massa totale M di fluido contenuta nel serbatoio. Sulla base della formula di riduzione (5.2) e del fatto che la densità ρ è funzione della sola z, dobbiamo valutare l'integrale seguente:

$$M = \int_{-1}^{+1} dx \int_{-\sqrt{1-x^2}}^{+\sqrt{1-x^2}} dy \int_{x^2+y^2}^{1} \rho_0(1 - \alpha z)\, dz$$

$$= \rho_0 \left(V - \alpha \int_{-1}^{+1} dx \int_{-\sqrt{1-x^2}}^{+\sqrt{1-x^2}} dy \int_{x^2+y^2}^{1} z\, dz \right) , \tag{5.3}$$

in cui abbiamo utilizzato le proprietà dell'integrale e la definizione di V. Calcolando [1] l'integrale nella (5.3) e ponendo $M_0 = \rho_0 V$, si trova:

---

[1] Utilizzare i seguenti risultati:

$$\int_0^{\pi/2} \cos^2 \theta\, d\theta = \frac{\pi}{4}, \quad \int_0^{\pi/2} \cos^4 \theta\, d\theta = \frac{3}{16}\,\pi, \quad \int_0^{\pi/2} \cos^6 \theta\, d\theta = \frac{5}{32}\,\pi, \quad \int_0^{\pi/2} \cos^8 \theta\, d\theta = \frac{35}{256}\,\pi \,.$$

$$M = M_0 \left(1 - \frac{2}{3}\,\alpha \right) , \qquad\qquad (5.4)$$

da cui segue che la massa di fluido può al più ridursi ad 1/3 di quella corrispondente alla densità costante ρ_0, nel caso in cui $\alpha = 1$.

◇ **Esercizio:**   Calcolare la coordinata z del centro di massa del fluido contenuto nel serbatoio e spiegare il risultato ottenuto al variare di α.

Risp. $z = \dfrac{1}{2}\,\dfrac{4 - 3\alpha}{3 - 2\alpha} \in \left[\dfrac{1}{2}, \dfrac{2}{3} \right].$

◇ **Esercizio:**   Calcolare il volume V di un ellissoide di semiassi a, b e c.

Risp. $V = 4\,\pi\,abc/3.$

◇ **Esercizio:**   Calcolare i momenti di inerzia di un ellissoide di semiassi a, b e c, rispetto agli assi centrali x, y e z:

$$I_{xx} = \int_D x^2 dV \ , \quad I_{yy} = \int_D y^2 dV \ , \quad I_{zz} = \int_D z^2 dV \ .$$

Risp. $I_{xx} = V\,a^2/5$ ed analoghe, in cui V è il volume.

Più in generale, per n qualunque, l'applicazione pratica della definizione (5.1) va fatta suddividendo D nell'unione di domini semplici rispetto ad $n-1$ delle n variabili $x_1, x_2, \ldots, x_n$ e poi integrando n volte. Con maggiore dettaglio, supponiamo che il dominio D sia semplice rispetto ad $x_1, x_2, \ldots, x_{n-1}$, cioè a tutte le variabili, salvo x_n. Questo significa, ad esempio, che, quando $\boldsymbol{x} \in D$, è verificata la seguente lista di diseguaglianze:

$$
\begin{aligned}
\varphi_n(x_1, x_2, \ldots, x_{n-1}) &\leq\ x_n\ \leq \Phi_n(x_1, x_2, \ldots, x_{n-1}) \\
\varphi_{n-1}(x_1, x_2, \ldots, x_{n-2}) &\leq x_{n-1} \leq \Phi_{n-1}(x_1, x_2, \ldots, x_{n-2}) \\
\varphi_{n-2}(x_1, x_2, \ldots, x_{n-3}) &\leq x_{n-2} \leq \Phi_{n-2}(x_1, x_2, \ldots, x_{n-3}) \\
&\ \ \vdots \\
\varphi_2(x_1) &\leq\ x_2\ \leq \Phi_2(x_1) \\
\varphi_1 &\leq\ x_1\ \leq \Phi_1
\end{aligned}
\qquad (5.5)
$$

in cui la variabile i-esima è limitata da funzioni che dipendono solo dalle rimanenti $i-1$ variabili. Ovviamente, non è detto che l'ordine in cui valgono tali limitazioni sia quello naturale $(1, 2, \ldots, n)$, qui adottato. Mentre è stabilito che il primo vincolo deve riguardare x_n.

Valendo le condizioni (5.5) sulle coordinate di un generico punto $\boldsymbol{x}$ di D, l'integrale (5.1) può essere calcolato mediante n integrazioni monodimensionali successive, a partire da quella in x_n, che deve necessariamente essere la più interna, poiché gli estremi di integrazione sono funzioni delle rimanenti

$n - 1$ variabili. In tal caso vale la seguente *formula di riduzione* dell'integrale multiplo:

$$\int_D f(\boldsymbol{x})\, dV(\boldsymbol{x}) =$$

$$= \int_{\varphi_1}^{\Phi_1} dx_1 \int_{\varphi_2(x_1)}^{\Phi_2(x_1)} dx_2 \cdots \int_{\varphi_{n-1}(x_1,x_2,\dots,x_{n-2})}^{\Phi_{n-1}(x_1,x_2,\dots,x_{n-2})} dx_{n-1} \int_{\varphi_n(x_1,x_2,\dots,x_{n-1})}^{\Phi_n(x_1,x_2,\dots,x_{n-1})} f(x_1,x_2,\dots,x_n)\, dx_n \, , \quad (5.6)$$

analoghe formule di riduzione possono essere dedotte negli altri casi.

5.2 Cambiamento di variabili

Quando il dominio di integrazione e la funzione integranda soddisfano particolari simmetrie, queste possono essere utilizzate per semplificare l'integrale, scrivendolo in coordinate diverse da quelle cartesiane. Il cambiamento di variabili in un integrale multiplo è, quindi, una questione di grande interesse applicativo: in questo paragrafo verrà illustrata la tecnica con cui realizzarlo.

Supponiamo di voler passare dal sistema di coordinate cartesiano $\boldsymbol{x} = (x_1, x_2, \dots, x_n)$ ad un nuovo sistema $\boldsymbol{y} = (y_1, y_2, \dots, y_n)$, con:

$$\boldsymbol{y} = \boldsymbol{y}(\boldsymbol{x}) \, , \qquad (5.7)$$

che trasforma il dominio D nello spazio degli $\boldsymbol{x}$ nel dominio T nello spazio delle $\boldsymbol{y}$. Assumiamo che la trasformazione (5.7) sia biunivoca, continua e con inversa $\boldsymbol{x} = \boldsymbol{x}(\boldsymbol{y})$ continua. Inoltre supponiamo che tutte le derivate parziali della trasformazione e della sua inversa siano continue. Per semplicità, chiamiamo con $F(\boldsymbol{y})$ la funzione ottenuta sostituendo la trasformazione $\boldsymbol{x} = \boldsymbol{x}(\boldsymbol{y})$ all'interno della funzione integranda $f(\boldsymbol{x})$, ovvero $F(\boldsymbol{y}) = f[\boldsymbol{x}(\boldsymbol{y})]$.

Osserviamo che il volume V (in $\mathbb{R}^n$) del parallelepipedo avente come lati i vettori $\boldsymbol{v}^{(1)}$, $\boldsymbol{v}^{(2)}$, ..., $\boldsymbol{v}^{(n)}$ è dato dal modulo del determinante J della matrice avente su ciascuna colonna le componenti del corrispondente vettore:

$$J = \begin{vmatrix} v_1^{(1)} & v_1^{(2)} & \cdots & v_1^{(n)} \\ v_2^{(1)} & v_2^{(2)} & \cdots & v_2^{(n)} \\ \vdots & \vdots & & \vdots \\ v_n^{(1)} & v_n^{(2)} & \cdots & v_n^{(n)} \end{vmatrix} . \qquad (5.8)$$

Utilizzando la definizione (5.8), si ottiene allora $V = |J|$.

◇   **Esercizio:**   Calcolare i volumi dei parallelepipedi di $\mathbb{R}^3$ costruiti sui vettori seguenti:

$$\begin{cases} \boldsymbol{v}^{(1)} = (1,0,0) \\ \boldsymbol{v}^{(2)} = (1/2, \sqrt{3}/2, 0) \\ \boldsymbol{v}^{(3)} = (1/2, 0, \sqrt{3}/2) \end{cases} \quad \text{Risp. } V = 3/4$$

$$\begin{cases} \boldsymbol{v}^{(1)} = (-1, 0, \sqrt{2}/2) \\ \boldsymbol{v}^{(2)} = (1, \sqrt{2}/2, 0) \\ \boldsymbol{v}^{(3)} = (0, -\sqrt{2}/2, 1) \end{cases} \quad \text{Risp. } V = (\sqrt{2}+1)/2$$

$$\begin{cases} \boldsymbol{v}^{(1)} = (-1/2, 1, -1) \\ \boldsymbol{v}^{(2)} = (2, 1/2, 1) \\ \boldsymbol{v}^{(3)} = (-1, 1/2, 1/2) \end{cases} \quad \text{Risp. } V = 27/8$$

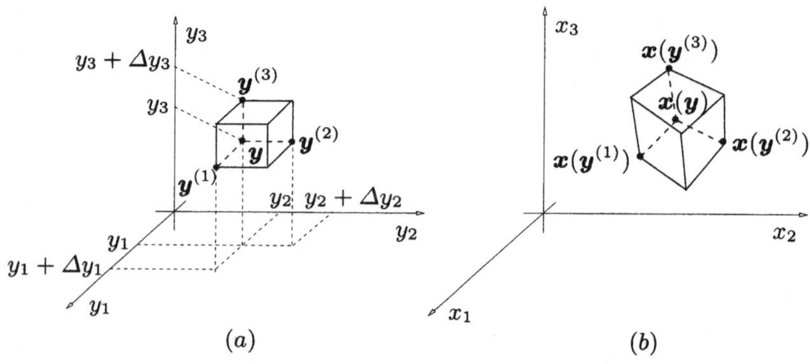

Figura 5.2. Parallelepipedi corrispondenti: (*a*) nello spazio delle nuove variabili (chiamate $\boldsymbol{y}$) e (*b*) nello spazio delle vecchie ($\boldsymbol{x}$). Al punto $\boldsymbol{y}$ corrisponde il punto $\boldsymbol{x}(\boldsymbol{y})$, mentre ai punti $\boldsymbol{y}^{(k)}$ corrispondono i punti $\boldsymbol{x}(\boldsymbol{y}^{(k)})$ ed il punto $\boldsymbol{y}^{(k)}$ è ottenuto dal punto $\boldsymbol{y}$ incrementando la coordinata y_k del valore Δy_k, per $k = 1$, 2 e 3. Per ottenere il legame tra l'elemento di volume nello spazio delle $\boldsymbol{x}$ ed il corrispondente elemento nello spazio delle $\boldsymbol{y}$, occorre esprimere il volume del parallelepipedo in (*b*) in funzione del volume di quello in (*a*)

Consideriamo l'incremento del vettore $\boldsymbol{y}$ ottenuto lasciando fisse tutte le componenti di $\boldsymbol{y}$, a meno della i-esima che viene fatta passare dal valore y_i, al valore $y_i + \Delta y_i$. In seguito a questo incremento, il corrispondente vettore $\boldsymbol{x}(\boldsymbol{y})$ subisce un incremento $\Delta\boldsymbol{x}^{(i)}$ dato da:

$$\Delta\boldsymbol{x}^{(i)} = \begin{pmatrix} \partial_{y_i} x_1 \, \Delta y_i + o(\Delta y_i) \\ \partial_{y_i} x_2 \, \Delta y_i + o(\Delta y_i) \\ \vdots \\ \partial_{y_i} x_n \, \Delta y_i + o(\Delta y_i) \end{pmatrix}, \tag{5.9}$$

in cui abbiamo indicato con $o(\Delta y_i)$ termini infinitesimi di ordine *superiore* a Δy_i. Immaginiamo di effettuare la stessa procedura per $i = 1, 2, \ldots, n$, ottenendo incrementi vettoriali $\Delta \boldsymbol{x}^{(1)}, \Delta \boldsymbol{x}^{(2)}, \ldots, \Delta \boldsymbol{x}^{(n)}$, come è rappresentato in Fig. 5.2 nel caso di $n = 3$. Il volume ΔV del parallelepipedo individuato da tali vettori sarà dato dalla applicazione della regola (5.8) ai vettori (5.9). Calcoliamo allora l'elemento di volume ΔV nello spazio delle $\boldsymbol{x}$, ovvero il volume del parallelepipedo costruito sui vettori $\boldsymbol{x}(\boldsymbol{y}^{(1)}) - \boldsymbol{x}(\boldsymbol{y})$, $\boldsymbol{x}(\boldsymbol{y}^{(2)}) - \boldsymbol{x}(\boldsymbol{y})$ e $\boldsymbol{x}(\boldsymbol{y}^{(3)}) - \boldsymbol{x}(\boldsymbol{y})$. Questo elemento di volume risulterà quindi espresso in termini dell'elemento di volume nello spazio delle $\boldsymbol{y}$. L'elemento ΔV si scrive sulla base del determinante della matrice ottenuta considerando su ciascuna colonna le componenti dei vettori $\Delta \boldsymbol{x}^{(i)}$:

$$\Delta V = \begin{vmatrix} \partial_{y_1} x_1 \, \Delta y_1 + o(\Delta y_1) & \partial_{y_2} x_1 \, \Delta y_2 + o(\Delta y_2) & \cdots & \partial_{y_n} x_1 \, \Delta y_n + o(\Delta y_n) \\ \partial_{y_1} x_2 \, \Delta y_1 + o(\Delta y_1) & \partial_{y_2} x_2 \, \Delta y_2 + o(\Delta y_2) & \cdots & \partial_{y_n} x_2 \, \Delta y_n + o(\Delta y_n) \\ \vdots & \vdots & & \vdots \\ \partial_{y_1} x_n \, \Delta y_1 + o(\Delta y_1) & \partial_{y_2} x_n \, \Delta y_2 + o(\Delta y_2) & \cdots & \partial_{y_n} x_n \, \Delta y_n + o(\Delta y_n) \end{vmatrix}$$

$$= \begin{vmatrix} \partial_{y_1} x_1 \, \Delta y_1 & \partial_{y_2} x_1 \, \Delta y_2 & \cdots & \partial_{y_n} x_1 \, \Delta y_n \\ \partial_{y_1} x_2 \, \Delta y_1 & \partial_{y_2} x_2 \, \Delta y_2 & \cdots & \partial_{y_n} x_2 \, \Delta y_n \\ \vdots & \vdots & & \vdots \\ \partial_{y_1} x_n \, \Delta y_1 & \partial_{y_2} x_n \, \Delta y_2 & \cdots & \partial_{y_n} x_n \, \Delta y_n \end{vmatrix} + o(\Delta y_1 \Delta y_2 \cdot \ldots \cdot \Delta y_n)$$

$$= \begin{vmatrix} \partial_{y_1} x_1 & \partial_{y_2} x_1 & \cdots & \partial_{y_n} x_1 \\ \partial_{y_1} x_2 & \partial_{y_2} x_2 & \cdots & \partial_{y_n} x_2 \\ \vdots & \vdots & & \vdots \\ \partial_{y_1} x_n & \partial_{y_2} x_n & \cdots & \partial_{y_n} x_n \end{vmatrix} \Delta y_1 \Delta y_2 \cdot \ldots \cdot \Delta y_n + o(\Delta y_1 \Delta y_2 \cdot \ldots \cdot \Delta y_n) \, .$$

Indichiamo simbolicamente con

$$\frac{\partial(x_1, x_2, \ldots, x_n)}{\partial(y_1, y_2, \ldots, y_n)} = \begin{vmatrix} \partial_{y_1} x_1 & \partial_{y_2} x_1 & \cdots & \partial_{y_n} x_1 \\ \partial_{y_1} x_2 & \partial_{y_2} x_2 & \cdots & \partial_{y_n} x_2 \\ \vdots & \vdots & & \vdots \\ \partial_{y_1} x_n & \partial_{y_2} x_n & \cdots & \partial_{y_n} x_n \end{vmatrix} \tag{5.10}$$

il determinante costruito con le derivate prime della funzione vettoriale $\boldsymbol{x}(\boldsymbol{y})$, funzione di $\boldsymbol{y}$, che prende il nome di *determinante Jacobiano* della trasformazione $\boldsymbol{x} = \boldsymbol{x}(\boldsymbol{y})$. Otteniamo allora la seguente relazione:

$$\Delta V = \left| \frac{\partial(x_1, x_2, \ldots, x_n)}{\partial(y_1, y_2, \ldots, y_n)} \right| \Delta y_1 \Delta y_2 \cdot \ldots \cdot \Delta y_n + o(\Delta y_1 \Delta y_2 \cdot \ldots \cdot \Delta y_n) \, . \tag{5.11}$$

Poiché i termini infinitesimi di ordine superiore a $\Delta y_1 \Delta y_2 \cdot \ldots \cdot \Delta y_n$ non contribuiscono all'integrale (i contributi relativi alle somme integrali vanno a zero, quando la norma della decomposizione viene mandata a zero), utilizzando la relazione (5.11) si ottiene la seguente regola per il cambiamento di variabili in un integrale multiplo:

$$\int_D f(\boldsymbol{x})\, dx_1 dx_2 \cdot \ldots \cdot dx_n = \int_T F(\boldsymbol{y}) \; \left| \frac{\partial(x_1, x_2, \ldots, x_n)}{\partial(y_1, y_2, \ldots, y_n)} \right| \; dy_1 dy_2 \cdot \ldots \cdot dy_n \, .$$

$$(5.12)$$

La relazione (5.12) si ricorda facilmente, considerando che le variabili rispetto a cui si integra a secondo membro sono anche le variabili rispetto a cui si deriva nella costruzione del determinante jacobiano, in perfetta analogia con quanto accade negli integrali in una dimensione.

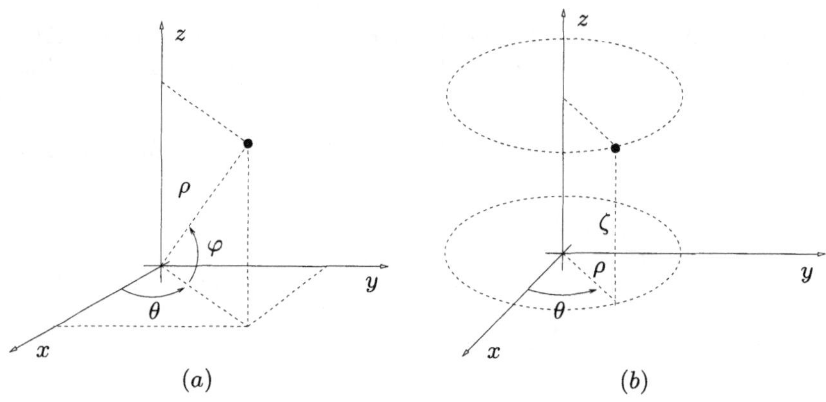

Figura 5.3. Sistemi di coordinate sferico (5.13, *a*) e cilindrico (5.18, *b*)

Facciamo alcuni esempi in $\mathbb{R}^3$, al fine di comprendere l'utilità della relazione (5.12). Supponiamo di passare dal sistema cartesiano $\boldsymbol{x} = (x, y, z)$ al *sistema di coordinate sferico* mostrato in Fig. 5.3-*a*:

$$\begin{cases} x = \rho \, \cos\varphi \, \cos\theta \\ y = \rho \, \cos\varphi \, \sin\theta \\ z = \rho \, \sin\varphi \, , \end{cases} \qquad (5.13)$$

in cui $\varphi \in [-\pi/2, +\pi/2]$ è la latitudine (0 sul piano equatoriale), $\theta \in [0, 2\pi)$ è la longitudine e ρ è la distanza del punto $\boldsymbol{x}$ dall'origine del riferimento cartesiano. Calcoliamo il determinante jacobiano della trasformazione da coordinate sferiche (ρ, φ, θ) a coordinate cartesiane (x, y, z):

$$\frac{\partial(x, y, z)}{\partial(\rho, \varphi, \theta)} = \begin{vmatrix} \partial_\rho x & \partial_\varphi x & \partial_\theta x \\ \partial_\rho y & \partial_\varphi y & \partial_\theta y \\ \partial_\rho z & \partial_\varphi z & \partial_\theta z \end{vmatrix}$$

$$= \begin{vmatrix} \cos\varphi \, \cos\theta & -\rho \, \sin\varphi \, \cos\theta & -\rho \, \cos\varphi \, \sin\theta \\ \cos\varphi \, \sin\theta & -\rho \, \sin\varphi \, \sin\theta & \rho \, \cos\varphi \, \cos\theta \\ \sin\varphi & \rho \, \cos\varphi & 0 \end{vmatrix} = -\rho^2 \, \cos\varphi \, , \quad (5.14)$$

da cui segue che l'elemento di volume in coordinate sferiche si scrive:

$$dx \, dy \, dz = \rho^2 \, \cos\varphi \, d\rho \, d\varphi \, d\theta \, . \tag{5.15}$$

Occorre notare che questo elemento di volume si può scrivere nella forma di elemento di *superficie sferica* ($\rho^2 \, \cos\varphi \, d\varphi \, d\theta$, proporzionale a ρ^2) moltiplicato il *differenziale radiale* ($d\rho$).

◇　**Esercizio:**　　Calcolare il volume V di una sfera di raggio r ed il suo momento di inerzia I rispetto ad un asse passante per il centro, definito dalla relazione:

$$I = \int_V d^2 \, dxdydz \, ,$$

in cui d è la distanza del punto (x, y, z) dall'asse scelto.

Risp.　$V = 4 \, \pi \, r^3/3$, $I = 2 \, V \, r^2/5$.

Il cambiamento di coordinate sferico (5.13) si riduce ovviamente al cambiamento di coordinate da cartesiane a polari nel piano $z = 0$ per $\varphi = 0$ e si trova, in tal caso l'elemento di area nel piano (x, y) come:

$$dx \, dy = \rho \, d\rho \, d\theta \, . \tag{5.16}$$

Torniamo all'integrale (4.27) per illustrare una applicazione molto conveniente di questo cambiamento di variabili. Infatti, nelle nuove variabili polari:

$$\int_D \frac{x^2}{1 + y^2} \, dxdy = \int_r^R \rho d\rho \int_0^{2\pi} \frac{\rho^2 \cos^2\theta}{1 + \rho^2 \sin^2\theta}$$

$$= \int_r^R \rho(1 + \rho^2)d\rho \int_0^{2\pi} \frac{d\theta}{1 + \rho^2 \sin^2\theta} - \pi(R^2 - r^2) \, , \quad (5.17)$$

in cui l'integrale in θ all'ultimo membro si può riscrivere come:

$$\int_0^{2\pi} \frac{d\theta}{1 + \rho^2 \sin^2\theta} = 8 \int_0^{\pi/2} \frac{d\theta}{(2 + \rho^2) - \rho^2 \cos 2\theta} = \frac{2\pi}{\sqrt{1 + \rho^2}} \, ,$$

come segue subito dalla sostituzione $t = \tan\theta$. Inserendo il risultato precedente nell'integrale (5.17), si riottiene facilmente la stima (4.29). Osserviamo, però, che il cambiamento di coordinate effettuato nell'integrale doppio ha apportato una rilevante semplificazione nei calcoli.

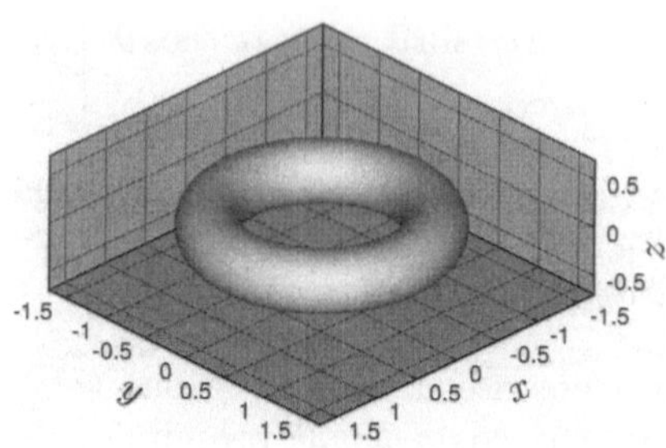

Figura 5.4. Toro a sezione circolare, di cui all'esercizio (5.22), con raggio interno $r = 0.7$ e raggio esterno $R = 1.3$

Un secondo esempio di sistema di coordinate è quello *cilindrico* mostrato in Fig. 5.3-*b*, in cui il passaggio da queste coordinate a quelle cartesiane è definito dalla relazione seguente:

$$\begin{cases} x = \rho \, \cos\theta \\ y = \rho \, \sin\theta \\ z = \zeta \, , \end{cases} \tag{5.18}$$

in cui ρ è la distanza dall'asse del sistema cilindrico, θ la fase e ζ è la coordinata lungo l'asse. Il determinante jacobiano della trasformazione da coordinate cilindriche (ρ, θ, ζ) a coordinate cartesiane (x, y, z) si scrive:

$$\frac{\partial(x, y, z)}{\partial(\rho, \theta, \zeta)} = \begin{vmatrix} \partial_\rho x & \partial_\theta x & \partial_\zeta x \\ \partial_\rho y & \partial_\theta y & \partial_\zeta y \\ \partial_\rho z & \partial_\theta z & \partial_\zeta z \end{vmatrix}$$

$$= \begin{vmatrix} \cos\theta & -\rho \, \sin\theta & 0 \\ \sin\theta & \rho \, \cos\theta & 0 \\ 0 & 0 & 1 \end{vmatrix} = \rho \, , \tag{5.19}$$

da cui segue che l'elemento di volume cartesiano si scrive in coordinate cilindriche:

$$dx \, dy \, dz = \rho \, d\theta \, d\rho \, d\zeta \, . \tag{5.20}$$

Occorre notare che anche questo elemento di volume si può scrivere nella forma di elemento di *superficie cilindrica* $(\rho \, d\theta \, d\zeta)$ moltiplicato il *differenziale radiale* $(d\rho)$.

Una importante applicazione di questo cambiamento di coordinate consiste nel calcolare il volume di un solido ottenuto facendo ruotare il dominio A, definito sul piano passante per l'asse del sistema cilindrico per $\theta = 0$, di 2π.

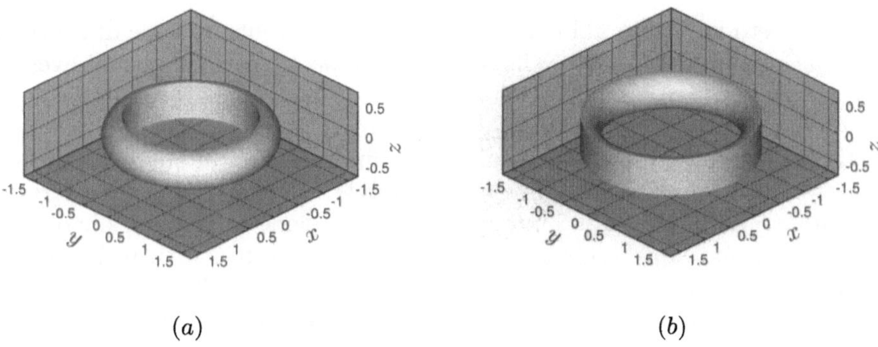

$$(a) \qquad\qquad\qquad\qquad (b)$$

Figura 5.5. Tori a sezioni semicircolari, di cui all'esercizio (5.23), con il diametro della sezione parallelo all'asse del toro e rivolto verso l'interno (a) o verso l'esterno (b) del toro stesso. Il raggio interno è $r = 1$, mentre quello esterno è $R = 1.3$

Indicando con $|A|$ l'area del dominio A e con d la distanza dall'asse del sistema cilindrico del centro di figura del dominio A, si ha:

$$V(A) = \int_0^{2\pi} d\theta \int_A \rho \, d\rho d\zeta = 2\,\pi\,d \cdot |A|\,, \tag{5.21}$$

ovvero il volume del solido di rotazione si calcola moltiplicando l'area della sua sezione A per la lunghezza della circonferenza descritta dal suo centro di figura, quando il dominio A viene fatto ruotare attorno all'asse di simmetria. Il risultato (5.21) prende il nome di *teorema di Guldino* ed è molto importante nelle applicazioni.

◇   **Esercizio:**   Calcolare il volume V di un toro a sezione circolare di raggio interno r ed esterno R, vedi Fig. 5.4.   (5.22)
Risp. $V = \pi^2\,(R - r)^2(R + r)/4$.

◇   **Esercizio:**   Calcolare il volume V_i di un toro a sezione semicircolare, disposta con la base parallela all'asse di simmetria ed interna al toro, di raggio interno r ed esterno R, vedi Fig. 5.5-a. Ripetere il calcolo con la sezione disposta con la base verso l'esterno del toro, determinando il nuovo volume V_e, vedi Fig. 5.5-b. Confrontare i due volumi V_i e V_e e giustificare le eventuali differenze.   (5.23)
Risp.   (con $\alpha = (3\pi - 4)/4 \simeq 1.3562$) si ha: $V_i = 4\,\pi\,(R - r)^2\,(R + \alpha r)/3$ e $V_e = 4\,\pi\,(R - r)^2\,(r + \alpha R)/3$. Risulta $V_e > V_i$.

5.3 Criteri di sommabilità

Fino a questo momento abbiamo sempre discusso di integrazione di funzioni *continue* su domini *limitati*. Nelle applicazioni, però, capita spesso di avere a che fare con funzioni con *discontinuità di infinito*, o con domini di integrazione *illimitati*. Si parla in tal caso di *integrali impropri*. Il calcolo dell'integrale può portare, allora, ad un risultato infinito o, perfino, assurdo. In questo paragrafo analizzeremo sotto quali condizioni è possibile valutare, senza incorrere in risultati errati od in infiniti, l'integrale di una funzione avente una singolarità di infinito in un punto e l'integrale di una funzione esteso a tutto lo spazio. Discuteremo la questione direttamente per funzioni $f : \mathbb{R}^n \to \mathbb{R}$, poiché questa scelta non comporta sostanziali complicazioni, ottenendo due semplici criteri sufficienti per valutare la sommabilità in un punto ed all'infinito.

Facciamo un esempio, ponendoci il problema di integrare la funzione $f : \mathbb{R}^n \to \mathbb{R}$:

$$f(\boldsymbol{x}) = \frac{\sin |\boldsymbol{x}|}{|\boldsymbol{x}|^\varepsilon} \, , \tag{5.24}$$

in cui ε è un numero reale positivo, all'*interno* di una sfera centrata nell'origine e di raggio assegnato. Il limite per $\boldsymbol{x} \to \boldsymbol{0}$ di questa funzione vale:

$$\lim_{\boldsymbol{x} \to \boldsymbol{0}} f(\boldsymbol{x}) = \begin{cases} 0 & \text{se } \varepsilon \in (0,1) \\ 1 & \text{se } \varepsilon = 1 \\ +\infty & \text{se } \varepsilon \in (1, +\infty) \end{cases}$$

e consente di dedurre subito che, se $\varepsilon > 1$, è presente nel dominio di integrazione una singolarità di infinito, ovvero un punto $\boldsymbol{x}_0$ (nel nostro caso $\boldsymbol{x}_0 = \boldsymbol{0}$) in cui la funzione ammette limite infinito. Cosa accade in tal caso? Si riesce comunque a valutare l'integrale, oppure si deve rinunciare a definirlo? Supponiamo, poi, di voler valutare l'integrale della medesima funzione all'*esterno* della sfera. Sappiamo che la funzione (5.24) è infinitesima all'infinito per ogni ε, ma questa informazione ci permette di concludere che tale integrale esiste finito? In questo paragrafo risponderemo a tali domande. Scopriremo che quello che accadrà per la nostra funzione (5.24) dipenderà esclusivamente dall'esponente ε, che controlla sia la velocità con cui tale funzione diverge nell'origine, sia la velocità con cui va a zero all'infinito.

Premettiamo alcune considerazioni sull'elemento di volume in $\mathbb{R}^n$. Supponiamo di adottare coordinate sferiche, nelle quali esiste una direzione radiale, su cui si misura una coordinata ρ, ed $n - 1$ direzioni tangenziali, su cui si misurano $n - 1$ angoli $\varphi_1, \varphi_2, \ldots, \varphi_{n-1}$. Il vettore costruito con questi angoli $\boldsymbol{\varphi} = (\varphi_1, \varphi_2, \ldots, \varphi_{n-1})$ appartiene ad un insieme *limitato* A dello spazio $\mathbb{R}^{n-1}$ (infatti, A è certamente contenuto del sottoinsieme limitato di $\mathbb{R}^{n-1}$ dato da $[0, 2\pi) \times [0, 2\pi) \times \cdots \times [0, 2\pi)$, ovvero dal prodotto cartesiano ad $n-1$ fattori dell'intervallo $[0, 2\pi)$ per se stesso). In tali condizioni, l'elemento di volume $dV(\boldsymbol{x})$ in $\mathbb{R}^n$ sarà dato dal prodotto dell'elemento di superficie sferica, esprimibile come: $\rho^{n-1} \, \Phi(\boldsymbol{\varphi}) \, d\varphi_1 \, d\varphi_2 \cdot \ldots \cdot d\varphi_{n-1}$, con Φ continua, per il differenziale radiale $d\rho$. Non interessa qui specificare la funzione Φ, mentre è molto importante conoscere la dipendenza da ρ. Ad esempio, sappiamo, già, che nel caso $n = 2$ l'elemento di volume (che si potrebbe chiamare elemento di area) si scrive come $dV = \rho\, d\varphi\, d\rho$ e quindi $\Phi \equiv 1$, mentre nel caso $n = 3$ tale elemento di volume è già stato dato nella (5.15) e si scrive $dV = \rho^2\, \cos\varphi\, d\varphi\, d\theta\, d\rho$ e quindi $\Phi(\varphi, \theta) \equiv \cos\varphi$.

Supponiamo ora di avere una funzione f che possiede una singolarità di infinito isolata in un punto $\boldsymbol{x}_0$, cioè tale che:

$$\lim_{\boldsymbol{x} \to \boldsymbol{x}_0} f(\boldsymbol{x}) = +\infty \quad (\text{o } -\infty) \ .$$

Osserviamo che, essendo interessati a discutere il comportamento dell'integrale di una funzione così fatta, sarà sufficiente restringere il dominio di integrazione ad un piccolo intorno $\mathcal{I}(\boldsymbol{x}_0)$ del punto $\boldsymbol{x}_0$, scelto per semplicità sferico, di raggio r. Nell'integrale su questo intorno, passiamo a coordinate sferiche di centro in $\boldsymbol{x}_0$, conoscendo che la funzione f si comporta, in $\mathcal{I}(\boldsymbol{x}_0)$, come il prodotto di una funzione continua degli angoli $g(\varphi)$ per una funzione della distanza radiale ρ della forma $1/\rho^\alpha$, con $\alpha > 0$. Il numero α prende il nome di *ordine di infinito* della funzione f nel punto $\boldsymbol{x}_0$.

$\diamond$ **Esercizio:**   Per le funzioni da $\mathbb{R}^2$ ad $\mathbb{R}$:

$$
\begin{aligned}
f_1(x, y) &= \frac{1}{\sqrt{x^2 + y^2}} \\[2mm]
f_2(x, y) &= \frac{x^2}{(x^2 + y^2)^{5/2}} \\[2mm]
f_3(x, y) &= \frac{(xy)^2}{(x^2 + y^2)^5} \\[2mm]
f_4(x, y) &= \frac{x^2 + y^2 - 1}{(x^2 + y^2)^3} \\[2mm]
f_5(x, y) &= \frac{\sin\sqrt{x^2 + y^2}}{(x^2 + y^2)^{3/4}} \ ,
\end{aligned}
\tag{5.25}
$$

aventi una sigolarità di infinito isolata nell'origine,
determinare la funzione g ed il numero α.

Scriviamo allora l'integrale e cambiamo variabili:

$$
\begin{aligned}
\int_{\mathcal{I}(\boldsymbol{x}_0)} f(\boldsymbol{x})\, dV(\boldsymbol{x}) &= \int_A d\varphi_1 d\varphi_2 \cdot \ldots \cdot d\varphi_{n-1}\, \Phi(\boldsymbol{\varphi}) \int_0^r \rho^{n-1}\, \frac{g(\boldsymbol{\varphi})}{\rho^\alpha}\, d\rho \\[3mm]
&= \int_A d\varphi_1 d\varphi_2 \cdot \ldots \cdot d\varphi_{n-1}\, \Phi(\boldsymbol{\varphi})\, g(\boldsymbol{\varphi}) \cdot \int_0^r \rho^{n-1-\alpha}\, d\rho \ ,
\end{aligned}
\tag{5.26}
$$

poiché il risultato dell'integrazione negli angoli è, qualunque sia la funzione g, finito, soffermiamoci sul solo integrale in ρ nell'ultimo membro della (5.26). Se $\alpha = n$, il risultato dell'integrale non è finito. Quindi deve necessariamente essere $\alpha \neq n$. In tali condizioni l'integrale in ρ nella (5.26) vale:

$$\int_0^r \rho^{n-1-\alpha}\, d\rho = \frac{1}{n-\alpha}\, \rho^{n-\alpha}\, \Big|_{\rho=0}^{\rho=r} \;,$$

che mostra come l'integrale a primo membro della (5.26) esista finito se e solo se $\alpha < n$, ovvero *se l'ordine di infinito della funzione f è strettamente minore della dimensione dello spazio su cui si integra.* In queste condizioni la funzione f si dice *sommabile nel punto $\boldsymbol{x}_0$*.

◇   **Esercizio:**   Per le funzioni da $\mathbb{R}^3$ ad $\mathbb{R}$:

$$f_1(x,y,z) = \frac{1}{\sqrt{x^2+y^2+z^2}}$$

$$f_2(x,y,z) = \frac{x^2}{(x^2+y^2+z^2)^{5/2}}$$

$$f_3(x,y,z) = \frac{(xyz)^2}{(x^2+y^2+z^2)^5} \tag{5.27}$$

$$f_4(x,y,z) = \frac{x^2+y^2-1}{(x^2+y^2+z^2)^3}$$

$$f_5(x,y,z) = \frac{\sin\sqrt{x^2+y^2+z^2}}{(x^2+y^2+z^2)^{3/4}} \;,$$

aventi una sigolarità di infinito isolata nell'origine, determinare la funzione g ed il numero α.

◇   **Esercizio:**   Quali delle funzioni nei due esercizi (5.25, 5.27) sono sommabili in 0?

Poniamoci ora il problema dell'integrazione all'infinito ed, in particolare, su tutto lo spazio $\mathbb{R}^n$. In tal caso l'integrale della funzione si può calcolare costruendo prima una successione di domini di cui ciascuno contiene il precedente e che ricopre via via tutto lo spazio. Si calcola poi l'integrale su ciascun dominio e si studia se la successione numerica degli integrali così ottenuta è regolare. Se lo è, il limite (finito od infinito) di tale successione si chiama integrale di f su tutto lo spazio.

Indaghiamo ora in quali condizioni questo integrale risulta finito e (si può dimostrare) indipendente dalla scelta della successione di domini utilizzata per ricoprire lo spazio. Osserviamo che questo problema ha senso se e solo se la funzione f va a zero all'infinito (o, come si dice in matematica "è *infinitesima all'infinito*"), altrimenti il limite sarà sempre infinito. Al solito, passiamo in coordinate sferiche di centro nell'origine, avendo la medesima espressione dell'elemento di volume $(dV(\boldsymbol{x}) = d\varphi_1 d\varphi_2 \cdot \ldots \cdot d\varphi_{n-1}\, \Phi(\varphi)\, \rho^{n-1}\, d\rho)$ discussa in precedenza. Supponiamo inoltre di conoscere che la funzione $f(\boldsymbol{x})$ si comporta per $|\boldsymbol{x}| = \rho$ sufficientemente grandi come il prodotto di una funzione continua $h(\varphi)$ per una funzione della sola distanza radiale ρ, data da $1/\rho^\beta$, in cui il numero β si chiama *ordine di infinitesimo* della funzione f all'infinito. Integriamo soltanto al di fuori di una grande sfera di centro nell'origine e raggio R (indicata con B_R), ovvero nell'insieme B'_R complementare di B_R, ricoprendo questo insieme con una successione di sfere centrate nell'origine. In tal modo otteniamo il limite seguente:

$$\int_{B'_R} f(\boldsymbol{x}) \, dV(\boldsymbol{x}) = \int_A d\varphi_1 d\varphi_2 \cdot \ldots \cdot d\varphi_{n-1} \, \Phi(\boldsymbol{\varphi}) \int_R^{+\infty} \rho^{n-1} \frac{h(\boldsymbol{\varphi})}{\rho^\beta} \, d\rho$$

$$= \int_A d\varphi_1 d\varphi_2 \cdot \ldots \cdot d\varphi_{n-1} \, \Phi(\boldsymbol{\varphi}) \, h(\boldsymbol{\varphi}) \cdot \int_R^{+\infty} \rho^{n-1-\beta} \, d\rho \, . \quad (5.28)$$

Essendo l'integrale negli angoli ad ultimo membro della (5.28) finito, qualunque sia la funzione h, soffermiamoci sul solo integrale in ρ. Si vede subito che deve essere $\beta \neq n$. Inoltre, in queste condizioni l'integrale ad ultimo membro vale:

$$\int_R^{+\infty} \rho^{n-1-\beta} \, d\rho = \frac{1}{n-\beta} \, \rho^{n-\beta} \, \Big|_{\rho=R}^{\rho \to +\infty} \, ,$$

che fornisce un valore finito se e solo se $\beta > n$, ovvero *se l'ordine di infinitesimo della funzione f è strettamente maggiore della dimensione dello spazio su cui si integra*. In queste condizioni la funzione f si dice *sommabile all'infinito*.

◇   **Esercizio:**   Quali delle funzioni nei due esercizi (5.25, 5.27) sono sommabili all'infinito?

Facciamo qualche esempio. Torniamo innanzitutto alla nostra funzione (5.24) e riscriviamola nel modo seguente:

$$f(\boldsymbol{x}) = \frac{\sin |\boldsymbol{x}|}{|\boldsymbol{x}|} \frac{1}{|\boldsymbol{x}|^{\varepsilon-1}}$$

ed osserviamo che, per $\varepsilon > 1$, $\varepsilon - 1$ è proprio l'ordine di infinito per tale funzione. La sommabilità in $\mathbf{0}$ si avrà allora se e solo se $\varepsilon < n+1$. All'infinito, l'ordine di infinitesimo è proprio ε, ne segue che la funzione (5.24) risulta certamente sommabile all'infinito se $\varepsilon > n$. Osserviamo che questa funzione è sommabile all'infinito anche se $\varepsilon = n$, a causa del fatto che la funzione da $\mathbb{R}$ a $\mathbb{R}$: $h(x) = \sin x / x$ è sommabile all'infinito (notare che tale funzione viola il criterio sufficiente dato sopra). [2]

---

[2] Il fatto che l'integrale da 0 a $+\infty$ di $h(x)$ sia finito può essere mostrato utilizzando la relazione seguente:

$$\int_0^{+\infty} \frac{\sin x}{x} \, dx = \sum_{k=0}^{\infty} \int_{2k\pi}^{2(k+1)\pi} \frac{\sin x}{x} \, dx \, ,$$

in cui il termine k-esimo della serie a secondo membro può essere minorato e maggiorato mediante le stime:

$$0 < \int_{2k\pi}^{2(k+1)\pi} \frac{\sin x}{x} \, dx < \frac{1}{2k\pi} \int_{2k\pi}^{(2k+1)\pi} \sin x \, dx + \frac{1}{2(k+1)\pi} \int_{(2k+1)\pi}^{2(k+1)\pi} \sin x \, dx < \frac{1}{k^2} \, .$$

Consideriamo poi l'integrale classico importante in teoria della probabilità:

$$\int_{\mathbb{R}^3} \exp\left[-\frac{|\boldsymbol{x}-\boldsymbol{x}_0|^2}{2\sigma^2}\right] dV(\boldsymbol{x}) , \qquad (5.29)$$

dove σ è una quantità reale (positiva, per convenzione) assegnata. La funzione integranda $f(\boldsymbol{x}) = \exp(|\boldsymbol{x}-\boldsymbol{x}_0|^2/(2\sigma^2))$ prende il nome di *gaussiana* (in $\mathbb{R}^3$) ed è certamente sommabile all'infinito, essendo infinitesima di ordine superiore a qualunque potenza di $1/|\boldsymbol{x}|$. Per calcolare l'integrale (5.29) si passa in coordinate sferiche di centro $\boldsymbol{x}_0$ con elemento di volume dato dalla (5.15), ottenendo:

$$\begin{aligned}
\int_{\mathbb{R}^3} \exp\left[-\frac{|\boldsymbol{x}-\boldsymbol{x}_0|^2}{2\sigma^2}\right] dV(\boldsymbol{x}) &= \int_0^{2\pi} d\theta \int_{-\pi/2}^{+\pi/2} d\varphi \, \cos\varphi \int_0^{+\infty} \rho^2 \exp\left(-\frac{\rho^2}{2\sigma^2}\right) d\rho \\
&= -4\pi\sigma^2 \int_0^{+\infty} d\exp\left(-\frac{\rho^2}{2\sigma^2}\right) \rho \\
&= 4\pi\sigma^2 \int_0^{+\infty} \exp\left(-\frac{\rho^2}{2\sigma^2}\right) d\rho \\
&= 2\pi\sigma^3 \int_{-\infty}^{+\infty} \exp\left(-\frac{x^2}{2}\right) dx .
\end{aligned} \qquad (5.30)$$

L'integrale all'ultimo membro della (5.30) si calcola adottando uno stratagemma. Infatti, occorre far apparire un x a fattore della funzione esponenziale per poterla integrare. E questo si può ottenere considerando il quadrato dell'integrale e scrivendolo come integrale nel piano:

$$\begin{aligned}
\left[\int_{-\infty}^{+\infty} \exp\left(-\frac{x^2}{2}\right) dx\right]^2 &= \int_{-\infty}^{+\infty} \exp\left(-\frac{x^2}{2}\right) dx \int_{-\infty}^{+\infty} \exp\left(-\frac{y^2}{2}\right) dy \\
&= \int_{\mathbb{R}^2} \exp\left(-\frac{x^2+y^2}{2}\right) dx\,dy .
\end{aligned}$$

A questo punto si passa in coordinate polari (ρ, θ) nel piano, con elemento di area dato da $dx\,dy = \rho\, d\theta\, d\rho$, ottenendo finalmente il fattore desiderato a moltiplicare la funzione esponenziale:

$$\left[\int_{-\infty}^{+\infty} \exp\left(-\frac{x^2}{2}\right) dx\right]^2 = 2\pi \int_0^{+\infty} \rho \exp\left(-\frac{\rho^2}{2}\right) d\rho = 2\pi .$$

Di conseguenza l'integrale risulta limitato:

$$0 < \int_0^{+\infty} \frac{\sin x}{x}\, dx < \sum_{k=0}^{\infty} \frac{1}{k^2} < 1 + \int_1^{+\infty} \frac{dx}{x^2} = 2 ,$$

e quindi la funzione $\sin x/x$ è sommabile all'infinito.

Dalla relazione precedente segue allora che:

$$\int_{-\infty}^{+\infty} \exp\left(-\frac{x^2}{2}\right) dx = \sqrt{2\pi} \tag{5.31}$$

e, sostituendo la (5.31) nella (5.30), si ottiene, infine:

$$\int_{\mathbb{R}^3} \exp\left[-\frac{|\boldsymbol{x}-\boldsymbol{x}_0|^2}{2\sigma^2}\right] dV(\boldsymbol{x}) = (2\pi)^{3/2}\,\sigma^3 \ . \tag{5.32}$$

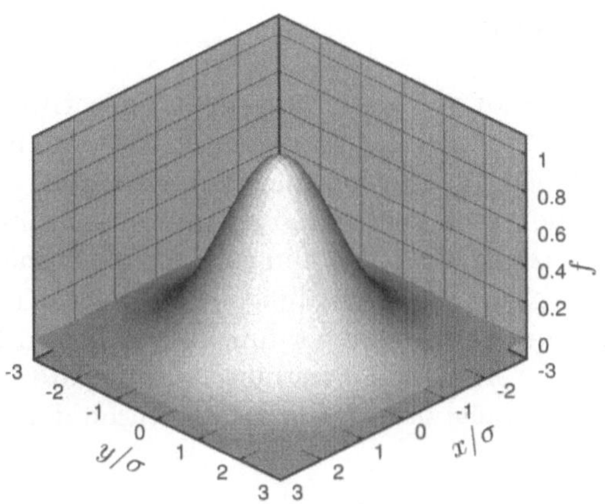

Figura 5.6. Gaussiana in $\mathbb{R}^2$, di cui all'esercizio (5.33). Le coordinate x ed y sono adimesionalizzate con σ ed $\boldsymbol{x}_0 = \boldsymbol{0}$

◇ **Esercizio:**   Ripetere i calcoli che conducono alla (5.32) per una
gaussiana in $\mathbb{R}^2$, vedi Fig. 5.6.   (5.33)
Risp. $2\pi\,\sigma^2$

Proviamo a calcolare gli integrali su tutto $\mathbb{R}^3$:

$$\int_{\mathbb{R}^3} \frac{1}{(|\boldsymbol{x}|+\varepsilon)^p}\,dV(\boldsymbol{x}) \ , \tag{5.34}$$

dove ε è un numero reale positivo assegnato e p è un intero positivo. La condizione di sommabilità all'infinito sulla funzione integranda $f(\boldsymbol{x}) = 1/(|\boldsymbol{x}|+\varepsilon)^p$ è rispettata solo se $p > 3$. Con questa assunzione, passiamo in coordinate sferiche di centro nell'origine, ottenendo per l'integrale (5.34) la stima seguente:

$$\int_{\mathbb{R}^3} \frac{1}{(|\boldsymbol{x}|+\varepsilon)^p}\,dV(\boldsymbol{x}) = 4\pi \int_0^{+\infty} \frac{\rho^2}{(\rho+\varepsilon)^p}\,d\rho \ ;$$

tenendo conto che $\rho^2 \equiv (\rho+\varepsilon)^2 - 2\varepsilon(\rho+\varepsilon)+\varepsilon^2$, l'integrale a secondo membro della (5.34) diviene:

$$\int_0^{+\infty} \frac{\rho^2}{(\rho+\varepsilon)^p}\, d\rho = \int_0^{+\infty} \frac{d\rho}{(\rho+\varepsilon)^{p-2}} - 2\varepsilon \int_0^{+\infty} \frac{d\rho}{(\rho+\varepsilon)^{p-1}} + \varepsilon^2 \int_0^{+\infty} \frac{d\rho}{(\rho+\varepsilon)^p}$$

$$= \frac{2}{(p-1)(p-2)(p-3)}\, \frac{1}{\varepsilon^{p-3}}\,. \tag{5.35}$$

$\diamond$ **Esercizio:**   Perché il risultato dell'integrale (5.34), appena calcolato nella (5.35), diverge per $\varepsilon \to 0^+$?

5.4 Formule di Green

Le formule di Green sono di grande importanza applicativa, perché, in più dimensioni, svolgono un ruolo analogo a quello giocato dall'integrazione per parti, nel caso monodimensionale. Con maggiore dettaglio, esse consentono di trasformare l'integrale di volume, esteso ad un dominio limitato D, della derivata lungo una direzione $\boldsymbol{d}$ di una funzione, nell'integrale su ∂D della funzione moltiplicata per la componente lungo $\boldsymbol{d}$ del versore normale uscente da ∂D. Deduciamo ora queste formule per funzioni da $\mathbb{R}^2$ ad $\mathbb{R}$.

Data una funzione $f : \mathbb{R}^2 \to \mathbb{R}$, continua con derivate prime continue, consideriamone l'integrale della derivata in x fatto su un dominio limitato D del piano:

$$\int_D \partial_x f(x,y)\, dx\, dy\,. \tag{5.36}$$

Supponiamo che il dominio D sia normale rispetto all'asse y, come in Fig. 5.7-(a), cioè che esistano due funzioni di y, indicate con $\alpha(y)$ e $\beta(y)$, tali che per ogni $(x,y) \in D$, $a \leq y \leq b$ e $\alpha(y) \leq x \leq \beta(y)$. In tal caso, l'integrale (5.36) può essere ridotto in un integrale doppio della forma:

$$\int_a^b dy \int_{\alpha(y)}^{\beta(y)} \partial_x f(x,y)\, dx = \int_a^b \{f[\beta(y),y] - f[\alpha(y),y]\}\, dy$$

$$= \int_a^b f[\beta(y),y]\, dy + \int_b^a f[\alpha(y),y]\, dy\,. \tag{5.37}$$

Orientiamo la ∂D, considerando come verso di percorrenza positivo quello antiorario. Con questa convenzione, la frontiera di D è costituita dall'unione di quattro curve: la curva $(\beta(y),y)$ per y da a a b, il segmento (che può degenerare in un punto) (x,b) per x da $\beta(b)$ ad $\alpha(b)$, la curva $(\alpha(y),y)$ per y da b ad a ed infine il segmento (che, di nuovo, può degenerare in un punto) (x,a) per x da $\alpha(a)$ a $\beta(a)$. Essendo $dy = 0$ sui due segmenti, l'integrale (5.37) si può riscrivere come:

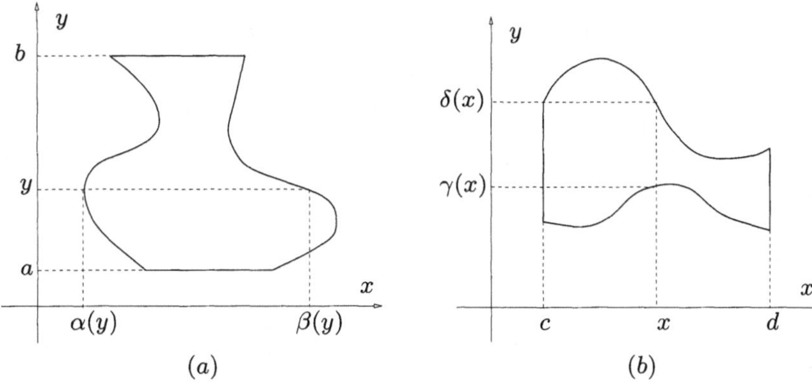

Figura 5.7. Domini normali rispetto all'asse y (a) e rispetto all'asse x (b)

$$\int_a^b dy \int_{\alpha(y)}^{\beta(y)} \partial_x f(x,y)\, dx = \int_{\partial D} f(x,y)\, dy \ , \qquad (5.38)$$

che può essere scritto in forma più espressiva facendo una ulteriore considerazione. Infatti, sulla curva $(\beta(y), y)$ l'ascissa curvilinea è data da:

$$s(y) = \int_0^y \sqrt{1 + \beta'^2(\eta)}\, d\eta \ ,$$

e quindi, impiegando il teorema di derivazione di una funzione inversa, si ha:

$$\frac{dy}{ds} = \frac{1}{\sqrt{1 + \beta'^2}} \ . \qquad (5.39)$$

Poiché il versore tangente alla curva è dato da:

$$\boldsymbol{\tau} = \frac{1}{\sqrt{1 + \beta'^2}} \begin{pmatrix} \beta' \\ 1 \end{pmatrix} \ ,$$

quello normale, orientato verso l'esterno del dominio D, si può scrivere:

$$\boldsymbol{\nu} = \frac{1}{\sqrt{1 + \beta'^2}} \begin{pmatrix} 1 \\ -\beta' \end{pmatrix} \ . \qquad (5.40)$$

Dal confronto tra l'equazione (5.40) e la (5.39) segue che la componente x del versore normale esterno si può anche scrivere come:

$$\nu_x(y) = \frac{dy}{ds}(y) \quad \text{da cui segue:} \quad dy = \nu_x\, ds \ . \qquad (5.41)$$

Poiché si possono ripetere le medesime considerazioni anche per la curva $(\alpha(y), y)$, impiegando la (5.41) nella (5.37) otteniamo, per un dominio D normale rispetto all'asse y, la relazione seguente:

$$\int_D \partial_x f(x,y)\, dx\, dy = \int_{\partial D} \nu_x(s)\, f[x(s), y(s)]\, ds \; , \qquad (5.42)$$

in cui occorre ricordare che si è orientata la ∂D in verso antiorario e che la normale $\boldsymbol{\nu}$ è stata presa esterna al dominio D.

Supponiamo ora che D sia normale rispetto all'asse x, come in Fig. 5.7-(b), ovvero che esistano due funzioni $\gamma(x)$ e $\delta(x)$ tali che per ogni $(x,y) \in D$ si ha: $c \leq x \leq d$ ed, in corrispondenza ad un valore di x, $\gamma(x) \leq y \leq \delta(x)$. In tal caso l'integrale (5.36) si riscrive:

$$\int_D \partial_x f(x,y)\, dx\, dy = \int_c^d dx \int_{\gamma(x)}^{\delta(x)} \partial_x f(x,y)\, dy \; , \qquad (5.43)$$

dove si può utilizzare la relazione (4.5) tra la derivata di un integrale tra estremi variabili e l'integrale della derivata:

$$\int_{\gamma(x)}^{\delta(x)} \partial_x f(x,y)\, dy = \frac{d}{dx} \int_{\gamma(x)}^{\delta(x)} f(x,y)\, dy - \delta'(x)\, f[x, \delta(x)] + \gamma'(x)\, f[x, \gamma(x)] \; .$$
$$(5.44)$$

Sostituendo la (5.44) nella (5.43) si ottiene:

$$
\begin{aligned}
\int_D \partial_x f(x,y)\, dx\, dy =\;& \int_{\gamma(d)}^{\delta(d)} f(d,y)\, dy - \int_{\gamma(c)}^{\delta(c)} f(c,y)\, dy + \\
& - \int_c^d \delta'(x)\, f[x, \delta(x)]\, dx + \int_c^d \gamma'(x)\, f[x, \gamma(x)]\, dx \\
=\;& \int_{\gamma(d)}^{\delta(d)} f(d,y)\, dy + \int_{\delta(c)}^{\gamma(c)} f(c,y)\, dy + \\
& + \int_d^c \delta'(x)\, f[x, \delta(x)]\, dx + \int_c^d \gamma'(x)\, f[x, \gamma(x)]\, dx \; , \quad (5.45)
\end{aligned}
$$

che, essendo sulla curva $y = \gamma(x)$ e $dy = \gamma'(x)\, dx$ ed analoga sulla $y = \delta(x)$, fornisce di nuovo la (5.38). Con un ragionamento del tutto analogo a quello esposto per il caso precedente, si trova che sulla curva $(x, \gamma(x))$ vale la $\gamma'(x)\, dx = \nu_x\, ds$ ed analoga sulla curva $(x, \delta(x))$. Inoltre, a causa dell'orientamento antiorario di ∂D, sui due segmenti paralleli all'asse y la componente x del versore normale esterno vale $+1$ quando $x = d$ e -1 quando $x = c$. Quindi, su tali segmenti si ha $dy = -ds = \nu_x ds$, per $x = c$ e $dy = ds = \nu_x ds$ per $x = d$. Si riottiene così la forma (5.42) dell'integrale (5.36), anche per un dominio normale rispetto all'asse x.

Un qualunque dominio si può decomporre nell'unione di domini normali rispetto ad uno dei due assi le cui frontiere saranno considerate orientate con verso positivo antiorario, come mostrato nell'esempio di Fig. 5.8. Di conseguenza, l'integrale a secondo membro della (5.42) si decompone nella somma

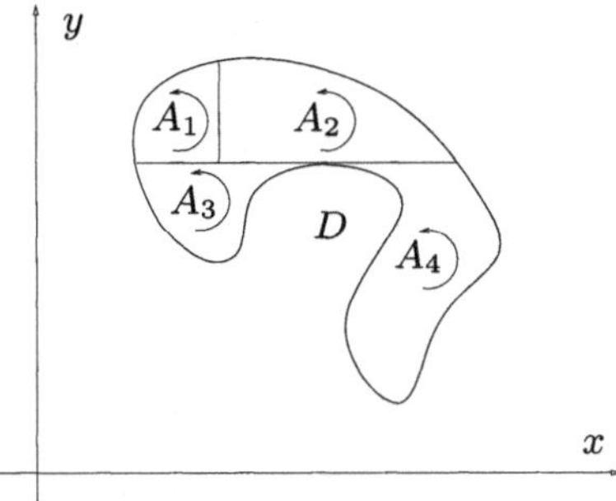

Figura 5.8. Il dominio D può essere decomposto nell'unione dei domini A_1 (normale rispetto all'asse y), A_2 (asse x), A_3 (asse x), A_4 (asse y). Se la frontiera di ciascuno di questi domini viene orientata positivamente, l'integrale lungo la frontiera di D è uguale alla somma degli integrali lungo le frontiere dei singoli domini, essendo i lati in comune a questi ultimi percorsi due volte, ma in versi opposti

degli integrali fatti sulle corrispondenti frontiere dei singoli domini normali. Va considerato, inoltre, che i tratti di frontiera dei domini normali che non giaciono sulla ∂D forniscono un contributo nullo a questa somma di integrali. Infatti, consideriamo due domini normali con un tratto in comune. Nella somma degli integrali sulle frontiere di questi due domini, il tratto in comune fornisce due contributi opposti, essendo percorso due volte (una per ciascun integrale) ed una col verso opposto (cioè normale uscente opposta) all'altra. Ne segue che nella somma dei singoli integrali sui domini normali gli unici contributi che non si elidono sono quelli fatti su tratti della ∂D, quindi la (5.42) vale qualunque sia il dominio D.

Se esaminiamo ora, al posto della (5.36) la relazione analoga in cui figura la derivata parziale in y:

$$\int_D \partial_y f(x,y) \, dx \, dy \, , \qquad (5.46)$$

troviamo, procedendo in maniera analoga a quanti già visto per la (5.36), la relazione seguente:

$$\int_D \partial_y f(x,y) \, dx \, dy = -\int_{\partial D} f(x,y) \, dx = \int_{\partial D} \nu_y(s) \, f[x(s),y(s)] \, ds \, , \qquad (5.47)$$

completamente analoga alla (5.42). Notare come alla presenza di una derivata lungo la direzione x o y, a primo membro, corrisponda la presenza dell'omologa componente del versore normale esterno, a secondo membro.

◇   **Esercizio:**   Dimostrare che vale la (5.47) per un qualunque dominio $D \subset \mathbb{R}^2$, limitato.

Le relazioni (5.42) e (5.47) si chiamano *formule di Green* nel piano. [3] Formule completamente analoghe formule valgono nello spazio tridimensionale, come è illustrato nella Appendice 5.7. Si arriva, quindi, alla relazione in forma vettoriale:

$$\int_D \boldsymbol{\nabla} f(\boldsymbol{x})\, dV(\boldsymbol{x}) = \int_{\partial D} \boldsymbol{\nu}(\boldsymbol{x})\, f(\boldsymbol{x})\, dA(\boldsymbol{x})\,, \tag{5.48}$$

che riassume le due formule di Green (5.42, 5.47) prima ricavate e le estende naturalmente allo spazio tridimensionale. Moltiplicando scalarmente per un versore $\boldsymbol{d}$ ambo i membri della uguaglianza (5.48) otteniamo la formula di riduzione dell'integrale di volume su D della derivata lungo la direzione $\boldsymbol{d}$ di f nell'integrale di superficie su ∂D del prodotto $f\boldsymbol{\nu}\cdot\boldsymbol{d}$, tra la funzione f e la componente lungo la direzione $\boldsymbol{d}$ del versore normale uscente.

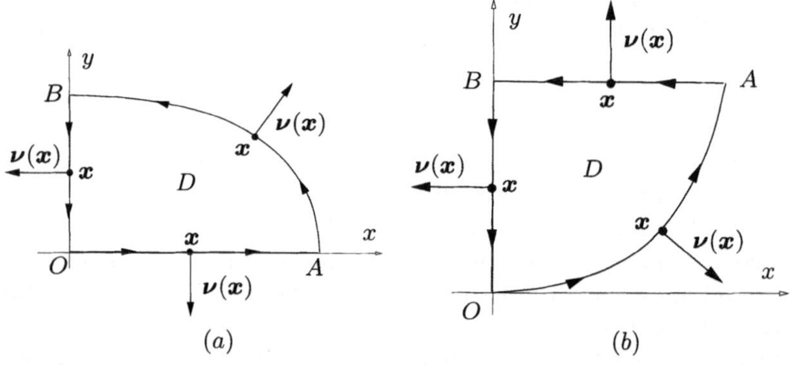

Figura 5.9. In (a) è disegnato il dominio su cui è valutato l'integrale (5.49), costituito dalla porzione del primo quadrante interna all'ellisse $x^2/a^2 + y^2/b^2 = 1$, mentre in (b) è disegnato il dominio su cui è calcolato l'integrale (5.51), individuato dall'arco di parabola $y = x^2$ OA, per $0 \le x \le 1$, dal segmento della retta $y = 1$ AB e da quello BO dell'asse y

Facciamo qualche esempio. Consideriamo l'integrale fatto sulla porzione dell'ellise di semiassi a (lungo x) e b (lungo y), con $a \ge b$, che appartiene al I quadrante (vedi Fig. 5.9) della funzione da $\mathbb{R}^2$ a $\mathbb{R}$: $f(\boldsymbol{x}) = xy/\sqrt{x^2 + y^2}$. Osserviamo che questa funzione può essere anche pensata come la derivata in y della funzione $g(\boldsymbol{x}) = x\sqrt{x^2 + y^2}$, possiamo pertanto applicare la formula di Green (5.47), ottenendo in tal modo:

$$\int_D \frac{xy}{\sqrt{x^2 + y^2}}\, dx\, dy = \int_{\partial D} \nu_y\, x\, \sqrt{x^2 + y^2}\, ds\,. \tag{5.49}$$

---

[3] George Green (1793-1841) pubblicò nel 1828 un saggio sull'elettromagnetismo in cui venivano presentate tali formule ([2], p. 618). Le stesse formule venivano contemporaneamente scoperte dal matematico russo Michele Ostrogradskij (1801-1861).

La quantità differenziale $\nu_y ds = -\tau_x ds$ vale 0 sul semiasse OB, $-dx$ sul semiasse OA e, parametrizzando l'ellisse come in (3.102), vale $a \sin \varphi d\varphi$ sull'arco AB (per $\varphi \in (0, \pi/2)$). Ne segue per l'integrale a secondo membro della (5.49):

$$\int_{\partial D} \nu_y \, x \, \sqrt{x^2 + y^2} \, ds = -\int_0^a x^2 \, dx +$$

$$+a^3 \int_0^{\pi/2} \sin \varphi \cos \varphi \, \sqrt{1 - \mu^2 \sin^2 \varphi} \, d\varphi$$

$$= \frac{1}{3} \frac{a^2 b^2}{a + b} \,, \tag{5.50}$$

avendo posto $\mu = \sqrt{a^2 - b^2}/a$. Notare che nel primo integrale a secondo membro della relazione precedente, la funzione g è calcolata sull'asse x, ove si riduce ad x^2, mentre il secondo integrale si calcola con la sostituzione $t = \sin^2 \varphi$. Verifichiamo il risultato (5.50) con un calcolo diretto, effettuando nell'integrale su D (5.49) il cambiamento di coordinate:

$$\begin{cases} x = a\rho \cos \varphi \\ y = b\rho \sin \varphi \end{cases}$$

con $\rho \in [0, 1]$ e $\varphi \in [0, \pi/2]$, per il quale il determinante jacobiano vale:

$$J(\rho, \varphi) = \frac{\partial(x, y)}{\partial(\rho, \varphi)} = \left| \begin{array}{cc} a \cos \varphi & -a\rho \sin \varphi \\ b \sin \varphi & b\rho \cos \varphi \end{array} \right| = ab\rho \,.$$

Ne segue per l'integrale (5.49):

$$\int_D \frac{xy}{\sqrt{x^2 + y^2}} \, dx \, dy = ab^2 \int_0^1 \rho^2 \, d\rho \int_0^{\pi/2} \frac{\cos \varphi \sin \varphi}{\sqrt{1 - \mu^2 \sin^2 \varphi}} \, d\varphi$$

e, calcolando l'integrale in φ con la medesima sostituzione, si riottiene il risultato (5.50).

Supponiamo ora di dover calcolare l'integrale esteso al dominio D rappresentato in Fig. 5.9-b della funzione da $\mathbb{R}^2$ ad $\mathbb{R}$: $f(\boldsymbol{x}) = x/(x^2 + y^2 + 1)^2$. Notato che questa funzione è la derivata rispetto ad x della funzione $g(\boldsymbol{x}) = -1/[2(x^2 + y^2 + 1)]$ applichiamo la formula di Green (5.42):

$$\int_D \frac{x}{(x^2 + y^2 + 1)^2} \, dx \, dy = -\frac{1}{2} \int_{\partial D} \frac{\nu_x}{x^2 + y^2 + 1} \, ds \,. \tag{5.51}$$

Considerando che la quantità differenziale $\nu_x ds = \tau_y ds$ vale 0 sul tratto della frontiera AB, $-dy$ sul tratto BA e $2xdx$ sul tratto di parabola OA, l'integrale a secondo membro della (5.51) vale:

$$-\frac{1}{2} \int_{\partial D} \frac{\nu_x}{x^2 + y^2 + 1} \, ds = -\frac{1}{2} \left[\int_0^1 \frac{2x dx}{x^4 + x^2 + 1} - \int_0^1 \frac{dy}{y^2 + 1} \right]$$

$$= \frac{\pi}{2} \left(\frac{1}{4} - \frac{\sqrt{3}}{9} \right) \simeq 0.09040 \,, \tag{5.52}$$

calcolando il primo integrale a secondo membro con la sostituzione $x^2 = (\sqrt{3}\,t-1)/2$. Se non si utilizza la formula di Green, l'integrale (5.51) può essere valutato considerando il dominio D normale rispetto all'asse x e scrivendo quindi:

$$\int_D \frac{x}{(x^2+y^2+1)^2}\,dx\,dy = \int_0^1 x\,dx \int_{x^2}^1 \frac{dy}{(x^2+y^2+1)^2}\;. \qquad (5.53)$$

Utilizzando il risultato:

$$\int \frac{d\eta}{(1+\eta^2)^2} = \frac{1}{2}\left(\frac{\eta}{1+\eta^2}+\arctan\eta\right),$$

l'integrale in y nella (5.53) si calcola sostituendo $\eta = y/\sqrt{x^2+1}$:

$$\int_{x^2}^1 \frac{dy}{(x^2+y^2+1)^2} = \frac{1}{(x^2+1)^{3/2}} \int_{x^2/\sqrt{x^2+1}}^{1/\sqrt{x^2+1}} \frac{d\eta}{(1+\eta^2)^2}$$

$$= \frac{1}{2}\left[\frac{2}{x^2+1}-\frac{1}{x^2+2}-\frac{x^2+1}{x^4+x^2+1}+\right.$$

$$\left.+\frac{1}{(x^2+1)^{3/2}}\arctan\frac{1}{\sqrt{x^2+1}}+\right. \qquad (5.54)$$

$$\left.-\frac{1}{(x^2+1)^{3/2}}\arctan\frac{x^2}{\sqrt{x^2+1}}\right].$$

Integrando in x si riottiene poi il risultato (5.52). Gli integrali in x degli ultimi due termini a terzo membro della (5.54) si effettuano mediante la sostituzione $1/\sqrt{x^2+1} = u$, in particolare nel secondo occorre cambiare nuovamente variabile, ponendo $u^2 = (\sqrt{3}\,t+1)/2$.

Consideriamo, infine, un esempio in $\mathbb{R}^3$. Assumiamo che il dominio di integrazione D sia una semisfera, avente centro nell'origine e raggio unitario, che giace nel semispazio $z > 0$. Supponiamo di dover calcolare l'integrale esteso a D, della funzione $f(\boldsymbol{x}) = z/\sqrt{1+x^2+y^2-z^2}$. Osservato che questa funzione è la derivata in z della funzione $g(\boldsymbol{x}) = -\sqrt{1+x^2+y^2-z^2}$, utilizziamo la formula di Green per scrivere:

$$\int_D \frac{z}{\sqrt{1+x^2+y^2-z^2}}\,dx\,dy\,dz = -\int_{\partial D} \nu_z\,\sqrt{1+x^2+y^2-z^2}\,dS\;, \qquad (5.55)$$

in cui la frontiera di D è costituita dalla calotta sferica descritta in forma parametrica dalle relazioni seguenti:

$$\begin{cases} x = \cos\varphi\cos\theta \\ y = \cos\varphi\sin\theta \\ z = \sin\varphi\;, \end{cases}$$

per $0 \le \theta < 2\pi$ e $0 \le \varphi \le \pi/2$, e dal cerchio centrato nell'origine e di raggio unitario nel piano (x,y), descritto in forma parametrica dalle relazioni:

$$\begin{cases} x = \rho\cos\theta \\ y = \rho\sin\theta \\ z = 0 \, , \end{cases}$$

per $0 \leq \rho \leq 1$ ed ancora $0 \leq \theta < 2\pi$. Considerando che sulla calotta vale la relazione: $\nu_z dS = \partial_\theta \boldsymbol{x} \times \partial_\varphi \boldsymbol{x} \cdot \boldsymbol{e}_z \, d\theta\, d\varphi = \sin\varphi\cos\varphi\, d\theta\, d\varphi$, mentre sul cerchio vale la $\nu_z dS = -\rho d\rho d\theta$, esplicitiamo i due contributi a secondo membro della (5.55):

$$-\int_{\partial D} \nu_z \sqrt{1 + x^2 + y^2 - z^2}\, dS = -\frac{1}{2}\int_0^{2\pi} d\theta \int_0^{\pi/2} \sin 2\varphi \sqrt{1 + \cos 2\varphi}\, d\varphi +$$

$$+ \int_0^{2\pi} d\theta \int_0^1 \rho \sqrt{1 + \rho^2}\, d\rho$$

$$= \frac{2}{3}\left(\sqrt{2} - 1\right)\pi \, . \tag{5.56}$$

Se non si utilizza la formula di Green e si procede integrando direttamente sul volume D, conviene lavorare nelle coordinate sferiche (5.13) valutando l'integrale come:

$$\int_D \frac{z}{\sqrt{1 + x^2 + y^2 - z^2}}\, dx\, dy\, dz = \frac{1}{2}\int_0^{2\pi} d\theta \int_0^1 \rho^3 d\rho \int_0^{\pi/2} \frac{\sin 2\varphi}{\sqrt{1 + \rho^2 \cos 2\varphi}}\, d\varphi \, ,$$

da cui segue ancora il risultato (5.56).

5.4.1 Teorema di Gauss

È molto importante notare che la (5.48) può essere applicata, in modo leggermente diverso, anche quando sotto l'integrale di volume a primo membro c'è la divergenza di $\boldsymbol{F}$:

$$\int_D \boldsymbol{\nabla} \cdot \boldsymbol{F}(\boldsymbol{x})\, dV(\boldsymbol{x}) = \int_D \partial_k F_k(\boldsymbol{x})\, dV(\boldsymbol{x})$$

$$= \int_{\partial D} \nu_k(\boldsymbol{x})\, F_k(\boldsymbol{x})\, dA(\boldsymbol{x})$$

$$= \int_{\partial D} \boldsymbol{\nu}(\boldsymbol{x}) \cdot \boldsymbol{F}(\boldsymbol{x})\, dA(\boldsymbol{x}) \, , \tag{5.57}$$

avendo utilizzato la convenzione di somma sugli indici ripetuti. La relazione così ottenuta consente di passare dall'integrale di volume sul dominio limitato D della divergenza di un campo vettoriale, al flusso (vedi §4.3.2) del medesimo campo vettoriale attraverso la frontiera del dominio D: questa relazione prende il nome di *teorema della divergenza*, oppure di *teorema di Gauss*.

Facciamo qualche esempio. Consideriamo il problema di determinare l'area $|D|$ di un dominio D in $\mathbb{R}^2$ di forma complicata, ma con frontiera di lunghezza finita. Utilizzando il teorema di Gauss ed il fatto che $\boldsymbol{\nabla} \cdot \boldsymbol{x} \equiv 2$, otteniamo:

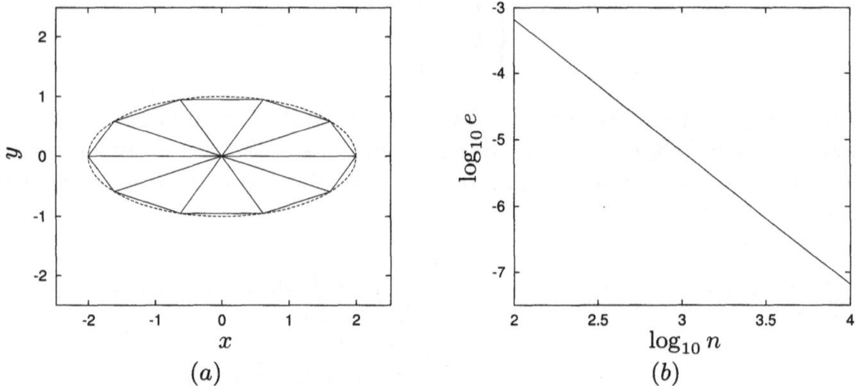

Figura 5.10. In (a) è disegnata una ellisse di semiassi 2, 1 e l'insieme dei triangoli che viene utilizzato per approssimarne l'area per $n = 10$. In (b) è diagrammato il logaritmo dell'errore commesso utilizzando la formula (5.59), in funzione del logaritmo del numero n di punti utilizzati

$$|D| = \frac{1}{2}\int_D \nabla \cdot \boldsymbol{x}\, dx\, dy = \frac{1}{2}\int_{\partial D} \boldsymbol{x} \cdot \boldsymbol{\nu}\, ds \ . \tag{5.58}$$

Il risultato (5.58) si presta ad una semplice approssimazione numerica. Si fissa un certo numero n di punti $\boldsymbol{x}_k \in \partial D$, per $k = 1, 2, \ldots, n$ (inoltre, $\boldsymbol{x}_{n+1} = \boldsymbol{x}_1$) distribuendoli in modo regolare [4] lungo la curva. Si approssima quindi l'arco di curva tra il punto $\boldsymbol{x}_k$ ed il successivo $\boldsymbol{x}_{k+1}$ con un segmento di retta, ponendo $\boldsymbol{x}(s) \simeq \boldsymbol{x}_k + \boldsymbol{\tau}_k s$, in cui $\boldsymbol{\tau}_k = (\boldsymbol{x}_{k+1} - \boldsymbol{x}_k)/l_k$ è un'approssimazione del versore tangente (corrispondentemente, [5] $\boldsymbol{\nu}_k = -\boldsymbol{\tau}_k^\perp$ è il versore normale), $l_k = |\boldsymbol{x}_{k+1} - \boldsymbol{x}_k|$ è la lunghezza del segmento ed $s \in [0, l_k]$. Ne segue l'approssimazione dell'integrale a secondo membro nell'equazione (5.58):

$$\int_{\partial D} \boldsymbol{x} \cdot \boldsymbol{\nu}\, ds \simeq \sum_{k=1}^n \int_0^{l_k} (\boldsymbol{x}_k + \boldsymbol{\tau}_k s) \cdot \boldsymbol{\nu}_k\, ds = \sum_{k=1}^n \boldsymbol{x}_k \cdot \boldsymbol{\nu}_k\, l_k \ ,$$

ma $\boldsymbol{\nu}_k\, l_k = -(\boldsymbol{x}_{k+1} - \boldsymbol{x}_k)^\perp$ e quindi $\boldsymbol{x}_k \cdot \boldsymbol{\nu}_k\, l_k = -\boldsymbol{x}_k \cdot \boldsymbol{x}_{k+1}^\perp = \boldsymbol{x}_k^\perp \cdot \boldsymbol{x}_{k+1}$. Otteniamo allora la formula estremamente semplice da utilizzare per l'approssimazione $|D|_{ap}$ dell'area $|D|$:

$$|D|_{ap} = \frac{1}{2}\sum_{k=1}^n \boldsymbol{x}_k^\perp \cdot \boldsymbol{x}_{k+1} \ . \tag{5.59}$$

---

[4] Può essere necessario non soltanto controllare la distanza tra un punto ed i due adiacenti, ma anche infittire i punti in regioni ad elevata curvatura.

[5] Considerato il vettore $\boldsymbol{x} = (x_1, x_2)$, si utilizza la notazione $\boldsymbol{x}^\perp$ per indicare il vettore $(-x_2, x_1)$, ottenuto ruotando $\boldsymbol{x}$ di $\pi/2$ in verso antiorario.

Osserviamo che la formula appena scritta si presta ad una semplice interpretazione geometrica. Infatti, la quantità $\boldsymbol{x}_k^{\perp} \cdot \boldsymbol{x}_{k+1}$ è pari al prodotto dei moduli dei due vettori $\boldsymbol{x}_k$ e $\boldsymbol{x}_{k+1}$ per il seno dell'angolo da essi formato, ovvero al doppio dell'area orientata [6] del triangolo formato dai vettori $\boldsymbol{x}_k$, $\boldsymbol{x}_{k+1} - \boldsymbol{x}_k$ e $-\boldsymbol{x}_{k+1}$. Ad esempio, nel caso di una ellisse di semiassi $a = 2$, $b = 1$ e posizionando i punti con la $\boldsymbol{x}_k = a\cos[(k-1)\Delta\theta] + \mathrm{i}\,b\sin[(k-1)\Delta\theta$ per $k = 1, 2, \ldots,$ n e $\Delta\theta = 2\pi/n$, in Fig. 5.10-a sono disegnati i triangoli elementari, sommando l'area dei quali si approssima l'area dell'ellisse. Per valutare la bontà di questa approssimazione, in Fig. 5.10-b è disegnato l'andamento del logaritmo in base 10 dell'errore $e = (|D| - |D|_{ap})/|D|$, in funzione del logaritmo del numero di punti n utilizzati nella (5.59). L'errore decade come n^{-2}.

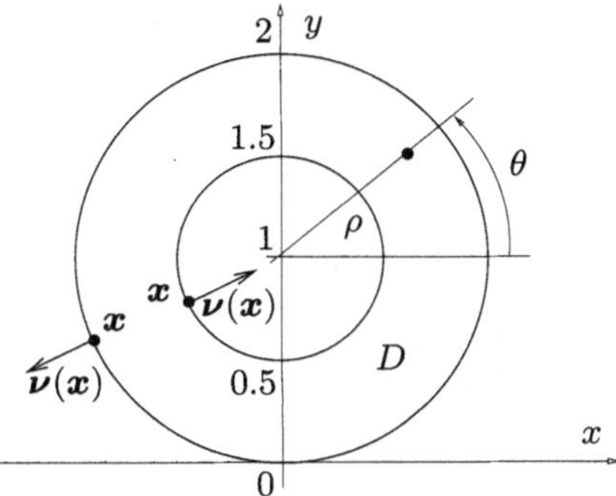

Figura 5.11. Dominio D nell'integrale (5.61), costituito dalla regione del piano compresa tra le circonferenze di raggio 1 ed 1/2 centrate nel punto $(0,1)$

Applichiamo ora il teorema di Gauss al calcolo dell'integrale sul dominio in Fig. 5.11 della divergenza del campo vettoriale $\boldsymbol{F}(\boldsymbol{x}) = (xy^2, x^2 y)$. Calcolata la divergenza $\boldsymbol{\nabla} \cdot \boldsymbol{F} = x^2 + y^2$, valutiamo l'integrale di volume, passando in coordinate polari:

$$\begin{cases} x = \rho\,\cos\theta \\ y = 1 + \rho\,\sin\theta \, , \end{cases} \tag{5.60}$$

ne consegue:

$$\int_D \boldsymbol{\nabla} \cdot \boldsymbol{F}(\boldsymbol{x})\,dx\,dy = \int_0^{2\pi} d\theta \int_{1/2}^1 (1 + 2\rho\sin\theta + \rho^2)\,\rho\,d\rho = \frac{39}{32}\,\pi \, . \tag{5.61}$$

L'orientazione del versore normale sulla frontiera di D è indicata in Fig. 5.11. La quantità differenziale $\boldsymbol{\nu}\,ds$ è l'opposto del vettore ortogonale dell'elemento di curva $d\boldsymbol{x}$ (ricordare che $\boldsymbol{\nu}$ è il versore normale *uscente* da D), ne segue

---

[6] Questa area è positiva se $\arg_0(\boldsymbol{x}_{k+1}) > \arg_0(\boldsymbol{x}_k)$, come accade sempre se l'origine appartiene al dominio D

$\boldsymbol{\nu}\, ds = (\cos\theta, \sin\theta)\, d\theta$ sulla circonferenza di raggio 1 (data in forma parametrica dalle (5.60) per $\rho = 1$) e $\boldsymbol{\nu}\, ds = -1/2\,(\cos\theta, \sin\theta)\, d\theta$ sulla circonferenza di raggio 1/2 (data in forma parametrica dalle (5.60) per $\rho = 1/2$). Il flusso di $\boldsymbol{F}$ attraverso ∂D viene allora valutato come:

$$\int_{\partial D} \boldsymbol{F}(\boldsymbol{x}) \cdot \boldsymbol{\nu}(\boldsymbol{x})\, ds = \int_0^{2\pi} \left(\begin{array}{c} \cos\theta\,(1+\sin\theta)^2 \\ \cos^2\theta\,(1+\sin\theta) \end{array} \right) \cdot \left(\begin{array}{c} \cos\theta \\ \sin\theta \end{array} \right) d\theta +$$

$$+ \int_0^{2\pi} \left(\begin{array}{c} \dfrac{1}{2}\cos\theta\left(1+\dfrac{1}{2}\sin\theta\right)^2 \\[2ex] \dfrac{1}{4}\cos^2\theta\left(1+\dfrac{1}{2}\sin\theta\right) \end{array} \right) \cdot \left(-\dfrac{1}{2}\right) \left(\begin{array}{c} \cos\theta \\ \sin\theta \end{array} \right) d\theta \,,$$

in cui il primo integrale vale $3\pi/2$ ed il secondo $-9\pi/32$. Ne segue ancora il risultato (5.61).

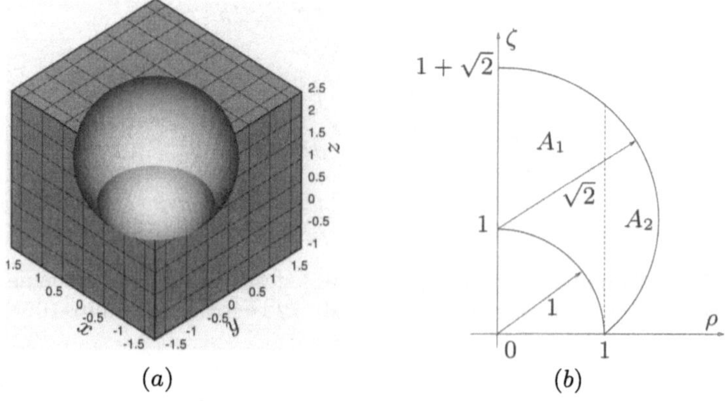

(a)   (b)

Figura 5.12. In (a) è disegnata una vista dal basso del dominio D in cui è calcolato l'integrale (5.62), mentre in (b) è disegnata una sezione con un piano passante per l'asse z. L'integrale di volume è svolto in coordinate cilindriche (ρ, θ, ζ), nel piano (ρ, ζ) la sezione è costituita dall'unione di due domini normali rispetto all'asse ρ, denominati A_1 ed A_2 in (b)

Consideriamo ora il problema di valutare l'integrale di volume della divergenza del campo di vettori $\boldsymbol{F}(\boldsymbol{x}) = (x(x^2 + y^2)/2, y(x^2 + y^2)/2, xyz)$ sul dominio D rappresentato in Fig. 5.12. Il dominio D è la porzione di $\mathbb{R}^3$ interna alla sfera di raggio $\sqrt{2}$ e centro nel punto $(0, 0, 1)$ ed esterna alla sfera di raggio 1 e centro nell'origine. Le due sfere si intersecano lungo una circonferenza, giacente nel piano coordinato $z = 0$, di raggio 1 e centro nell'origine. Utilizzando la simmetria di D attorno all'asse z, possiamo passare in coordinate cilindriche (ρ, θ, ζ), prendendo ζ lungo z ed integrando nel piano meridiano sul dominio rappresentato in Fig. 5.12-b. Considerando tale dominio normale rispetto all'asse ρ ed essendo $\nabla \cdot \boldsymbol{F} = 2x^2 + 2y^2 + xy$ abbiamo:

$$\int_D \boldsymbol{\nabla} \cdot \boldsymbol{F}(\boldsymbol{x}) \, dx \, dy \, dz \; =$$

$$= \int_0^1 \rho \, d\rho \int_{\sqrt{1-\rho^2}}^{1+\sqrt{2-\rho^2}} d\zeta \int_0^{2\pi} (2\rho^2 + \rho^2 \sin\theta \cos\theta) \, d\theta + \qquad (5.62)$$

$$+ \int_1^{\sqrt{2}} \rho \, d\rho \int_{1-\sqrt{2-\rho^2}}^{1+\sqrt{2-\rho^2}} d\zeta \int_0^{2\pi} (2\rho^2 + \rho^2 \sin\theta \cos\theta) \, d\theta \; .$$

Nel piano di simmetria (ρ, ζ) il primo integrale a secondo membro è fatto sul dominio A_1, mentre il secondo è fatto su A_2. Utilizzando il risultato:

$$\int \rho^3 \sqrt{1-\rho^2} \, d\rho = -\frac{1}{15} \, (3\rho^2 + 2) \, (1-\rho^2)^{3/2} \; ,$$

negli integrali a secondo membro della relazione (5.62), otteniamo:

$$\int_D \boldsymbol{\nabla} \cdot \boldsymbol{F}(\boldsymbol{x}) \, dx \, dy \, dz = \frac{\pi}{15} \, (35 + 32 \sqrt{2}) \; . \qquad (5.63)$$

Calcoliamo ora il flusso del medesimo campo di vettori $\boldsymbol{F}$ uscente dal dominio D. La frontiera di tale dominio è formata da due calotte sferiche ad una base, le quali possono essere parametrizzate utilizzando la latitudine φ, assunta 0 sull'asse z, e la longitudine θ, assunta 0 nel piano (x, z). Considerando che l'orientazione del versore normale $\boldsymbol{\nu}$ in un qualunque punto $\boldsymbol{x} \in \partial D$ deve essere scelta uscente da D per poter applicare il teorema di Gauss, sulla porzione di sfera di raggio unitario e centro nell'origine dobbiamo scegliere:

$$(\varphi, \theta) \in [0, \pi/2] \times [0, 2\pi), \quad \boldsymbol{\nu} \, dS = \boldsymbol{x}_\theta \times \boldsymbol{x}_\varphi \, d\varphi d\theta = -\sin\varphi \begin{pmatrix} \sin\varphi \cos\theta \\ \sin\varphi \sin\theta \\ \cos\varphi \end{pmatrix} d\varphi d\theta \; ,$$

mentre sulla porzione di sfera di centro in $(0, 0, 1)$ e raggio $\sqrt{2}$ dobbiamo assumere:

$$(\varphi, \theta) \in [0, 3\pi/4] \times [0, 2\pi), \quad \boldsymbol{\nu} \, dS = \boldsymbol{x}_\varphi \times \boldsymbol{x}_\theta \, d\varphi d\theta = 2\sin\varphi \begin{pmatrix} \sin\varphi \cos\theta \\ \sin\varphi \sin\theta \\ \cos\varphi \end{pmatrix} d\varphi d\theta \; .$$

Ne segue che il flusso uscente da ∂D del campo di vettori $\boldsymbol{F}$ è dato dalla somma dei seguenti due integrali:

$$\int_D \boldsymbol{F}(\boldsymbol{x}) \cdot \boldsymbol{\nu}(\boldsymbol{x}) \, dS(\boldsymbol{x}) \; =$$

$$= -\frac{1}{2} \int_0^{\pi/2} \sin^3 \varphi \, d\varphi \int_0^{2\pi} \begin{pmatrix} \sin\varphi \cos\theta \\ \sin\varphi \sin\theta \\ \cos\varphi \end{pmatrix} \cdot \begin{pmatrix} \sin\varphi \cos\theta \\ \sin\varphi \sin\theta \\ 2\cos\varphi \sin\theta \cos\theta \end{pmatrix} d\theta +$$

$$+ 2^{3/2} \int_0^{3\pi/4} \sin^3 \varphi \, d\varphi \int_0^{2\pi} \begin{pmatrix} \sin\varphi \cos\theta \\ \sin\varphi \sin\theta \\ \cos\varphi \end{pmatrix} \cdot \begin{pmatrix} \sin\varphi \cos\theta \\ \sin\varphi \sin\theta \\ \sqrt{2} \, (1 + \sqrt{2}\cos\varphi) \sin\theta \cos\theta \end{pmatrix} d\theta$$

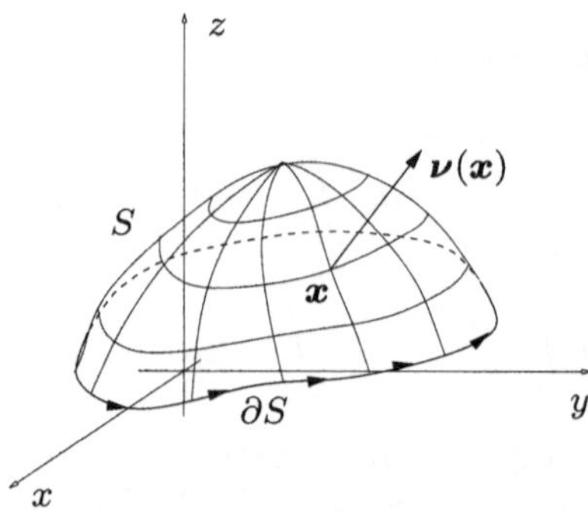

Figura 5.13. Orientazione del bordo di un tratto di superficie in modo congruente con la definizione del versore normale $\boldsymbol{\nu}(\boldsymbol{x})$

che fornisce di nuovo il risultato (5.63).

5.4.2 Teorema di Stokes

Una seconda utilissima applicazione delle formule di Green permette di valutare il flusso del rotore di un campo vettoriale $\boldsymbol{F}(\boldsymbol{x})$ su una superficie S dello spazio $\mathbb{R}^3$. A tale scopo, definiamo il *bordo* della superficie S (indicato con ∂S) come frontiera della superficie, orientata in modo che un osservatore posto sulla S con il versore normale diretto dai piedi alla testa veda girare in verso antiorario un punto geometrico che percorre la ∂S nel suo verso positivo, come è schematizzato in Fig. 5.13. In queste condizioni, vale la relazione seguente:

$$\int_S \boldsymbol{\nu}(\boldsymbol{x}) \cdot \boldsymbol{\nabla} \times \boldsymbol{F}(\boldsymbol{x}) \, dA(\boldsymbol{x}) = \int_{\partial S} \boldsymbol{F}(\boldsymbol{x}) \cdot d\boldsymbol{x} \, , \qquad (5.64)$$

dimostrata nella Appendice 5.8. La relazione (5.64) esprime l'uguaglianza tra il flusso del rotore di $\boldsymbol{F}$ su S e la circuitazione di $\boldsymbol{F}$ sul bordo ∂S della medesima superficie e prende il nome di *teorema di Stokes*.

Per un una superficie S giacente nel piano (x, y) ed un campo di vettori $\boldsymbol{F} : \mathbb{R}^2 \to \mathbb{R}^2$, considerato che:

$$\boldsymbol{\nabla} \times \boldsymbol{F} = \boldsymbol{e}_z \, \boldsymbol{\nabla}^\perp \cdot \boldsymbol{F} \, ,$$

e che il versore normale ad S coincide proprio con il versore $\boldsymbol{e}_z$ dell'asse z, la formula di Stokes (5.64) si riduce alla seguente:

$$\int_S \boldsymbol{\nabla}^\perp \cdot \boldsymbol{F}(\boldsymbol{x}) \, dA(\boldsymbol{x}) = \int_{\partial S} \boldsymbol{F}(\boldsymbol{x}) \cdot d\boldsymbol{x} \, . \qquad (5.65)$$

Osserviamo che la condizione (necessaria, ma non sufficiente) sotto la quale la forma differenziale $\boldsymbol{F} \cdot d\boldsymbol{x}$ è un differenziale esatto, che con $\boldsymbol{F} = (u, v, 0)$ si scrive $\partial_y u = \partial_x v$, garantisce anche che $\boldsymbol{\nabla}^\perp \cdot \boldsymbol{F} = 0$. Al contrario, se in un dato insieme semplicemente connesso D la circuitazione del campo vettoriale $\boldsymbol{F}$ su una qualunque curva $\mathcal{C}$ è nulla, [7] dalla (5.65) segue che $\boldsymbol{\nabla}^{\perp} \cdot \boldsymbol{F} = 0$ in D e quindi che $\boldsymbol{F}(\boldsymbol{x}) \cdot d\boldsymbol{x} = u\,dx + v\,dy$ è un differenziale esatto.

$\diamond$ **Esercizio:** L'annullarsi del primo membro della (5.65) è incompatibile con l'esistenza di una lacuna nel dominio di definizione delle funzioni u e v, attorno alla quale la circuitazione di $\boldsymbol{F}$ è non nulla?

Facciamo qualche esempio di applicazione della formula di Stokes (5.64). Consideriamo il problema di valutare il flusso del rotore del campo vettoriale $\boldsymbol{F} : \mathbb{R}^3 \to \mathbb{R}^3$:

$$\boldsymbol{F}(\boldsymbol{x}) = \frac{1}{3} \begin{pmatrix} y^3 - z^3 \\ z^3 - x^3 \\ x^3 - y^3 \end{pmatrix} \tag{5.66}$$

attraverso il tratto di superficie $z(x,y) = 1 - (x^2 + y^2)$ corrispondente al cerchio unitario centrato nell'origine nel piano (x,y), come disegnato in Fig. 5.14-a. Il rotore del campo (5.66) si calcola al solito attraverso il determinante simbolico:

$$\boldsymbol{\nabla} \times \boldsymbol{F} = \begin{vmatrix} \boldsymbol{e}_x & \boldsymbol{e}_y & \boldsymbol{e}_z \\ \partial_x & \partial_y & \partial_z \\ (y^3 - z^3)/3 & (z^3 - x^3)/3 & (x^3 - y^3)/3 \end{vmatrix} = - \begin{pmatrix} y^2 + z^2 \\ x^2 + z^2 \\ x^2 + y^2 \end{pmatrix} ,$$

in cui i vettori $\boldsymbol{e}_x$, $\boldsymbol{e}_y$ ed $\boldsymbol{e}_z$ sono i versori delle tre direzioni coordinate x, y e z. Orientiamo la superficie S, in modo arbitrario, definendo come faccia positiva quella rivolta verso le z maggiori di 1, ne segue che l'orientazione del bordo ∂S, coincidente col cerchio unitario centrato nell'origine del piano (x,y), è quella antioraria. Inoltre, conviene cambiare parametri sulla superficie, passando dalle coordinate x ed y alle coordinate polari ρ e θ, troviamo in queste nuove coordinate:

$$\boldsymbol{x} = \begin{pmatrix} \rho \cos\theta \\ \rho \sin\theta \\ 1 - \rho^2 \end{pmatrix} , \quad \boldsymbol{\nu}\, dA = \boldsymbol{x}_\rho \times \boldsymbol{x}_\theta \, d\rho\, d\theta = \begin{pmatrix} 2\rho \cos\theta \\ 2\rho \sin\theta \\ 1 \end{pmatrix} \rho\, d\rho\, d\theta .$$

Troviamo in tal modo:

$$\int_S \boldsymbol{\nu} \cdot \boldsymbol{\nabla} \times \boldsymbol{F}\, dA = - \Bigg\{ \ 2\int_0^1 \rho\, d\rho \int_0^{2\pi} \cos\theta\, [\rho^2 \sin^2\theta + (1-\rho^2)^2]\, d\theta +$$

$$+ 2\int_0^1 \rho^2\, d\rho \int_0^{2\pi} \sin\theta [\rho^2 \cos^2\theta + (1-\rho^2)^2]\, d\theta +$$

$$+ \int_0^1 \rho^3\, d\rho \int_0^{2\pi} d\theta \Bigg\} = -\frac{\pi}{2} , \tag{5.67}$$

---

[7] La semplice connessione di D implica che l'interno di una qualunque curva chiusa $\mathcal{C} \subset D$ è un sottoinsieme di D.

essendo nulli i primi due integrali doppi a secondo membro. La circuitazione di $\boldsymbol{F}$ sul bordo di S si scrive più semplicemente:

$$\int_{\partial S} \boldsymbol{F} \cdot d\boldsymbol{x} = \frac{1}{3} \int_0^{2\pi} \begin{pmatrix} \sin^3 \theta \\ -\cos^3 \theta \\ \cos^3 \theta - \sin^3 \theta \end{pmatrix} \cdot \begin{pmatrix} -\sin \theta \\ \cos \theta \\ 0 \end{pmatrix} d\theta$$

$$= -\frac{1}{3} \left(\int_0^{2\pi} d\theta - \frac{1}{2} \int_0^{2\pi} \sin^2 2\theta \, d\theta \right),$$

che fornisce di nuovo il risultato (5.67).

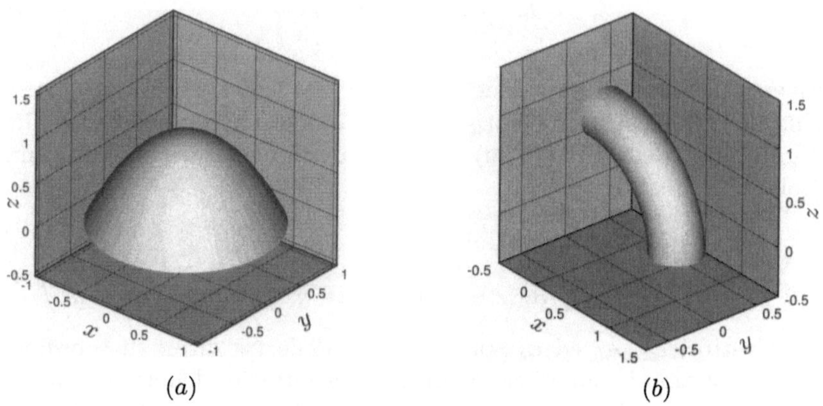

Figura 5.14. In (a, b) sono disegnati i tratti di paraboloide e di toro a sezione circolare su cui sono calcolati i flussi dei rotori dei campi vettoriali (5.66, 5.68)

Consideriamo ora il calcolo del flusso del rotore del campo vettoriale $\boldsymbol{F}$: $\mathbb{R}^3 \to \mathbb{R}^3$:

$$\boldsymbol{F} = \begin{pmatrix} x^2 - xy \\ z^2 + yz \\ y^2 - xz \end{pmatrix} \tag{5.68}$$

sulla superficie disegnato in Fig. 5.14-b. Questa superficie è un tratto di un toro a sezione circolare, generato dalla rotazione di una circonferenza nel piano (x, y), avente raggio $1/4$ e centro nel punto $(1, 0)$, attorno all'asse y. La rotazione è effettuata a partire dal piano (x, y), fino a portare la sezione nel piano (y, z), percorrendo un angolo di $\pi/2$. In questa rotazione, il centro della circonferenza percorre l'arco del cerchio unitario $\mathcal{C}$, avente centro nell'origine e raggio unitario ed, inoltre, giacente nel primo quadrante del piano (x, z). La rappresentazione parametrica di tale tratto di toro si scrive utilizzando l'angolo $\varphi \in [0, \pi/2]$ tra la sezione del toro ed il piano (x, y) e l'angolo $\theta \in [0, 2\pi)$ formato dalle congiungenti il centro della sezione col punto corrente sulla sezione e col punto in cui questa interseca il piano (x, z). Si ha allora la rappresentazione parametrica:

$$\boldsymbol{x}(\varphi, \theta) = \begin{pmatrix} \left(1 + \dfrac{1}{4} \cos\theta\right) \cos\varphi \\[2mm] \dfrac{1}{4} \sin\theta \\[2mm] \left(1 + \dfrac{1}{4} \cos\theta\right) \sin\varphi \end{pmatrix} . \tag{5.69}$$

Il rotore del campo (5.68) si scrive:

$$\boldsymbol{\nabla} \times \boldsymbol{F} = \begin{pmatrix} y - 2z \\ z \\ x \end{pmatrix} ,$$

mentre, orientando la superficie con la faccia esterna come positiva, la quantità differenziale $\boldsymbol{\nu}\, dA$ si scrive:

$$\boldsymbol{\nu}\, dA = \boldsymbol{x}_\theta \times \boldsymbol{x}_\varphi\, d\theta\, d\varphi = \frac{1}{16}\, (4 + \cos\theta) \begin{pmatrix} \cos\theta \cos\varphi \\ \sin\theta \sin\varphi\, (\sin\varphi + \cos\varphi) \\ \cos\theta \sin\varphi \end{pmatrix} d\theta\, d\varphi .$$

Ne segue per il flusso del rotore attraverso il tratto di superficie in Fig. 5.14-b:

$$\int_S \boldsymbol{\nu} \cdot \boldsymbol{\nabla} \times \boldsymbol{F}\, dA = \frac{1}{64} \int_0^{2\pi} d\theta \int_0^{\pi/2} (4 + \cos\theta) \ \times$$

$$\times \left[\ \cos\theta \cos\varphi\, (\sin\theta - 8\sin\varphi - 2\cos\theta \sin\varphi) + \right.$$

$$+ \sin\theta \sin^2\varphi\, (4 + \cos\theta)\, (\sin\varphi + \cos\varphi)$$

$$\left. + \cos\theta \sin\varphi \cos\varphi\, (4 + \cos\theta) \ \right] d\varphi \ = -\frac{\pi}{16} . \tag{5.70}$$

Orientata la superficie S, determiniamo l'orientazione del bordo ∂S di tale superficie. Osserviamo che ∂S è costituito dalle due circonferenze: $\mathcal{C}_1$, giacente sul piano (y, z), e $\mathcal{C}_2$, giacente sul piano (x, y), ovvero è un insieme *non connesso* [*scelti due punti opportuni dell'insieme, non esiste un percorso, tutto interno all'insieme stesso, che li congiunga*]. L'orientazione di ∂S, congruente con la scelta fatta in precedenza della faccia positiva su S, può allora essere determinata al modo seguente. Si "rende connesso" ∂S collegando un punto di $\mathcal{C}_1$ ad uno di $\mathcal{C}_2$ con un arco di curva semplice $\mathcal{C}'$, giacente su S. Si considera poi la curva semplice e chiusa $\tilde{\mathcal{C}} = \mathcal{C}' \cup \mathcal{C}_1 \cup -\mathcal{C}' \cup \mathcal{C}_2$, orientandola in modo che un osservatore, posto in piedi sulla faccia positiva di S, veda ruotare in verso antiorario un punto che percorre $\tilde{\mathcal{C}}$ in verso positivo (nella scelta di tale verso, ci si può aiutare immaginando di tagliare S lungo $\mathcal{C}'$ e di distenderla poi su un piano). Ne risulta che $\mathcal{C}_1$ e $\mathcal{C}_2$ sono percorse in verso antiorario, rispetto alle direzioni normali $\boldsymbol{e}_x$ ed $\boldsymbol{e}_z$, rispettivamente. La circuitazione sul bordo di S è data allora dalla relazione:

$$
\int_{\partial S} \boldsymbol{F} \cdot d\boldsymbol{x} = -\frac{1}{64} \int_0^{2\pi} \left(\begin{array}{c} 0 \\ \cos\theta \\ -\sin\theta \end{array} \right) \cdot \left(\begin{array}{c} 0 \\ (4+\cos\theta)\,(4+\cos\theta+\sin\theta) \\ \sin^2\theta \end{array} \right) \, d\theta +
$$

$$
+\frac{1}{64} \int_0^{2\pi} \left(\begin{array}{c} -\sin\theta \\ \cos\theta \\ 0 \end{array} \right) \cdot \left(\begin{array}{c} (4+\cos\theta)\,(4+\cos\theta-\sin\theta) \\ 0 \\ \sin^2\theta \end{array} \right) \, d\theta \ ,
$$

in cui il segno davanti al primo integrale a secondo membro è dovuto al fatto che la parametrizzazione (5.69) per $\varphi = \pi/2$ (sulla circonferenza $\mathcal{C}_1$) fornisce un verso di percorrenza orario. Sviluppando i prodotti scalari negli integrali precedenti, si riottiene facilmente il risultato (5.70).

5.5 Esercizi

In questo paragrafo sarà illustrato lo svolgimento di alcuni esercizi sul calcolo degli integrali multipli, con particolare riferimento alla valutazione di integrali tripli (§5.5.1), al cambiamento di coordinate negli integrali multipli (conseguentemente all'applicazione del teorema di Guldino, §5.5.2) ed, infine, all'uso dei teoremi di Gauss e di Stokes (§5.5.3).

5.5.1 Integrali tripli

In questo paragrafo mostreremo qualche esempio di calcolo di integrali tripli, per i quali non è conveniente utilizzare cambiamenti di coordinate. Il calcolo di integrali su cui è invece conveniente cambiare coordinate sarà trattato nel §5.5.2.

Iniziamo considerando l'integrale:

$$
\int_V e^{x+y+z} \, dV \ , \tag{5.71}
$$

in cui il volume V è il tetraedro compreso tra i piani coordinati ($x = 0$, $y = 0$ e $z = 0$) ed il piano $x + y + z = 1$. Assumendo tale dominio come normale rispetto all'asse z, otteniamo la formula di riduzione:

$$
\int_V e^{x+y+z} \, dV = \int_0^1 e^x \, dx \int_0^{1-x} e^y \, dy \int_0^{1-x-y} e^z \, dz
$$

$$
= \frac{e}{2} - 1 \simeq 0.35914 \ .
$$

Calcoliamo ora l'integrale:

$$
\int_V \frac{dV}{(1+z)^2} \ , \tag{5.72}
$$

in cui V è la parte di $\mathrm{I\!R}^3$ compresa tra la superficie $z = x^2/4 + y^2$ ed il piano $z = 1$. Considerando tale dominio come normale rispetto all'asse z, otteniamo la seguente formula di riduzione per l'integrale (5.72):

$$\int_V \frac{dV}{(1+z)^2} = \int_0^1 \frac{dz}{(1+z)^2} \int_{-2\sqrt{z}}^{+2\sqrt{z}} dx \int_{-\sqrt{4z-x^2}/2}^{+\sqrt{4z-x^2}/2} dy$$

$$= 2 \int_0^1 \frac{\sqrt{z}}{(1+z)^2} \, dz \int_{-2\sqrt{z}}^{+2\sqrt{z}} \sqrt{1 - \left(\frac{x}{2\sqrt{z}} \right)} \, dx$$

$$= 2\pi \int_0^1 \frac{z}{(1+z)^2} \, dz$$

$$= \pi \, (2\log 2 - 1) \simeq 1.21358 \, ,$$

in cui l'integrale in x è valutato con la sostituzione $x/(2\sqrt{z}) = \sin t$.

Consideriamo l'integrale triplo:

$$\int_V \sqrt{z} \, dV(\boldsymbol{x}) \, , \tag{5.73}$$

in cui il volume V è dato dalla regione di spazio compresa tra l'ellisse nel piano (x,y), avente centro nell'origine e semiassi di lunghezza 2 (lungo x) ed 1 (lungo y), e la superficie $z = 4 - (x^2 + y^2)$. Notare che tale superficie interseca il piano (x,y) nella circonferenza di centro nell'origine e raggio 2 e l'ellisse è tangente dall'interno a tale circonferenza. Per l'integrale (5.73) sussiste quindi la formula di riduzione:

$$\int_V \sqrt{z} \, dV(\boldsymbol{x}) = \int_{-2}^{+2} dx \int_{-\sqrt{4-x^2}/2}^{+\sqrt{4-x^2}/2} dy \int_0^{4-x^2-y^2} \sqrt{z} \, dz$$

$$= \frac{2}{3} \int_{-2}^{+2} dx \int_{-\sqrt{4-x^2}/2}^{+\sqrt{4-x^2}/2} (4 - x^2 - y^2)^{3/2} \, dy$$

$$= \frac{2}{3} \int_{-2}^{+2} (4 - x^2)^2 \, dx \int_{-1/2}^{+1/2} (1 - \eta^2)^{3/2} \, d\eta \, ,$$

avendo effettuato il cambiamento di variabile $\eta = y/\sqrt{4 - x^2}$ nell'integrale in y. Effettuando il nuovo cambiamento di variabile $\eta = \sinh t$ nel secondo integrale ad ultimo membro, otteniamo il valore seguente dell'integrale triplo (5.73):

$$\int_V \sqrt{z} \, dV(\boldsymbol{x}) = \frac{16}{45} \, (8\pi + 21\sqrt{3}) \simeq 21.86873 \, .$$

Un ulteriore esempio è costituito dall'integrale seguente:

$$\int_V \frac{dV(\boldsymbol{x})}{1 + x + y + z} \, , \tag{5.74}$$

in cui il volume V è quello sotteso tra il piano $z = 0$ e la superficie $z = xy$, quando il punto (x,y) appartiene al triangolo rettangolo con $0 < x < 1$ ed, in corrispondenza, $0 < y < 1-x$. Questo triangolo ha un vertice nell'origine, cateti di lunghezza unitaria disposti lungo gli assi x ed y ed ipotenusa data dal segmento che unisce il punto $(0,1)$ al punto $(1,0)$. L'integrale triplo (5.74) può allora essere calcolato utilizzando la seguente formula di riduzione:

$$\int_V \frac{dV(\boldsymbol{x})}{1+x+y+z} = \int_0^1 dx \int_0^{1-x} dy \int_0^{xy} \frac{dz}{1+x+y+z}$$

$$= \underbrace{\int_0^1 (1-x)\,\log(1+x)\,dx}_{I_1} + \underbrace{\int_0^1 dx \int_0^{1-x} \log(1+y)\,dy}_{I_2} +$$

$$- \underbrace{\int_0^1 dx \int_0^{1-x} \log(1+x+y)\,dy}_{I_3} \ . \qquad (5.75)$$

Gli integrali a secondo membro si calcolano facilmente per parti:

$$I_1 = 2\log 2 - \frac{5}{4}\ , \quad I_2 = 2\log 2 - \frac{3}{4}\ , \quad I_3 = \frac{1}{4}$$

e, sostituendo gli integrali precedenti nella (5.75), otteniamo:

$$\int_V \frac{dV(\boldsymbol{x})}{1+x+y+z} = 4\log 2 - \frac{9}{4} \simeq 0.52259\ .$$

Infine, consideriamo l'integrale triplo:

$$\int_V x^2 y^2 z\ dV\ , \qquad (5.76)$$

in cui il dominio V è costituito dal tronco di cono circolare retto di vertice nel punto $(0,0,1)$ dell'asse z compreso tra i piani $z=0$ e $z=1$, avente come base il cerchio giacente nel piano $z=0$ con centro nell'origine e raggio unitario. Osserviamo che la superficie laterale di questo cono è descritta in forma esplicita dall'equazione $z = 1 - \sqrt{x^2+y^2}$. Considerando tale dominio come normale rispetto all'asse x, otteniamo la seguente formula di riduzione dell'integrale (5.76):

$$\int_V x^2 y^2 z\ dV = \int_{-1}^{+1} x^2\,dx \int_{-(1-x^2)^{1/2}}^{+(1-x^2)^{1/2}} y^2\,dy \int_0^{1-(x^2+y^2)^{1/2}} z\,dz$$

$$= 2\left[\int_0^1 x^2(1+x^2)\,dx \int_0^{\sqrt{1-x^2}} y^2\,dy + \int_0^1 x^2\,dx \int_0^{\sqrt{1-x^2}} y^4\,dy +\right.$$

$$\left. -2\int_0^1 x^2\,dx \int_0^{\sqrt{1-x^2}} y^2\sqrt{x^2+y^2}\,dy \right]$$

$$= \underbrace{\frac{2}{3}\int_0^1 x^2(1+x^2)\,(1-x^2)^{3/2}dx}_{I_1} + \underbrace{\frac{2}{5}\int_0^1 x^2\,(1-x^2)^{5/2}dx}_{I_2} +$$

$$\underbrace{-\frac{1}{2}\int_0^1 x^2(2-x^2)(1-x^2)^{1/2}dx}_{I_3} + \underbrace{\frac{1}{2}\int_0^1 x^6\log(1+\sqrt{1-x^2})\,dx}_{I_4} +$$

$$-\frac{1}{2} \underbrace{\int_0^1 x^6 \log x}_{I_5} \,, \tag{5.77}$$

in cui, per valutare l'ultimo integrale (in y) a terzo membro, è stato utilizzato l'integrale indefinito (omettiamo l'indicazione della costante additiva arbitraria):

$$\int \eta^2 \sqrt{\eta^2 + 1}\, d\eta = \frac{1}{8} \left[\eta\, (2\eta^2 + 1)\sqrt{\eta^2 + 1} - \log(\eta + \sqrt{\eta^2 + 1}) \right]$$

Integrando per parti oppure sostituendo $x = \sin t$, otteniamo i seguenti valori degli integrali nella relazione (5.77):

$$I_1 = \frac{11\pi}{256}\,, \quad I_2 = \frac{5\pi}{256}\,, \quad I_3 = \frac{3\pi}{32}\,, \quad I_4 = \frac{5\pi}{224} - \frac{1}{49}\,, \quad I_5 = -\frac{1}{49}\,,$$

ne segue:

$$\int_V x^2 y^2 z \, dV = \frac{\pi}{1344} \simeq 0.00234 \,. \tag{5.78}$$

5.5.2 Cambiamento di variabili

In questo paragrafo svolgeremo due esercizi sul cambiamento di variabili negli integrali tripli, proporremo poi alcuni esercizi sulle applicazioni del teorema di Guldino nel calcolo dei volumi e sul cambiamento di variabili.

Riconsideriamo l'ultimo esercizio del paragrafo precedente, ovvero il calcolo dell'integrale triplo (5.76) e facciamo vedere quanto è più semplice lavorare in coordinate cilindriche (5.18), tenendo presente il risultato (5.20). Infatti, in questo nuovo sistema di coordinate abbiamo:

$$\int_V x^2 y^2 z \, dV = \frac{1}{4} \int_0^{2\pi} \sin^2 2\theta \, d\theta \int_0^1 \rho^5 \, d\rho \int_0^{1-\rho} \zeta \, d\zeta \,,$$

che fornisce di nuovo il risultato (5.78).

Consideriamo poi il nuovo sistema di coordinate *toroidale*, molto conveniente nel caso in cui il dominio di integrazione ha la forma di un toro, od almeno di uno spicchio di toro. Per maggiore semplicità, assumiamo che la sezione del toro col piano di simmetria possa essere descritta in coordinate polari. Un esempio di spicchio retto di toro a sezione circolare è disegnato nella Fig. 5.14-*b*. In analogia con questa figura, supponiamo che il toro sia generato dalla rotazione di una sezione attorno all'asse y. Nel piano di simmetria, cui la sezione appartiene, identifichiamo la posizione di ciascun punto utilizzando coordinate polari (ρ, θ) con origine localizzata in un punto opportuno O della sezione, posto a distanza d dall'asse di rotazione. Ad esempio, se la sezione è circolare, posizioneremo l'origine O nel centro della sezione. L'angolo θ è misurato a partire da una direzione fissata, ad esempio a partire dalla semiretta con origine in O ed ortogonale all'asse di rotazione (y). Nel ruotare la sezione attorno all'asse y, il punto generico, di coordinate (ρ, θ) nel piano di simmetria, percorrerà una circonferenza di raggio pari a $d + \rho\cos\theta$. Fissati ρ e θ, ciascun punto di tale circonferenza sarà allora individuato dall'angolo φ che il piano di simmetria forma con il piano (x, y). Le coordinate cartesiane x, y e z sono espresse in termini delle coordinate toroidali (ρ, θ, φ) dalle equazioni seguenti:

$$x = (d + \rho\cos\theta)\cos\varphi$$
$$y = \rho\sin\theta \tag{5.79}$$
$$z = (d + \rho\cos\theta)\sin\varphi \ .$$

Il determinante jacobiano della trasformazione si scrive subito:

$$J = \frac{\partial(x,y,z)}{\partial(\rho,\theta,\varphi)}$$

$$= \begin{vmatrix} \cos\theta\cos\varphi & -\rho\sin\theta\cos\varphi & -(d+\rho\cos\theta)\sin\varphi \\ \sin\theta & \rho\cos\theta & 0 \\ \cos\theta\sin\varphi & -\rho\sin\theta\sin\varphi & (d+\rho\cos\theta)\cos\varphi \end{vmatrix}$$

$$= \rho\,(d + \rho\cos\theta) \ , \tag{5.80}$$

in cui, poiché nessun punto della sezione può arrivare sull'asse di rotazione, la quantità $d + \rho\cos\theta$ sarà senz'altro sempre positiva. Il determinante J sarà quindi non negativo, annullandosi sulla circonferenza descritta dall'origine O. Applichiamo il cambiamento di variabili (5.79) al calcolo dell'integrale della funzione $f : \mathbb{R}^3 \to \mathbb{R}$, con $f(\boldsymbol{x}) = y/(x^2 + z^2)$, sullo spicchio di toro D in Fig. 5.14-b. Eseguendo la trasformazione di coordinate da cartesiane a toroidali, con $d = 1$ e sezione circolare di raggio $1/4$, otteniamo

$$\int_D \frac{y}{x^2 + z^2}\,dx\,dy\,dz = \int_0^{1/4} \rho\,d\rho \int_0^{\pi/2} (1 + \rho\cos\theta)\,d\theta \int_0^{2\pi} \frac{\rho\sin\theta}{(1 + \rho\cos\theta)^2}\,d\varphi$$

$$= \frac{\pi}{32}\left(7 - 30\,\log\frac{5}{4}\,\right) \simeq 0.03001 \ . \tag{5.81}$$

- **Esercizi proposti**

$\diamond$ Considerando il dominio A sotteso dalla parabola $y = x^2 - 2x + 3$ e l'asse x per $1/2 \leq x \leq 3/2$, valutare il volume V del solido generato ruotando di un angolo giro A attorno all'asse y.
Risposta: $V = 25\pi/6$

$\diamond$ Calcolare il volume V del toro a sezione ellittica di semiassi 3 e 4, il cui centro compie una rotazione completa attorno ad un asse posto ad una distanza 5.
Risposta: $V = 120\pi^2$

$\diamond$ Calcolare il volume V del toro la cui sezione è la cardioide (3.109) in cui la direzione $\theta = 0$ è ortogonale all'asse simmetria e la cuspide è posta a distanza $7/6$ da quest'ultimo.
Risposta: $V = 6\pi^2$

$\diamond$ Considerato il dominio A come quella parte del piano (x, y) che è compresa tra le curve $y = 1/x$ ed $y = \log x$ per $e^2 \leq x \leq e^3$, calcolare il volume del solido generato dalla rotazione di A attorno all'asse y.
Risposta: $V = \pi\,e^2\,(5e^4 - 3e^2 - 4e + 4)/2$

$\diamond$ Considerato il dominio A come quella parte del piano (x, z) sottesa tra la parabola $x = z^2 + 1$ e l'asse z per $0 \leq z \leq 1$, calcolare il volume del solido D, ottenuto ruotando di un angolo giro A attorno all'asse z. Calcolare poi il seguente integrale:

$$I = \int_D z^2 dV \; .$$

Risposta: $V = 28\pi/15$, $I = 92\pi/105$.

5.5.3 Formule di Green

In questo paragrafo verrà illustrata la soluzione di alcuni esercizi riguardanti i due teoremi fondamentali di Gauss e di Stokes. Riguardo al primo, negli esercizi presentati saranno valutati sia l'integrale della divergenza nel dominio fissato, sia il flusso del campo vettoriale attraverso la frontiera del medesimo dominio. Analogamente, negli esercizi sul teorema di Stokes saranno valutati sia il flusso del rotore attraverso il tratto di supeficie fissato, sia la circuitazione del campo vettoriale sul bordo di tale superficie.

Teorema di Gauss

Calcoliamo l'integrale sul dominio D in Fig. 5.15-a della divergenza del campo di vettori $\boldsymbol{F}(\boldsymbol{x}) = (xy, (y^2 - x^2)/2)$. Poiché la divergenza vale $\boldsymbol{\nabla} \cdot \boldsymbol{F} = 2y$, tale integrale si scrive:

$$\int_D \boldsymbol{\nabla} \cdot \boldsymbol{F}(\boldsymbol{x}) \, dx \, dy = 2 \int_{-1}^{+1} dx \int_{x^2}^{1} y \, dy = \frac{8}{5} \; . \tag{5.82}$$

Confrontiamo tale risultato col flusso uscente da D del medesimo campo di vettori. Osserviamo che la quantità differenziale $\boldsymbol{\nu} \, ds$ vale $(2x, -1) \, dx$ sull'arco di parabola, essendo l'opposto del vettore ortogonale dell'elemento di curva $d\boldsymbol{x} = (1, 2x) \, dx$ (si assume x come parametro su tale curva). La stessa quantità differenziale vale $(0, 1) \, dx$ sul segmento AB, appartenente alla retta $y = 1$, con l'intesa di percorrere tale segmento da A a B, ovvero di avere $dx > 0$. Ne segue per il flusso del campo di vettori $\boldsymbol{F}$ attraverso la frontiera di D:

$$\int_D \boldsymbol{F}(\boldsymbol{x}) \cdot \boldsymbol{\nu}(\boldsymbol{x}) \, ds = \int_{-1}^{+1} \begin{pmatrix} x^3 \\ (x^4 - x^2)/2 \end{pmatrix} \cdot \begin{pmatrix} 2x \\ -1 \end{pmatrix} dx +$$

$$+ \int_{-1}^{+1} \begin{pmatrix} x \\ (1 - x^2)/2 \end{pmatrix} \cdot \begin{pmatrix} 0 \\ 1 \end{pmatrix} dx \, ,$$

in cui il primo contributo a secondo membro è quello dell'arco di parabola, mentre il secondo è il contributo dell'integrazione sul segmento AB. La somma dei due integrali precedenti fornisce di nuovo il risultato (5.82).

Calcoliamo ora l'integrale sul dominio D rappresentato in Fig. 5.15-b della divergenza del campo vettoriale $\boldsymbol{F}(\boldsymbol{x}) = (xy^2, x+y)$. La divergenza vale $\boldsymbol{\nabla} \cdot \boldsymbol{F} = 1+y^2$ e, considerato il dominio di integrazione normale rispetto all'asse x, l'integrale esteso a D di questa può essere valutato nel modo seguente:

$$\int_D \boldsymbol{\nabla} \cdot \boldsymbol{F} \, dx \, dy$$

$$= \frac{3}{2}\pi + 4 \left(\int_0^{1/2} dx \int_0^{(4-x^2)^{1/2}} y^2 \, dy + \int_{1/2}^{3/2} dx \int_{[1-4(x-1)^2]^{1/2}/2}^{(4-x^2)^{1/2}/2} y^2 \, dy + \int_{3/2}^{2} dx \int_0^{(4-x^2)^{1/2}/2} y^2 \, dy \right)$$

$$= \frac{3}{2}\pi + \frac{1}{6} \left\{ \int_0^2 (4 - x^2)^{3/2} dx - \int_{1/2}^{3/2} [1 - 4(x - 1)^2]^{3/2} dx \right\} = \frac{63}{32}\pi \; . \tag{5.83}$$

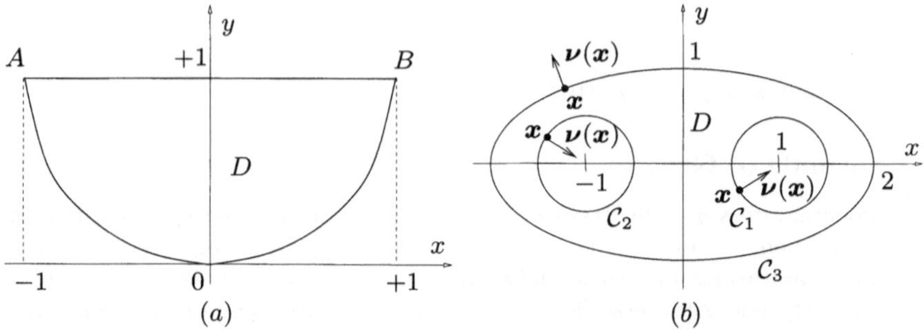

Figura 5.15. Domini di integrazione per gli integrali (5.82, a) e (5.83, b). Nel primo caso il dominio è al di sopra della parabola $y = x^2$ ed al di sotto della retta $y = 1$, mentre nel secondo D è la parte del piano interna all'ellisse di semiassi 2 (lungo x) ed 1 (lungo y) ed esterna ai due cerchi di raggio $1/2$ e centri in $(\pm 1, 0)$

Parametrizzando le tre curve che compongono la ∂D:

$$
\mathcal{C}_1 : \begin{cases} x = 1 + \dfrac{1}{2} \cos\theta \\ y = \dfrac{1}{2} \sin\theta \end{cases}
\qquad
\mathcal{C}_2 : \begin{cases} x = -1 + \dfrac{1}{2} \cos\theta \\ y = \dfrac{1}{2} \sin\theta \end{cases}
\qquad
\mathcal{C}_3 : \begin{cases} x = 2 \cos\theta \\ y = \sin\theta \, , \end{cases}
$$

in cui $\theta \in [0, 2\pi)$ (notare che tale parametro è l'argomento del vettore congiungente il centro della curva col punto $\boldsymbol{x}$ solo per i due cerchi e non per l'ellisse), si può valutare il flusso del campo $\boldsymbol{F}$ attraverso la frontiera di D come:

$$
\int_{\partial D} \boldsymbol{F}(\boldsymbol{x}) \cdot \boldsymbol{\nu}(\boldsymbol{x}) \, ds =
$$

$$
= \int_0^{2\pi} \begin{pmatrix} \dfrac{1}{4} \sin^2\theta \left(1 + \dfrac{1}{2} \cos\theta \right) \\ 1 + \dfrac{1}{2} \cos\theta + \dfrac{1}{2} \sin\theta \end{pmatrix} \cdot \left(-\dfrac{1}{2} \right) \begin{pmatrix} \cos\theta \\ \sin\theta \end{pmatrix} d\theta +
$$

$$
+ \int_0^{2\pi} \begin{pmatrix} \dfrac{1}{4} \sin^2\theta \left(-1 + \dfrac{1}{2} \cos\theta \right) \\ -1 + \dfrac{1}{2} \cos\theta + \dfrac{1}{2} \sin\theta \end{pmatrix} \cdot \left(-\dfrac{1}{2} \right) \begin{pmatrix} \cos\theta \\ \sin\theta \end{pmatrix} d\theta +
$$

$$
+ \int_0^{2\pi} \begin{pmatrix} 2 \sin^2\theta \cos\theta \\ 2 \cos\theta + \sin\theta \end{pmatrix} \cdot \begin{pmatrix} \cos\theta \\ 2 \sin\theta \end{pmatrix} d\theta \, ,
$$

in cui i contributi a secondo membro sono quelli delle curve $\mathcal{C}_1$, $\mathcal{C}_2$ e $\mathcal{C}_3$, rispettivamente. La loro somma fornisce di nuovo il risultato (5.83).

Teorema di Stokes

Calcoliamo il flusso del rotore del campo vettoriale:

$$F(x) = \begin{pmatrix} y \\ xz \\ y \end{pmatrix} \tag{5.84}$$

attraverso la superficie laterale $z = 2 - \sqrt{x^2 + y^2}$ del tronco di cono di asse z e compreso tra i piani $z = 0$ e $z = 1$. Chiamando con S tale tratto di superficie, osserviamo che ∂S è un insieme non connesso costituito dall'unione delle due circonferenze giacenti sui piani $z = 0$ $(\mathcal{C}_1)$ e $z = 1$ $(\mathcal{C}_2)$, con centri sull'asse z e raggi 2 ed 1, rispettivamente. Il rotore del campo (5.84) si valuta mediante il determinante simbolico:

$$\nabla \times F = \begin{vmatrix} e_x & e_y & e_z \\ \partial_x & \partial_y & \partial_z \\ y & xz & y \end{vmatrix} = \begin{pmatrix} 1 - x \\ 0 \\ z - 1 \end{pmatrix} \, ,$$

mentre, utilizzando una parametrizzazione polare di S:

$$x(\rho, \theta) = \begin{pmatrix} \rho \cos \theta \\ \rho \sin \theta \\ 2 - \rho \end{pmatrix}$$

con $1 \leq \rho \leq 2$ e $\theta \in [0, 2\pi)$, ed orientando S in modo da avere come faccia positiva quella che è rivolta verso l'esterno, rispetto all'asse z, otteniamo per il flusso del rotore:

$$\int_S \nu \cdot \nabla \times F \, dA = \int_0^{2\pi} d\theta \int_1^2 \rho \underbrace{\begin{pmatrix} \cos \theta \\ \sin \theta \\ 1 \end{pmatrix}}_{x_\rho \times x_\theta} \cdot \underbrace{\begin{pmatrix} 1 - \rho \cos \theta \\ 0 \\ 1 - \rho \end{pmatrix}}_{\nabla \times F \text{ su } S} d\rho = -4\pi \, , \tag{5.85}$$

essendo la normale uscente da S parallela al vettore $x_\rho \times x_\theta$. Per calcolare la circuitazione di F sul bordo di S occorre orientare le due circonferenze $\mathcal{C}_1$ e $\mathcal{C}_2$. Immaginiamo di tagliare la superficie S, ad esempio lungo una generatrice del cono, ed orientiamo il bordo della nuova superficie con la convenzione usuale (un osservatore, posto in piedi sulla faccia positiva della superficie, vede ruotare in verso antiorario un punto materiale, che percorra il bordo della superficie nel verso positivo). L'orientazione risultante delle due circonferenze sarà quella da utilizzare nel valutare la circuitazione. Osservando le circonferenze posti in piedi nel verso delle z crescenti, l'orientazione di $\mathcal{C}_1$ è antioraria, mentre $\mathcal{C}_2$ è orientata in senso orario. Ne segue per la circuitazione di F (5.84):

$$\int_{\partial S} F(x) \cdot dx = \int_0^{2\pi} \underbrace{\begin{pmatrix} -2 \sin \theta \\ 2 \cos \theta \\ 0 \end{pmatrix}}_{dx \text{ su } \mathcal{C}_1} d\theta \cdot \underbrace{\begin{pmatrix} 2 \sin \theta \\ 0 \\ 2 \sin \theta \end{pmatrix}}_{F \text{ su } \mathcal{C}_1} + \int_{2\pi}^0 \underbrace{\begin{pmatrix} -\sin \theta \\ \cos \theta \\ 0 \end{pmatrix}}_{dx \text{ su } \mathcal{C}_2} d\theta \cdot \underbrace{\begin{pmatrix} \sin \theta \\ \cos \theta \\ \sin \theta \end{pmatrix}}_{F \text{ su } \mathcal{C}_2} \, ,$$

che fornisce di nuovo il risultato (5.85).

Consideriamo poi il calcolo del flusso del rotore del campo vettoriale:

$$F(x) = \begin{pmatrix} yz\sqrt{x^2 + y^2} \\ xz\sqrt{x^2 + y^2} \\ xyz \end{pmatrix} \tag{5.86}$$

attraverso il settore sferico con centro nell'origine, raggio unitario e compreso tra i piani $z = 0$, $y = 0$ e $x = y$, ovvero (misurando la longitudine θ a partire dal piano $y = 0$) per $0 \leq \theta \leq \pi/4$ e $z \geq 0$. Il rotore del campo $\boldsymbol{F}$ è dato da:

$$\boldsymbol{\nabla} \times \boldsymbol{F} = \begin{pmatrix} xz - x\sqrt{x^2 + y^2} \\ -yz + y\sqrt{x^2 + y^2} \\ z(x^2 - y^2)/\sqrt{x^2 + y^2} \end{pmatrix} . \tag{5.87}$$

Questo calcolo è interessante, poiché conviene descrivere la superficie S utilizzando la longitudine θ e la distanza $\rho = \sqrt{x^2 + y^2}$ dall'asse z, già presente nell'espressione analitica (5.87) del rotore del campo $\boldsymbol{F}$. In tal modo, le coordinate di un punto $\boldsymbol{x} \in S$ si scrivono:

$$\boldsymbol{x}(\theta, \rho) = \begin{pmatrix} \rho \cos \theta \\ \rho \sin \theta \\ \sqrt{1 - \rho^2} \end{pmatrix}$$

e, scegliendo come faccia positiva di S quella esterna, un vettore normale ad S nel suo punto $\boldsymbol{x}$ è dato da:

$$\boldsymbol{x}_\rho \times \boldsymbol{x}_\theta = \rho \begin{pmatrix} \rho \cos \theta / \sqrt{1 - \rho^2} \\ \rho \sin \theta / \sqrt{1 - \rho^2} \\ 1 \end{pmatrix} ,$$

vettore che presenta una singolarità di infinito per $\rho \to 1^-$ (osservare che, invece, il versore normale $\boldsymbol{\nu}$ è regolare nello stesso limite, a causa del fatto che il modulo del vettore $\boldsymbol{x}_\rho \times \boldsymbol{x}_\theta$ è proprio $1/\sqrt{1 - \rho^2}$). Ne segue per il flusso del rotore (5.87) di $\boldsymbol{F}$:

$$\int_S \boldsymbol{\nu} \cdot \boldsymbol{\nabla} \times \boldsymbol{F} \, dA = \int_0^1 \rho^2 d\rho \int_0^{\pi/4} \begin{pmatrix} \rho \cos \theta / \sqrt{1 - \rho^2} \\ \rho \sin \theta / \sqrt{1 - \rho^2} \\ 1 \end{pmatrix} \cdot \begin{pmatrix} (\sqrt{1 - \rho^2} - \rho) \cos \theta \\ (\rho - \sqrt{1 - \rho^2}) \sin \theta \\ \sqrt{1 - \rho^2} \cos 2\theta \end{pmatrix} \, d\theta$$

$$= \frac{2 - \pi}{16} \simeq -0.07135 . \tag{5.88}$$

Consideriamo la circuitazione del campo $\boldsymbol{F}$ sulla ∂S. Il campo $\boldsymbol{F}$ (5.86) è nullo sul piano $z = 0$ ed ha la sola componente y non nulla sul piano $y = 0$, ne segue che i contributi alla circuitazione delle curve (archi di circonferenze) sui piani $z = 0$ ed $y = 0$ sono nulli, avendosi semplicemente:

$$\int_{\partial S} \boldsymbol{F} \cdot d\boldsymbol{x} = \int_1^0 \begin{pmatrix} \sqrt{2}/2 \\ \sqrt{2}/2 \\ -\rho/\sqrt{1 - \rho^2} \end{pmatrix} \cdot \frac{\sqrt{2}}{2} \rho^2 \sqrt{1 - \rho^2} \begin{pmatrix} 1 \\ 1 \\ \sqrt{2}/2 \end{pmatrix} \, d\rho ,$$

da cui segue nuovamente il risultato (5.88).

5.6 Curiosando in biblioteca

In chiusura del capitolo, illustriamo un sintetico percorso bibliografico per approndire ed integrare gli argomenti appena discussi.

All'estensione multidimensinale del concetto di integrale è dedicata parte del cap. 8 nel testo di Analisi Matematica [25]. Vengono dapprima introdotti gli integrali tripli (§78), poi la misura di Peano-Jordan viene generalizzata ad insiemi in $\mathbb{R}^n$ (§79) e quindi l'integrale di Riemann viene esteso alle funzioni di n variabili (§80). Segue una ampia e rigorosa discussione delle principali proprietà di cui gode tale estensione (§81), mentre alla questione del cambiamento di variabile negli integrali doppi e tripli sono dedicati i paragrafi 77 e 78.

Nel cap. III §6 n. 61 del testo di Matematica Superiore [23], il concetto di integrale doppio viene esteso a 3 variabili indipendenti. La questione del cambiamento di coordinate su un integrale triplo è quindi discussa nel successivo n. 62. L'estensione ad un numero qualunque di variabili indipendenti è poi presentata nel §9, n. 100. Analogamente, l'estensione multidimensionale dell'integrale è trattata nel cap. 5, §1, numeri 7-9 del volume di Analisi Matematica [19]. Il cap. 5 del testo [4], §33, 34 e 35, è dedicato all'estensione multidimensionale della nozione di integrale, con una ampia e rigorosa premessa sulla teoria della misura in $\mathbb{R}^n$. Trattazioni analoghe si trovano in [11], cap. 23, ed in [7], alle pp. 463-551. Gli integrali tripli sono anche trattati nel testo di Analisi Matematica [10], nel cap. 11 §16, mentre il cambiamento di variabili in questi integrali è illustrato nel successivo §18.

Una ampia trattazione del concetto di sommabilità si trova nel cap. 26 del testo [11], in cui la nozione di integrale (anche multidimensionale) viene estesa a domini di integrazione illimitati ed anche a funzioni integrande con singolarità di infinito. Ai criteri di sommabilità è anche dedicato il §82 nel cap. 8 del volume di Analisi Matematica [25] ed il §11 del cap. 11 del testo [10].

Le formule di Green, i teoremi della divergenza e di Stokes in $\mathbb{R}^2$ sono trattati in [10] cap. 11 §8, mentre l'estensione tridimensionale del teorema di Stokes è fornita nel §15. Infine, le formule di Green ed il teorema della divergenza in $\mathbb{R}^3$ sono discusse nel §17. Analogamente, in [11] §24.4, sono discusse le formule di Green nel piano, mentre nel §25.4 tali formule sono estese allo spazio tridimensionale. Il teorema di Stokes è invece discusso nel §25.2. Le formule di Green, i teoremi della divergenza e di Stokes in $\mathbb{R}^2$ sono trattate nel §76 del cap. 8 del testo di Analisi Matematica [25], mentre interessanti estensioni al caso n-dimensionale si trovano al §109 per il teorema della divergenza ed al §113 per quello di Stokes. A quest'ultimo viene premessa una introduzione alle forme multilineari alternanti (§110) ed alle forme differenziali (§111) ed alla loro integrazione (§112). In [23] il teorema della divergenza (chiamato *formula di Ostrogradskij*) in due dimensioni è trattato nel cap. 3 §7 n. 72, mentre l'estensione al caso tridimensionale è anticipata nel cap. 3 §6 n. 66. Il teorema di Stokes è discusso al cap. 3 §7 n. 73.

Le formule di Green sono anche trattate nel cap. 8, §49 di [4], insieme ai teoremi di Gauss e Stokes, e nel §3 del cap. 6 di [19]. In quest'ultimo volume, alla teoria viene affiancata anche una interessante collezione di esercizi svolti e proposti. Una raccolta di esercizi sul calcolo di integrali tripli si trova in [16] al

§3*E*, mentre esercizi sulle formule di Green e sul teorema di Gauss si trovano nel §6*C* del medesimo volume. Esercizi sul teorema di Stokes sono proposti al §6*D*. Infine, approfondimenti ed esercizi sugli argomenti del presente capitolo si trovano nel testo di esercizi [12].

Approfondimenti

5.7 Formule di Green in tre dimensioni

Supponiamo di avere un dominio tridimensionale D e di dover calcolare l'integrale:

$$\int_D \partial_x f(\boldsymbol{x})\, dV(\boldsymbol{x}) \,, \tag{5.89}$$

con f continua con derivate prime continue e D limitato e normale rispetto agli assi x ed y. Esistono, cioè, un dominio limitato A del piano (x,y) e due funzioni $\alpha(x,y)$ e $\beta(x,y)$, tali che per ogni $\boldsymbol{x} \in D$, $(x,y) \in A$ e $\alpha(x,y) \leq z \leq \beta(x,y)$. In tali condizioni, l'integrale nella (5.89) si scrive:

$$\int_D \partial_x f(\boldsymbol{x})\, dV(\boldsymbol{x}) = \int_A dx\, dy \int_{\alpha(x,y)}^{\beta(x,y)} \partial_x f(\boldsymbol{x})\, dz \,, \tag{5.90}$$

applicando su questa la relazione (4.5) tra la derivata di un integrale tra estremi variabili e l'integrale della derivata, cioè effettuando la sostituzione:

$$\int_{\alpha(x,y)}^{\beta(x,y)} \partial_x f(\boldsymbol{x})\, dz = \partial_x \int_{\alpha(x,y)}^{\beta(x,y)} f(\boldsymbol{x})\, dz - \partial_x\beta\, f[x,y,\beta(x,y)] + \partial_x\alpha\, f[x,y,\alpha(x,y)] \,,$$

la relazione (5.90) diviene:

$$\int_D \partial_x f(\boldsymbol{x})\, dV(\boldsymbol{x}) = \int_A \left[\partial_x \int_{\alpha(x,y)}^{\beta(x,y)} f(\boldsymbol{x})\, dz \right] dx\, dy + \tag{5.91}$$

$$- \int_A \partial_x\beta\, f[x,y,\beta(x,y)]\, dx\, dy + \int_A \partial_x\alpha\, f[x,y,\alpha(x,y)]\, dx\, dy \,.$$

Il primo integrale a secondo membro si può ulteriormente ridurre mediante una applicazione della formula di Green (5.42), mentre per ridurre il secondo ed il terzo integrale occorre premettere alcune osservazioni. Trattando x ed y come parametri per la superficie $z = \beta(x,y)$, cioè un punto $\boldsymbol{x}$ appartenente a questa superficie è dato da $(x,y,\beta(x,y))$, dalle relazioni (4.41) e (4.37), il vettore ottenuto moltiplicando l'elemento di area su questa superficie per il versore normale uscente dal dominio D si scrive:

$$\boldsymbol{\nu}(x,y)\, dA(x,y) = \begin{vmatrix} \boldsymbol{e}_x & \boldsymbol{e}_y & \boldsymbol{e}_z \\ 1 & 0 & \partial_x\beta \\ 0 & 1 & \partial_y\beta \end{vmatrix} dx\, dy \,,$$

la cui componente x si scrive:

$$\nu_x(x,y)\, dA(x,y) = -\partial_x\beta\, dx\, dy \,. \tag{5.92}$$

Analogamente, considerando la superficie $z = \alpha(x,y)$ si sarebbe ottenuto il seguente prodotto dell'elemento di area per la componente x del versore normale uscente dal dominio D:

$$\nu_x(x,y)\, dA(x,y) = -(-\partial_x\alpha)\, dx\, dy \,, \tag{5.93}$$

in cui il cambiamento di segno è reso necessario per il fatto che il prodotto vettoriale a numeratore della (4.37) dà luogo ad un vettore che punta verso l'interno del dominio D.

Tenendo conto delle due relazioni (5.92) e (5.93), il secondo membro della (5.91) può essere ridotto alla forma seguente:

$$\int_D \partial_x f(\boldsymbol{x})\, dV(\boldsymbol{x}) = \int_{\partial A} \left[\nu_x(s) \int_{\alpha(x(s),y(s))}^{\beta(x(s),y(s))} f[x(s),y(s),z]\, dz \right] ds +$$

$$+ \int_A \nu_x(x,y)\, f[x,y,\beta(x,y)]\, dA(x,y) +$$

$$+ \int_A \nu_x(x,y)\, f[x,y,\alpha(x,y)]\, dA(x,y)$$

$$= \int_{\partial D} \nu_x(\boldsymbol{x})\, f(\boldsymbol{x})\, dA(\boldsymbol{x}) , \qquad (5.94)$$

che è esattamente l'estensione tridimensionale della (5.42). Lo stesso risultato si ottiene considerando un dominio D normale rispetto ad una qualunque altra coppia di assi e, conseguentemente, considerando un dominio D limitato qualunque. Inoltre, se si ha una derivata in y od in z a primo membro della (5.94), si trova l'omologa componente del versore normale uscente $\boldsymbol{\nu}$ a secondo membro.

La (5.94) può essere anche applicata nel caso in cui, al posto della funzione scalare $f : \mathrm{I\!R}^3 \to \mathrm{I\!R}$ c'è una funzione vettoriale $\boldsymbol{F} : \mathrm{I\!R}^3 \to \mathrm{I\!R}^3$, essendo sufficiente procedere componente per componente. Chiamando con $\boldsymbol{e}_1$, $\boldsymbol{e}_2$ ed $\boldsymbol{e}_3$ i versori degli assi x, y e z ed utilizzando la convenzione di somma sugli indici ripetuti, abbiamo ad esempio per la derivata in x:

$$\int_D \partial_x \boldsymbol{F}(\boldsymbol{x})\, dV(\boldsymbol{x}) = \boldsymbol{e}_k \int_D \partial_x F_k(\boldsymbol{x})\, dV(\boldsymbol{x})$$

$$= \boldsymbol{e}_k \int_{\partial D} \nu_x(\boldsymbol{x})\, F_k(\boldsymbol{x})\, dA(\boldsymbol{x})$$

$$= \int_{\partial D} \nu_x(\boldsymbol{x})\, \boldsymbol{F}(\boldsymbol{x})\, dA(\boldsymbol{x}) \qquad (5.95)$$

e relazioni assolutamente analoghe valgono per le altre due derivate (in y ed in z).

5.8 Deduzione della formula di Stokes

Supponiamo di avere un campo vetoriale $\boldsymbol{F} : \mathrm{I\!R}^3 \to \mathrm{I\!R}^3$ con derivate seconde continue ed un dominio limitato D. Calcoliamo il flusso del rotore di $\boldsymbol{F}$ attraverso la superficie ∂D: applicando il teorema della divergenza (5.57) possiamo scrivere:

$$\int_{\partial D} \boldsymbol{\nu}(\boldsymbol{x}) \cdot \boldsymbol{\nabla} \times \boldsymbol{F}(\boldsymbol{x})\, dA(\boldsymbol{x}) = \int_D \boldsymbol{\nabla} \cdot \boldsymbol{\nabla} \times \boldsymbol{F}(\boldsymbol{x})\, dV(\boldsymbol{x}) . \qquad (5.96)$$

È interessante valutare la quantità scalare sotto l'integrale di volume a secondo membro della (5.96) è nulla, sulla base del risultato (3.134). Ma allora la relazione

(5.96) ci dice che il flusso del rotore di $\boldsymbol{F}$ dalla superficie chiusa ∂D è nullo; peraltro indipendentemente dalla scelta della superficie, purché chiusa.

Fissiamo una curva *semplice* [*che non si interseca, a meno dei punti iniziale e finale*] e chiusa $\mathcal{C}$ ed orientiamola, stabilendo un verso positivo, arbitrariamente.

Immaginiamo, ora, di avere una superficie S, il cui bordo è proprio la curva $\mathcal{C}$. Orientiamo S scegliendo un verso positivo per i vettori normali. In tal modo possiamo definire la faccia positiva $+S$ (verso cui le normali puntano) e la negativa $-S$ (da cui le normali provengono) della medesima superficie S. Convenzionalmente, il verso dei vettori normali viene scelto in modo che un osservatore, in piedi su $+S$, veda girare in verso antiorario un punto che percorra $\mathcal{C}$ nel verso positivo, prestabilito su $\mathcal{C}$. Supponiamo, poi, di scegliere una seconda superficie S' avente $\mathcal{C}$ come bordo, ed orientiamola nel modo visto precedentemente, consistente con l'orientamento della curva $\mathcal{C}$. Per semplicità, assumiamo che S' non intersechi S. Consideriamo, a questo punto, il dominio D avente come frontiera l'unione delle due superfici $+S$ e $-S'$. Poiché tale dominio è limitato, valgono le considerazioni precedenti: il flusso del rotore di $\boldsymbol{F}$ è nullo su $\partial D = (+S) \cup (-S')$. Ma allora, il flusso su $+S$ è uguale a quello su $+S'$. Il medesimo ragionamento può essere sviluppato per una qualunque altra superficie S'', anche intersecante S. Ne segue che *su tutte le superfici orientate, aventi* $\mathcal{C}$ *come bordo, si misura lo stesso flusso del rotore di* $\boldsymbol{F}$. Si intuisce, quindi, che il flusso del rotore di un campo di vettori $\boldsymbol{F}(\boldsymbol{x})$ su una superficie aperta S dipende solo dalla collocazione del bordo ∂S di quest'ultima. Come vedremo tra breve, il teorema di Stokes si occupa proprio di mettere in relazione il flusso attraverso S ed un integrale del campo di vettori $\boldsymbol{F}(\boldsymbol{x})$ fatto sul bordo ∂S.

Rappresentiamo la superficie S in modo parametrico, con parametri u e v appartenenti al dominio limitato Σ di $\mathbb{R}^2$, considerati, per brevità, componenti del vettore $\boldsymbol{u} = (u, v)$. Il prodotto dell'elemento di area per il versore normale alla superficie si scrive $\boldsymbol{\nu}(\boldsymbol{u})\, dA(\boldsymbol{u}) = \partial_u \boldsymbol{x}(\boldsymbol{u}) \times \partial_v \boldsymbol{x}(\boldsymbol{u})\, du\, dv$ e quindi il flusso del rotore attraverso S si può mettere nella forma seguente:

$$\int_S \boldsymbol{\nu} \cdot \boldsymbol{\nabla} \times \boldsymbol{F}\, dA = \int_\Sigma (\partial_u \boldsymbol{x} \times \partial_v \boldsymbol{x}) \cdot \boldsymbol{\nabla} \times \boldsymbol{F}\, du\, dv \, . \tag{5.97}$$

La quantità scalare sotto l'integrale a secondo membro può essere scritta in una forma più semplice, esplicitando i prodotti vettoriali. Infatti abbiamo:

$$\partial_u \boldsymbol{x} \times \partial_v \boldsymbol{x} = \begin{pmatrix} \partial_u y\, \partial_v z - \partial_u z\, \partial_v y \\ \partial_u z\, \partial_v x - \partial_u x\, \partial_v z \\ \partial_u x\, \partial_v y - \partial_u y\, \partial_v x \end{pmatrix} \, , \quad \boldsymbol{\nabla} \times \boldsymbol{F} = \begin{pmatrix} \partial_y F_z - \partial_z F_y \\ \partial_z F_x - \partial_x F_z \\ \partial_x F_y - \partial_y F_x \end{pmatrix} \, ,$$

e, facendone il prodotto scalare:

$$\partial_u \boldsymbol{x} \times \partial_v \boldsymbol{x} \cdot \boldsymbol{\nabla} \times \boldsymbol{F} \; =$$

$$\begin{aligned}
= \quad & [\; \partial_v x\, (\partial_y F_x \partial_u y + \partial_z F_x \partial_u z) + \\
& +\partial_v y\, (\partial_x F_y \partial_u x + \partial_z F_y \partial_u z) + \\
& +\partial_v z\, (\partial_x F_z \partial_u x + \partial_y F_z \partial_u y) \;] + \\
- & [\; \partial_u x\, (\partial_y F_x \partial_v y + \partial_z F_x \partial_v z) + \\
& +\partial_u y\, (\partial_x F_y \partial_v x + \partial_z F_y \partial_v z) + \\
& +\partial_u z\, (\partial_x F_z \partial_v x + \partial_y F_z \partial_v y) \;]
\end{aligned}$$

$$
\begin{aligned}
= \ & [\ \partial_v x \ (\partial_x F_x \partial_u x + \partial_y F_x \partial_u y + \partial_z F_x \partial_u z) + \\
& + \partial_v y \ (\partial_x F_y \partial_u x + \partial_y F_y \partial_u y + \partial_z F_y \partial_u z) + \\
& + \partial_v z \ (\partial_x F_z \partial_u x + \partial_y F_z \partial_u y + \partial_z F_z \partial_u z) \ ] + \\
& - [\ \partial_u x \ (\partial_x F_x \partial_v x + \partial_y F_x \partial_v y + \partial_z F_x \partial_v z) + \\
& + \partial_u y \ (\partial_x F_y \partial_v x + \partial_y F_y \partial_v y + \partial_z F_y \partial_v z) + \\
& + \partial_u z \ (\partial_x F_z \partial_v x + \partial_y F_z \partial_v y + \partial_z F_z \partial_v z) \ ]
\end{aligned}
$$

$$
= (\partial_v x \ \partial_u F_x + \partial_v y \ \partial_u F_y + \partial_v z \ \partial_u F_z) - (\partial_u x \ \partial_v F_x + \partial_u y \ \partial_v F_y + \partial_u z \ \partial_v F_z)
$$

$$
= \partial_u \ (\partial_v x \ F_x + \partial_v y \ F_y + \partial_v z \ F_z) - \partial_v \ (\partial_u x \ F_x + \partial_u y \ F_y + \partial_u z \ F_z)
$$

$$
= \partial_u \ (\boldsymbol{F} \cdot \partial_v \boldsymbol{x}) - \partial_v \ (\boldsymbol{F} \cdot \partial_u \boldsymbol{x}) \ . \tag{5.98}
$$

$\diamond$ **Esercizio:**   Ripetere il calcolo che conduce al risultato (5.98) utilizzando la notazione indiciale.

Suggerimento: esprimere la quantità a primo membro della (5.98 come

$$
\partial_u \boldsymbol{x} \times \partial_v \boldsymbol{x} \cdot \boldsymbol{\nabla} \times \boldsymbol{F} = \varepsilon_{ijk} \partial_u x_j \ \partial_v x_k \ \varepsilon_{ilm} \partial_{x_l} F_m
$$

ed utilizzare la relazione (3.140) per il prodotto dei simboli di permutazione ...

La forma (5.98) del prodotto scalare a secondo membro della (5.97) è estremamente utile, perché suggerisce di applicare le formule di Green nell'integrale sul dominio Σ nello spazio dei parametri. Osservato che lungo la $\partial\Sigma$, descritta da una curva $\boldsymbol{u} = \boldsymbol{u}(s)$, dove s è l'ascissa ciurvilinea, il prodotto dell'elemento di ascissa curvilinea ds per il versore normale uscente $\boldsymbol{\nu}$ si scrive come:

$$
ds \ \boldsymbol{\nu} = \begin{pmatrix} dv \\ -du \end{pmatrix} , \tag{5.99}
$$

dalle (5.97, 5.98) segue:

$$
\begin{aligned}
\int_\Sigma (\partial_u \boldsymbol{x} \times \partial_v \boldsymbol{x}) \cdot \boldsymbol{\nabla} \times \boldsymbol{F} \ du \, dv &= \int_\Sigma [\partial_u \ (\boldsymbol{F} \cdot \partial_v \boldsymbol{x}) - \partial_v \ (\boldsymbol{F} \cdot \partial_u \boldsymbol{x})] \ du \, dv \\
&= \int_{\partial\Sigma} [\boldsymbol{F} \cdot \partial_v \boldsymbol{x} \ dv + \boldsymbol{F} \cdot \partial_u \boldsymbol{x} \ du] \\
&= \int_{\partial\Sigma} \boldsymbol{F} \cdot (\partial_u \boldsymbol{x} \ du + \partial_v \boldsymbol{x} \ dv) \\
&= \int_{\partial S} \boldsymbol{F}(\boldsymbol{x}) \cdot d\boldsymbol{x} \ . \tag{5.100}
\end{aligned}
$$

Sostituendo la (5.100) nella relazione (5.97) si ottiene la relazione (5.64):

$$
\int_S \boldsymbol{\nu}(\boldsymbol{x}) \cdot \boldsymbol{\nabla} \times \boldsymbol{F}(\boldsymbol{x}) \ dA(\boldsymbol{x}) = \int_{\partial S} \boldsymbol{F}(\boldsymbol{x}) \cdot d\boldsymbol{x} \ ,
$$

che esprime l'uguaglianza del flusso del rotore di $\boldsymbol{F}$ su S alla circuitazione di $\boldsymbol{F}$ sul bordo ∂S della medesima superficie.

6

Equazioni differenziali alle derivate parziali

In questo ultimo capitolo si introdurranno alcuni concetti elementari su equazioni in cui compaiono le derivate parziali di una funzione (di più variabili) incognita. Sebbene di grande importanza applicativa, questo argomento viene qui soltanto accennato, a causa della complessità e della estensione degli sviluppi necessari ad una trattazione sistematica. Preferendo dare una panoramica, piuttosto che analizzare casi particolari, nel §6.1 vengono presentati alcuni esempi di equazioni *lineari* e *del secondo ordine*, cioè contenenti le derivate seconde della funzione incognita, mentre nel successivo §6.3 viene discusso un possibile metodo di soluzione, da cui originano tutti gli approcci basati sulla *rappresentazione integrale* della funzione incognita. Infine, una classificazione sistematica delle equazioni lineari del secondo ordine è brevemente illustrata nella Appendice 6.2, partendo proprio dalla questione dell'esistenza una soluzione "locale".

6.1 Definizione ed esempi

Una *equazione differenziale alle derivate parziali* è una equazione nella quale sono presenti le derivate parziali di una funzione di più variabili indipendenti. Equazioni di questo tipo si incontrano molto frequentemente nelle applicazioni. Spesso non si è in grado di risolvere tali equazioni in modo analitico ed è allora indispensabile approssimarne la soluzione, facendo uso di opportune tecniche numeriche. Discutiamo alcuni esempi di equazioni alle derivate parziali, allo scopo di introdurre i concetti e le definizioni indispensabili, oltre che di esaminare una delle possibili tecniche di approccio alla loro soluzione approssimata.

6.1.1 Un esempio di problema ellittico

Data una funzione scalare f delle due variabili indipendenti x ed y, avente derivate prime e seconde continue, consideriamo l'equazione:

$$\partial_{xx}^2 f + \partial_{yy}^2 f = 0 \,, \tag{6.1}$$

che prende il nome di *equazione di Laplace*. Quando a secondo membro della (6.1) c'è un termine noto, si parla, invece, di *equazione di Poisson*. Nella equazione (6.1), appaiono solo le derivate seconde pure, essendo invece assente la derivata mista $\partial_{xy}^2 f$. Per questo il primo membro dell'equazione (6.1) si scrive spesso $\nabla^2 f$, utilizzando l'operatore di Laplace $\nabla^2 = \partial_{xx}^2 + \partial_{yy}^2$. Poiché le derivate di ordine massimo nell'equazione (6.1) sono di ordine 2, questa equazione si dice *del secondo ordine*. Inoltre, il primo membro dell'equazione (6.1) dipende linearmente dalla funzione f e dalle sue derivate parziali, è facile allora verificare che, se f_1 ed f_2 sono due soluzioni dell'equazione (6.1), allora una qualunque loro combinazione lineare $\alpha_1 f_1(x,y) + \alpha_2 f_2(x,y)$, *in cui α_1 ed α_2 sono costanti*, è ancora soluzione della medesima equazione. In queste condizioni, l'equazione alle derivate parziali si dice *lineare*.

Supponiamo ora di voler risolvere l'equazione (6.1) in un rettangolo $[-1,+1] \times [-\pi/2,+\pi/2]$, con la condizione che $f(x,y)$ sia data sul contorno del rettangolo nel modo seguente:

$$f(x,y) = \begin{cases} -\sinh x & \text{per } -1 \leq x \leq +1 \text{ ed } y = -\pi/2 \\[4pt] +\sinh x & \text{per } -1 \leq x \leq +1 \text{ ed } y = +\pi/2 \\[4pt] \sinh(-1)\,\sin y & \text{per } x = -1 \text{ e } -\pi/2 \leq y \leq +\pi/2 \\[4pt] \sinh(+1)\,\sin y & \text{per } x = +1 \text{ e } -\pi/2 \leq y \leq +\pi/2, \end{cases} \tag{6.2}$$

come è illustrato in Fig. 6.1-*a*. Cerchiamo una soluzione dell'equazione (6.1) che sia data dal prodotto di una funzione $X(x)$ per una funzione $Y(y)$: una tale soluzione si chiama *separabile* proprio per il fatto che è costruita col prodotto di funzioni di variabili distinte. Supponiamo che le funzioni X ed Y non si annullino negli intervalli $[-1,+1]$ e $[-\pi/2,+\pi/2]$, rispettivamente, oppure che gli zeri di tali funzioni siano anche zeri delle loro derivate seconde, in modo che i rapporti X''/X ed Y''/Y rimangano finiti. Sostituendo nella (6.1) la $f(x,y) = X(x)Y(y)$ e dividendo per f otteniamo l'identità seguente:

$$\frac{X''}{X} \equiv -\frac{Y''}{Y} \,, \tag{6.3}$$

in cui il primo membro è funzione della sola x ed il secondo della sola y. Osserviamo che l'attribuzione del segno "$-$" al secondo membro è puramente convenzionale. Allora, perché possa essere valida la (6.3), occorre che primo e secondo membro siano costanti. Se x ed y sono dimensionalmente omogenee, ad esempio due lunghezze (dimensione fisica $[x] = L$), allora entrambi i membri della (6.2) hanno le dimensioni L^{-2}. Questo fatto suggerisce di indicare il valore costante dei due rapporti nella (6.2) con $+1/\delta^2$, in cui $[\delta] = L$, e la scelta di assumere tale costante positiva deriva dalla necessità di ottenere una funzione iperbolica di x ed una trigonometrica di y, al fine di imporre le condizioni al contorno (6.2). Ne segue che i fattori X ed Y di cui è composta la nostra soluzione dovranno verificare le equazioni differenziali:

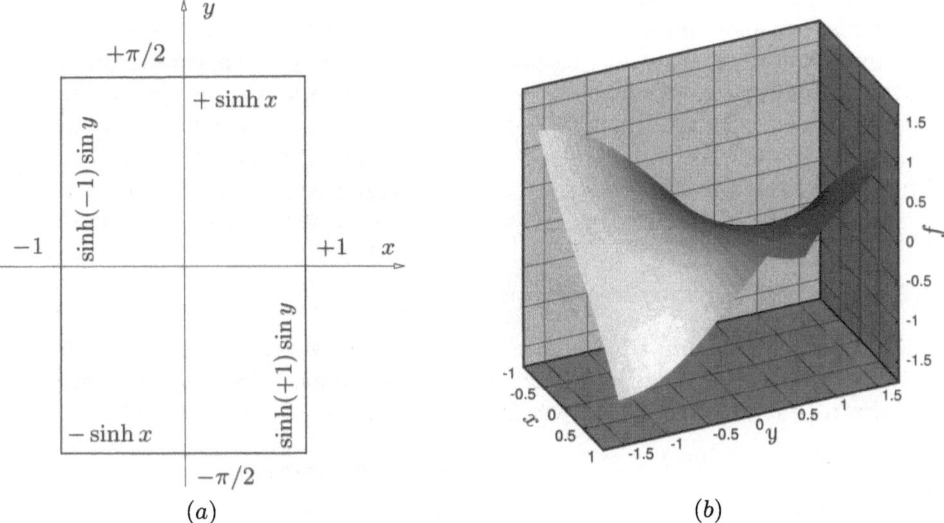

(a)   (b)

Figura 6.1. Condizioni al contorno (6.2, *a*) e soluzione (6.5, *b*) dell'equazione di Laplace (6.1). Osservare che la soluzione non ha massimi o minimi relativi all'interno del rettangolo

$$\delta^2\, X'' - X = 0\,, \quad \delta^2\, Y'' + Y = 0\,,$$

che hanno soluzioni:

$$X = A\,\cosh\frac{x}{\delta} + B\,\sinh\frac{x}{\delta}\,, \quad Y = C\,\cos\frac{y}{\delta} + D\,\sin\frac{y}{\delta}\,, \tag{6.4}$$

in cui A, B, C e D sono costanti. La soluzione dell'equazione differenziale (6.1) che verifica le condizioni al contorno (6.2) si ottiene dalle (6.4), semplicemente scegliendo $\delta = 1$, $A = C = 0$ e $B = D = 1$ ed è data da:

$$f(x,y) = \sinh x\;\sin y\,. \tag{6.5}$$

In questo semplice esempio abbiamo ricavato dapprima una famiglia di soluzioni dell'equazione differenziale alle derivate parziali (6.1) nel rettangolo aperto $(-1,+1) \times (-\pi/2,+\pi/2)$ e poi abbiamo ricercato in questo insieme di soluzioni quella che verifica effettivamente le condizioni (6.2) sul contorno di tale rettangolo. Abbiamo quindi risolto il *problema differenziale*:

$$\begin{cases} \nabla^2 f = 0 & \qquad\qquad\qquad \textit{equazione di campo} \\[2mm] f(x,-\pi/2) = -\sinh x & -1 \le x \le +1 \\ f(x,+\pi/2) = +\sinh x & -1 \le x \le +1 \\ f(-1,y) = \sinh(-1)\,\sin y & -\pi/2 \le y \le +\pi/2 \\ f(+1,y) = \sinh(+1)\,\sin y & -\pi/2 \le y \le +\pi/2 \end{cases} \right\} \textit{condizioni al contorno}$$

$$\tag{6.6}$$

Il problema (6.6) costituito da due blocchi distinti: una *equazione di campo*, da soddisfare in ogni punto (x, y) del rettangolo $(-1, 1) \times (-\pi/2, +\pi/2)$, e delle condizioni date sui valori assunti dalla soluzione f sulla frontiera del quadrato, che prendono il nome di *condizioni al contorno*. Nel caso in esame, si assegnano i valori della funzione incognita f sulla frontiera del dominio in cui si risolve il problema: tali condizioni si chiamano *di Dirichlet*. La soluzione all'interno del rettangolo dipende dai valori assegnati sull'intera frontiera di tale dominio e per questo si dice che il problema (6.6) è *ellittico*.

6.1.2 Un esempio di problema parabolico

Poniamoci ora il problema di ricercare una funzione $f(x, y; t)$ del tempo t e di due variabili spaziali x ed y, la quale, per ogni $t \geq 0$ e per (x, y) appartenente al quadrato $[-\pi, +\pi] \times [-\pi, +\pi]$, verifichi il problema:

$$\begin{cases} \partial_t f = \nu \, \nabla^2 f + F & \text{\textit{equazione di campo}} \\[2mm] f(x, y; 0) = f_0(x, y) & \text{\textit{condizioni iniziali}} \\[2mm] \left. \begin{array}{l} f(-\pi, y; t) = f(+\pi, y; t) \\ f(x, -\pi; t) = f(x, +\pi; t) \end{array} \right\} & \text{\textit{condizioni al contorno,}} \end{cases} \tag{6.7}$$

dove è sottointeso che $-\pi \leq x \leq +\pi$, $-\pi \leq y \leq +\pi$ sia nelle condizioni iniziali che in quelle al contorno. Queste ultime sono imposte per ogni $t > 0$. Il problema (6.7) è tipico della diffusione termica (in tal caso f gioca il ruolo della temperatura) ed è costituito da tre insiemi di equazioni: una *equazione di campo*, da soddisfare per ogni $t > 0$ ed in ogni punto (x, y) del quadrato $(-\pi, +\pi) \times (-\pi, +\pi)$, una *condizione iniziale*, che specifica i valori assunti dalla soluzione f al tempo $t = 0$, e delle condizioni date sui valori assunti dalla soluzione f sulla frontiera del quadrato, che si chiamano *condizioni al contorno*. Nel caso in esame, si richiede che la soluzione assuma gli stessi valori su due lati paralleli e per questo tali condizioni al contorno si chiamano *periodiche*. Le funzioni $F(x, y; t)$, a secondo membro dell'equazione di campo, ed $f_0(x, y)$ sono funzioni note, periodiche di periodo 2π in x ed in y (perciò si diranno *biperiodiche*), cosí come è pure assegnata la costante ν. Alla funzione F si dà spesso il nome di *sorgente*, od anche *forzante*. Nel seguito supporremo che la funzione f sia continua con derivate prime nel tempo e seconde nello spazio continue.

Notiamo, innanzitutto, che l'equazione differenziale e le condizioni al contorno nel problema (6.7) sono *lineari*, ovvero dipendono in modo linere dalla funzione incognita f e dalle sue derivate. Ne segue che se $f_1(x, y; t)$ ed $f_2(x, y; t)$ sono soluzioni dell'equazione differenziale e verificano le condizioni al contorno del problema (6.7), allora una qualunque loro combinazione lineare $\alpha_1 f_1(x, y; t) + \alpha_2 f_2(x, y; t)$ *a coefficienti* α_1 *ed* α_2 *costanti* è soluzione della medesima equazione e verifica le stesse condizioni al contorno. Questo suggerisce di ricercare la soluzione $f(x, y; t)$ del problema (6.7) nella forma di uno sviluppo in serie di Fourier nelle due variabili spaziali x ed y:

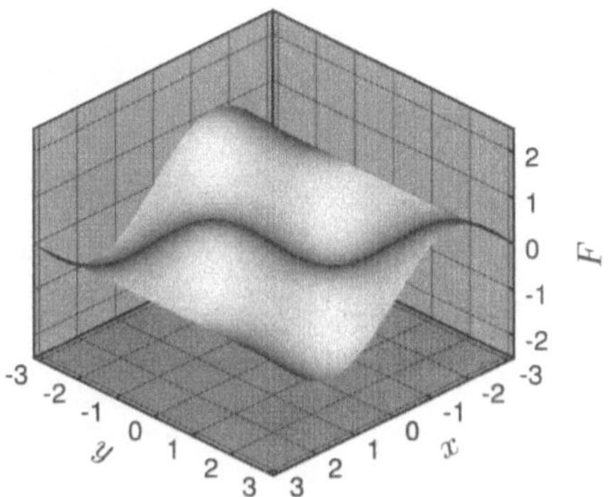

Figura 6.2. Esempio di forzamento *stazionario* utilizzato nel problema (6.7): $F(x,y) = \sin x \, \cos y$, i cui coefficienti di Fourier (6.10) non nulli sono: $C_{1,1} = C_{1,-1} = 1/(4\mathrm{i})$, $C_{-1,1} = C_{-1,-1} = -1/(4\mathrm{i})$

$$f(x,y;t) = \sum_{p,q=-\infty}^{+\infty} c_{pq}(t)\, e^{\mathrm{i}\,(px+qy)}, \tag{6.8}$$

in cui la somma è fatta sia su p, che su q. Osserviamo che lo sviluppo (6.8) consente di verificare automaticamente le condizioni sul contorno del quadrato, essendo tutte le funzioni $\exp[\mathrm{i}\,(px + qy)]$ periodiche di periodo 2π o di suoi sottomultipli. La scrittura (6.8) si giustifica immaginando di sviluppare in serie di Fourier, ad esempio rispetto alla sola variabile x, la funzione f:

$$f(x,y;t) = \sum_{p=-\infty}^{+\infty} c_p(y;t)\, e^{\mathrm{i}\,px}$$

e, successivamente, di sviluppare ciascun coefficiente $c_p(y;t)$ in serie di Fourier rispetto alla variabile y. In tal modo si ottiene proprio la (6.8). Notato che le funzioni periodiche $\exp[\mathrm{i}\,(px + qy)]$ già verificano le condizioni al contorno, se scegliamo i coefficienti $c_{pq}(t)$ in modo che ciascun termine sotto il segno di serie nella (6.8) sia soluzione dell'equazione differenziale contenuta nel problema (6.7), allora possiamo costruire la soluzione del problema imponendo allo sviluppo (6.8) la condizione iniziale $f(x,y;0) = f_0(x,y)$.

Omettendo, per semplicità, gli argomenti di f, le derivate parziali presenti nell'equazione di campo (6.7) si calcolano facilmente:

$$\partial_t f = \sum_{p,q=-\infty}^{+\infty} \frac{dc_{pq}}{dt}\, e^{\mathrm{i}\,(px+qy)} \quad \text{e} \quad \nabla^2 f = -\sum_{p,q=-\infty}^{+\infty} (p^2 + q^2)\, c_{pq}\, e^{\mathrm{i}\,(px+qy)}.$$

$$\tag{6.9}$$

Inoltre, poiché le due funzioni F ed f_0 sono assegnate, si assumeranno noti i coefficienti di Fourier degli sviluppi:

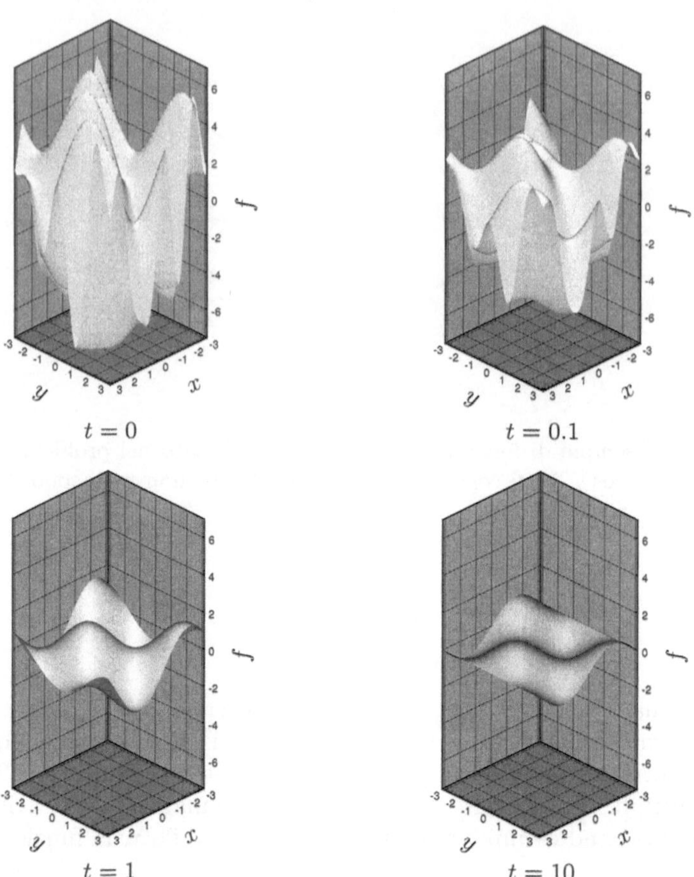

Figura 6.3. Soluzione del problema (6.7), in cui si è adottato il forzamento
stazionario di Fig. 6.2. Il numero ν è stato scelto pari ad $1/2$ e sono riportati
i tempi $t = 0,\ 0.1,\ 1$ e 10. Poiché il forzamento F ha componenti di Fourier
non nulle (6.10) solo per $|p| = |q| = 1$, nello stato finale ($t = 10$) abbiamo
$f(x, y; t) \equiv F(x, y)$, in accordo con la relazione (6.14)

$$F(x, y; t) = \sum_{p,q=-\infty}^{+\infty} C_{pq}(t)\, e^{\mathrm{i}\,(px+qy)} \quad \text{e} \quad f_0(x, y) = \sum_{p,q=-\infty}^{+\infty} c_{pq}^0\, e^{\mathrm{i}\,(px+qy)} \ .$$

$$(6.10)$$

Sostituendo le derivate (6.9) ed il primo dei due sviluppi (6.10) nell'equazione
di campo del problema (6.7), otteniamo:

$$\sum_{p,q=-\infty}^{+\infty} \left[\frac{dc_{pq}}{dt} + \nu\,(p^2 + q^2)\, c_{pq} - C_{pq} \right] e^{\mathrm{i}\,(px+qy)} = 0 \ , \qquad (6.11)$$

poiché la funzione che ha sviluppo in serie di Fourier in x ed y identicamente nullo è la sola funzione identicamente nulla, dall'equazione (6.11) si ottengono le infinite equazioni differenziali alle derivate ordinarie nel tempo:

$$\frac{dc_{pq}}{dt} + \nu \left(p^2 + q^2\right) c_{pq} = C_{pq} \,, \tag{6.12}$$

per ogni valore intero relativo di p e di q. Le equazioni (6.12) possono essere facilmente risolte, partendo dalle condizioni iniziali $c_{pq}(0) = c_{pq}^0$:

$$c_{pq}(t) = c_{pq}^0 \, e^{-\nu(p^2+q^2)t} + \int_0^t e^{-\nu(p^2+q^2)(t-\tau)} \, C_{pq}(\tau) \, d\tau \,. \tag{6.13}$$

Sulla base delle soluzioni (6.13) e del fatto che le funzioni $C_{pq}(t)$ sono note, possono essere determinati tutti i coefficienti dello sviluppo (6.8), ovvero la soluzione f del problema differenziale alle derivate parziali (6.7). Come si vede dalla struttura della soluzione (6.13), il comportamento di quest'ultima per $F \equiv 0$ (e quindi $C_{pq} \equiv 0$, per ogni p e q) dipende fortemente dal segno del numero ν: se questo numero è positivo, allora la f decade esponenzialmente nel tempo, mentre, se questo numero è negativo, la f diverge, sempre esponenzialmente.

Assumeremo, nel seguito, il numero ν sempre positivo, come accade quando il problema (6.7) assume un significato fisico. Quindi, la soluzione del problema (6.7) in assenza di forzamento decade esponenzialmente nel tempo.

Supponiamo ora che F sia costante nel tempo e possieda un solo coefficiente di Fourier differente da zero, ad esempio C_{lm}. La soluzione (6.13) ci dice allora che per $t \to +\infty$ la soluzione $f(x, y; t)$ tenderà esponenzialmente alla funzione:

$$\frac{F(x, y)}{\nu(l^2 + m^2)} \,, \tag{6.14}$$

che è proporzionale al forzamento. Come mostra la (6.14), l'ampiezza della soluzione asintotica è una funzione decrescente di ν: man mano che ν viene ridotta, la funzione $f(x, t; t)$ assume valori sempre più grandi ed, inoltre, il raggiungimento della soluzione asintotica (6.14) richiede tempi sempre più lunghi.

Infine, a causa della linearità del sistema (6.7), si può anche indagare l'effetto del forzamento partendo da un singolo coefficiente di Fourier di quest'ultimo. Ad esempio, supponiamo di avere un coefficiente di Fourier $C_{lm}(t)$ di $F(x, y; t)$ che sia una funzione sinusoidale del tempo:

$$C_{lm}(t) = \sin(\omega t + \phi) \,; \tag{6.15}$$

in tal caso, il corrispondente coefficiente di Fourier della soluzione del problema (6.7) si scrive, in base alla (6.13) e ponendo $\alpha = \nu(l^2 + m^2)$, nel modo seguente:

$$c_{lm}(t) = \; c_{lm}^0 \, e^{-\alpha t} + \underbrace{\frac{\alpha}{\alpha^2 + \omega^2} \, \sin(\omega t + \phi)}_{\text{componente in fase}} +$$

$$+ \; \underbrace{\frac{-\omega}{\alpha^2 + \omega^2} \, \cos(\omega t + \phi)}_{\text{componente in quadratura}} + + \underbrace{\frac{\omega \, \cos\phi - \alpha \, \sin\phi}{\alpha^2 + \omega^2} \, e^{-\alpha t}}_{\text{parte smorzata}} , \qquad (6.16)$$

che mostra come, nella soluzione del problema (6.7), il forzamento induca una componente in fase ed una in quadratura, oltre ad una parte smorzata con costante di tempo $1/\alpha$, rapidamente decrescente con l ed m.

Il problema del secondo ordine (6.7), nel quale sono presenti derivate seconde nello spazio e prime nel tempo, si dice *parabolico*: *esiste una sola direzione di propagazione* della soluzione nello spazio-tempo (x, y, t), quella parallela all'asse dei tempi. Di conseguenza, la soluzione del problema (6.7) dipende dalle condizioni iniziali assegnate, oltre che dai dati al contorno.

6.1.3 Un esempio di problema iperbolico

Consideriamo infine una equazione differenziale della forma:

$$\partial_{xx}^2 f - \partial_{yy}^2 f = 0 , \qquad (6.17)$$

in cui il segno della derivate seconda in x è differente dal segno della derivata seconda in y. Di nuovo, supponiamo f continua con derivate seconde continue. L'equazione (6.17) pone un problema del tutto differente dai precedenti ed è tipica della *teoria delle onde*.

Infatti, si può verificare con una semplice sostituzione che, data una qualunque funzione reale di una sola variabile reale g continua con derivate seconde continue, le funzioni $f_-(x, y) = g(x + y)$ ed $f_+(x, y) = g(x - y)$ sono entrambe soluzioni dell'equazione differenziale (6.17). Poiché l'equazione (6.17) è lineare del secondo ordine, tentiamo di rappresentare la soluzione della (6.17) come combinazione lineare di queste due soluzioni elementari. Supponiamo, per semplicità, di poter conoscere i valori di f sull'asse x, ad esempio pensiamo assegnati i valori di f sul segmento $[a, b]$:

$$f(x, 0) = h(x) , \quad \text{per } a \leq x \leq b \qquad (6.18)$$

e consideriamo la soluzione:

$$f(x, y) = f_-(x, y) + f_+(x, y) = g(x + y) + g(x - y) . \qquad (6.19)$$

L'imposizione delle condizioni (6.18) sulla forma (6.19) della soluzione implica che:

$$g(\xi) = \frac{1}{2} \, h(\xi) , \qquad (6.20)$$

da cui segue che la soluzione dell'equazione (6.17) si scrive:

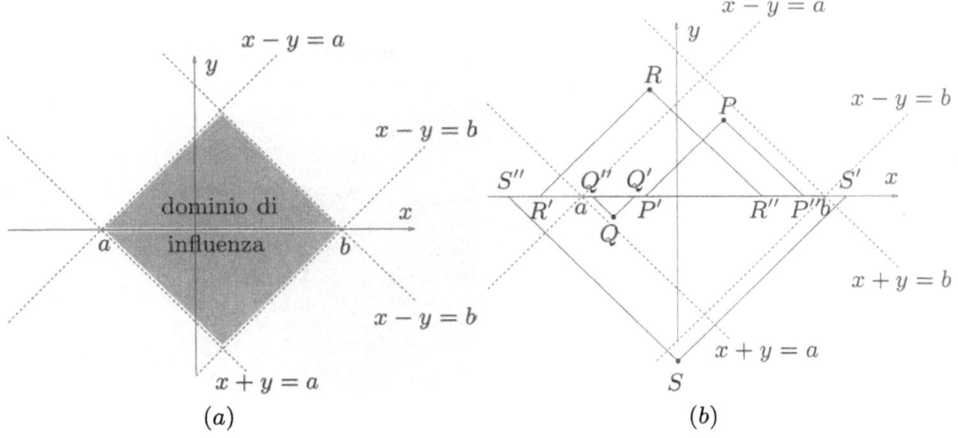

Figura 6.4. Dominio di influenza (a) del segmento $[a, b]$ su cui si assegna il dato e procedura di costruzione della soluzione (b). Riguardo a quest'ultima, se si vuole calcolare la soluzione nei punti P e Q, interni al dominio di influenza, si possono usare i dati in P', P'' e Q', Q''. Se, invece, si volesse calcolare la soluzione nei punti R ed S sarebbe necessario conoscere i dati nei punti R' ed S', S'', esterni ad $[a, b]$

$$f(x, y) = \frac{1}{2}\left[h(x + y) + h(x - y)\right] \ .$$

La (6.20) consente di definire la soluzione del problema (6.17) nel quadrato avente come bisettrice il segmento $[a, b]$ (che prende il nome di *dominio di influenza*) vedi la Fig. 6.4-a, mentre per un qualunque punto al di fuori di tale quadrato, la (6.19) mostra che occorre conoscere il dato al di fuori del segmento $[a, b]$, come risulta anche dalla Fig. 6.4-b.

La struttura (6.19) della soluzione $f(x, y)$ mostra che *esistono due direzioni distinte lungo le quali propaga il dato* (la bisettrice $x + y =$ costante e la bisettrice $x - y =$ costante): una equazione del tipo (6.17) si chiama *iperbolica*. Le curve $x + y =$ costante e $x - y =$ costante si chiamano *linee caratteristiche* per l'equazione (6.17). Occorre allora tenere presente che, per un problema in cui appare una equazione di campo iperbolica, non è possibile assegnare ad arbitrio i dati su una qualunque curva del piano (x, y), ma occorre sempre tener presente la natura propagativa di tale equazione. Esempi tipici di equazioni di questa forma sono dati dall'*equazione della corda vibrante* nel piano (x, y), in cui le posizioni y dei punti della corda sono viste come funzioni della coordinata x lungo la corda medesima e del tempo t. Tale equazione si scrive:

$$\partial_{tt}^2 y - c^2 \partial_{xx}^2 y = 0 \ , \tag{6.21}$$

nella quale la quantità reale c dipende dalle proprietà elastiche della corda. Le equazioni delle linee lungo le quali il dato iniziale propaga, nel caso dell'equazione (6.21), sono le seguenti:

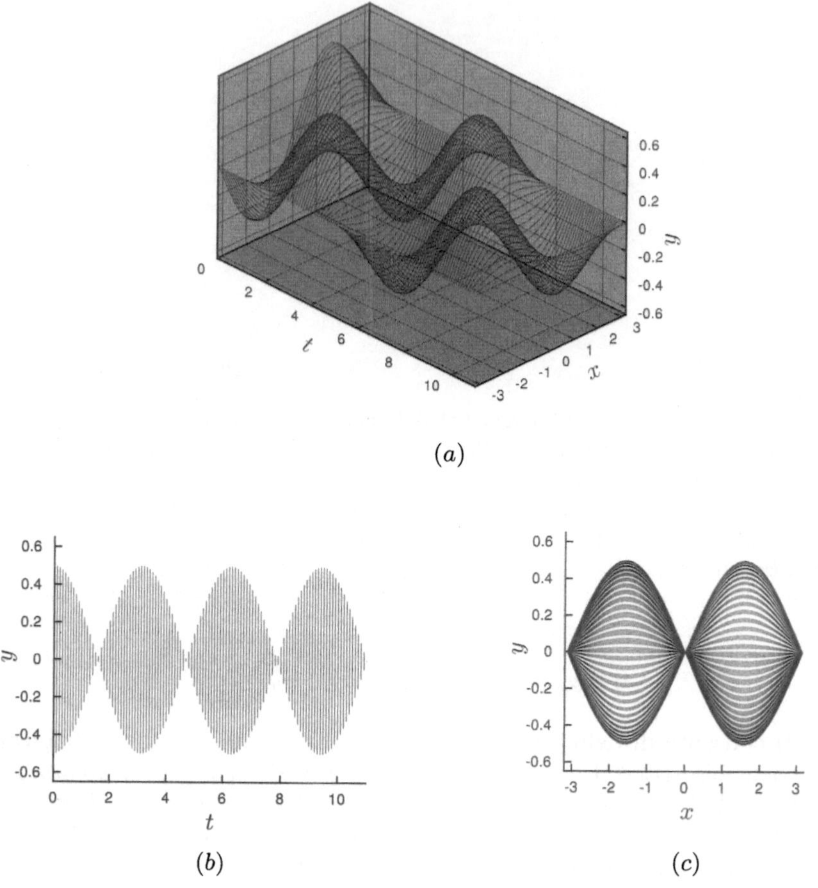

(a)

(b)   (c)

Figura 6.5. Configurazioni assunte dalla corda vibrante, ovvero soluzione dell'equazione (6.21), in un insieme discreto di tempi multipli di 1/10. La velocità di propagazione del disturbo c è unitaria e la condizione iniziale è $y(x,0) = (\sin x)/2$. In (a) c'è la vista assonometrica, in (b) quella nel piano (t,y) ed, infine, in (c) quella nel piano (x,y)

$$x + c\,t = \text{costante} \quad \text{e} \quad x - c\,t = \text{costante} \tag{6.22}$$

e chiariscono il ruolo di c come velocità di propagazione delle onde sulla corda, come rappresentato in Fig. 6.5. Analogamente, l'equazione:

$$\partial_{tt}^2 z - c^2 \nabla^2 z = 0 \,, \tag{6.23}$$

in cui z è una funzione delle due coordinate spaziali x ed y e del tempo, descrive le oscillazioni delle posizioni z dei punti di una membrana elastica piana, giacente sul piano (x,y) nelle condizioni di riposo. Anche in tal caso, il numero reale c assume il significato di velocità di propagazione delle onde sulla membrana.

Come dimostrano questi semplici esempi, la natura della soluzione di una equazione alle derivate parziali del secondo ordine dipende fortemente dal tipo di equazione in esame. A questo riguardo, una breve discussione delle condizioni sotto le quali una equazione differenziale alle derivate parziali del secondo ordine si può classificare come ellittica, parabolica oppure iperbolica è svolta nell'Appendice 6.2.

6.2 Il metodo della funzione di Green per problemi ellittici

In questo paragrafo, analizzeremo in dettaglio un metodo frequentemente utilizzato nella soluzione di problemi differenziali alle derivate parziali per l'*equazione di Poisson*:

$$\nabla^2 f = F \,, \tag{6.24}$$

essendo f la funzione incognita ed F il termine noto, ipotizzato sufficientemente regolare. Inoltre, i problemi trattati in questo paragrafo saranno posti in un dominio limitato D dello spazio $\mathbb{R}^n$, avente frontiera limitata e regolare ∂D.

Un primo problema molto frequente nelle applicazioni si pone nel modo seguente:

$$\begin{cases} \nabla^2 f = F & \text{in } D \\ \partial_{\boldsymbol{\nu}} f = g & \text{su } \partial D \,, \end{cases} \tag{6.25}$$

in cui g è una funzione assegnata di $\boldsymbol{x} \in \partial D$, sufficientemente regolare. Nel problema (6.25) vengono assegnati i valori della derivata in direzione normale al contorno della funzione f, per questo si dice *problema di Neumann*. A tale proposito, occorre ricordare che $\partial_{\boldsymbol{\nu}} f(\boldsymbol{x}) = \boldsymbol{\nu}(\boldsymbol{x}) \cdot \boldsymbol{\nabla} f(\boldsymbol{x})$, in cui $\boldsymbol{\nu}$ è il versore normale sulla ∂D, scelto diretto verso l'esterno di D. Si può dimostrare che il problema (6.25) definisce la funzione f a meno di una costante additiva arbitraria, tuttavia è necessario che sia verificata la *condizione di compatibilità* tra il termine noto F nell'equazione ed il dato g al contorno, ricavata integrando su tutto D ambo i membri dell'equazione ed utilizzando il teorema di Gauss:

$$\int_{\partial D} g \, dS = \int_{\partial D} \partial_{\boldsymbol{\nu}} f \, dS = \int_D \nabla^2 f \, dV = \int_D F \, dV \,.$$

Il problema in cui si assegnano sul contorno ∂D i valori della funzione f, e non quelli della sua derivata normale, si scrive:

$$\begin{cases} \nabla^2 f = F & \text{in } D \\ f = h & \text{su } \partial D \,, \end{cases} \tag{6.26}$$

in cui h è una funzione assegnata di $\boldsymbol{x} \in \partial D$, sufficientemente regolare, prende il nome di *problema di Dirichlet* per l'equazione di Poisson. Per quest'ultimo, si può dimostrare che la soluzione f esiste ed è unica.

6.2.1 Funzioni armoniche

Analizziamo per primo il caso in cui l'equazione (6.24) è omogenea, ovvero $F \equiv 0$. Una funzione f che verifica l'equazione di Laplace $\nabla^2 f = 0$ si dice *armonica* e gode di una interessante proprietà. Consideriamo il valor medio M della funzione f sulla superficie di una sfera $B_r(\boldsymbol{x})$, centrata in un punto arbitrario $\boldsymbol{x}$ e di raggio r:

$$M(r) = \frac{1}{|\partial B_r(\boldsymbol{x})|} \int_{\partial B_r(\boldsymbol{x})} f(\boldsymbol{y}) \, dS(\boldsymbol{y}) \,, \qquad (6.27)$$

in cui $|\partial B_r(\boldsymbol{x})|$ è l'area della superficie sferica, data dal prodotto di un numero c_n dipendente dalla dimensione dello spazio per r^{n-1}, ovvero $|\partial B_r(\boldsymbol{x})| = c_n \, r^{n-1}$. Come indicato a primo membro dell'equazione (6.27), il valor medio M sarà, in generale, una funzione del raggio r della sfera $B_r(\boldsymbol{x})$. Passiamo nella (6.27) a coordinate iperferiche utilizzando l'elemento di area $dS(\boldsymbol{\varphi}) = r^{n-1} \, \Phi(\boldsymbol{\varphi}) \, d\varphi_1 \, d\varphi_2 \cdots d\varphi_{n-1}$ già introdotto nel §5.3. Ricordiamo che il vettore degli angoli $\boldsymbol{\varphi}$ appartiene in tal caso all'insieme $A \subset \mathbb{R}^{n-1}$, limitato e di misura non superiore a $(2\pi)^{n-1}$. In tal modo, la relazione (6.27) diviene:

$$M(r) = \frac{1}{c_n} \int_A \Phi(\boldsymbol{\varphi}) \, f[\boldsymbol{y}(\boldsymbol{\varphi})] \, d\varphi_1 \, d\varphi_2 \cdots d\varphi_{n-1} \,. \qquad (6.28)$$

Indicando con $\boldsymbol{\nu}(\boldsymbol{\varphi})$ il versore normale uscente dalla superficie $\partial B_r(\boldsymbol{x})$ nel suo punto di coordinate ipersferiche $\boldsymbol{\varphi}$ e considerando che questo versore è allineato col raggio uscente dal centro $\boldsymbol{x}$ della sfera $B_r(\boldsymbol{x})$ e passante per il punto di coordinate $\boldsymbol{\varphi}$, ovvero $\boldsymbol{y}(\boldsymbol{\varphi}) = \boldsymbol{x} + r \, \boldsymbol{\nu}(\boldsymbol{\varphi})$, possiamo derivare membro a membro la relazione (6.28) ottenendo:

$$\frac{dM}{dr}(r) = \frac{1}{c_n} \int_A \Phi(\boldsymbol{\varphi}) \, \boldsymbol{\nu}(\boldsymbol{\varphi}) \cdot \boldsymbol{\nabla} f[\boldsymbol{y}(\boldsymbol{\varphi})] \, d\varphi_1 \, d\varphi_2 \cdots d\varphi_{n-1} \,. \qquad (6.29)$$

A questo punto, moltiplicando di nuovo per r^{n-1} numeratore e denominatore del secondo membro della (6.29) e ricordando l'espressione dell'elemento di area dS, dalla (6.29) segue:

$$\frac{dM}{dr}(r) = \frac{1}{|\partial B_r(\boldsymbol{x})|} \int_{\partial B_r(\boldsymbol{x})} \boldsymbol{\nu}(\boldsymbol{y}) \cdot \boldsymbol{\nabla} f(\boldsymbol{y}) \, dS(\boldsymbol{y}) \,,$$

su cui possiamo applicare il teorema di Gauss (5.57):

$$\frac{dM}{dr}(r) = \frac{1}{|\partial B_r(\boldsymbol{x})|} \int_{B_r(\boldsymbol{x})} \nabla^2 f(\boldsymbol{y}) \, dV(\boldsymbol{y}) = 0 \,, \qquad (6.30)$$

essendo f è armonica e quindi $\nabla^2 f = 0$. Ne segue che il valor medio $M(r)$ di una funzione armonica sulla superficie di una sfera di raggio r, non dipende da quest'ultimo. Quindi, *una funzione armonica f non può avere massimi o* *minimi isolati all'interno del suo dominio di definizione*, raggiungendo i suoi valori massimi e minimi sulla frontiera di questo.

Le funzioni armoniche, inoltre, sono molto importanti nell'analisi complessa, dove si dimostra che una funzione di variabile complessa $z = x + iy$ (i è l'unità immaginaria) *derivabile in modo complesso* ha parte reale ed immaginaria che sono due funzioni armoniche delle variabili reali x ed y.

6.2.2 Funzioni di Green

Consideriamo una particolare funzione armonica G da $\mathbb{R}^n - \{\mathbf{0}\}$ [*lo spazio $\mathbb{R}^n$ privato dell'origine*] ad $\mathbb{R}$, che dipenda dal solo $|\mathbf{x}|$ e verifichi la proprietà seguente:

$$\int_{\partial B_r(\mathbf{0})} \partial_{\boldsymbol{\nu}} G(\mathbf{x})\, dS(\mathbf{x}) \equiv 1 \ , \tag{6.31}$$

per ogni valore del raggio r della sfera $B_r(\mathbf{0})$, centrata nell'origine. Una funzione così fatta esiste senz'altro, qualunque sia la dimensione n dello spazio. Ad esempio, per $n = 2$ ed $n = 3$ si verifica subito che

$$G(\mathbf{x}) = \frac{1}{2\pi}\log|\mathbf{x}| \quad \text{per } n = 2, \qquad G(\mathbf{x}) = -\frac{1}{4\pi}\frac{1}{|\mathbf{x}|} \quad \text{per } n = 3. \tag{6.32}$$

⋄   **Esercizio:**   Verificare che le due funzioni (6.32) risultano armoniche in tutto lo spazio, esclusa l'origine, e soddisfano la richiesta (6.31).

Una funzione armonica in $\mathbb{R}^n - \{\mathbf{0}\}$, che inoltre verifichi la richiesta (6.31), si chiama *funzione di Green* dello spazio $\mathbb{R}^n$ ([23] cap. 7 §19 n. 208 per i casi $n = 2$ ed $n = 3$). Osserviamo infine che, per essere soddisfatta la condizione (6.31), poiché $|\partial B_r(\mathbf{0})| \propto r^{n-1}$, deve aversi:

$$\frac{d}{dr}G \propto \frac{1}{r^{n-1}} \ ,$$

da cui segue che

$$\nabla^2 G \sim \frac{d^2}{dr^2}G \propto \frac{1}{r^n} \ ,$$

e quindi la funzione $\nabla^2 G$ non è certamente sommabile in $\mathbf{x} = 0$. Ciò nonostante, si usa spesso la convenzione di riscrivere la (6.31) sotto forma di integrale di volume, utilizzando le formule di Green:

$$\int_{B_r(\mathbf{0})} \nabla^2 G(\mathbf{x})\, dV(\mathbf{x}) \equiv 1 \ , \tag{6.33}$$

ricordando bene, però, che *la precedente scrittura è solo simbolica*, non essendo $\nabla^2 G$ integrabile in 0, e che la (6.33) deve essere interpretata solo come riscrittura formale della (6.31).

Supponiamo ora di avere una funzione f da $\mathbb{R}^n$ ad $\mathbb{R}$ continua con derivate prime continue in un intorno del punto $x = 0$. Vogliamo dare un significato, in parallelo a quanto fatto a proposito della (6.33), alla *scrittura simbolica*:

$$\int_{B_r(\mathbf{0})} f(y)\, \nabla^2 G(y)\, dV(y)\,, \tag{6.34}$$

in cui $B_r(\mathbf{0})$ è una sfera di raggio r e centro nell'origine. La quantità (6.34) può essere valutata, con gli strumenti a nostra disposizione, [1] solo nella forma da essa ottenuta con l'applicazione del teorema di Gauss:

$$\int_{B_r(\mathbf{0})} f(y)\, \nabla^2 G(y)\, dV(y) \; =$$

$$= \int_{\partial B_r(\mathbf{0})} f(y)\, \partial_\nu G(y)\, dS(y) - \int_{B_r(\mathbf{0})} \nabla f(y) \cdot \nabla G(y)\, dV(y)\,, \tag{6.35}$$

in cui ∇G è una funzione sommabile in un intorno del punto $y = \mathbf{0}$ e, quindi, entrambi gli integrali presenti nella (6.35) hanno senso.

Calcoliamo l'integrale del prodotto $[f(y) - f(\mathbf{0})]\nabla^2 G(y)$ sulla sfera $B_r(\mathbf{0})$. A tale scopo, suddividiamo la sfera $B_r(\mathbf{0})$ in una piccola sfera $B_\rho(\mathbf{0})$, con $\rho < r$, e nella corona sferica complementare in $B_r(\mathbf{0})$ di $B_\rho(\mathbf{0})$. L'integrale esteso a quest'ultimo insieme è senz'altro nullo, essendo nullo $\nabla^2 G(x)$ al di fuori dell'origine $x = 0$. Ne segue che:

$$\int_{B_r(\mathbf{0})} [f(y) - f(\mathbf{0})]\, \nabla^2 G(y)\, dV(y) = \int_{B_\rho(\mathbf{0})} [f(y) - f(\mathbf{0})]\, \nabla^2 G(y)\, dV(y)\,, \tag{6.36}$$

in cui ρ è un qualunque numero positivo compreso tra 0 ed r. Osserviamo che la funzione $f(y) - f(\mathbf{0})$ risulta infinitesima per $y \to 0$, essendo f continua. Ne segue che $[f(y) - f(\mathbf{0})]\nabla^2 G(y)$ è integrabile in $y = 0$, pur non essendo tale la sola funzione $\nabla^2 G(y)$.

L'integrale (6.36) è nullo. Questo può essere mostrato iniziando con l'osservare che, essendo la (6.36) valida per $\rho \in (0,r)$ arbitrario, deve rimanere tale per $\rho \to 0^+$. Il limite per $\rho \to 0^+$ del secondo membro della (6.36) si può calcolare col teorema di Gauss, così come è stato fatto nella (6.35), ottenendo:

$$\int_{B_\rho(\mathbf{0})} [f(y) - f(\mathbf{0})]\, \nabla^2 G(y)\, dV(y) \; = \tag{6.37}$$

$$= \int_{\partial B_\rho(\mathbf{0})} [f(y) - f(\mathbf{0})]\, \partial_\nu G(y)\, dS(y) - \int_{B_\rho(\mathbf{0})} \nabla[f(y) - f(\mathbf{0})] \cdot \nabla G(y)\, dV(y)\,,$$

---

[1] È possibile estendere opportunamente il concetto di funzione a quello di *distribuzione*, in tale ambito la scrittura (6.34) assume un significato non più soltanto formale. In questa sede, non ci occuperemo di descrivere tale estensione. Pertanto sottolineiamo ancora una volta che l'applicazione del teorema di Gauss alla (6.34) deve essere ritenuta, a questo stadio, solo simbolica, poiché la funzione G non soddisfa le richieste di regolarità del teorema, così come lo abbiamo descritto nel §5.4.

da cui risulta che anche tale limite è zero. Infatti, $\partial_{\nu} G$ sulla superficie della sfera $B_{\rho}(\mathbf{0})$ è proporzionale a $1/\rho^{n-1}$, quindi $[f(\mathbf{y}) - f(\mathbf{0})]\,\partial_{\nu} G(\mathbf{y})$ sulla $\partial B_{\rho}(\mathbf{0})$ diverge meno rapidamente di $1/\rho^{n-1}$ per $\rho \to 0^{+}$, ne segue che, effettuando tale limite, il primo integrale va a zero. Inoltre, poiché ∇G è sommabile in $B_r(\mathbf{0})$ e $|\nabla f|$ è limitato, anche il secondo integrale ha limite nullo, per $\rho \to 0^{+}$.

Utilizzando questo risultato e procedendo nella (6.37) come si è fatto per la (6.36), scriviamo che:

$$\begin{aligned}
0 &= \int_{B_r(\mathbf{0})} [f(\mathbf{y}) - f(\mathbf{0})]\,\nabla^2 G(\mathbf{y})\,dV(\mathbf{x}) \\[2mm]
&= \int_{\partial B_r(\mathbf{0})} f(\mathbf{y})\,\partial_{\nu} G(\mathbf{y})\,dS(\mathbf{y}) - \int_{B_r(\mathbf{0})} \nabla f(\mathbf{y}) \cdot \nabla G(\mathbf{y})\,dV(\mathbf{y}) + \\[2mm]
&\quad -f(\mathbf{0})\int_{\partial B_r(\mathbf{0})} \partial_{\nu} G(\mathbf{y})\,dS(\mathbf{y}) \\[2mm]
&= \int_{B_r(\mathbf{0})} f(\mathbf{y})\,\nabla^2 G(\mathbf{y})\,dV(\mathbf{y}) - f(\mathbf{0}) \,,
\end{aligned} \tag{6.38}$$

avendo ricordato la definizione (6.35) e la proprietà (6.31) della funzione di Green G. Dalla (6.38) segue allora che:

$$\int_{B_r(\mathbf{0})} f(\mathbf{y})\,\nabla^2 G(\mathbf{y})\,dV(\mathbf{y}) = f(\mathbf{0}) \,,$$

in cui, *se $f(\mathbf{y})$ è infinitesima per $\mathbf{y} \to \infty$*, l'integrale a primo membro può essere anche esteso a tutto lo spazio $\mathbb{R}^n$. Quindi, integrare una funzione, continua con derivate continue nell'origine, moltiplicata per il Laplaciano di G, equivale a calcolare il valore della funzione stessa nell'origine. Ripetendo il discorso appena concluso per un punto $\mathbf{x}$, in generale diverso dall'origine di $\mathbb{R}^n$, si ottiene la relazione

$$\int_{\mathbb{R}^n} f(\mathbf{y})\,\nabla_{\mathbf{y}}^2 G(\mathbf{x} - \mathbf{y})\,dV(\mathbf{y}) = f(\mathbf{x}) \,, \tag{6.39}$$

in cui $\nabla_{\mathbf{y}}^2$ sta per il Laplaciano calcolato rispetto alla variabile $\mathbf{y}$. L'importantissima proprietà (6.39) delle funzioni di Green sarà utilizzata per costruire un metodo di soluzione dei problemi di Neumann (6.25) e di Dirichlet (6.26).

6.2.3 Metodo della funzione di Green

Torniamo ora alla soluzione del problema di Dirichlet (6.25), illustrando un metodo di soluzione largamente utilizzato nelle applicazioni. Il punto di partenza è la *seconda identità di Green*:

$$p\nabla^2 q - q\nabla^2 p \equiv \nabla \cdot (p\nabla q - q\nabla p) \,, \tag{6.40}$$

in cui tutte le derivate sono fatte in $\boldsymbol{y}$ ed, inoltre, p e q sono due funzioni di $\boldsymbol{y}$ derivabili due volte ([23], cap. 7 §19 n. 203). Consideriamo un punto $\boldsymbol{x}$ interno al dominio D e riscriviamo l'identità (6.40), scegliendo come funzione p la nostra funzione incognita f e come funzione q la funzione di Green G, valutata nel punto $\boldsymbol{x} - \boldsymbol{y}$. Integrando sul dominio D ambo i membri dell'identità cosí ottenuta, possiamo scrivere la relazione:

$$\int_D \left[f(\boldsymbol{y}) \, \nabla_{\boldsymbol{y}}^2 G(\boldsymbol{x} - \boldsymbol{y}) - G(\boldsymbol{x} - \boldsymbol{y}) \, \nabla^2 f(\boldsymbol{y}) \right] dV(\boldsymbol{y}) \;\; =$$
$$= \int_{\partial D} \left[f(\boldsymbol{y}) \, \partial_{\nu(\boldsymbol{y})} G(\boldsymbol{x} - \boldsymbol{y}) - G(\boldsymbol{x} - \boldsymbol{y}) \, \partial_{\nu(\boldsymbol{y})} f(\boldsymbol{y}) \right] dS(\boldsymbol{y}) \; . \tag{6.41}$$

Sostituendo nel primo integrale a primo membro la relazione (6.39), il termine noto F dell'equazione di Poisson (6.24) al posto del $\nabla^2 f$ nel secondo integrale a primo membro, otteniamo:

$$f(\boldsymbol{x}) = \int_D G(\boldsymbol{x} - \boldsymbol{y}) \, F(\boldsymbol{y}) \, dV(\boldsymbol{y}) +$$
$$+ \int_{\partial D} \left[f(\boldsymbol{y}) \, \partial_{\nu(\boldsymbol{y})} G(\boldsymbol{x} - \boldsymbol{y}) - G(\boldsymbol{x} - \boldsymbol{y}) \, \partial_{\nu(\boldsymbol{y})} f(\boldsymbol{y}) \right] dS(\boldsymbol{y}) \; , \tag{6.42}$$

relazione che mostra come la funzione f sia nota nei punti interni al dominio D, una volta determinati i valori assunti sulla frontiera ∂D del dominio dalla funzione f stessa e dalla sua derivata normale $\partial_\nu f$. Questo è un fatto estremamente interessante per le applicazioni, perché suggerisce un modo per ridurre il problema della determinazione della funzione f all'interno del dominio D, alla valutazione della medesima funzione e della sua derivata normale sulla frontiera di tale dominio.

◇   **Esercizio:**   Perché aggiungere una costante alla funzione f non
altera la relazione (6.42)?

Sfortunatamente, però, la relazione (6.42) non vale per punti $\boldsymbol{x}$ appartenenti alla frontiera di D. Abbiamo già visto, infatti, che la relazione (6.39) vale per $\boldsymbol{x}$ appartenente ad un qualunque sottoinsieme D di $\mathbb{R}^n$, purché esista un intorno sferico $B_r(\boldsymbol{x})$ di tale punto tutto contenuto in D. Sappiamo, infatti, che la funzione $\nabla_{\boldsymbol{y}}^2 G(\boldsymbol{x} - \boldsymbol{y})$ è identicamente nulla, al di fuori di tale intorno. Per un punto $\boldsymbol{x} \in \partial D$, tutti gli intorni sferici di tale punto, comunque si scelga piccolo il loro raggio r, non risultano interni al dominio D. Se, però, in $\boldsymbol{x}$ la frontiera è sufficientemente regolare da consentire la definizione del piano tangente, allora, per r sufficientemente piccolo, metà dell'intorno $B_r(\boldsymbol{x})$ apparterrà a D e l'altra metà sarà esterna, come mostrato in Fig. 6.6. In queste condizioni, si può dimostrare che la relazione (6.39) diviene:

$$\int_D f(\boldsymbol{y}) \, \nabla_{\boldsymbol{y}}^2 G(\boldsymbol{x} - \boldsymbol{y}) \, dV(\boldsymbol{y}) = \frac{1}{2} \, f(\boldsymbol{x}) \; , \tag{6.43}$$

seguendo quello che l'intuizione suggerisce. Ma allora dalla relazione (6.41) si ottiene l'equazione:

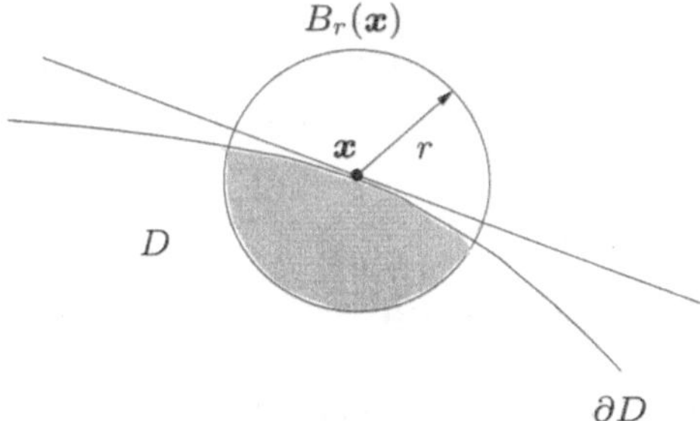

Figura 6.6. Esempio per $n = 2$ di un intorno sferico di raggio r del punto $x \in \partial D$: se in x esiste la retta tangente, per r via via più piccoli metà dell'intorno risulta essere interno a D e metà esterno. Se la retta tangente non esiste, ma esistono i limiti da destra e da sinistra su x dei vettori tangenti alla ∂D, la porzione di superficie interna dipende dall'angolo formato da tali vettori

$$\frac{1}{2} f(x) - \int_{\partial D} f(y)\, \partial_{\nu(y)} G(x - y)\, dS(y) \;=$$
$$= \int_D G(x - y)\, F(y)\, dV(y) - \int_{\partial D} G(x - y)\, \partial_{\nu(y)} f(y)\, dS(y)\,, \tag{6.44}$$

in cui abbiamo separato a primo membro entrambi i termini che contengono la funzione f, lasciando a secondo membro il termine con la derivata normale. La relazione (6.44) è una *equazione integrale* nella funzione incognita f, poiché quest'ultima appare anche sotto il segno di integrale e si dimostra che la sua soluzione esiste ed è definita a meno di una costante additiva arbitraria. Peraltro, la soluzione di questa equazione è facilmente calcolabile, almeno in modo approssimato, con strumenti classici dell'Analisi Numerica.

Il fatto importante della (6.44) è che tale equazione consente di determinare la funzione f sulla ∂D, a meno di una costante additiva, partendo dai valori assunti dalla sua derivata normale sulla medesima curva. Una volta noti i valori della funzione f e della sua derivata normale sulla frontiera del dominio D, la (6.42) fornisce la soluzione del problema di Neumann (6.25) in ogni punto interno.

La soluzione del problema di Dirichlet (6.26), con una analoga procedura, è più complicata. Occorre partire dalla relazione (6.42), che fornisce i valori assunti dalla funzione f in un punto x' interno al dominio D, una volta noti i valori di f e delle sua derivata normale sul contorno. Se $x \in \partial D$, si considera la derivata in direzione $\nu(x)$ del primo e del secondo membro della (6.42) e poi si fa tendere x' ad x. In tal modo si ottiene l'equazione integrale seguente:

$$\frac{1}{2} \partial_{\nu(x)} f(x) + \int_{\partial D} \partial_{\nu(x)} G(x - y)\, \partial_{\nu(y)} f(y)\, dS(y) \;= \tag{6.45}$$
$$= \partial_{\nu(x)} \left[\int_D G(x - y)\, F(y)\, dV(y) + \int_{\partial D} f(y)\, \partial_{\nu(y)} G(x - y)\, dS(y) \right]\,,$$

che mostra come sia possibile calcolare la derivata normale di f sulla frontiera di D, noti i valori della funzione f su ∂D. Di nuovo, la relazione (6.42) consente poi di calcolare la funzione f in tutti i punti interni a D, risolvendo il problema di Dirichlet (6.26).

6.3 Curiosando in biblioteca

Le equazioni differenziali alle derivate parziali sono oggetto di ricerca nei più differenti contesti della Fisica-Matematica e la letteratura disponibile è vastissima. I testi citati in questo paragrafo sono quindi da ritenersi solo di riferimento, non certo esaustivi dell'argomento.

La teoria generale delle equazioni differenziali lineari alle derivate parziali del secondo ordine è esposta in modo molto ampio e soddisfacente in [18]. Nel cap. I viene discusso il problema della esistenza ed unicità locale della soluzione, qui brevemente accennato nella Appendice 6.2, e vengono presentati alcuni classici problemi di Fisica che conducono alla formulazione di problemi alle derivate parziali, lineari e del secondo ordine. Dopo alcuni richiami di Analisi Funzionale, nel cap. IV viene estesamente affrontata la soluzione delle equazioni ellittiche, con particolare attenzione alla regolarità delle soluzioni ed alla soluzione dei problemi di Laplace e Poisson. Nel·cap. V vengono discusse le equazioni iperboliche, con speciale attenzione alla soluzione delle equazione delle onde, mentre nel cap. VI vengono trattate le equazioni paraboliche, prendendo come prototipo l'equazione del calore. Ciascun capitolo si chiude con una collezione di esercizi proposti, di natura piuttosto teorica. Un secondo riferimento estremamente utile è il libro di Smirnov [24], interamente dedicato alla teoria per le equazioni del primo e del secondo ordine. Inoltre, il cap. 11 di [28], dedicato alle equazioni differenziali alle derivate parziali, presenta una trattazione teorica piuttosto contenuta, ma vi sono un gran numero di esempi fisici e di esercizi proposti. Particolare attenzione viene posta alle soluzioni ottenute per separazione di variabili, attraverso l'espansione in serie di funzioni ortogonali. Alle equazioni differenziali alle derivate parziali è dedicato il §1 del cap. 7 di [19], dove è anche proposta una interessante collezione di esercizi, spesso di non semplice soluzione. Per una trattazione molto più sintetica si può anche fare riferimento a [11], cap. 29.

L'approssimazione della soluzione di problemi alle derivate parziali è uno degli argomenti più affascinanti dell'Analisi Numerica, in particolare quando si affronta la soluzione approssimata di problemi differenziali non lineari, in cui a difficili questioni numeriche sono spesso affiancati problemi teorici ancora aperti, riguardo all'esistenza, all'unicità ed alla regolarità delle soluzioni. Alcune applicazioni numeriche in problemi di effettivo interesse ingegneristico sono illustrate in [20]. Più in dettaglio, si può fare riferimento al cap. 2 pp. $11-34$ per le equazioni lineari del secondo ordine ellittiche, al cap. 6 pp. $135-151$ per le paraboliche ed infine al cap. 7 pp. $153-182$ per le iperboliche.

Approfondimento

6.4 Classificazione delle equazioni lineari del secondo ordine

In questo paragrafo faremo alcune considerazioni, di natura locale, sulla soluzione di una equazione lineare del secondo ordine in n dimensioni, facendo essenzialmente riferimento al cap. 1 di [18]. Consideriamo l'equazione differenziale lineare del secondo ordine seguente:

$$\sum_{l,m=1}^{n} a_{lm}(\boldsymbol{x})\,\partial^2_{lm} f(\boldsymbol{x}) + \sum_{l=1}^{n} a_l(\boldsymbol{x})\,\partial_l f(\boldsymbol{x}) + a(\boldsymbol{x})\,f(\boldsymbol{x}) = g(\boldsymbol{x})\,, \tag{6.46}$$

in cui la funzione incognita f, i coefficienti a_{lm}, a_l, a ed il termine noto g sono funzioni a valori reali di $\boldsymbol{x}$, sufficientemente regolari. Inoltre, si può sempre supporre che $a_{lm} \equiv a_{ml}$. Infatti, il termine contenente le derivate seconde di f nella (6.46) può essere scritto nel modo seguente::

$$\sum_{l,m=1}^{n} a_{lm}\,\partial^2_{lm} f \equiv \sum_{l,m=1}^{n} \frac{a_{lm} + a_{ml}}{2}\,\partial^2_{lm} f + \sum_{l,m=1}^{n} \frac{a_{lm} - a_{ml}}{2}\,\partial^2_{lm} f\,,$$

in cui il secondo addendo è nullo, essendo $\partial^2_{lm} f \equiv \partial^2_{ml} f$. Indicheremo con $\boldsymbol{M}(\boldsymbol{x})$ la matrice *reale e simmetrica* dei coefficienti delle derivate seconde

$$\boldsymbol{M} = \begin{pmatrix} a_{11} & a_{12} & \cdots & a_{1n} \\ a_{21} & a_{22} & \cdots & a_{2n} \\ \vdots & \vdots & & \vdots \\ a_{n1} & a_{n2} & \cdots & a_{nn} \end{pmatrix} \tag{6.47}$$

che sono presenti nella (6.46). Ovviamente, essendo l'equazione (6.46) del secondo ordine, la matrice $\boldsymbol{M}(\boldsymbol{x})$ è differente dalla matrice nulla per ogni $\boldsymbol{x}$. Sappiamo, inoltre, che esiste una rotazione del riferimento, rappresentata da una matrice unitaria $\boldsymbol{R}$, che diagonalizza la matrice (6.47), ovvero la matrice $\boldsymbol{R}^T \boldsymbol{M} \boldsymbol{R}$, in cui $\boldsymbol{R}^T$ è la matrice trasposta [2] di $\boldsymbol{R}$, è diagonale. Sottointenderemo, d'ora in poi, le dipendenze dal vettore $\boldsymbol{x}$ di f e dei coefficienti nella (6.46). Prima di discutere la natura dell'equazione (6.46), richiamiamo alcuni concetti noti dall'algebra lineare.

6.4.1 Alcuni richiami di algebra lineare

Consideriamo uno spazio vettoriale n-dimensionale E^n sui complessi C ed una applicazione $\boldsymbol{A}$ lineare da E^n su E^n. Il numero complesso λ si dice *autovalore* di $\boldsymbol{A}$ se esiste un vettore *non nullo* $\boldsymbol{u}$ tale che:

$$\boldsymbol{A}\boldsymbol{u} = \lambda\boldsymbol{u}\,.$$

---

[2] Questa matrice coincide con l'inversa, perché $\boldsymbol{R}$ è unitaria.

u si dice *autovettore* associato all'autovalore λ. Se $E^n = C^n$, allora A è una matrice $n \times n$ di numeri, in generale complessi. Se $u \in C^n$, denotiamo con $A \cdot u$ il prodotto righe per colonne della matrice M con il vettore colonna u. Si può dimostrare, in tal caso, che gli autovalori *non dipendono dal sistema di riferimento scelto per rappresentare la matrice M*.

Se M è una matrice reale e λ è autovalore, allora anche il suo complesso coniugato $\overline{\lambda}$ è autovalore. Infatti, poiché λ è autovalore, esiste un vettore non nullo u tale che: $Mu = \lambda u$. Coniugando ambo i membri di questa relazione e ricordando che M è reale, si ha che $M\overline{u} = \overline{\lambda}\overline{u}$, la quale prova che anche $\overline{\lambda}$ è autovalore.

Se M, oltre ad essere reale, è anche *simmetrica* $[M^T = M]$, allora ammette tutti gli autovalori reali. Infatti, se λ è autovalore, allora anche $\overline{\lambda}$ lo è e valgono le due relazioni seguenti:

$$\overline{u} \cdot (M \cdot u) = \lambda |u|^2 \quad e \quad u \cdot (M \cdot \overline{u}) = \overline{\lambda} |u|^2 .$$

Ma, essendo M simmetrica, si ha anche $u \cdot (M \cdot \overline{u}) = \overline{u} \cdot (M \cdot u)$, ne segue, sottraendo membro a membro le due uguaglianze precedenti, che $\lambda = \overline{\lambda}$, ovvero λ è reale.

Infine, si può dimostrare che se M è reale e simmetrica, allora esiste una matrice *unitaria* [*la cui inversa è uguale alla trasposta*, trasforma una base ortonormale in una base ortonormale, cioè è la forma tipica della rotazione del riferimento] R tale che $R^T M R$ è una matrice diagonale. Esiste allora un riferimento ortonormale di autovettori della matrice M, la quale assume la forma diagonale in tale riferimento. In tal caso, la matrice M si dice *diagonalizzabile*.

6.4.2 Impostazione del problema

Consideriamo, insieme all'equazione (6.46), la superficie S descritta nella forma implicita dall'equazione seguente:

$$\phi(x) = 0 , \tag{6.48}$$

in cui assumiamo che $\phi : \mathbb{R}^n \to \mathbb{R}$ sia una funzione "sufficientemente regolare". Cercheremo di capire quali e quanti dati devono essere assegnati su S, in modo da poter costruire, sulla base dell'equazione differenziale (6.46), un problema che ammetta una unica soluzione. Impostiamo il problema in *forma locale*: consideriamo, cioè, un punto x^0 di S, un piccolo intorno (n-dimensionale) sferico U^0 di tale punto e la parte S^0 di S contenuta in tale intorno (definita come $S \cap U^0 = S^0$), vedi figura 6.7-(a). Assegnati dei dati su S^0, discuteremo l'esistenza di soluzioni dell'equazione (6.46) nell'intorno sferico U^0 di x^0.

Procedendo in analogia con quanto già visto per le equazioni differenziali ordinarie, assegnamo su S^0 i valori della funzione incognita f e i valori della sua derivata direzionale, in una direzione specificata dal campo vettoriale $p(x)$, che assumiamo definito su S, come descritto in figura 6.7-(b):

$$f(x) = f_0(x) \quad e \quad p(x) \cdot \nabla f(x) = f_1(x) \quad \text{in ogni } x \in S^0. \tag{6.49}$$

Perché la seconda condizione (6.49) abbia senso, dobbiamo inoltre richiedere che $p(x)$ sia diverso dal vettore nullo e non risulti tangente alla superficie S, per ogni $x \in S$. Questa condizione si traduce nella richiesta che il prodotto scalare tra $p(x)$ ed un vettore normale $\nu(x)$ alla superficie S in x (ad esempio, $\nu(x) = \nabla \phi(x)$) sia differente da zero

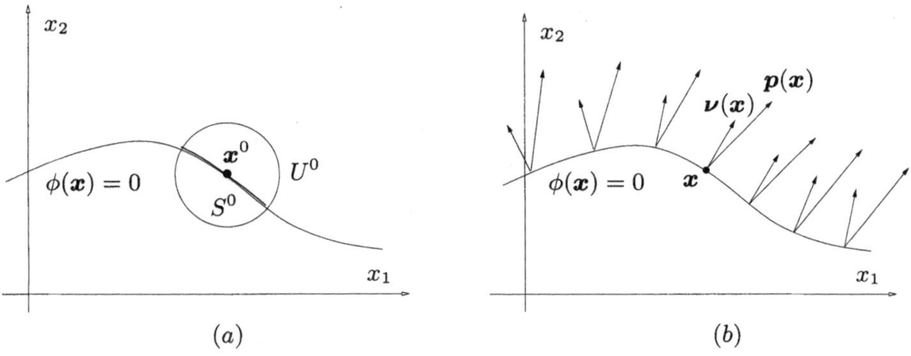

Figura 6.7. Intorno U^0 in cui si studia l'esistenza di una soluzione (a) e campo di vettori $\boldsymbol{p}(\boldsymbol{x})$ assegnato sulla superficie S (b), per l'equazione (6.46) in $\mathbb{R}^2$

$$\boldsymbol{\nu}(\boldsymbol{x}) \cdot \boldsymbol{p}(\boldsymbol{x}) = s(\boldsymbol{x}) \neq 0 \,, \qquad (6.50)$$

per ogni $\boldsymbol{x} \in S$. La richiesta (6.50) ci assicura che, partendo da un punto $\boldsymbol{x}$ della superficie S e muovendoci in direzione $\boldsymbol{p}(\boldsymbol{x})$, abbandoniamo la superficie. In tal caso le due condizioni (6.49) sono effettivamente indipendenti.

6.4.3 Direzioni caratteristiche

I dati f_0 ed f_1 nella (6.49), purché sufficientemente regolari, possono essere assegnati ad arbitrio? Per rispondere a questa domanda, procediamo in maniera inversa: supponiamo di avere una *soluzione* dell'equazione (6.46), continua con derivate prime e seconde continue in U^0, e definiamo le funzioni f_0 ed f_1 con i valori assunti su S^0 dalla funzione f e dalla sua derivata in direzione $\boldsymbol{p}$. Cerchiamo di capire se queste due funzioni risultano legate da una qualche relazione, derivante dall'equazione (6.46), che non consenta di assegnarle arbitrariamente.

Poiché il vettore $\boldsymbol{\nabla}\phi$ è differente dal vettore nullo in S^0, senza perdita di generalità possiamo supporre che sia la derivata $\partial_n\phi$ a mantenersi differente da zero in tutto l'intorno S^0 (una situazione eventualmente diversa può essere ricondotta a questa con una semplice rotazione del riferimento in $\mathbb{R}^n$). In tali condizioni, come mostra la figura 6.8, la superficie S^0 può essere rappresentata localmente (cioè, per ogni $\boldsymbol{x} \in U^0$) nella forma esplicita seguente:

$$x_n = \mu(x_1, x_2, \ldots, x_{n-1}) \,, \qquad (6.51)$$

con μ sufficientemente regolare. La rappresentazione (6.51) suggerisce di considerare la trasformazione seguente:

$$\boldsymbol{y}(\boldsymbol{x}) = \begin{pmatrix} x_1 - x_1^0 \\ x_2 - x_2^0 \\ \vdots \\ x_{n-1} - x_{n-1}^0 \\ \phi(\boldsymbol{x}) \end{pmatrix} \,, \qquad (6.52)$$

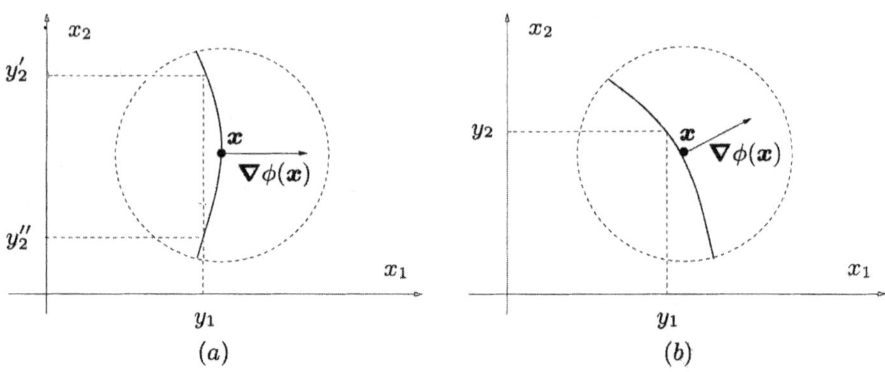

Figura 6.8. Esempio per $n = 2$ sulla possibilità di esplicitare localmente la rappresentazione della superficie (6.48). Se in $\boldsymbol{x} \in S$ il vettore $\boldsymbol{\nabla}\phi$ ha una componente nulla, ad esempio la $\partial_2\phi$ (a), non è possibile rappresentare la superficie nella forma esplicita $x_2 = \mu(x_1)$, poiché ad un valore y_1 della coordinata x_1 corrispondono due valori differenti y_2' ed y_2'' della coordinata x_2. Viceversa, se $\partial_2\phi \neq 0$ (b) allora questa rappresentazione diviene possibile, in quanto in un intorno del punto $\boldsymbol{x}$ ad un valore y_1 della coordinata x_1 corrisponde un solo valore y_2 della coordinata x_2

la quale trasforma l'intorno S^0 in un intorno dell'origine Σ^0, stavolta, però, *giacente nel piano coordinato* $y_n = 0$, come mostrato in figura 6.9. È chiaro che, adoperando la trasformazione (6.52), abbiamo il vantaggio di svincolarci dalla particolare forma dell'intorno S^0 su S.

Chiamiamo con $F(\boldsymbol{y})$ la funzione $f[\boldsymbol{x}(\boldsymbol{y})]$ e determiniamo la forma assunta dalle condizioni (6.49) e dall'equazione (6.46) nella nuova variabile $\boldsymbol{y}$, adottando sempre la convenzione che le variabili maiuscole corrispondono alle variabili minuscole, quando queste sono calcolate in $\boldsymbol{x}(\boldsymbol{y})$. Chiaramente, la prima delle condizioni (6.49) si scrive semplicemente:

$$F(\boldsymbol{y}) = F_0(\boldsymbol{y}) \tag{6.53}$$

dove, ricordando la rappresentazione locale (6.51), la funzione F_0 risulta legata al dato f_0 dalla relazione seguente:

$$F_0(\boldsymbol{y}) = f_0\{x_1(\boldsymbol{y}), x_2(\boldsymbol{y}), \ldots, x_{n-1}(\boldsymbol{y}), \mu[x_1(\boldsymbol{y}), x_2(\boldsymbol{y}), \ldots, x_{n-1}(\boldsymbol{y})]\} \ .$$

La (6.53) risulta valida per ogni $\boldsymbol{y} \in \Sigma_0$.

Per trasformare la seconda condizione (6.50) dobbiamo utilizzare il teorema di derivazione delle funzioni composte. Infatti, considerato che vale la:

$$\partial_{x_h} f = \sum_{k=1}^{n} \partial_{x_h} y_k \, \partial_{y_k} F \ , \tag{6.54}$$

la seconda condizione si scrive:

$$\boldsymbol{p} \cdot \boldsymbol{\nabla} f = \sum_{h=1}^{n} p_h \left(\sum_{k=1}^{n} \partial_{x_h} y_k \, \partial_{y_k} F \right) = \sum_{k=1}^{n} \left(\sum_{h=1}^{n} p_h \partial_{x_h} y_k \right) \partial_{y_k} F = \partial_{\boldsymbol{p}} \boldsymbol{y} \cdot \boldsymbol{\nabla}_{\boldsymbol{v}} F = F_1 \ ,$$

in cui $\partial_p y = (p_1, p_2, \ldots, p_{n-1}, \boldsymbol{p} \cdot \boldsymbol{\nu})$ è la derivata nella direzione $\boldsymbol{p}(\boldsymbol{x})$ della funzione vettoriale $\boldsymbol{y}(\boldsymbol{x})$, definita dalla (6.52). Ricordando la richiesta (6.50), ricaviamo dalla relazione precedente la derivata $\partial_{y_n} F$:

$$\partial_{y_n} F = \frac{1}{s} \left(F_1 - p_1 \partial_{y_1} F - p_2 \partial_{y_2} F + \ldots - p_{n-1} \partial_{y_{n-1}} F \right) . \tag{6.55}$$

La relazione (6.55), valida per ogni $\boldsymbol{y} \in \Sigma^0$, è la forma assunta dalla seconda relazione (6.49), quando viene scritta nella nuova variabile $\boldsymbol{y}$.

Quindi la trasformazione delle condizioni (6.49) nella nuova variabile $\boldsymbol{y}$ (6.53, 6.55) non evidenzia alcun legame tra f_0 (o la sua trasformata F_0) ed f_1 (o F_1). Vediamo che cosa accade all'equazione differenziale (6.46). Applicando due volte la (6.53), otteniamo per la derivata seconda:

$$\partial^2_{x_l x_m} f = \sum_{h=1}^{n} \partial_{x_l} y_h \, \partial_{y_h} \left(\sum_{k=1}^{n} \partial_{x_m} y_k \, \partial_{y_k} F \right)$$

$$= \sum_{h,k=1}^{n} \partial_{x_l} y_h \, \partial_{x_m} y_k \, \partial^2_{y_h y_k} F + \ldots$$

$$= \nu_l \nu_m \, \partial^2_{y_n y_n} F + \ldots , \tag{6.56}$$

in cui sono stati omessi termini contenenti le derivate prime di F (seconda e terza riga) e termini contenenti le derivate seconde differenti da $\partial^2_{y_n y_n} F$. Sostituendo l'espressione (6.56) delle derivate seconde e ricordando l'espressione (6.54) delle derivate prime, si ottiene dalla (6.46) una equazione nella nuova variabile $\boldsymbol{y}$ (6.52) della forma:

$$\beta_{nn} \, \partial^2_{y_n y_n} F = - \sum_{h,k=1}^{n-1} \beta_{hk} \, \partial^2_{y_h y_k} F - \sum_{h=1}^{n-1} \gamma_h \, \partial^2_{y_h y_n} F - \sum_{h=1}^{n} \delta_h \, \partial_{y_h} F - AF + G , \tag{6.57}$$

in cui non interessa la forma esplicita dei coefficienti β_{hk} (per h e k minori di n) , γ_h e δ_h. Occorre, invece, conoscere la forma del coefficiente β_{nn}, che risulta essere dato dalla relazione seguente:

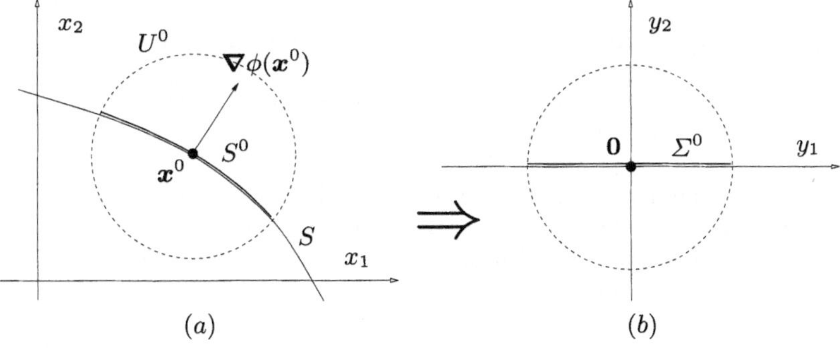

Figura 6.9. Esempio per $n = 2$ della trasformazione (6.52) di un intorno S^0 del punto $\boldsymbol{x}^0$ sulla superficie S in un intorno dell'origine sul piano $y_2 = 0$

$$\beta_{nn} = \sum_{l,m=1}^{n} a_{lm}\, \nu_l\, \nu_m = \boldsymbol{\nu} \cdot (\boldsymbol{M} \cdot \boldsymbol{\nu}) \,, \tag{6.58}$$

in cui la scrittura $\boldsymbol{M} \cdot \boldsymbol{\nu}$ sta per il prodotto righe per colonne della matrice $\boldsymbol{M}$ (6.47) per il vettore colonna $\boldsymbol{\nu}$, normale alla superficie S.

Se il coefficiente β_{nn} (6.58) è differente da zero, la relazione (6.57) non stabilisce alcun legame tra le funzioni F_0 ed F_1, che perciò possono essere assegnate arbitrariamente. Se, invece, $\beta_{nn} = 0$, la relazione (6.57) stabilisce un legame tra le funzioni F_0 ed F_1. Infatti, basta scrivere tale relazione per $y_n = 0$, valutare la F e le sue derivate prime e seconde nel piano $y_n = 0$ in termini di F_0 dalla (6.53) ed utilizzare la (6.55) per valutare la derivata $\partial_{y_n} F$ e le derivate seconde $\partial^2_{y_h y_n} F$ per $h = 1, \ldots, n-1$ in termini di F_0 ed F_1. Ne segue che, se $\beta_{nn} = 0$, *non è possibile assegnare ad arbitrio le funzioni f_0 ed f_1 su S^0*. Nel punto $\boldsymbol{x}$, una direzione $\boldsymbol{\nu}$ in cui $\beta_{nn} = 0$, vedi la (6.58), si chiama *direzione caratteristica* per l'equazione differenziale (6.46). In particolare, se tale direzione è quella normale alla superficie S in tutti i punti $\boldsymbol{x} \in S$, quest'ultima prende in nome di *superficie caratteristica* per l'equazione differenziale (6.46). Infine, una curva in $\mathbb{R}^n$ in ogni punto $\boldsymbol{x}$ della quale la direzione ad essa tangente risulti essere caratteristica per l'equazione differenziale (6.46) si chiama *linea caratteristica*.

6.4.4 Esistenza ed unicità della soluzione

Nel caso in cui il coefficiente β_{nn} (6.58) è differente da zero, la relazione (6.57) e le trasformate (6.53, 6.55) delle due condizioni su S^0 suggeriscono un modo per determinare tutte le derivate della funzione F su Σ^0, consentendo, quindi, di costruire la soluzione f a partire dai dati su S^0 con un semplice sviluppo di McLaurin in y_n. Infatti, come è stato appena spiegato, in tal caso i dati (6.53, 6.55) e la relazione (6.57) consentono di determinare la funzione F e le sue derivate prime e seconde su Σ^0. Iterando la procedura è poi possibile determinare le derivate di f di ordine qualunque su Σ^0 e, quindi, la soluzione f nell'intorno U^0 del punto $\boldsymbol{x}_0$. Quindi, se i coefficienti nell'equazione (6.46), la funzione ϕ con cui si descrive la superficie S^0 ed i dati (6.49) assegnati su quest'ultima sono infinitamente derivabili e se S^0 non è caratteristica, allora la soluzione locale esiste ed è unica. Questo risultato prende il nome di *teorema di Kovalevskaja*.

6.4.5 Possibili tipi di equazioni lineari del secondo ordine

Ricordando la definizione di autovalore ed autovettore ad esso associato ed il fatto che una matrice reale simmetrica possiede tutti gli autovalori reali, chiamiamo con n_+ il numero di autovalori positivi della matrice $\boldsymbol{M}$ (6.47), con n_- quello degli autovalori negativi ed, infine, con n_0 il numero di autovalori nulli. Poiché la matrice $\boldsymbol{M}$ dipende, in generale, dal punto $\boldsymbol{x}$ considerato, i tre numeri interi appena introdotti (n_+, n_- ed n_0) sono, a loro volta, funzioni di $\boldsymbol{x}$. Essendo gli autovalori le radici di un polinomio di grado n, vale la:

$$n_+ + n_- + n_0 = n \,. \tag{6.59}$$

Inoltre, la matrice $\boldsymbol{M}$ è reale e simmetrica, quindi risulta diagonalizzabile: esiste un riferimento ortonormale $\{\boldsymbol{e}'_1, \boldsymbol{e}'_2, \ldots, \boldsymbol{e}'_n\}$ in cui tale matrice assume la forma

M' diagonale. In tal caso, gli elementi della diagonale principale sono proprio gli autovalori $\{\lambda_1, \lambda_2, \ldots, \lambda_n\}$ ed i vettori di base $\{e'_1, e'_2, \ldots, e'_n\}$ sono gli autovettori corrispondenti.

L'equazione (6.46) si dice *ellittica* nel punto x se $n_+(x) = n$, oppure $n_-(x) = n$, cioè se tutti gli autovalori di $M(x)$ sono differenti da zero ed hanno lo stesso segno. Ne segue che la matrice $M(x)$ è definita positiva (o negativa), cioè per ogni vettore v diverso dal vettore nullo si ha:

$$
\begin{aligned}
v \cdot (M \cdot v) &= (R^T v) \cdot (R^T M R) \cdot (R^T v) \\
&= v' \cdot (M' \cdot v') \\
&= v' \cdot (M' \cdot \sum_{i=1}^{n} v'_i e'_i) \\
&= v' \cdot (\sum_{i=1}^{n} v'_i \, M' e'_i) \\
&= v' \cdot (\sum_{i=1}^{n} v'_i \, \lambda_i e'_i) \\
&= \sum_{i=1}^{n} v'_i \, \lambda_i \, v' \cdot e'_i \\
&= \sum_{i=1}^{n} v'^2_i \, \lambda_i > 0
\end{aligned}
$$

(o < 0, nel caso in cui è definita negativa). In tal caso, ricordando la definizione (6.59), l'uguaglianza $\beta_{nn} = \nu \cdot (M \cdot \nu) = 0$ non può sussistere per nessun vettore ν diverso dal vettore nullo, quindi non esistono direzioni caratteristiche. Infine, una equazione che risulti ellittica per ogni punto x appartenente ad un dato insieme A, si dice ellittica in A.

◇   **Esempio:**   Le seguenti equazioni lineari del secondo ordine in $\mathbb{R}^3$ risultano essere ellittiche:

$$
\begin{aligned}
\nabla^2 f = 0 \qquad & \textit{equazione di Laplace} \\
\nabla^2 f = F \qquad & \textit{equazione di Poisson.}
\end{aligned}
$$

Dimostrarlo per esercizio.

Quando, invece, si ha in un punto x che tutti gli autovalori di $M(x)$ sono diversi da zero, ma esistono autovalori di segno differente, l'equazione (6.46) si dice *iperbolica* in x. In tal caso, $1 \leq n_+(x) \leq n - 1$ ed $n_-(x) = n - n_+(x) \geq 1$. Ne segue che esistono direzioni ν tali da far risultare $\beta_{nn} = \nu \cdot (M \cdot \nu) = 0$.

◇ **Esempio:**   L'*equazione delle onde* in $\mathbb{R}^2$ (spazio × tempo):

$$c^2 \partial_{xx}^2 f - \partial_{tt}^2 f = 0 \,,$$

in cui c^2 è una costante (positiva), risulta essere iperbolica in tutto lo spazio. Infatti, calcoliamo le direzioni caratteristiche in un punto $\boldsymbol{x} = (x, t)$ qualunque di $\mathbb{R}^2$:

$$\boldsymbol{v} \cdot \left[\begin{pmatrix} c^2 & 0 \\ 0 & -1 \end{pmatrix} \cdot \boldsymbol{v} \right] = c^2 v_1^2 - v_2^2 = 0 \,,$$

da cui segue che esistono le seguenti due direzioni caratteristiche:

$$\boldsymbol{v}_+ = \begin{pmatrix} 1 \\ -c \end{pmatrix} \quad \text{e} \quad \boldsymbol{v}_- = \begin{pmatrix} 1 \\ +c \end{pmatrix} \,,$$

a cui corrispondono le due famiglie di linee caratteristiche $x - ct = $ costante ed $x + ct = $ costante, rispettivamente. Nel piano (x, t) tali curve sono rette di pendenza $\pm 1/c$.

Questo tipo di equazioni svolgeranno un ruolo molto importante nella teoria del moto di gas comprimibili, sviluppata in corsi successivi.

◇ **Esempio:**   In $\mathbb{R}^{n+1}$ (spazio $\mathbb{R}^n$ × tempo), una equazione della forma:

$$\partial_{x_1 x_1}^2 f + \partial_{x_2 x_2}^2 f + \ldots + \partial_{x_n x_n}^2 f - \partial_{tt}^2 f = 0$$

si chiama ancora *equazione delle onde* e risulta essere iperbolica.

Infine, nel caso in cui nel punto $\boldsymbol{x}$ siano presenti autovalori nulli della matrice $\boldsymbol{M}(\boldsymbol{x})$, cioè $n_0(\boldsymbol{x}) \geq 1$, l'equazione (6.46) si dice *parabolica* in $\boldsymbol{x}$. per chiarirci le idee, supponiamo che $\lambda_n = 0$. Ne segue che nel riferimento $\{\boldsymbol{e}_1', \boldsymbol{e}_2', \ldots, \boldsymbol{e}_n'\}$ la direzione $\boldsymbol{e}_n'$ è caratteristica, visto che $\boldsymbol{M}' \cdot \boldsymbol{e}_n' = \lambda_n \boldsymbol{e}_n' = 0$, ovvero che tutti i piani $x_n = $ costante sono superfici caratteristiche, su cui non è possibile assegnare indipendentemente la funzione f ed una sua qualsiasi derivata direzionale. L'equazione differenziale del secondo ordine contenuta nel problema (6.7) del paragrafo 6.1 è una equazione parabolica in $\mathbb{R}^3$ (spazio $\mathbb{R}^2$ × tempo), avente per superfici caratteristiche i piani a $t = $ costante. Questo è il motivo per cui si trova una soluzione assegnando il solo valore della funzione sul piano $t = 0$.

◇ **Esempio:**   In $\mathbb{R}^2$ (spazio × tempo), l'*equazione del calore*:

$$k \, \partial_{xx}^2 f - \partial_t f = 0$$

risulta essere parabolica. Questa equazione è quella tipica dei problemi di trasmissione del calore e la sua soluzione verrà ampiamente trattata in corsi successivi.

Per chiudere questa breve panoramica sulle equazioni differenziali alle derivate parziali, risolviamo una apparente incongruenza tra la trattazione locale appena accennata e la discusione delle metodologie integrali di soluzione dei problemi di Neumann (6.25) e di Dirichlet (6.26) del §6.2. Abbiamo visto sotto quali condizioni si riescono ad assegnare, in modo indipendente, i valori dalla funzione incognita e di una sua derivata direzionale su una superficie, rimanendo la soluzione locale determinata da queste *due* condizioni al contorno. Nel §6.2, invece, abbiamo ricavato le soluzioni dei problemi differenziali di Neumann (6.25) e di Dirichlet (6.26) sulla base dell'imposizione di *una sola* condizione al contorno. Le equazioni (6.44) e (6.45) risolvono questa incongruenza: quando si pone il problema in forma *globale*, assegnare la derivata normale sul contorno equivale, attraverso la (6.44), ad assegnare anche i valori della funzione. Viceversa, assegnare i valori della funzione sul contorno equivale a conoscere anche la sua derivata normale, utilizzando l'equazione integrale (6.45).

6.5 Esercizi sulla classificazione

In questo paragrafo vengono svolti e proposti alcuni esercizi sulla classificazione delle equazioni alle derivate parziali, lineari e del secondo ordine. Gli esempi considerati sono tutti di equazioni in $\mathbb{R}^2$, essendo in tal caso agevole la rappresentazione grafica della dipendenza dei segni degli autovalori della matrice dei coefficienti delle derivate seconde dalle variabili indipendenti $(x, y) = \boldsymbol{x}$.

Iniziamo col considerare l'equazione:

$$\partial_{xx}^2 f - 2xy\ \partial_{xy}^2 + \partial_{yy}^2 f + \partial_x f = \cos x \cos y \ . \tag{6.60}$$

Accertata la natura lineare della equazione (6.60), ci concentriamo sui coefficienti delle derivate seconde, la cui matrice $\boldsymbol{M}$ si scrive:

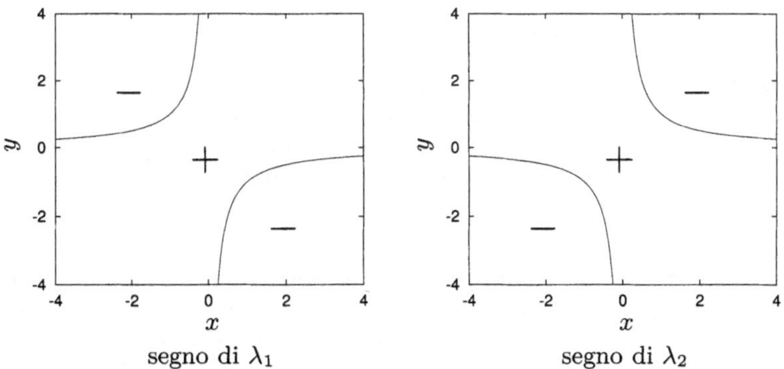

Figura 6.10. Segni degli autovalori della matrice dei coefficienti (6.61)

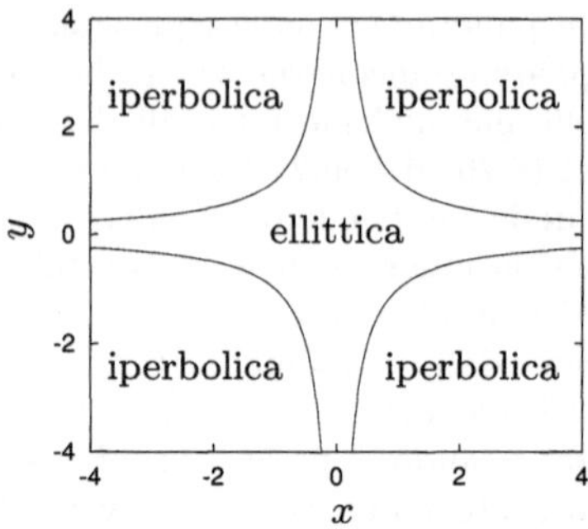

Figura 6.11. Natura dell'equazione (6.60)

$$M(\boldsymbol{x}) = \begin{pmatrix} 1 & -xy \\ -xy & 1 \end{pmatrix} ,$$

gli autovalori sono $\lambda_1 = 1 + xy$ e $\lambda_2 = 1 - xy$, i cui segni, in funzione del punto $\boldsymbol{x}$, sono riportati in Fig. 6.10. Sovrapponendo i due piani in Fig. 6.10, si determina la natura dell'equazione (6.60), nel piano delle variabili indipendenti x ed y, vedi Fig. 6.11. Osserviamo che lungo i rami delle iperboli $y = \pm 1/x$ uno degli autovalori si annulla e quindi l'equazione diviene parabolica.

Consideriamo ora l'equazione:

$$x\, \partial^2_{xx} f + 2\, \partial^2_{xy} f + y\, \partial^2_{yy} f - \partial_y f = 1 \ . \tag{6.61}$$

Gli autovalori della matrice dei coefficienti delle derivate seconde si scrivono:

$$\lambda_1 = \frac{1}{2} \left[x + y + \sqrt{(x-y)^2 + 4} \, \right] \ , \quad \lambda_2 = \frac{1}{2} \left[x + y - \sqrt{(x-y)^2 + 4} \, \right] \ .$$

La discussione del segno di λ_1 si effettua cercando il sottoinsieme di $\mathbb{R}^2$ in cui λ_1 è positivo, ovvero vale la diseguaglianza:

$$\sqrt{(x-y)^2 + 4} > -(x + y) \ .$$

Osserviamo che se $x + y > 0$ (ovvero il punto $\boldsymbol{x}$ è al di sopra della bisettrice del secondo e quarto quadrante), la precedente diseguaglianza è ovvia, mentre occorre studiare il caso in cui $x + y < 0$ Essendo in tal caso primo e secondo membro della diseguaglianza positivi, possiamo elevare al quadrato ambo i membri, ottenendo la nuova diseguaglianza:

$$xy - 1 < 0 \ .$$

Dovendo essere verificata quest'ultima e simultaneamente la $x + y < 0$, λ_1 risulta essere positivo al di sopra del ramo di iperbole $y = 1/x$ che appartiene al *III* quadrante. Una discussione analoga consente di stabilire che λ_2 è positivo al di sopra del ramo della stessa iperbole che appartiene al *I* quadrante. Ne segue che la natura dell'equazione (6.61) è quella riportata in Fig. 6.12-*a*. Anche in questo caso, osserviamo che sull'iperbole $y = 1/x$ uno degli autovalori si annulla e l'equazione risulta essere parabolica.

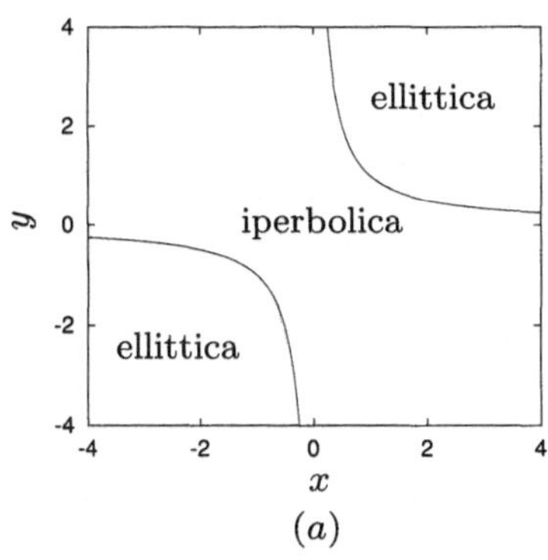

(a)

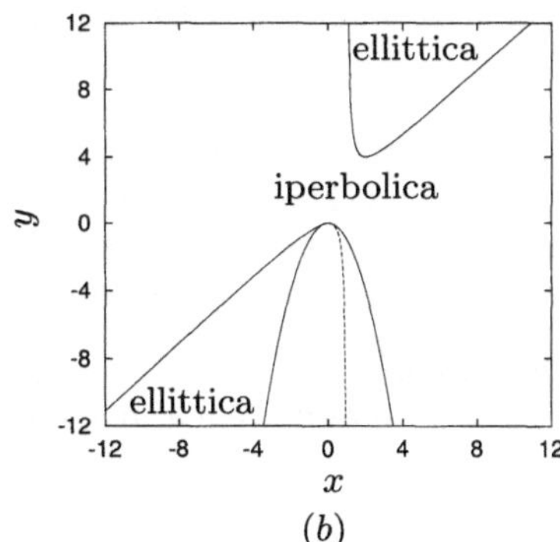

(b)

Figura 6.12. Natura delle equazioni (6.61, a) e (6.63, b). La curva tratteggiata in (b) è il ramo della funzione $y = x^2/(x-1)$ con $0 < x < 1$, che cade al di fuori del campo di esistenza dei coefficienti

Un semplice esempio di equazione lineare del secondo ordine i cui coefficienti non risultano essere definiti su tutto il piano è il seguente:

$$\partial^2_{xx}f - 2\sqrt{x^2 + y}\,\partial^2_{xy}f + y\,\partial^2_{yy}f = 0 \ . \tag{6.62}$$

In questo caso, l'equazione ha senso solo per i punti al di sopra della parabola $y = -x^2$ e gli autovalori della matrice dei coefficienti delle derivate seconde si scrivono:

$$\lambda_1 = \frac{1}{2}\left[y + 1 + \sqrt{4x^2 + (y+1)^2}\,\right] \ , \quad \lambda_2 = \frac{1}{2}\left[y + 1 - \sqrt{4x^2 + (y+1)^2}\,\right] \ .$$

L'autovalore λ_1 risulta essere sempre positivo, mentre λ_2 è sempre negativo. Ne segue che l'equazione (6.62) è iperbolica.

Consideriamo ora una equazione leggermente differente dalla (6.62):

$$x\,\partial^2_{xx}f - 2\sqrt{x^2 + y}\,\partial^2_{xy}f + y\,\partial^2_{yy}f = 0 \ , \tag{6.63}$$

definita nuovamente per tutti i punti al di sopra della parabola $y = -x^2$. Gli autovalori della matrice dei coefficienti delle derivate seconde si scrivono:

$$\lambda_1 = \frac{1}{2}\left[x+y+\sqrt{(x-y)^2 + 4(y+x^2)}\,\right], \quad \lambda_2 = \frac{1}{2}\left[x+y-\sqrt{(x-y)^2 + 4(y+x^2)}\,\right] \ .$$

Lo studio del segno di λ_1 si effettua cercando il sottoinsieme di IR^2 in cui λ_1 è positivo, ovvero in cui è verificata la diseguaglianza:

$$\sqrt{(x-y)^2 + 4(y+x^2)} > -(x+y) \ .$$

Si osserva che se $x + y > 0$ tale diseguaglianza è certamente verificata, mentre se $x + y < 0$ occorre elevare al quadrato ambo i membri, ottenendo la diseguaglianza:

$$(1-x)y + x^2 > 0 \ .$$

Quindi λ_1 risulta positivo al di sopra della curva g, definita nel modo seguente:

$$g(x) = \begin{cases} y = x^2/(x-1) & \text{per } x < 0 \\ y = -x^2 & \text{per } x \geq 0. \end{cases}$$

Analogamente, si trova che il segno di λ_2 è positivo solo se $x > 1$ ed $y > x^2/(x-1)$ e quindi la natura dell'equazione (6.63) è quella specificata nella Fig. 6.62-b. Ancora una volta osserviamo che sui rami per $x < 0$ e per $x > 1$ della curva $y = x^2/(x-1)$ uno degli autovalori si annulla e l'equazione (6.63) risulta essere parabolica.

- **Esercizi proposti**
- $\diamond$ Studiare la natura dell'equazione differenziale lineare del secondo ordine:

$$\sqrt{x}\,\partial^2_{xx}f - 2\,\partial^2_{xy}f + \sqrt{y}\,\partial^2_{yy}f = 0 .$$

- $\diamond$ Studiare la natura dell'equazione differenziale lineare del secondo ordine:

$$\frac{1}{1+x}\,\partial^2_{xx}f - 2\,\partial^2_{xy}f + \frac{1}{1-y}\,\partial^2_{yy}f = 0 .$$

- $\diamond$ Studiare la natura dell'equazione differenziale lineare del secondo ordine:

$$\partial^2_{xx}f - \frac{2}{x+y}\,\partial^2_{xy}f + \partial^2_{yy}f = 0 .$$

- $\diamond$ Studiare la natura dell'equazione differenziale lineare del secondo ordine:

$$y\,\partial^2_{xx}f - 2(\varepsilon - \sqrt{xy})\,\partial^2_{xy}f + x\,\partial^2_{yy}f = 0 ,$$

al variare del parametro reale ε.

Riferimenti bibliografici

1. F. Ayres, F.Jr.: *Equazioni Differenziali.* Collana Schaum, Etas Libri (1973)
2. Boyer, C.B.: *Storia della Matematica.* Mondadori (1990)
3. Cecconi, J.P., Stampacchia, G.: *Analisi Matematica,* 1° volume. Liguori (1993)
4. Cecconi, J.P., Stampacchia, G.: *Analisi Matematica,* 2° volume. Liguori (1992)
5. Cresci, L.: *Le curve celebri.* Franco Muzzio Editore (2001)
6. De Marco, G.: *Analisi Due*/1 (secondo corso di analisi matematica per l'università - prima parte). Zanichelli-Decibel (1992)
7. De Marco, G.: *Analisi Due*/2 (secondo corso di analisi matematica per l'università - seconda parte). Zanichelli-Decibel (1993)
8. Dettman, J.W.: *Mathematical methods in physics and engineering.* Dover Publication (1969)
9. Dubrovin, B.A., Novikov, S.P., Fomenco, A.T.: *Geometria Contemporanea,* vol. 1. Editori Riuniti (1999)
10. Fiorenza, R., Greco D.: *Lezioni di analisi matematica,* volume secondo. Liguori (1993)
11. Ghizzetti, A., Rosati, F.: *Lezioni di analisi matematica,* vol. *II.* Veschi (1980)
12. Ghizzetti, A., Rosati, F.: *Complementi ed esercizi di analisi matematica,* vol. *II.* Veschi (1980)
13. Guido, A.R.,Della Pietra, L.: *Lezioni di Meccanica delle Macchine,* vol. 1. CUEN (1999)
14. Lanczos, C.: *Linear Differential Operators.* Dover (1997)
15. Marcellini, P., Sbordone, C.: *Esercitazioni di Matematica,* vol. 2 parte prima. Liguori (1995)
16. Marcellini, P., Sbordone, C.: *Esercitazioni di Matematica,* vol. 2 parte seconda. Liguori (1995)
17. Mencuccini, C., Silvestrini, V.: *Fisica I,* Meccanica-Termodinamica. Liguori (1996)
18. Michajlov, V.P.: *Equazioni differenziali alle derivate parziali.* Edizioni Mir (1984)
19. Pagani, C.D., Salsa, S.: *Analisi Matematica,* volume 2. Masson (1993)
20. Quarteroni, A.: *Modellistica Numerica per Problemi Differenziali.* Springer (2003)
21. Quarteroni, A., Saleri, F.: *Introduzione al Calcolo Scientifico.* Springer (2002)
22. Smirnov, V.I.: *Corso di Matematica Superiore,* vol. *I.* Editori Riuniti (2000)

23. Smirnov, V.I.: *Corso di Matematica Superiore*, vol. *II*. Editori Riuniti (1999)
24. Smirnov, V.I.: *Corso di Matematica Superiore*, vol. *IV* parte seconda. Editori Riuniti (1985)
25. Fusco, N., Marcellini, P., Sbordone, C.: *Analisi Matematica Due*. Liguori (1996)
26. Thomas, G.B.: *Calculus and analytic geometry*. Addison-Wesley Publishing Company (1968)
27. Vaccaro, G.: *Lezioni di Geometria*, vol. 2 fascicolo 1 (Complementi di teoria dei vettori, Elementi di Geometria Differenziale delle Curve e Superficie). Eredi Virgilio Veschi (1978)
28. Ray Wylie, C., Barrett, L.C.: *Advanced Engineering Mathematics*. McGraw-Hill (1995)

Indice analitico

Le parole in comune a più voci successive sono scritte in corsivo.

Springer - Collana Unitext

a cura di

Franco Brezzi
Ciro Ciliberto
Bruno Codenotti
Mario Pulvirenti
Alfio Quarteroni

Volumi pubblicati

A. Bernasconi, B. Codenotti
Introduzione alla complessità computazionale
1998, X+260 pp. ISBN 88-470-0020-3

A. Bernasconi, B. Codenotti, G. Resta
Metodi matematici in complessità computazionale
1999, X+364 pp, ISBN 88-470-0060-2

E. Salinelli, F. Tomarelli
Modelli dinamici discreti
2002, XII+354 pp, ISBN 88-470-0187-0

A. Quarteroni
Modellistica numerica per problemi differenziali (2a Ed.)
2003, XII+334 pp, ISBN 88-470-0203-6
(1a edizione 2000, ISBN 88-470-0108-0)

S. Bosch
Algebra
2003, VIII+380 pp, ISBN 88-470-0221-4

C. Canuto, A. Tabacco
Analisi Matematica I
2003, X+376 pp, ISBN 88-470-0220-6

S, Graffi, M. Degli Esposti
Fisica matematica discreta
2003, X+248 pp, ISBN 88-470-0212-5

S. Margarita, E. Salinelli
MultiMath - Matematica Multimediale per l'Università
2004, XX+270 pp, ISBN 88-470-0228-1

A. Quarteroni, R. Sacco, F. Saleri
Matematica numerica (2a Ed.)
2000, XIV+448 pp, ISBN 88-470-0077-7
2002, 2004 ristampa riveduta e corretta
(1a edizione 1998, ISBN 88-470-0010-6)

A partire dal 2004, i volumi della serie sono contrassegnati da un numero di identificazione

13. A. Quarteroni, F. Saleri
Introduzione al Calcolo Scientifico (2a Ed.)
2004, X+262 pp, ISBN 88-470-0256-7
(1a edizione 2002, ISBN 88-470-0149-8)

14. S. Salsa
Equazioni a derivate parziali - Metodi, modelli e applicazioni
2004, XII+426 pp, ISBN 88-470-0259-1

15. G. Riccardi
Calcolo differenziale ed integrale
2004, XII+314 pp, ISBN 88-470-0285-0